高·职·高·专·"十·二·五"·规·划·教·材

应用数学基础

刘学才　周　文　主编

化学工业出版社

·北京·

本书用实际案例或配以几何图形直观描述，使抽象的数学概念形象化，降低了学习难度，便于学生学习。全书共 7 章，其中初等数学重点结合建筑工程、经济管理类及机电类专业的需求，安排了初等数学中的知识及有关面积、体积的计算；一元函数微积分内容包含函数的极限、导数及其应用、积分及其应用；傅里叶级数及拉普拉斯变换、概率统计部分内容包含概率论和数理统计。

本书说理浅显，便于自学，既适合作为高职高专教育"高等数学"课程的教材，也可以作为成人高等教育工科类各专业学生的教材或工程技术人员的参考书。

图书在版编目（CIP）数据

应用数学基础/刘学才，周文主编 . —北京：化学工业出版社，2015.8 （2017.2重印）
ISBN 978-7-122-24094-1

Ⅰ.①应⋯　Ⅱ.①刘⋯ ②周⋯　Ⅲ.①应用数学-教材　Ⅳ.①029

中国版本图书馆 CIP 数据核字（2015）第 138225 号

责任编辑：蔡洪伟　甘九林　　　　　　　文字编辑：谢蓉蓉
责任校对：宋　玮　　　　　　　　　　　装帧设计：关　飞

出版发行：化学工业出版社（北京市东城区青年湖南街 13 号　邮政编码 100011）
印　　装：三河市延风印装有限公司
787mm×1092mm　1/16　印张 16¾　字数 440 千字　2017 年 2 月北京第 1 版第 2 次印刷

购书咨询：010-64518888（传真：010-64519686）　　售后服务：010-64518899
网　　址：http://www.cip.com.cn
凡购买本书，如有缺损质量问题，本社销售中心负责调换。

定　　价：34.00 元

前　言

根据教育部、财政部关于建立"国家示范性高等职业院校建设计划"骨干高职院校相关文件的精神，在高职院校工学结合的大背景下，结合湖北职业技术学院建筑及经济管理类、机电类等专业的课程改革，我们作了认真的调查、分析、研究，并参考专业老师的建议，在教务处李佳胜处长、建筑学院院长黄享苟、公共课部刘想元主任的支持下，我们对适用多年的教材《应用高等数学》进行了较大幅度的调整，力求完善，编写完成了《应用数学基础》，是湖北省教育科学"十二五"规划 2014 年重点课题"高职院校高等数学分层教学的探索与实践"（课题编号 2014A060）的研究成果之一。

全书共 7 章，其中初等数学重点结合建筑工程、经济管理类及机电类专业的需求，安排了初等数学中的知识及有关面积、体积的计算；一元函数微积分内容包含函数的极限、导数及其应用、积分及其应用；傅里叶级数及拉普拉斯变换、概率统计部分内容包含概率论和数理统计。全书由刘学才、周文主编，叶菊芳副主编，邹小云参编，最后由主编修改、统稿、定稿。

本书在编写过程中，力求体现以下特点：

① 适合当前高职高专学生使用。针对高职学生的特点，对教学内容予以不同程度的精简与优化。对定理、性质等以解释清楚为度，不追求理论上的严密性与系统性。在淡化理论的同时也适度考虑一些必要的证明，意在培养学生必要的逻辑推理能力。

② 重视直观化描述。对常用数学概念和结论的引入与叙述，尽可能用实际案例或配以几何图形直观描述，力求使抽象的数学概念形象化，以降低学习难度，有助于学生更好地掌握数学知识。

③ 紧密结合建筑及经济管理各专业人才培养的目标。根据专业的需要确定教学内容，安排了很多来自建筑工程实际的例题和习题，体现了数学知识尽量与专业知识相结合的原则，为学生学习专业知识打下坚实的理论基础。

④ 突出应用性，体现新颖性。学以致用，有利于提高学生数学知识的应用意识与学习兴趣，并使之具有一定的把实际问题转化为数学模型的能力。

由于编者水平有限，书中疏漏之处在所难免，敬请读者批评指正。

编　者
2015. 6. 1

目 录

第1章　基础数学

大千世界万事万物，无不在一定的空间中运动变化，而在这过程中都存在一定的数量关系．数学是研究现实中数量关系与空间形式的科学．初等数学研究的是规则、平直的几何对象和均匀有限过程的常量，亦称常量数学．

1.1　一次函数、正比例函数、反比例函数、二次函数

1.1.1　一次函数与正比例函数

案例1【行驶路程】

汽车以 60 千米/小时的速度匀速行驶，行驶路程为 y（千米）与行驶时间 x（小时）之间的关系．

案例2【水池的蓄水量】

某蓄水池有水 15 立方米，现打开进水管进水，进水速度为 5 立方米/小时，多长时间后这个水池内有水 40 立方米？

概念和公式的引出

正比例函数　形如 $y=kx(k\neq0)$ 的函数为正比例函数．

一次函数　形如 $y=kx+b(k\neq0,b$ 为常数）的函数为一次函数．

进一步的练习

练习1　【日常生活中的函数问题】

（1）某辆汽车油箱中原有汽油 60 升，汽车每行驶 50 千米耗油 6 升，你能写出耗油量 z（升）与汽车行驶路程 x（千米）之间的关系式吗？

因为　路程＝速度×时间，所以　$z=0.12x$

（2）你能算出每行驶一千米的耗油量吗？若油箱中的汽油为 y（升），则你能写出 y 与 x 的关系吗？

一千米的耗油量＝$6\div50=0.12$（升）

所以　$y=60-0.12x$

（3）某种大米的单价是 2.2 元/千克，当购买 x 千克大米时，花费为 y 元。y 是 x 的一次函数吗？是正比例函数吗？

$y=2.2x$，可见 y 是 x 的一次函数，且是正比例函数．

一次函数、正比例函数的图像与性质，见表 1-1.

表 1-1

一次函数	$k = kx + b(k \neq 0)$					
k, b 符号	$k > 0$			$k < 0$		
	$b > 0$	$b < 0$	$b = 0$	$b > 0$	$b < 0$	$b = 0$
图像						
性质	y 随 x 的增大而增大			y 随 x 的增大而减小		

正比例函数（$b = 0$）的图像是过原点的一条直线. 当 $k > 0$ 时，图像经过第一、三象限；当 $k < 0$ 时，图像经过第二、四象限.

1.1.2　反比例函数

案例 3【行驶路程】

A 地到 B 地的路程为 1200 千米，某人开车要从 A 地到 B 地，汽车的速度 v（千米/小时）和时间 t（小时）之间的关系式为 $vt = 1200$，建立 t 和 v 之间的关系式.

概念和公式的引出

反比例函数　形如 $y = \dfrac{k}{x}(k \neq 0)$ 的函数为反比例函数.

反比例函数的图像与性质，见表 1-2.

表 1-2

函数解析式	$k > 0$	$k < 0$
$y = \dfrac{k}{x}$		
增减性	在每一象限内，y 随 x 增大而减小	在每一象限内，y 随 x 增大而增大

反比例函数图像中每一象限的每一支曲线会无限接近 X 轴 Y 轴，但不会与坐标轴相交（$k \neq 0$）.

练习 2 一个矩形的面积为 20 平方米，相邻的两条边长分别为 x 米和 y 米，试建立函数 y 和 x 的函数关系．

$$\left[y = \frac{20}{x} (0 < x < 20) \right]$$

练习 3 $y = \frac{a}{x} (a \neq 0)$ 与 $y = a(x-1)(a \neq 0)$ 在同一坐标系中的大致图像是 （ ）．

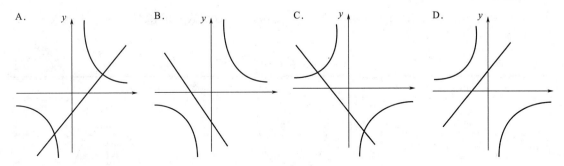

首先把一次函数化为 $y = ax - a$，再分情况进行讨论，即：$a > 0$ 时；$a < 0$ 时，分别讨论出两函数所在象限，即可选出答案．

解：$y = a(x-1) = ax - a$，

当 $a > 0$ 时，反比例函数在第一、三象限，一次函数在第一、三、四象限；当 $a < 0$ 时，反比例函数在第二、四象限，一次函数在第一、二、四象限．故选：A．

练习 4 某学校需刻录一些电脑光盘，若到电脑公司刻录，每张需 8 元，若学校自刻，除租用刻录机 120 元外，每张还需成本 4 元，问这些光盘是到电脑公司刻录还是学校自己刻，费用较省？

分析：此题要考虑 x 的范围．

解：设总费用为 y 元，刻录 x 张．

电脑公司：$y_1 = 8x$．

学校：$y_2 = 4x + 120$．

当 $y_1 = y_2$ 时（$x = 30$），电脑公司刻录或学校自己刻费用一样．

当 $y_1 > y_2$ 时（$x > 30$），电脑公司刻录比学校自己刻费用要省．

当 $y_1 < y_2$ 时（$x < 30$），学校自己刻比电脑公司刻录费用要省．

练习 5 我市某蔬菜生产基地在气温较低时，用装有恒温系统的大棚栽培一种在自然光照且温度为 18℃ 的条件下生长最快的新品种．图 1-1 是某天恒温系统从开启到关闭及关闭后，大棚内温度 y（℃）随时间 x（小时）变化的函数图像，其中 BC 段是双曲线 $y = \frac{k}{x}$ 的一部分．请根据图中信息解答下列问题：

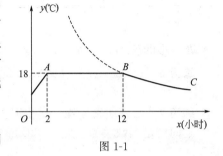

图 1-1

（1）恒温系统在这天保持大棚内温度 18℃ 的时间有多少小时？［10 小时］

（2）求 k 的值．［$k = 216$］

（3）当 $x = 16$ 时，大棚内的温度约为多少度？［13.5℃］

1.1.3 二次函数

📖 **案例 4**

要用总长为 60 米的篱笆围成一个矩形的场地，矩形面积 S 随矩形一边长 L 的变化而变化，当 L 是多少时，围成的矩形面积 S 最大?

💡 **概念和公式的引出**

二次函数　把形如 $y = ax^2 + bx + c(a \neq 0, a, b, c$ 均为常数$)$ 的函数称为二次函数.

性质与图像，见表 1-3.

表 1-3

$f(x) = ax^2 + bx + c(a \neq 0)$	$a > 0$	$a < 0$
图像	$x = -\dfrac{b}{2a}$	$x = -\dfrac{b}{2a}$
定义域	$(-\infty, +\infty)$	
对称轴	$x = -\dfrac{b}{2a}$	
顶点坐标	$\left(-\dfrac{b}{2a}, \dfrac{4ac - b^2}{4a}\right)$	
值域	$\left(\dfrac{4ac - b^2}{4a}, +\infty\right)$	$\left(-\infty, \dfrac{4ac - b^2}{4a}\right)$
单调区间	$\left(-\infty, -\dfrac{b}{2a}\right)$ 递减　$\left(-\dfrac{b}{2a}, +\infty\right)$ 递增	$\left(-\infty, -\dfrac{b}{2a}\right)$ 递增　$\left(-\dfrac{b}{2a}, +\infty\right)$ 递减

📖 **进一步的练习**

练习 6　$y = ax^2 + bx + c(a \neq 0)$ 的对称轴为 $x = 2$，且经过点 $P(3, 0)$. 则 $a + b + c = ($　$)$.
A. -1　　　　B. 0　　　　C. 1　　　　D. 2

练习 7　心理学家发现，学生对概念的接受能力 y 与提出概念所用的时间 x（单位：分钟）之间满足函数关系：$y = -0.1x^2 + 2.6x + 43(0 < x < 30)$. y 值越大，表示接受能力越强.

（1）x 在什么范围内，学生的接受能力逐步增强? x 在什么范围内，学生的接受能力逐步降低?

（2）第 10 分钟时，学生的接受能力是多少?

（3）第几分钟时，学生的接受能力最强？

分析：将抛物线 $y=-0.1x^2+2.6x+43$ 变为顶点式为：$y=-0.1(x-13)^2+59.9$，根据抛物线的性质可知开口向下，当 $x<13$ 时，y 随 x 的增大而增大，当 $x>13$ 时，y 随 x 的增大而减小. 而该函数自变量的范围为：$0<x<30$，所以两个范围应为：$0<x<13$，$13<x<30$. 将 $x=10$ 代入，求函数值即可. 由顶点解析式可知在第 13 分钟时接受能力为最强. 解题过程如下：

解：（1）$y=-0.1x^2+2.6x+43=-0.1(x-13)^2+59.9$.

所以，当 $0<x<13$ 时，学生的接受能力逐步增强.

当 $13<x<30$ 时，学生的接受能力逐步下降.

（2）当 $x=10$ 时，$y=-0.1\times(10-13)^2+59.9=59$.

第 10 分钟时，学生的接受能力为 59.

（3）$x=13$ 时，y 取得最大值，

所以，在第 13 分钟时，学生的接受能力最强.

⭐ 习题 1.1

1. 在同一平面直角坐标系中，函数 $y=x-1$ 与函数 $y=\dfrac{1}{x}$ 的图像可能是（ ）.

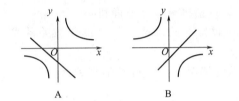

    A   B   C   D

2. 如图 1-2，点 P 是正比例函数 $y=x$ 与反比例函数 $y=\dfrac{k}{x}$ 在第一象限内的交点，$PA\perp OP$ 交 x 轴于点 A，$\triangle POA$ 的面积为 2，则 k 的值是 _____ .

3. 已知正比例函数 $y=-4x$ 与反比例函数 $y=\dfrac{k}{x}$ 的图像交于 A、B 两点，若点 A 的坐标为 $(x,4)$，则点 B 的坐标为 _____ .

4. 经过点 $(2,0)$ 且与坐标轴围成的三角形面积为 2 的直线解析式是 _____ .

5. 在二次函数 $y=x^2+bx+c$ 中，函数 y 与自变量 x 的部分对应值如表 1-4：

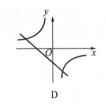

图 1-2

表 1-4

x	-2	-1	0	1	2	3	4
y	7	2	-1	-2	m	2	7

则 m 的值为 _____ .

6. 在平面直角坐标系 xOy 中，正比例函数 $y=kx$ 的图像与反比例函数 $y=\dfrac{2}{x}$ 的图像有一个交点 $A(m,2)$.

（1）求 m 的值；

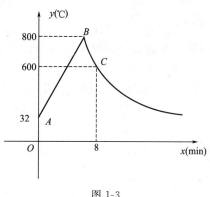

图 1-3

(2) 求正比例函数 $y = kx$ 的解析式；

(3) 试判断点 $B(2, 3)$ 是否在正比例函数图像上，并说明理由．

7. 工匠制作某种金属工具要进行材料煅烧和锻造两个工序，即需要将材料烧到 800℃，然后停止煅烧进行锻造操作，经过 8min 时，材料温度降为 600℃．煅烧时温度 $y(℃)$ 与时间 $x(min)$ 成一次函数关系；锻造时，温度 $y(℃)$ 与时间 $x(min)$ 成反比例函数关系（如图 1-3）．已知该材料初始温度是 32℃．

（1）分别求出材料煅烧和锻造时 y 与 x 的函数关系式，并且写出自变量 x 的取值范围；

（2）根据工艺要求，当材料温度低于 480℃时，须停止操作．那么锻造的操作时间有多长？

8. 某商店经销一种销售成本为每千克 40 元的水产品，据市场分析，若按每千克 50 元销售，一个月能售出 500 千克；销售单价每涨 1 元，月销售量就减少 10 千克．针对这种水产品的销售情况，请解答以下问题：

（1）当销售单价定为每千克 55 元时，计算月销售量和月销售利润；

（2）设销售单价为每千克 x 元，月销售利润为 y 元，求 y 与 x 的函数关系式（不必写出 x 的取值范围）；

（3）商店想在月销售成本不超过 10000 元的情况下，使得月销售利润达到 8000 元，销售单价应定为多少？

1.2 不等式、一元一次不等式、一元二次不等式

不等关系是客观世界中量与量之间的一种主要关系，而不等式则是反映这种关系的基本形式．你还记得小孩玩的跷跷板吗？你想过它的工作原理吗？看一看在古代，我们的祖先就懂得了跷跷板的工作原理，并且根据这一原理设计出了一些简单机械，并把它们用到了生活实践当中．由此可见，"不相等"处处可见．

1.2.1 不等式

📖 **案例1【跨栏成绩】**

2006 年 7 月 12 日，在国际田联超级大奖赛洛桑站男子 110 米栏比赛中，我国百米跨栏运动员刘翔以 12 秒 88 的成绩夺冠，并打破了尘封 13 年的世界纪录 12 秒 91，为我国争得了荣誉．如何体现两个纪录的差距？

通常利用观察两个数的差的符号，来比较它们的大小．因为 $12.88 - 12.91 = -0.03 < 0$，所以得到结论：刘翔的成绩比世界纪录快了 0.03 秒．

对于两个任意的实数 a 和 b，有：

$$a - b > 0 \Leftrightarrow a > b;$$
$$a - b = 0 \Leftrightarrow a = b;$$
$$a - b < 0 \Leftrightarrow a < b.$$

因此，比较两个实数的大小，只需要考察它们的差即可．

💡 **概念和公式的引出**

不等式　表示不相等关系的式子．

不等式的基本性质

性质 1　如果 $a>b$，且 $b>c$，那么 $a>c$．（不等式的传递性）

性质 2　如果 $a>b$，那么 $a+c>b+c$．

性质 3　如果 $a>b$，$c>0$，那么 $ac>bc$；

如果 $a>b$，$c<0$，那么 $ac<bc$．

📖 **进一步的练习**

练习 1　用符号"$>$"或"$<$"填空，并说出应用了不等式的哪条性质．

(1) 设 $a>b$，$a-3$ ____ $b-3$；

(2) 设 $a>b$，$6a$ ____ $6b$；

(3) 设 $a>b$，$-4a$ ____ $-4b$；

(4) 设 $a<b$，$5-2a$ ____ $5-2b$．

解：(1) $a-3>b-3$，应用不等式性质 2；

(2) $6a>6b$，应用不等式性质 3；

(3) $-4a<-4b$，应用不等式性质 3；

(4) $5-2a>5-2b$，应用不等式性质 2 与性质 3．

1.2.2　一元一次不等式

📓 **案例 2【射击比赛】**

某射击运动员在一次比赛中前 6 次射击共中 52 环，如果他要打破 89 环（10 次射击）的纪录，第 7 次射击不能少于多少环？

解：设第 7 次射击的成绩为 x 环，由于最后三次射击最多共中 30 环，要破纪录则需有 $x>7$，因为 x 是正整数，所以 $x\geqslant 8$．

答：第 7 次射击不能少于 8 环．

💡 **概念和公式的引出**

一元一次不等式：只含有一个未知数，且未知数的次数是一次的不等式．

一元一次不等式组：由几个含有同一个未知数的一次不等式组成的不等式组．

不等式组的解集：不等式组中所有不等式的解集的公共部分．

不等式的解集：一个含有未知数的不等式的解的全集．

解一元一次不等式：解法和解一元一次方程很类似，但要牢记不等式两边乘以（或除以）同一个负数，必须改变不等式的方向．

解一元一次不等式组的步骤：

(1) 先求出不等式组里每个不等式的解集；

(2) 再求出各个不等式的解集的公共部分，就可以得到这个不等式组的解集；

(3) 一个不等式组里各个不等式的解集如果没有公共部分，那么这个不等式组无解．

练习 2 【日常生活中的随机问题】

燃放某种礼花弹时，为了确保安全，人在点燃导火线后要在燃放前转移到 10 米以外的安全区域. 已知导火线的燃烧速度为 0.02 米/秒，人离开的速度为 4 米/秒，那么导火线的长度应为多少厘米？

解：设导火线的长度应为 x 厘米，根据题意，得 $\dfrac{0.01x}{0.02} \times 4 > 10$ 即 $x > 5$. 想一想：$x = 5, 6, 8$ 能使不等式 $x > 5$ 成立吗？

练习 3 【汽车的经济时速】

汽车的经济时速是指汽车最省油的行驶速度. 某种汽车在每小时 70～110 公里（千米）之间行驶时（含 70 公里和 110 公里），每公里耗油 $\dfrac{1}{18} + \dfrac{450}{x^2}$ 升. 若该汽车以每小时 x 公里的速度匀速行驶，1 小时的耗油量为 y 升.

（1）求 y 关于 x 的函数关系式（写出自变量 x 的取值范围）；

（2）求该汽车的经济时速及经济时速的百公里耗油量（结果保留小数点后一位）.

分析：（1）根据耗油总量＝每公里的耗油量×行驶的速度，列出函数关系式即可；

（2）经济时速就是耗油量最小的行驶速度.

解：（1）∵汽车在每小时 70～110 公里之间行驶时（含 70 公里和 110 公里），每公里耗油 $\dfrac{1}{18} + \dfrac{450}{x^2}$ 升，

∴$y = x\left(\dfrac{1}{18} + \dfrac{450}{x^2}\right) = \dfrac{x}{18} + \dfrac{450}{x} \quad (70 \leqslant x \leqslant 110)$.

（2）根据材料得：当 $\dfrac{x}{18} = \dfrac{450}{x}$ 时有最小值，解得：$x = 90$.

∴该汽车的经济时速为 90 千米/小时；

当 $x = 90$ 时百公里耗油量为 $100 \times \left(\dfrac{1}{18} + \dfrac{450}{8100}\right) \approx 11.1$ 升.

📖 案例 3【列车速度】

资料显示：随着科学技术的发展，列车运行速度不断提高，运行时速达 200 公里以上的旅客列车称为新时速旅客列车. 在北京与天津两个直辖市之间运行的，设计运行时速达 350 公里的京津城际列车呈现出超越世界的"中国速度"，使得新时速旅客列车的运行速度值界定在 200 公里/小时与 350 公里/小时之间.

如何表示列车的运行速度的范围？

可用不等式：$200 < v < 350$；集合：$\{v \mid 200 < v < 350\}$；

在数轴上是位于 2 与 3.5 之间的一段不包括端点的线段.

💡 概念和公式的引出

一般地，由数轴上两点间的一切实数所组成的集合叫做区间. 其中，这两个点叫做区间端点. 不含端点的区间叫做开区间. 如集合 $\{x \mid 2 < x < 4\}$ 表示的区间是开区间，用记号 $(2, 4)$ 表示. 其中 2 叫做区间的左端点，4 叫做区间的右端点.

含有两个端点的区间叫做闭区间，如集合 $\{x \mid 2 \leqslant x \leqslant 4\}$ 表示的区间是闭区间，用记号 $[2, 4]$ 表示.

只含左端点的区间叫做右半开区间，如集合 $\{x \mid 2 \leqslant x < 4\}$ 表示的区间是右半开区间，用记号 $[2,4)$ 表示.

只含右端点的区间叫做左半开区间，如集合 $\{x \mid 2 < x \leqslant 4\}$ 表示的区间是左半开区间，用记号 $(2,4]$ 表示.

案例3中，新时速旅客列车的运行速度值（单位：公里/小时）用区间表示为 $(200, 350)$. 各种区间表示的集合见表1-5（表中 a、b 为任意实数，且 $a < b$）.

表 1-5

区间	(a,b)	$[a,b]$	$(a,b]$	$[a,b)$	$(-\infty,b)$
集合	$\{x \mid a < x < b\}$	$\{x \mid a \leqslant x \leqslant b\}$	$\{x \mid a < x \leqslant b\}$	$\{x \mid a \leqslant x < b\}$	$\{x \mid x < b\}$
区间	$(-\infty,b]$	$(a,+\infty)$	$[a,+\infty)$	$(-\infty,+\infty)$	
集合	$\{x \mid x \leqslant b\}$	$\{x \mid a < x\}$	$\{x \mid a \leqslant x\}$	**R**	

1.2.3 一元二次不等式

利用一元二次函数 $y = ax^2 + bx + c (a > 0)$ 的图像可以解不等式 $ax^2 + bx + c > 0$ 或 $ax^2 + bx + c < 0$.

（1）当 $\Delta = b^2 - 4ac > 0$ 时，方程 $ax^2 + bx + c = 0$ 有两个不相等的实数解 x_1 和 $x_2 (x_1 < x_2)$，一元二次函数 $y = ax^2 + bx + c$ 的图像与 x 轴有两个交点 $(x_1,0)$，$(x_2,0)$ [如图1-4(a) 所示]. 此时，不等式 $ax^2 + bx + c < 0$ 的解集是 (x_1,x_2)，不等式 $ax^2 + bx + c > 0$ 的解集是 $(-\infty,x_1) \bigcup (x_2,+\infty)$.

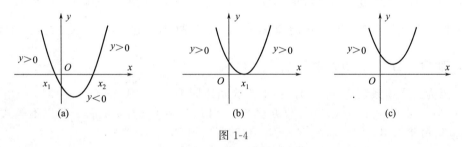

图 1-4

（2）当 $\Delta = b^2 - 4ac = 0$ 时，方程 $ax^2 + bx + c = 0$ 有两个相等的实数解 x_0，一元二次函数 $y = ax^2 + bx + c$ 的图像与 x 轴只有一个交点 $(x_0,0)$ [如图1-4(b)所示]. 此时，不等式 $ax^2 + bx + c < 0$ 的解集是 $\varnothing$；不等式 $ax^2 + bx + c > 0$ 的解集是 $(-\infty,x_0) \bigcup (x_0,+\infty)$.

（3）当 $\Delta = b^2 - 4ac < 0$ 时，方程 $ax^2 + bx + c = 0$ 没有实数解，一元二次函数 $y = ax^2 + bx + c$ 的图像与 x 轴没有交点 [如图1-4(c)所示]. 此时，不等式 $ax^2 + bx + c < 0$ 的解集是 $\varnothing$；不等式 $ax^2 + bx + c > 0$ 的解集是 **R**.

💡 概念和公式的引出

当 $a > 0$ 时，一元二次不等式的解集见表1-6：

表 1-6

方程或不等式	解集		
	$\Delta > 0$	$\Delta = 0$	$\Delta < 0$
$ax^2 + bx + c = 0$	$\{x_1,x_2\}$	$\{x_0\}$	$\varnothing$

方程或不等式	解集		
	$\Delta>0$	$\Delta=0$	$\Delta<0$
$ax^2+bx+c>0$	$(-\infty,x_1)\cup(x_2,+\infty)$	$(-\infty,x_0)\cup(x_0,+\infty)$	**R**
$ax^2+bx+c\geqslant0$	$(-\infty,x_1]\cup[x_2,+\infty)$	**R**	**R**
$ax^2+bx+c<0$	(x_1,x_2)	$\varnothing$	$\varnothing$
$ax^2+bx+c\leqslant0$	$[x_1,x_2]$	$\{x_0\}$	$\varnothing$

表中 $\Delta=b^2-4ac$，$x_1<x_2$．方程 $ax^2+bx+c=0$ 的根为 x_1，x_2．

进一步的练习

练习 4　解下列各一元二次不等式：

(1) $x^2-x-6>0$；　　　　　(2) $x^2<9$；

(3) $5x-3x^2-2>0$；　　　　(4) $-2x^2+4x-3\leqslant0$．

分析：首先判定二次项系数是否为正数，再研究对应一元二次方程解的情况，最后对照表格写出不等式的解集．

解：(1) 因为二次项系数为 $1>0$，且方程 $x^2-x-6=0$ 的解集为 $\{-2,3\}$，故不等式 $x^2-x-6>0$ 的解集为 $(-\infty,-2)\cup(3,+\infty)$．

(2) $x^2<9$ 可化为 $x^2-9<0$，因为二次项系数为 $1>0$，且方程 $x^2-9=0$ 的解集为 $\{-3,3\}$，故 $x^2<9$ 的解集为 $(-3,3)$．

(3) $5x-3x^2-2>0$ 中，二次项系数为 $-3<0$，将不等式两边同乘 -1，得 $3x^2-5x+2<0$．由于方程 $3x^2-5x+2=0$ 的解集为 $\left\{\dfrac{2}{3},1\right\}$．故不等式 $3x^2-5x+2<0$ 的解集为 $\left(\dfrac{2}{3},1\right)$，即 $5x-3x^2-2>0$ 的解集为 $\left(\dfrac{2}{3},1\right)$．

(4) 因为二次项系数为 $-2<0$，将不等式两边同乘 -1，得 $2x^2-4x+3\geqslant0$．由于判别式 $\Delta=(-4)^2-4\times2\times3=-8<0$，故方程 $2x^2-4x+3=0$ 没有实数解．所以不等式 $2x^2-4x+3\geqslant0$ 的解集为 **R**，即 $-2x^2+4x-3\leqslant0$ 的解集为 **R**．

练习 5　x 是什么实数时，$\sqrt{3x^2-x-2}$ 有意义．

解：根据题意需要解不等式 $3x^2-x-2\geqslant0$．

解方程 $3x^2-x-2=0$ 得 $x_1=-\dfrac{2}{3}$，$x_2=1$．

由于二次项系数为 $3>0$，所以不等式的解集为 $\left(-\infty,-\dfrac{2}{3}\right]\cup[1,+\infty)$．

即当 $x\in\left(-\infty,-\dfrac{2}{3}\right]\cup[1,+\infty)$ 时，$\sqrt{3x^2-x-2}$ 有意义．

1.2.4　含绝对值的不等式

任意实数的绝对值是如何定义的？其几何意义是什么？

对任意实数 x，有：

$$|x|=\begin{cases}x & x>0\\0 & x=0\\-x & x<0\end{cases}$$

其几何意义是：数轴上表示实数 x 的点到原点的距离.

📖 **案例 4**　在不等式 $|x|<2$ 和 $|x|>2$ 的解集在数轴上如何表示？

根据绝对值的意义可知，方程 $|x|=2$ 的解是 $x=2$ 或 $x=-2$，不等式 $|x|<2$ 的解集是 $(-2,2)$〔如图 1-5(a) 所示〕；不等式 $|x|>2$ 的解集是 $(-\infty,-2)\cup(2,+\infty)$〔如图 1-5(b)所示〕.

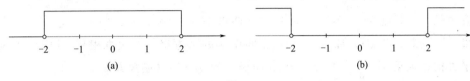

图 1-5

💡 **概念和公式的引出**

一般地，不等式 $|x|<a(a>0)$ 的解集是 $(-a,a)$；不等式 $|x|>a(a>0)$ 的解集是 $(-\infty,-a)\cup(a,+\infty)$.

试一试：写出不等式 $|x|\leqslant a$ 与 $|x|\geqslant a(a>0)$ 的解集.

📖 **进一步的练习**

练习 6　解下列各不等式：

(1) $3|x|-1>0$；　　(2) $2|x|\leqslant6$.

分析：将不等式化成 $|x|<a$ 或 $|x|>a$ 的形式后求解.

解：(1) 由不等式 $3|x|-1>0$，得 $|x|>\dfrac{1}{3}$，所以原不等式的解集为 $\left(-\infty,-\dfrac{1}{3}\right)\cup\left(\dfrac{1}{3},+\infty\right)$；

(2) 由不等式 $2|x|\leqslant6$，得 $|x|\leqslant3$，所以原不等式的解集为 $[-3,3]$.

练习 7　解不等式 $|2x-1|\leqslant3$

解：由原不等式可得 $-3\leqslant2x-1\leqslant3$，

于是　　　　　　$-2\leqslant2x\leqslant4$，

即　　　　　　　$-1\leqslant x\leqslant2$，

所以原不等式的解集为 $[-1,2]$.

⭐ **习题 1.2**

1. 填空：

(1) 设 $3x>6$，则 $x>$ _____ .　　(2) 设 $1-5x<-1$，则 $x>$ _____ .

2. 解下列各一元二次不等式：

(1) $2x^2-4x+2>0$；(2) $-x^2+3x+10\geqslant0$.

3. 解下列各不等式：

(1) $2|x|\geqslant8$；(2) $|x|<2$；(3) $|x|-1>0$.

4. 解下列各不等式：

(1) $|x+4|>9$；(2) $\left|x+\dfrac{1}{4}\right|\leqslant\dfrac{1}{2}$；(3) $|5x-4|<6$；(4) $\left|\dfrac{1}{2}x+1\right|\geqslant2$.

1.3 实数指数幂、幂函数及其性质

1.3.1 实数指数幂

📕 **案例 1** 已知正方体的面积为 10，求其边长.

设其边长为 x，则 $x^3=10$，$x=\sqrt[3]{10}$；x 叫做 10 的三次方根.

如果 $x^2=a$，$(a>0)$，那么 $x=\pm\sqrt{a}$ 叫做 a 的平方根（二次方根），其中 $\pm\sqrt{a}$ 叫做 a 的算术平方根；如果 $x^3=a$，那么 $x=\sqrt[3]{a}$ 叫做 a 的立方根（三次方根）.

💡 **概念和公式的引出**

如果 $x^n=a(n\in\mathbf{N}^+$ 且 $n>1)$，那么 x 叫做 a 的 n 次方根. 形如 $\sqrt[n]{a}(n\in\mathbf{N}^+$ 且 $n>1)$ 的式子叫做 a 的 n 次根式，其中 n 叫做根指数，a 叫做被开方数.

说明：（1）当 n 为偶数时，正数 a 的 n 次方根有两个，分别表示为 $-\sqrt[n]{a}$ 和 $\sqrt[n]{a}$，其中 $\sqrt[n]{a}$ 叫做 a 的 n 次算术根；零的 n 次方根是零；负数的 n 次方根没有意义.

（2）当 n 为奇数时，实数 a 的 n 次方根只有一个，记作 $\sqrt[n]{a}$.

📖 **进一步的练习**

练习 1 （1）81 的 4 次方根有_____个，它们分别是_____，其中____叫做 81 的 4 次算术根，即 $\sqrt[4]{81}=$_____.

（2）-32 的 5 次方根仅有一个是_____，即 $\sqrt[5]{-32}=$_____.

📕 **案例 2** 计算：$2^3=$_____；$3^{-2}=$_____；$(\sqrt{2})^0=$_____；

$$\left(\frac{2}{3}\right)^4=\underline{\qquad}；\quad \left(\frac{1}{5}\right)^{-2}=\underline{\qquad}.$$

💡 **概念和公式的引出**

整数指数幂规定：$a^{\frac{m}{n}}=\sqrt[n]{a^m}$，其中 $m,n\in\mathbf{N}^+$ 且 $n>1$. 当 n 为奇数时，$a\in\mathbf{R}$；当 n 为偶数时，$a\geq0$.

当 $a^{\frac{m}{n}}$ 有意义，且 $a\neq0$，$m,n\in\mathbf{N}^+$ 且 $n>1$ 时，规定：$a^{-\frac{m}{n}}=\dfrac{1}{\sqrt[n]{a^m}}$.

并且规定当 $a\neq0$ 时，$a^0=1$；$a^{-n}=\dfrac{1}{a^n}$.

这样就将整数指数幂推广到有理数指数幂.

📖 **进一步的练习**

练习 2 将下列各分数指数幂写成根式的形式：

（1）$a^{\frac{4}{7}}$；　（2）$a^{\frac{3}{5}}$；　（3）$a^{-\frac{3}{2}}$.

分析：要把握好形式互化过程中字母的位置对应关系，按照规定，先正确找出公式中的 m 与 n，再进行形式的转化.

解：（1）$n=7,m=4$，故 $a^{\frac{4}{7}}=\sqrt[7]{a^4}$；

（2）$n=5,m=3$，故 $a^{\frac{3}{5}}=\sqrt[5]{a^3}$；

（3）$n=2,m=3$，故 $a^{-\frac{3}{2}}=\dfrac{1}{\sqrt[2]{a^3}}$．

练习3 将下列各根式写成分数指数幂的形式：

（1）$\sqrt[3]{x^2}$；   （2）$\sqrt[3]{a^4}$；   （3）$\dfrac{1}{\sqrt[5]{a^3}}$．

分析 要把握好形式互化过程中字母位置的对应关系，按照规定逆向进行形式的转化．

解：（1）$n=3,m=2$，故 $\sqrt[3]{x^2}=x^{\frac{2}{3}}$；

（2）$n=3,m=4$，故 $\sqrt[3]{a^4}=a^{\frac{4}{3}}$；

（3）$n=5,m=3$，故 $\dfrac{1}{\sqrt[5]{a^3}}=a^{-\frac{3}{5}}$．

说明：将根式写成分数指数幂的形式或将分数指数幂写成根式的形式时，要注意规定中的 m、n 的对应位置关系，分数指数的分母为根式的根指数，分子为根式中被开方数的指数．

整数指数幂的运算法则：

（1）$a^m \cdot a^n=$_____；（2）$(a^m)^n=$_____；（3）$(ab)^n=$_____．
其中 $(m,n\in \mathbf{Z})$．

运算法则同样适用于有理数指数幂的情况．

💡 **概念和公式的引出**

当 p、q 为有理数时，有

$$a^p \cdot a^q=a^{p+q}；\ (a^p)^q=a^{pq}；\ (ab)^p=a^p \cdot b^p；\ \left(\dfrac{a}{b}\right)^p=\dfrac{a^p}{b^p}．$$

运算法则成立的条件是出现的每个有理数指数幂都有意义．

可以证明，当 p、q 为实数时，上述指数幂运算法则也成立．

📖 **进一步的练习**

练习4 计算下列各式的值：

（1）$(0.125)^{\frac{1}{3}}$；   （2）$\dfrac{\sqrt{3}\times\sqrt[3]{6}}{\sqrt[3]{9}\times\sqrt[3]{2}}$

分析：（1）题中的底为小数，需要首先将其化为分数，有利于运算法则的利用；（2）题中，首先要把根式化成分数指数幂，然后再进行化简与计算．

解：（1）$(0.125)^{\frac{1}{3}}=\left(\dfrac{1}{8}\right)^{\frac{1}{3}}=(2^{-3})^{\frac{1}{3}}=2^{-3\times\frac{1}{3}}=2^{-1}=\dfrac{1}{2}$；

（2）$\dfrac{\sqrt{3}\times\sqrt[3]{6}}{\sqrt[3]{9}\times\sqrt[3]{2}}=\dfrac{3^{\frac{1}{2}}\times(3\times2)^{\frac{1}{3}}}{(3^2)^{\frac{1}{3}}\times2^{\frac{1}{3}}}=\dfrac{3^{\frac{1}{2}}\times3^{\frac{1}{3}}\times2^{\frac{1}{3}}}{3^{\frac{2}{3}}\times2^{\frac{1}{3}}}=3^{(\frac{1}{2}+\frac{1}{3}-\frac{2}{3})}\times2^{(\frac{1}{3}-\frac{1}{3})}=3^{\frac{1}{6}}\times2^0=3^{\frac{1}{6}}$．

说明：（2）题中，将 9 写成 3^2，将 6 写成 3×2，使得式子中只出现两种底，方便于化简及运算．这种尽可能将底化同的做法，体现了数学中非常重要的“化同”思想．

练习5 化简下列各式：

（1）$\dfrac{(2a^4b^3)^4}{(3a^3b)^2}$；   （2）$(a^{\frac{1}{2}}+b^{\frac{1}{2}}) \cdot (a^{\frac{1}{2}}-b^{\frac{1}{2}})$．

分析：化简要依据运算的顺序进行，一般为"先括号内，再括号外；先乘方，再乘除，最后加减"，也可以利用乘法公式．

解：(1) $\dfrac{(2a^4b^3)^4}{(3a^3b)^2}=\dfrac{2^4a^{4\times4}b^{3\times4}}{3^2a^{3\times2}b^{1\times2}}=\dfrac{16a^{16}b^{12}}{9a^6b^2}=\dfrac{16}{9}a^{(16-6)}b^{(12-2)}=\dfrac{16}{9}a^{10}b^{10}$；

(2) $(a^{\frac{1}{2}}+b^{\frac{1}{2}})\cdot(a^{\frac{1}{2}}-b^{\frac{1}{2}})=(a^{\frac{1}{2}})^2-(b^{\frac{1}{2}})^2=a^{\frac{1}{2}\times2}-b^{\frac{1}{2}\times2}=a-b$．

说明：作为运算的结果，一般不能同时含有根号和分数指数幂．本章中一般不要求将结果中的分数指数幂化为根式．

1.3.2 幂函数

案例3 观察函数 $y=x$、$y=x^2$、$y=\dfrac{1}{x}$，回忆三个函数的图像和相关性质．

由于 $y=x=x^1$，$y=\dfrac{1}{x}=x^{-1}$，故这三个函数都可以写成 $y=x^{\alpha}$（$\alpha\in\mathbf{R}$）的形式．

概念和公式的引出

幂函数 形如 $y=x^{\alpha}$（$\alpha\in\mathbf{R}$）的函数叫做幂函数．其中指数 α 为常数，底 x 为自变量．

进一步的练习

练习6 指出幂函数 $y=x^3$ 和 $y=x^{\frac{1}{2}}$ 的定义域，并在同一个坐标系中作出它们的图像．
分析：首先分别确定各函数的定义域，然后再利用"描点法"分别作出它们的图像．
解：函数 $y=x^3$ 的定义域为 $\mathbf{R}$，函数 $y=x^{\frac{1}{2}}$ 的定义域为 $[0,+\infty)$．
分别设值列表，见表1-7、表1-8：

表1-7

x	$\cdots$	-2	-1	0	1	2	$\cdots$
$y=x^3$	$\cdots$	-8	-1	0	1	8	$\cdots$

表1-8

x	0	$\dfrac{1}{4}$	1	4	9	$\cdots$
$y=x^{\frac{1}{2}}$	0	$\dfrac{1}{2}$	1	2	3	$\cdots$

以表中的每组 x,y 的值为坐标，描出相应的点 (x,y)，再用光滑的曲线依次连接这些点，分别得到函数 $y=x^3$ 和函数 $y=x^{\frac{1}{2}}$ 的图像，如图1-6所示．

总结：这两个函数的定义域不同，在定义域内它们都是增函数．两个函数的图像都经过坐标原点和点 $(1,1)$．

练习7 指出幂函数 $y=x^{-2}$ 的定义域，并作出函数图像．

分析：考虑到 $y=x^{-2}=\dfrac{1}{x^2}$，因此函数的定义域为 $(-\infty,0)\bigcup(0,+\infty)$，由于 $y=x^{-2}=\dfrac{1}{x^2}$，故函数为偶函数，其图像关于 y 轴对称，可以先作出区间 $(0,+\infty)$ 内的图像，然后再利用对称性作出函数在区间 $(-\infty,0)$ 内的图像．

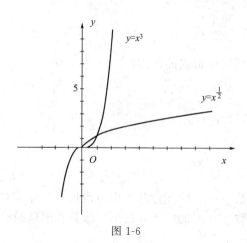

图 1-6

解：$y = x^{-2} = \dfrac{1}{x^2}$ 的定义域为 $(-\infty, 0) \bigcup (0, +\infty)$．由分析过程知道函数为偶函数．在区间 $(0, +\infty)$ 内，设值列表，见表 1-9：

表 1-9

x	...	$\dfrac{1}{2}$	1	2	...
y	...	4	1	$\dfrac{1}{4}$	...

以表中的每组 x, y 的值为坐标，描出相应的点 (x, y)，再用光滑的曲线依次连接各点，得到函数在区间 $(0, +\infty)$ 内的图像．再作出图像关于 y 轴对称图形，从而得到函数 $y = x^{-2}$ 的图像，图 1-7 所示．

总结：这个函数在 $(0, +\infty)$ 内是减函数；函数的图像不经过坐标原点，但是经过点 $(1, 1)$．一般地，幂函数 $y = x^\alpha (\alpha \in \mathbf{R})$ 具有如下特征：

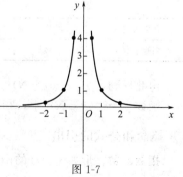

图 1-7

（1）随着指数 α 取不同值，函数 $y = x^\alpha$（$\alpha \in \mathbf{R}$）的定义域、单调性和奇偶性会发生变化；

（2）当 $\alpha > 0$ 时，函数图像经过原点 $(0, 0)$ 与点 $(1, 1)$；当 $\alpha < 0$ 时，函数图像不经过原点 $(0, 0)$，但经过 $(1, 1)$ 点．

⭐ 习题 1.3

1. 读出下列各根式，并计算出结果：

（1）$\sqrt[3]{27}$；　（2）$\sqrt{25}$；（3）$\sqrt[4]{81}$；　（4）$\sqrt[3]{-8}$．

2. 填空：

（1）25 的 3 次方根可以表示为 _____，其中根指数为 _____，被开方数为 _____；

（2）12 的 4 次算术根可以表示为 _____，其中根指数为 _____，被开方数为 _____；

（3）-7 的 5 次方根可以表示为 _____，其中根指数为 _____，被开方数为 _____；

（4）8 的平方根可以表示为 _____，其中根指数为 _____，被开方数为 _____．

3. 将下列各根式写成分数指数幂的形式：

(1) $\sqrt[3]{9}$；　　　　(2) $\sqrt{\dfrac{3}{4}}$；　　　　(3) $\dfrac{1}{\sqrt[7]{a^4}}$；　　　　(4) $\sqrt[4]{4^5}$．

4. 将下列各分数指数幂写成根式的形式：

(1) $4^{-\frac{3}{5}}$；　　　(2) $3^{\frac{3}{2}}$；　　　(3) $(-8)^{-\frac{2}{5}}$；　　　(4) $(1.2)^{\frac{3}{4}}$．

5. 计算下列各式：

(1) $\sqrt{3} \times \sqrt[3]{9} \div \sqrt[6]{27}$　　　　(2) $\left(2^{\frac{2}{3}} \times 4^{\frac{1}{2}}\right)^3 \cdot \left(2^{-\frac{1}{2}} \times 4^{\frac{5}{8}}\right)^4$．

6. 化简下列各式：

(1) $a^{\frac{1}{3}} \cdot a^{-\frac{2}{3}} \cdot a^2 \cdot a^0$；　　　　(2) $\left(a^{\frac{2}{3}} b^{\frac{1}{2}}\right)^3 \left(2a^{-\frac{1}{2}} b^{\frac{5}{8}}\right)^4$．

7. 用描点法作出幂函数 $y = x^4$ 的图像并指出图像具有怎样的对称性？

8. 用描点法作出幂函数 $y = x^3$ 的图像并指出图像具有怎样的对称性？

1.4　指数函数及其性质

1.4.1　指数函数

📖 **案例【细胞分裂】**　某种物质的细胞分裂，由 1 个分裂成 2 个，2 个分裂成 4 个，4 个分裂成 8 个，……，知道分裂的次数，如何求得细胞的个数呢？

设细胞分裂 x 次得到的细胞个数为 y，则列表如表 1-10：

表 1-10

分裂次数 x	1	2	3	…	x	…
细胞个数 y	$2=2^1$	$4=2^2$	$8=2^3$	…	2^x	…

由此得到，$y = 2^x \ (x \in \mathbf{N})$．

函数 $y = 2^x \ (x \in \mathbf{N})$ 中，指数 x 为自变量，底 2 为常数．

💡 **概念和公式的引出**

指数函数：形如 $y = a^x$ 的函数叫做指数函数，其中底 $a(a>0, a \neq 1)$ 为常量．指数函数的定义域为 $\mathbf{R}$，值域为 $(0, +\infty)$．如 $y = 2^x, y = 3^x, y = \left(\dfrac{1}{3}\right)^x, y = (0.8)^x$ 等都是指数函数．

📖 **进一步的练习**

练习 1　利用"描点法"作指数函数 $y = 2^x$ 和 $y = \left(\dfrac{1}{2}\right)^x$ 的图像．

解：设值列表，见表 1-11．

表 1-11

x	…	-3	-2	-1	0	1	2	3	…
$y = 2^x$	…	$\dfrac{1}{8}$	$\dfrac{1}{4}$	$\dfrac{1}{2}$	1	2	4	8	…
$y = \left(\dfrac{1}{2}\right)^x$	…	8	4	2	1	$\dfrac{1}{2}$	$\dfrac{1}{4}$	$\dfrac{1}{8}$	…

以表中的每一组 x,y 的值为坐标，描出对应的点 (x,y)．分别用光滑的曲线依次连接各点，得到函数 $y=2^x$ 和 $y=\left(\dfrac{1}{2}\right)^x$ 的图像，如图 1-8 所示．

观察函数图像发现：

（1）函数 $y=2^x$ 和 $y=\left(\dfrac{1}{2}\right)^x$ 的图像都在 x 轴的上方，向上无限伸展，向下无限接近于 x 轴；

（2）函数图像都经过 $(0,1)$ 点；

（3）函数 $y=2^x$ 的图像自左至右呈上升趋势；函数 $y=\left(\dfrac{1}{2}\right)^x$ 的图像自左至右呈下降趋势．利用数学软件可以作出 a 取不同值时的指数函数的图像．

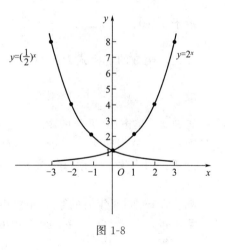

图 1-8

1.4.2 指数函数的性质

一般地，指数函数 $y=a^x（a>0,a\neq 1）$ 具有下列性质：

（1）函数的定义域是 $(-\infty,+\infty)$，值域为 $(0,+\infty)$．

（2）函数图像经过点 $(0,1)$，即当 $x=0$ 时，函数值 $y=1$．

（3）当 $a>1$ 时，函数在 $(-\infty,+\infty)$ 内是增函数；当 $0<a<1$ 时，函数在 $(-\infty,+\infty)$ 内是减函数．

进一步的练习

练习 2 判断下列函数在 $(-\infty,+\infty)$ 内的单调性：

（1）$y=4^x$；　　　　（2）$y=3^{-x}$；　　　　（3）$y=2^{\frac{x}{3}}$．

分析：判定指数函数单调性的关键在于判断底 a 的情况．

解：（1）因为底 $a=4>1$，所以函数 $y=4^x$ 在 $(-\infty,+\infty)$ 内是增函数．

（2）因为 $y=3^{-x}=(3^{-1})^x=\left(\dfrac{1}{3}\right)^x$，底 $a=\dfrac{1}{3}<1$，所以函数 $y=3^{-x}$ 在 $(-\infty,+\infty)$ 内是减函数．

（3）因为 $y=2^{\frac{x}{3}}=(2^{\frac{1}{3}})^x=(\sqrt[3]{2})^x$，底 $a=\sqrt[3]{2}\approx 1.259>1$ 所以，函数 $y=2^{\frac{x}{3}}$ 在 $(-\infty,+\infty)$ 内是增函数．

练习 3 已知指数函数 $f(x)=a^x$ 的图像过点 $\left(2,\dfrac{9}{4}\right)$，求 $f(1.2)$ 的值（精确到 0.01）．

分析：首先由函数图像过点 $\left(2,\dfrac{9}{4}\right)$ 可以确定底 a，得到函数的解析式，然后用计算器求出函数值．

解：由于函数图像过点 $\left(2,\dfrac{9}{4}\right)$，故 $f(2)=\dfrac{9}{4}$，即

$$a^2=\dfrac{9}{4}.$$

由于 $a>0$，所以 $a=\sqrt{\dfrac{9}{4}}=\dfrac{3}{2}$.

因此，函数的解析式为：$f(x)=\left(\dfrac{3}{2}\right)^{x}$.

故　$f(1.2)=\left(\dfrac{3}{2}\right)^{1.2}\approx1.63$.

练习 4　某市 2008 年国内生产总值为 20 亿元，计划在未来 10 年内，平均每年按 8% 的增长率增长，分别预测该市 2013 年及 2018 年的国内生产总值（精确到 0.01 亿元）.

分析：国内生产总值每年按 8% 增长是指后一年的国内生产总值是前一年的（1＋8%）倍.

解：设在 2008 年后的第 x 年该市国民生产总值为 y 亿元，则：

第 1 年，　$y=20\times(1+8\%)=20\times1.08$，

第 2 年，　$y=20\times1.08\times(1+8\%)=20\times1.08^{2}$，

第 3 年，　$y=20\times1.08^{2}\times(1+8\%)=20\times1.08^{3}$，

……　　　　　　　……

由此得到，第 x 年该市国内生产总值为：

$$y=20\times1.08^{x}\ (1\leqslant x\leqslant10)\text{且}\ x\in\mathbf{N}.$$

当 $x=5$ 时，得到 2013 年该市国内生产总值为

$$y=20\times1.08^{5}\approx29.39(\text{亿元}).$$

当 $x=10$ 时，得到 2018 年该市国民生产总值为

$$y=20\times1.08^{10}\approx43.18(\text{亿元}).$$

因此，预测该市 2013 年和 2018 年的国民生产总值分别为 29.39 亿元和 43.18 亿元.

函数解析式可以写成 $y=c\cdot a^{x}$ 的形式，其中 $c>0$ 为常数，底 $a>0$ 且 $a\neq1$. 函数模型 $y=c\cdot a^{x}$ 叫做指数模型. 当 $a>1$ 时，叫做指数增长模型；当 $0<a<1$ 时，叫做指数衰减模型.

练习 5　设磷 32 经过一天的衰变，其残留量为原来的 95.27%. 现有 10 克磷 32，设每天的衰变速度不变，经过 14 天衰变还剩下多少克（精确到 0.01 克)?

分析：残留量为原来的 95.27% 的意思是，如果原来的磷 32 为 a（克），经过一天的衰变后，残留量为 $a\times95.27\%$（克）.

解：设 10 克磷 32 经过 x 天衰变，残留量为 y（克）。根据题意可以得到经过 x 天衰变，残留量函数为　$y=10\times0.9527^{x}$.

故经过 14 天衰变，残留量为 $y=10\times0.9527^{14}\approx5.07$（克）.

答：经过 14 天，磷 32 还剩下 5.07 克.

⭐ 习题 1.4

1. 判断下列函数在 $(-\infty,+\infty)$ 内的单调性：

(1) $y=0.9^{x}$；　　　(2) $y=\left(\dfrac{\pi}{2}\right)^{-x}$；　　　(3) $y=3^{\frac{x}{2}}$.

2. 已知指数函数 $f(x)=a^{x}$ 满足条件 $f(-3)=\dfrac{8}{27}$，求 $f(1)$ 的值.

3. 求下列函数的定义域：

(1) $y=\dfrac{3}{2^{x}-1}$；　　　(2) $y=\sqrt{3^{x}-81}$.

4. 某企业原来每月消耗某种试剂 1000 千克，现进行技术革新，陆续使用价格较低的另一种材料替代该试剂，使得该试剂的消耗量以平均每月 10% 的速度减少，试建立试剂消耗量 y 与所经过月份数 x 的函数关系，并求 4 个月后，该种试剂的大约消耗量（精确到 0.1 千克）．

5. 某省 2008 年粮食总产量为 150 亿千克．现按每年平均增长 10.2% 的增长速度．求该省 4 年后的年粮食总产量（精确到 0.01 亿千克）．

6. 一台价值 100 万元的新机床，按每年 8% 的折旧率折旧，问 5 年后这台机床还值几万元（精确到 0.01 万元）？

7. 服用某种感冒药，每次服用的药物含量为 a，随着时间 t 的变化，体内的药物含量为 $f(t) = 0.57^t a$（其中 t 以小时为单位）．问服药 4 小时后，体内药物的含量为多少？8 小时后，体内药物的含量为多少？

1.5 对数、对数函数及其性质

1.5.1 对数

◆ **案例 1** 2 的多少次幂等于 8？2 的多少次幂等于 9？

已知底和幂，如何求出指数？如何用底和幂表示出指数的问题？为了解决这类问题，引进一个新概念——对数．

💡 **概念和公式的引出**

对数：如果 $a^b = N\,(a > 0, a \neq 1)$，那么 b 叫做以 a 为底 N 的对数，记作 $b = \log_a N$，其中 a 叫做底，N 叫做真数．

例如，$2^3 = 8$ 写作 $\log_2 8 = 3$，3 叫做以 2 为底 8 的对数；$9^{\frac{1}{2}} = 3$ 写作 $\log_9 3 = \frac{1}{2}$，$\frac{1}{2}$ 叫做以 9 为底 3 的对数；$10^{-3} = 0.001$ 写作 $\log_{10} 0.001 = -3$，-3 叫做以 10 为底 0.001 的对数．

形如 $a^b = N$ 的式子叫做指数式，形如 $\log_a N = b$ 的式子叫做对数式．

当 $a > 0, a \neq 1, N > 0$ 时

$$a^b = N \iff \log_a N = b$$

对数的性质：

(1) $\log_a 1 = 0$；(2) $\log_a a = 1$；(3) $N > 0$，即零和负数没有对数；(4) $a^{\log_a N} = N$．

📖 **进一步的练习**

练习 1 将下列指数式写成对数式：

(1) $\left(\dfrac{1}{2}\right)^4 = \dfrac{1}{16}$；　　(2) $(27)^{\frac{1}{3}} = 3$；　　(3) $(4)^{-3} = \dfrac{1}{64}$；　　(4) $10^x = y$．

分析：依照上述公式由左至右对应好各字母的位置关系．

解：(1) $\log_{\frac{1}{2}} \dfrac{1}{16} = 4$；　　(2) $\log_{27} 3 = \dfrac{1}{3}$；　　(3) $\log_4 \dfrac{1}{64} = -3$；　　(4) $\log_{10} y = x$．

练习 2 将下列对数式写成指数式：

(1) $\log_2 32 = 5$;　　　　(2) $\log_3 \dfrac{1}{81} = -4$;　(3) $\log_{10} 1000 = 3$;　(4) $\log_2 \dfrac{1}{8} = -3$.

分析：依照上述公式，由右至左对应好各字母的位置关系.

解：(1) $2^5 = 32$;　　(2) $3^{-4} = \dfrac{1}{81}$;　　(3) $10^3 = 1000$;　　(4) $2^{-3} = \dfrac{1}{8}$.

练习 3　求下列对数的值：

(1) $\log_3 3$;　　　　　(2) $\log_7 1$.

分析：(1) 题可以利用性质 (2)；(2) 题可以利用性质 (1).

解：(1) 由于底与真数相同，由对数的性质 (2) 知 $\log_3 3 = 1$.

(2) 由于真数为 1，由对数的性质 (1) 知 $\log_7 1 = 0$.

注：以 10 为底的对数叫做常用对数，$\log_{10} N$ 简记为 $\lg N$. 如 $\log_{10} 2$ 记为 $\lg 2$.

以无理数 $e(e = 2.71828\cdots$，在科学研究和工程计算中被经常使用) 为底的对数叫做自然对数，$\log_e N$ 简记为 $\ln N$. 如 $\log_e 5$ 记为 $\ln 5$.

对数的运算法则

法则 1：　　　　　　$\log_a MN = \log_a M + \log_a N \ (M > 0，N > 0)$;

法则 2：　　　　　　$\log_a \dfrac{M}{N} = \log_a M - \log_a N \ (M > 0，N > 0)$;

法则 3：　　　　　　$\lg M^n = n \lg M \ (n \text{ 为整数，} M > 0)$.

📖 **进一步的练习**

练习 4　用 $\lg x$，$\lg y$，$\lg z$ 表示下列各式：

(1) $\lg xyz$;　　　　(2) $\lg \dfrac{x}{yz}$;　　　　(3) $\lg \dfrac{x^2 \sqrt{y}}{z^3}$.

分析：要正确使用对数的运算法则.

解：(1) $\lg xyz = \lg x + \lg y + \lg z$;

(2) $\lg \dfrac{x}{yz} = \lg x - \lg yz = \lg x - (\lg y + \lg z) = \lg x - \lg y - \lg z$;

(3) $\lg \dfrac{x^2 \sqrt{y}}{z^3} = \lg x^2 + \lg \sqrt{y} - \lg z^3 = 2\lg x + \dfrac{1}{2}\lg y - 3\lg z$.

1.5.2　对数函数

📕 **案例 2【细胞分裂】**　某种物质的细胞分裂，由 1 个分裂成 2 个，2 个分裂成 4 个，……，那么，知道分裂得到的细胞个数如何求得分裂次数呢？

设 1 个细胞经过 y 次分裂后得到 x 个细胞，则 x 与 y 的函数关系是 $x = 2^y$，写成对数式为 $y = \log_2 x$，此时自变量 x 位于真数位置.

💡 **概念和公式的引出**

对数函数　形如 $y = \log_a x$ 的函数叫以 a 为底的对数函数，其中 $a > 0$ 且 $a \neq 1$. 对数函数的定义域为 $(0, +\infty)$，值域为 **R**.

例如 $y = \log_3 x$、$y = \lg x$、$y = \log_{\frac{1}{2}} x$ 都是对数函数.

📖 **进一步的练习**

练习 5 利用"描点法"作函数 $y=\log_2 x$ 和 $y=\log_{\frac{1}{2}} x$ 的图像.

函数的定义域为 $(0,+\infty)$，取 x 的一些值，列表（表 1-12）如下：

表 1-12

x	$\cdots$	$\frac{1}{4}$	$\frac{1}{2}$	1	2	4	$\cdots$
$y=\log_2 x$	$\cdots$	-2	-1	0	1	2	$\cdots$
$y=\log_{\frac{1}{2}} x$	$\cdots$	2	1	0	-1	-2	$\cdots$

以表中 x 的值与函数 $y=\log_2 x$ 对应的值 y 为坐标，描出点 (x,y)，用光滑曲线依次连接各点，得到函数 $y=\log_2 x$ 的图像；以表中 x 的值与函数 $y=\log_{\frac{1}{2}} x$ 对应的值 y 为坐标，描出点 (x,y)，用光滑曲线依次连接各点，得到函数 $y=\log_{\frac{1}{2}} x$ 的图像，如图 1-9 所示：

观察函数图像发现：

(1) 函数 $y=\log_2 x$ 和 $y=\log_{\frac{1}{2}} x$ 的图像都在 x 轴的右边；

(2) 图像都经过点 $(1,0)$；

(3) 函数 $y=\log_2 x$ 的图像自左至右呈上升趋势；函数 $y=\log_{\frac{1}{2}} x$ 的图像自左至右呈下降趋势.

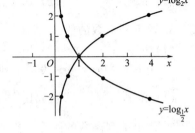

图 1-9

一般地，对数函数 $y=\log_a x\,(a>0$ 且 $a\neq 1)$ 具有下列性质：

(1) 函数的定义域是 $(0,+\infty)$，值域为 **R**；

(2) 当 $x=1$ 时，函数值 $y=0$，即 $\log_a 1=0$；

(3) 当 $a>1$ 时，函数在 $(0,+\infty)$ 内是增函数；当 $0<a<1$ 时，函数在 $(0,+\infty)$ 内是减函数.

练习 6 求下列函数的定义域：

(1) $y=\log_2^{(x+4)}$；　　　　(2) $y=\sqrt{\ln x}$.

分析：要依据"对数的真数大于零"求函数的定义域.

解：(1) 由 $x+4>0$ 得 $x>-4$，

所以函数 $y=\log_2^{(x+4)}$ 的定义域为 $(-4,+\infty)$；

(2) 由 $\begin{cases}\ln x>0\\ x>0\end{cases}$ 得 $\begin{cases}x\geqslant 1\\ x>0\end{cases}$，

所以 $y=\sqrt{\ln x}$ 的定义域为 $[1,+\infty)$.

考古学家如何使用"放射性碳年代鉴定法"来进行年代鉴定呢？大气中的碳 14 和其他碳原子一样，能跟氧原子结合成二氧化碳. 植物在进行光合作用时，吸收水和二氧化碳，合成体内的淀粉、纤维素……碳 14 也就进入了植物体内. 当植物死亡后，它就停止吸入大气中的碳 14. 从这时起，植物体内的碳 14 得不到外界补充，而在自动发出放射线的过程中，数量不断减少.

研究资料显示，经过 5568 年，碳 14 含量减少一半. 呈指数衰减的物质，减少到一半所经历的时间叫做该物质的半衰期. 碳 14 的半衰期是 5568 年. 因此，检测出文物的碳 14 含量，再根据碳 14 的半衰期，就能进行年代鉴定.

练习 7 现有一种放射性物质经过衰变，一年后残留量为原来的 84％，问该物质的半衰期是多少（结果保留整数）？

解：设该物质最初的质量为 1，衰变 x 年后，该物质残留一半，则

$$0.84^x = \frac{1}{2},$$

于是 $\qquad x = \log_{0.84} \frac{1}{2} \approx 4(\text{年})$．

即该物质的半衰期为 4 年．

⭐ **习题 1.5**

1. 将下列各指数式写成对数式：

(1) $5^3 = 125$；   (2) $0.9^2 = 0.81$；   (3) $0.2^3 = 0.008$；   (4) $343^{-\frac{1}{3}} = \frac{1}{7}$．

2. 把下列对数式写成指数式：

(1) $\log_{\frac{1}{2}} 4 = -2$；   (2) $\log_3 27 = 3$；   (3) $\log_5 625 = 4$；   (4) $\log_{0.01} 10 = -\frac{1}{2}$．

3. 求下列对数的值：

(1) $\log_7 7$；   (2) $\log_{0.5} 0.5$；   (3) $\log_{\frac{1}{3}} 1$；   (4) $\log_2 1$．

4. 用 $\lg x$，$\lg y$，$\lg z$ 表示下列各式：

(1) $\lg \sqrt{x}$；   (2) $\lg \dfrac{xy}{z}$；   (3) $\lg \left(\dfrac{y}{x} \right)^2$．

5. 作出下列函数的图像并判断它们在 $(0, +\infty)$ 内的单调性：

(1) $y = \log_3 x$；   (2) $y = \log_{\frac{1}{3}} x$．

6. 某钢铁公司的年产量为 a 万吨，计划每年比上一年增产 10%，问经过多少年产量翻一番（保留 2 位有效数字）．

7. 碳 14 的半衰期为 5730 年，古董市场有一幅达·芬奇（1452～1519）的绘画，测得其碳 14 的含量为原来的 94.1%，根据这个信息，请你从时间上判断这幅画是不是赝品（使用计算器）．

1.6 解三角形

由于三角形具有一个很重要的力学性质——稳定性，所以三角形成了建筑物中最为常见的一个几何图形．如屋架、支架、支撑等都是由三角形构成的．对于以建筑业为专业背景的我们来说，很好地掌握解三角形的知识，以适应实际工作的需要，就显得非常重要．

📖 **案例 1【支架的尺寸】** 为了竖一块广告牌，要制造三角形支架．要求：$\angle ACB = 60°$，$BC = 1$ 米，且 AC 比 AB 长 0.5 米．为了使广告牌稳固，要求 AC 的长度越短越好，求 AC 最短为多少米？AC 最短时 BC 的长为多少米？

💡 **概念和公式的引出**

1.6.1 三角形的性质

（1）三角形的分类

按边分：不等边三角形、等腰三角形、等边（正）三角形．

按角分：锐角三角形、直角三角形、钝角三角形．

（2）构成三角形的条件

两边之和大于第三边，两边之差小于第三边．

（3）三角形的内角

内角和为 $180°$，三角形的一个外角等于它不相邻的两内角之和．

（4）三角形的边角关系

在同一三角形中，边相等则所对的角相等；大边对大角，反之也成立．

（5）三角形具有四心

垂心（三条高的交点）、重心（三条中线的交点）、内心（三条角平分线的交点）、外心（三条边的垂直平分线交点）．

（6）三角形的面积公式：$S = \dfrac{1}{2}ah_a$（图 1-10）．

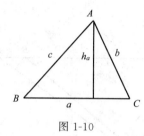

图 1-10

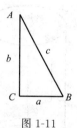

图 1-11

1.6.2 解三角形

（1）直角三角形的边角计算（图 1-11）：

利用勾股定理 $c^2 = a^2 + b^2$

三角比（锐角三角函数） $\sin A = \dfrac{a}{c}$，$\cos A = \dfrac{b}{c}$，$\tan A = \dfrac{a}{b}$，$\cot A = \dfrac{b}{a}$．

（2）斜三角形的边角计算（图 1-10）

正弦定理：$\dfrac{a}{\sin A} = \dfrac{b}{\sin B} = \dfrac{c}{\sin C} = 2R$（$R$ 为三角形外接圆半径）

余弦定理：$a^2 = b^2 + c^2 - 2bc\cos A$

$b^2 = a^2 + c^2 - 2ac\cos B$

$c^2 = a^2 + b^2 - 2ab\cos C$．

📖 进一步的练习

练习 1 桅杆式起重机最大起吊高度和最远起吊距离的计算．某工地为安装设备，需要安装一台大型桅杆式起重机（如图 1-12）．拔杆长 59.5 米，拔杆下端与主桅杆铰接在离地面 0.4 米处，偏离主桅杆中心 0.42 米；拔杆的倾角 α 可以从 $15°$ 转到 $80°$，起重机吊钩、滑轮、索具的高度为 2.5 米，求起重机工作时吊钩离地面的最大高度和最大水平距离．

解：如图 1-12，在倾角为 α 时，（$\alpha \in [15°, 80°]$）起吊高度 $H = AB + 0.4 - 2.5$，水平距离 $a = OB + 0.42$，所以考虑直角三角形 AOB，有

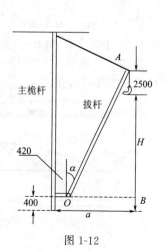

图 1-12

$$AB = OA \cdot \sin(90° - \alpha) = OA \cdot \cos\alpha$$
$$OB = OA \cdot \cos(90° - \alpha) = OA \cdot \sin\alpha$$

要使起吊高度 H 达到最大，则 AB 最大，此时取 $\alpha = 15°$，所以最大起吊高度为
$$H = 59.5 \cdot \cos 15° + 0.4 - 2.5 = 55.4 \text{（米）}$$

要使水平距离 a 达到最大，则 OB 达到最大，此时取 $\alpha = 80°$，最大水平距离为
$$a = 59.5 \cdot \sin 80° + 0.42 = 59.0 \text{（米）}$$

练习 2 有一个高度为 $A_1B = 6$ 米，半径 $OA_1 = 1.5$ 米的圆柱形构筑物，沿着圆柱外周设置一个宽度 $A_1A = 70$ 厘米的旋转梯〔图 1-13(a)〕，其中 A_1B_1 为旋转梯的内沿边，A_2B_2 为旋转梯的外沿边，D_1D_2 为旋转梯的横档（踏步）．若将旋转梯的内沿边和外沿边展开后放在同一平面上〔图 1-13(b)〕，经测量第一个踏步有关尺寸为：$D_1C_1 = D_2C_2 = 20$ 厘米，$A_1C_1 = 30$ 厘米，$A_1C_2 = 44$ 厘米，试求旋转梯从地面到构筑物顶部的内沿边 A_1B_1 与外沿边 A_2B_2 的长度．

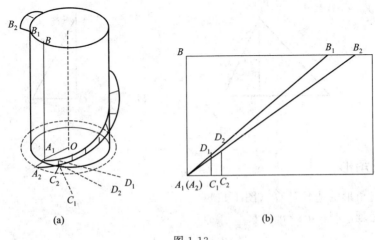

(a)   (b)

图 1-13

解：由平面展开图，在直角三角形 $A_1D_1C_1$ 中
$$\sin\angle D_1A_1C_1 = \frac{D_1C_1}{A_1D_1} = \frac{20}{\sqrt{30^2 + 20^2}} \approx 0.5547.$$

在直角三角形 BA_1B_1 中得内沿边长
$$A_1B_1 = \frac{A_1B}{\cos\angle BA_1B_1} = \frac{A_1B}{\cos(90° - \angle D_1A_1C_1)} = \frac{6}{\sin\angle D_1A_1C_1} \approx 10.81 \text{（米）}.$$

同理可得外沿 A_2B_2 长为 14.61 米．

练习 3 如图 1-14 所示的屋架，根据所给的尺寸，计算三角形 ABC 三边 AB、BC、CA 的长度及三内角 $\angle A$、$\angle B$、$\angle C$ 的大小．

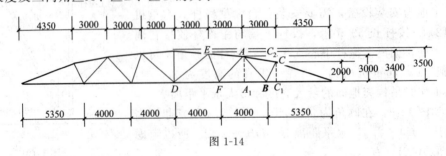

图 1-14

解： 由勾股定理计算杆的长度

在直角三角形 ABA_1 中

$$AB=\sqrt{(AA_1)^2+(A_1B)^2}=\sqrt{(3.0)^2+(2.0)^2}\approx3.61(米).$$

在直角三角形 BCC_1 中

$$BC=\sqrt{(BC_1)^2+(C_1C)^2}=\sqrt{(5.35-4.35)^2+(2.0)^2}\approx2.24(米).$$

在直角三角形 ACC_2 中

$$AC=\sqrt{(AC_2)^2+(C_2C)^2}=\sqrt{(3.0)^2+(3.0-2.0)^2}\approx3.16(米).$$

在三角形 ABC 中，由余弦定理可知

$$\cos B=\frac{AB^2+BC^2-AC^2}{2AB\cdot BC}=\frac{(3.61)^2+(2.24)^2-(3.16)^2}{2\times3.61\times2.24}\approx0.4960;$$

$$\angle B=60°16'.$$

又用正弦定理得 $\quad\dfrac{AC}{\sin B}=\dfrac{BC}{\sin A}$

所以　　$\sin A=\dfrac{BC}{AC}\sin B=\dfrac{2.24}{3.16}\times0.8682=0.6151；\angle A=37°59'.$

故　　　$\angle C=180°-\angle A-\angle B=180°-37°59'-60°16'=81°45'.$

⭐ **习题 1.6**

1. 如图 1-15，为了防止屋面积水，某大型公共建筑屋的网状屋顶的倾斜度为 $1°$，已知该建筑物跨度为 138.2 米，求屋顶中央处的高度 BD.

2. 如图 1-16 某房屋跨度为 4.8 米，房屋倾角为 $26°34'$，房屋长度为 7.8 米，如果每平方米屋面铺瓦 15 张，问该房屋屋面共铺多少张瓦？

3. 某轻钢屋架如图 1-17 所示，求各杆的长度及它们间的夹角.

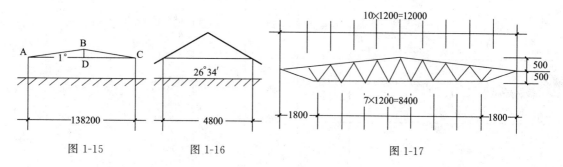

图 1-15　　　　图 1-16　　　　　　　　图 1-17

1.7　三角函数及常用公式

🔷 **案例1【电视塔的高度】**　　在地面上一点，测得一电视塔尖的仰角为 $45°$，沿着水平方向再向塔底前进 a 米，又测得塔尖的仰角为 $60°$，求电视塔的高度.

💡 **概念和公式的引出**

1. 任意角 α 的正弦、余弦、正切、余切、正割、余割

$$\sin\alpha=\frac{y}{r}，\cos\alpha=\frac{x}{r}，\tan\alpha=\frac{y}{x}，\cot\alpha=\frac{x}{y}，\sec\alpha=\frac{r}{x}，\csc\alpha=\frac{r}{y}，$$

其中 $P(x,y)$ 为角 α 终边上异于原点的任意一点，$r=\sqrt{x^2+y^2}$.

2. 三角函数

当角的度量单位为弧度制时，角的集合与实数集合之间建立了一一对应的关系，而一个确定的角又对应着一个三角比. 这样就产生了一个新函数——三角函数. 不同的三角比对应着不同的三角函数，它们分别为正弦函数 $y=\sin x$、余弦函数 $y=\cos x$、正切函数 $y=\tan x$、余切函数 $y=\cot x$、正割函数 $y=\sec x$、余割函数 $y=\csc x$.

三角函数的定义域、值域、性质，见表 1-13.

表 1-13

函数	定义域	值域	奇偶性	周期	单调性
$y=\sin x$	$x\in \mathbf{R}$	$[-1,1]$	奇	2π	$\left[-\dfrac{\pi}{2}+2k\pi,\dfrac{\pi}{2}+2k\pi\right]$, $\left[\dfrac{\pi}{2}+2k\pi,\dfrac{3\pi}{2}+2k\pi\right]$ $k\in \mathbf{Z}$
$y=\cos x$	$x\in \mathbf{R}$	$[-1,1]$	偶	2π	$[2k\pi,(2k+1)\pi]$ $[(2k+1)\pi,(2k+2)\pi]$ $k\in \mathbf{Z}$
$y=\tan x$	$x\neq k\pi+\dfrac{\pi}{2}$, $k\in \mathbf{Z}$	$\mathbf{R}$	奇	π	$\left(-\dfrac{\pi}{2}+k\pi,\dfrac{\pi}{2}+k\pi\right)$ $k\in \mathbf{Z}$
$y=\cot x$	$x\neq k\pi$, $k\in \mathbf{Z}$	$\mathbf{R}$	奇	π	$[k\pi,(k+1)\pi]$ $k\in \mathbf{Z}$
$y=\sec x$	$x\neq k\pi+\dfrac{\pi}{2}$, $k\in \mathbf{Z}$		偶	2π	
$y=\csc x$	$x\neq k\pi$, $k\in \mathbf{Z}$		奇	2π	

其中正弦函数 $y=\sin x$、余弦函数 $y=\cos x$ 和正切函数 $y=\tan x$ 的图像分别如图 1-18(a) 及图 1-18(b) 所示.

3. 常用的三角公式

(1) 同角三角函数关系

平方关系：$\sin^2 x+\cos^2 x=1$，$1+\tan^2 x=\sec^2 x$，$1+\cot^2 x=\csc^2 x$.

商数关系：$\tan x=\dfrac{\sin x}{\cos x}$，$\cot x=\dfrac{\cos x}{\sin x}$.

倒数关系：$\sec x=\dfrac{1}{\cos x}$，$\csc x=\dfrac{1}{\sin x}$，$\cot x=\dfrac{1}{\tan x}$.

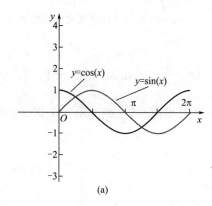 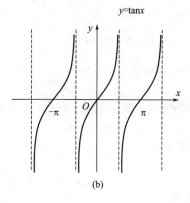

(a)　　　　　　　　　　　(b)

图 1-18

（2）二倍角公式

$$\sin 2x = 2\sin x\cos x ,$$
$$\cos 2x = \cos^2 x - \sin^2 x = 2\cos^2 x - 1 = 1 - 2\sin^2 x ,$$
$$\tan 2x = \frac{2\tan x}{1 - \tan^2 x} .$$

（3）两角和与差的公式

$$\sin(x \pm y) = \sin x\cos y \pm \cos x\sin y ,$$
$$\cos(x \pm y) = \cos x\cos y \mp \sin x\sin y ,$$
$$\tan(x \pm y) = \frac{\tan x \pm \tan y}{1 \pm \tan x\tan y} .$$

📖 进一步的练习

练习 1　已知角 α 的终边经过一点 $P(3, -4)$，求角 α 的六个三角函数值.

解：$\because x = 3, y = -4, r = \sqrt{3^2 + (-4)^2} = 5,$

$$\therefore \sin\alpha = \frac{y}{r} = -\frac{4}{5}, \cos\alpha = \frac{x}{r} = \frac{3}{5}, \tan\alpha = \frac{y}{x} = -\frac{4}{3},$$

$$\cot\alpha = \frac{x}{y} = -\frac{3}{4}, \sec\alpha = \frac{5}{3}, \csc\alpha = -\frac{5}{4}.$$

练习 2　若 $\tan x = m$，且 x 为第三象限的角，求 $\cos x$ 的值.

解：由于 $1 + \tan^2 x = \sec^2 x$，x 为第三象限的角，所以

$$\cos x = \frac{1}{\sec x} = -\frac{1}{\sqrt{1 + \tan^2 x}} = -\frac{1}{\sqrt{1 + m^2}} = -\frac{\sqrt{1 + m^2}}{1 + m^2}$$

练习 3　求下列函数的最大值与最小值，并求对应的 x 值.

（1）$y = \sin x + \sqrt{3}\cos x$；　　　　　　　　（2）$y = -2\cos^2 x + 2\sin x + \frac{3}{2}$.

解：（1）$y = 2\left(\frac{1}{2}\sin x + \frac{\sqrt{3}}{2}\cos x\right) = 2\sin\left(\frac{\pi}{3} + x\right)$，由于 $-1 \leqslant \sin\left(x + \frac{\pi}{3}\right) \leqslant 1$，

所以（1）的最大值为 2，此时 $x = 2k\pi + \frac{\pi}{2} - \frac{\pi}{3} = 2k\pi + \frac{\pi}{6}, k \in \mathbf{Z}$；

最小值为 -2，此时 $x = 2k\pi - \frac{\pi}{2} - \frac{\pi}{3} = 2k\pi - \frac{5\pi}{6}, k \in \mathbf{Z}.$

注：$a\sin\omega x + b\cos\omega x = \sqrt{a^2+b^2}\sin(\omega x + \phi)$，其中 $\tan\phi = \dfrac{b}{a}$. 该公式在建筑结构的振动分析中常常遇到，还可用于求最值、周期等.

（2）$y = -2\cos^2 x + 2\sin x + \dfrac{3}{2} = 2\sin^2 x + 2\sin x - \dfrac{1}{2} = 2\left(\sin x + \dfrac{1}{2}\right)^2 - 1$，当 $\sin x = -\dfrac{1}{2}$

时，即 $x = 2k\pi - \dfrac{\pi}{6}$ 或 $x = 2k\pi + \dfrac{7\pi}{6}$，$k \in \mathbf{Z}$ 时 y 有最小值 -1；当 $\sin x = 1$ 即 $x = 2k\pi + \dfrac{\pi}{2}$，

$k \in \mathbf{Z}$ 时 y 有最大值 $\dfrac{7}{2}$.

⭐ 习题 1.7

1. 已知 $\cos x = \dfrac{5}{13}$，$x \in \left(\dfrac{3\pi}{2}, 2\pi\right)$，求 $\tan\dfrac{x}{2}$.

2. 求函数 $y = \sqrt{\sin x}$ 的定义域.

3. 化简下列各式：

（1）$\sin^2 1^0 + \sin^2 2^0 + \cdots + \sin^2 89^0$；

（2）$\sin^2\alpha + \sin^2\beta - \sin^2\alpha\sin^2\beta + \cos^2\alpha\cos^2\beta$.

4. 求下列函数的最值，及相应的 x 值

（1）$y = 3\sin 2x + 4\cos 2x$；   （2）$y = 3\sin^2 x + 6\sin x - 4$.

1.8 反三角函数

💡 概念和公式的引出

1.8.1 反函数

设函数 $y = f(x)$，其定义域 D，值域 M. 如果对于每一个 $y \in M$，有唯一的一个 $x \in D$ 与之对应，并使 $y = f(x)$ 成立，则得到一个以 y 为自变量的函数，称此函数为 $y = f(x)$ 的反函数，记作 $x = f^{-1}(y)$，显然 $x = f^{-1}(y)$ 的定义域为 M，值域为 D. 由于习惯上用 x 表示自变量，y 表示因变量，所以 $y = f(x)$ 的反函数可表示为 $y = f^{-1}(x)$.

反函数存在的条件是——一一对应，如指数函数 $y = a^x (a > 0, a \neq 1)$ 的定义域 $(-\infty, +\infty)$ 内是一一对应的，其值域为 $(0, +\infty)$，所以有反函数，它的反函数是对数函数 $y = \log_a x (a > 0, a \neq 1)$. 相应的定义域为 $(0, +\infty)$，值域为 $(-\infty, +\infty)$.

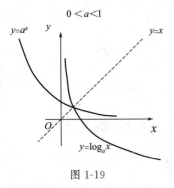

图 1-19

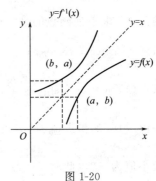

图 1-20

如 $0<a<1$ 时的图形（见图 1-19）.

在同一直角坐标系中，函数 $y=f(x)$ 和其反函数 $y=f^{-1}(x)$ 的图像关于直线 $y=x$ 对称，如图 1-20 所示.

1.8.2 反三角函数

三角函数的定义告诉我们，在整个定义域上没有一个三角函数是一一对应的，所以三角函数在定义域上没有反函数．但注意到每个三角函数都有单调区间，考虑单调区间上的反函数，由此定义了反正弦函数、反余弦函数、反正切函数、反余切函数．具体定义见表 1-14：

表 1-14

反三角函数	定义域	值域
$y=\arcsin x$	$x\in[-1,1]$	$y\in\left[-\dfrac{\pi}{2},\dfrac{\pi}{2}\right]$
$y=\arccos x$	$x\in[-1,1]$	$y\in[0,\pi]$
$y=\arctan x$	$x\in(-\infty,+\infty)$	$y\in\left(-\dfrac{\pi}{2},\dfrac{\pi}{2}\right)$
$y=\text{arccot}\,x$	$x\in(-\infty,+\infty)$	$y\in(0,\pi)$

反三角函数性质与图像，见表 1-15.

表 1-15

函数	单调性	恒等式	正负值关系
$y=\arcsin x$	增	$\sin(\arcsin x)=x$	$\arcsin(-x)=-\arcsin x$
$y=\arccos x$	减	$\cos(\arccos x)=x$	$\arccos(-x)=\pi-\arccos x$
$y=\arctan x$	增	$\tan(\arctan x)=x$	$\arctan(-x)=-\arctan x$
$y=\text{arccot}\,x$	减	$\cot(\text{arccot}\,x)=x$	$\text{arccot}(-x)=\pi-\text{arccot}\,x$

反正弦函数、反余弦函数、反正切函数的图像分别如图 1-21(a)～图 1-21(c) 所示.

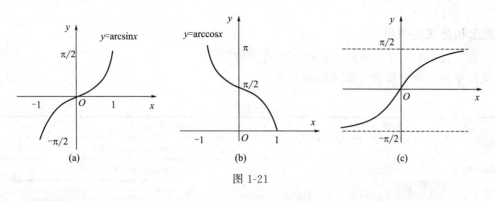

图 1-21

📖 **进一步的练习**

练习 1 求下列函数的定义域：

(1) $y=\dfrac{1}{4}\arcsin(2x-5)$；　　　　(2) $y=\arccos(x^2-x)$.

解 （1）由 $-1\leqslant 2x-5\leqslant 1$ 得 $2\leqslant x\leqslant 3$，定义域 $[2,3]$．

（2）由 $-1\leqslant x^2-x\leqslant 1$ 得 $\dfrac{1-\sqrt{5}}{2}\leqslant x\leqslant\dfrac{1+\sqrt{5}}{2}$，定义域 $\left[\dfrac{1-\sqrt{5}}{2},\dfrac{1+\sqrt{5}}{2}\right]$．

练习 2 求反三角函数的值：

（1）$\arcsin\dfrac{1}{2}$；　　　　　　（2）$\arccos\left(-\dfrac{\sqrt{3}}{2}\right)$；

（3）$\arctan\left(\tan\dfrac{8\pi}{7}\right)$；　　　　（4）$\arcsin\dfrac{4}{\sqrt{41}}+\arccos\dfrac{9}{\sqrt{82}}$．

解 （1）设 $\arcsin\dfrac{1}{2}=\alpha$，则 $\sin\alpha=\dfrac{1}{2}$，$\alpha\in\left[-\dfrac{\pi}{2},\dfrac{\pi}{2}\right]$，所以 $\arcsin\dfrac{1}{2}=\alpha=\dfrac{\pi}{6}$．

（2）设 $\arccos\left(-\dfrac{\sqrt{3}}{2}\right)=\alpha$，则 $\cos\alpha=-\dfrac{\sqrt{3}}{2}$，$\alpha\in[0,\pi]$，所以 $\arccos\left(-\dfrac{\sqrt{3}}{2}\right)=\alpha=\dfrac{5\pi}{6}$．

（3）$\arctan\left(\tan\dfrac{8\pi}{7}\right)=\arctan\left(\tan\pi+\dfrac{\pi}{7}\right)=\arctan\left(\tan\dfrac{\pi}{7}\right)=\dfrac{\pi}{7}$．

（4）设 $\alpha=\arcsin\dfrac{4}{\sqrt{41}}$，$\beta=\arccos\dfrac{9}{\sqrt{82}}$，

则 $\sin\alpha=\dfrac{4}{\sqrt{41}}$，$\alpha\in\left(0,\dfrac{\pi}{4}\right)$，$\cos\beta=\dfrac{9}{\sqrt{82}}$，$\beta\in\left(0,\dfrac{\pi}{4}\right)$，

所以 $\cos\alpha=\sqrt{1-\sin^2\alpha}=\dfrac{5}{\sqrt{41}}$，$\sin\beta=\sqrt{1-\cos^2\beta}=\dfrac{1}{\sqrt{82}}$，

故 $\sin(\alpha+\beta)=\sin\alpha\cos\beta+\cos\alpha\sin\beta=\dfrac{4}{\sqrt{41}}\cdot\dfrac{9}{\sqrt{82}}+\dfrac{5}{\sqrt{41}}\cdot\dfrac{1}{\sqrt{82}}=\dfrac{\sqrt{2}}{2}$，

又 $\alpha+\beta\in\left(0,\dfrac{\pi}{2}\right)$，所以 $\alpha+\beta=\dfrac{\pi}{4}$ 即 $\arcsin\dfrac{4}{\sqrt{41}}+\arccos\dfrac{9}{\sqrt{82}}=\dfrac{\pi}{4}$．

注：求反三角函数值时，首先考虑用反三角函数的定义与性质；其次通常设辅助角，转化为原函数的恒等变形来解决问题，其一般步骤是：设辅助角—化原函数—计算求值．

1.8.3　简单三角方程

概念和公式的引出

含有未知数的三角函数的方程称为三角方程．

最简单的三角方程的解情况如表 1-16：

表 1-16

方　　　程	a 的值	通　　　解
$\sin x=a$	$\lvert a\rvert<1$	$x=k\pi+(-1)^k\arcsin a$，$k\in\mathbf{Z}$
	$\lvert a\rvert=1$	$x=2k\pi+\arcsin a$，$k\in\mathbf{Z}$
	$\lvert a\rvert>1$	无解
$\cos x=a$	$\lvert a\rvert<1$	$x=2k\pi\pm\arccos a$，$k\in\mathbf{Z}$
	$\lvert a\rvert=1$	$x=2k\pi\pm\arccos a$，$k\in\mathbf{Z}$
	$\lvert a\rvert>1$	无解

续表

方　程	a 的值	通　解
$\tan x = a$	$a \in \mathbf{R}$	$x = k\pi + \arctan a,\ k \in \mathbf{Z}$
$\cot x = a$	$a \in \mathbf{R}$	$x = k\pi + \mathrm{arccot} a,\ k \in \mathbf{Z}$

进一步的练习

练习3　解下列三角方程

(1) $2\sin 2x = 1$；(2) $\cos^2 x - 4\cos x + 2 = 0$；(3) $\tan^3 x + \tan^2 x - 3\tan x - 3 = 0$.

解：(1) 由 $2\sin 2x = 1$，得 $\sin 2x = \dfrac{1}{2}$，因为 $\arcsin \dfrac{1}{2} = \dfrac{\pi}{6}$，

所以 $2x = k\pi + (-1)^k \dfrac{\pi}{6}$，原方程的解为 $x = \dfrac{k\pi}{2} + (-1)^k \dfrac{\pi}{12}$，$k \in \mathbf{Z}$

(2) 由 $\cos^2 x - 4\cos x + 2 = 0$ 得 $\cos x = 2 + \sqrt{2} > 1$（舍）或 $\cos x = 2 - \sqrt{2}$，原方程的解为：$x = 2k\pi \pm \arccos(2 - \sqrt{2})$，$k \in \mathbf{Z}$

(3) 由 $\tan^3 x + \tan^2 x - 3\tan x - 3 = 0$ 得：$(\tan x + 1)(\tan^2 x - 3) = 0$，从而得 $\tan x = -1$，$\tan x = \pm\sqrt{3}$，故原方程的解为：$x = k\pi - \dfrac{\pi}{4}$，$x = k\pi \pm \dfrac{\pi}{3}$，$k \in \mathbf{Z}$.

结论：解三角方程的基本思路是通过代数变换将三角方程化为一个或多个简单的三角方程，从而求出其解.

★ 习题 1.8

1. 求下列函数的定义域：

(1) $y = \arccos(1 - 5x)$；　　(2) $y = \arctan \dfrac{1}{\sqrt{x^2 - 2x - 3}}$.

2. 求下列各式之值：

(1) $\arcsin(-1)$；　　(2) $\arccos\left(-\dfrac{1}{2}\right)$；　　(3) $\arctan\sqrt{3}$；

(4) $\cos\left[\arcsin\left(-\dfrac{1}{2}\right)\right]$；　　(5) $\arcsin\left[\sin\left(\dfrac{7\pi}{8}\right)\right]$；　　(6) $\arcsin\dfrac{1}{5} + \arccos\dfrac{1}{5}$.

3. 解下列三角方程：

(1) $1 + \sqrt{2}\cos x = 0$；　　(2) $2\sin^2 x - 5\sin x - 3 = 0$；　　(3) $\tan x + \cot x = 2$.

1.9　面积与体积计算

面积与体积计算是实际生活常遇到的问题，如在建筑工地上，为了做材料预算、编制施工进度及下达施工任务等需要根据设计图纸对建筑构件按平方米计算工程量，即计算建筑构件的截面积、体积等，本节将介绍面积及体积计算问题.

1.9.1　面积计算

◆ **案例1**　做一个无盖的铁皮圆桶，高 40 厘米，底面直径 40 厘米，至少需要铁皮多少平方厘米？

所谓平面图形的面积，就是一个平面封闭图形所在平面部分的大小．要计算平面图形的面积，首先要规定度量单位．通常用边长有一个长度单位的正方形作为面积单位．例如，当正方形边长为 1 米时，那面积单位就是 1 平方米．

（1）常见的平面图形的面积计算公式见表 1-17：

表 1-17

名称	图形	符号说明	面积(S)公式
正方形		a:边长	$S=a^2$
长方形		a:长 b:宽	$S=ab$
平行四边形		b:底边 h:高	$S=bh$
三角形		b:底边 h:高	$S=\dfrac{1}{2}bh$
梯形		a:上底 b:下底 h:高	$S=\dfrac{1}{2}(a+b)h$
圆		R:半径	$S=\pi R^2$
扇形		R:半径 θ:圆心角	$S=\dfrac{\theta}{360}\pi R^2$ （θ 的单位为度）
弓形		R:半径 θ:圆心角 h:弓形的高 b:弓形的底	$S=\dfrac{\theta}{360}\pi R^2-\dfrac{b(R-h)}{2}$ （θ 的单位为度）

（2）常见立体图形表面积公式见表 1-18.

表 1-18

立体图形	表面积相关公式	立体图形	表面积相关公式
棱柱	$S_全=S_侧+2S_底$ 其中 $S_侧=l_{侧棱长}\cdot c_{直截面周长}$	圆柱	$S_全=2\pi r^2+2\pi rh$　（r:底面半径,h:高）
棱锥	$S_全=S_侧+S_底$	圆锥	$S_全=\pi r^2+\pi rl$　（r:底面半径,l:母线长）
棱台	$S_全=S_侧+S_{上底}+S_{下底}$	圆台	$S_全=\pi(r_1{}^2+r_2{}^2+r_1l+r_2l)$ （r_1:下底半径,r_2:上底半径,l:母线长）

📖 进一步的练习

练习 1　由两个全等的梯形和两个全等的三角形构成的四坡水屋顶，屋檐长为 32.5 米和 19.0 米，屋脊线长为 22.5 米；梯形高 11.2 米，三角形高 7.8 米（如图 1-22，单位毫米），求该屋顶的面积；若每平方米铺瓦 15 张，问共需瓦多少张？

解：按梯形和三角形面积的计算公式，屋顶的面积为

$$S=2\times\left[\frac{1}{2}\times(22.5+32.5)\times11.2\right]+2\times\left(\frac{1}{2}\times19.0\times7.8\right)=764.2(平方米),$$

所需的瓦数为 $15\times764.2=11463$(张)

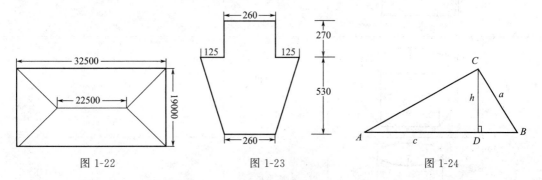

图 1-22 　　　　 图 1-23 　　　　 图 1-24

练习 2　有一个长度为 8 米的混凝土花篮梁，截面尺寸如图 1-23 所示（单位毫米），试求该梁的混凝土量.

解：混凝土量＝截面积×长度

$$=\left[0.26\times0.27+\frac{1}{2}\times(0.26+0.51)\times0.53\right]\times8=2.1936(立方米)$$

练习 3　三角形地块的面积计算. 设 a，b，c 为三角形三边长，如图 1-24 所示，且 $s=\frac{1}{2}(a+b+c)$，试证三角形的面积为 $A=\sqrt{s(s-a)(s-b)(s-c)}$. 当三角形地块 $a=60$，$b=70$，$c=90$ 时，试求这块地的面积是多少亩$\left(1 亩=\frac{2000}{3}平方米\right)$.

解：先证三角形面积公式，

$$A=\frac{1}{2}ch=\frac{1}{2}ca\sin B=\frac{1}{2}ca\sqrt{1-\cos^2 B}=\frac{1}{2}ca\sqrt{1-\left(\frac{a^2+c^2-b^2}{2ac}\right)^2}$$

$$=\sqrt{\frac{1}{2}(a+b+c)\cdot\frac{1}{2}(a+b-c)\cdot\frac{1}{2}(b+c-a)\cdot\frac{1}{2}(a+c-b)}$$

$$=\sqrt{s(s-a)(s-b)(s-c)}$$

计算三角形地块的面积，把 $a=60$，$b=70$，$c=90$ 代入公式得：$s=\dfrac{1}{2}(60+70+90)=$ 110，$A=\sqrt{110(110-60)(110-70)(110-90)}=2098$（平方米）$\approx3.15$（亩）.

1.9.2　体积计算

📙 **案例 2【原木的体积】**　一根圆柱形木材长 2 米，把它截成 4 段后，表面积增加了 18.84 平方厘米．截成后每段原木的体积是多少立方厘米？

💡 **概念和公式的引出**

常见立体体积公式见表 1-19.

表 1-19

名　　称	图　　形	符 号 说 明	体积(V)公式
长方体	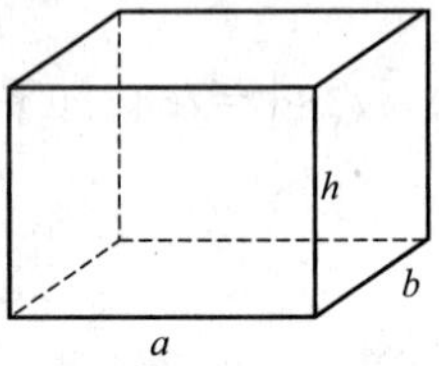	h:高 a:长 b:宽	$V=abh$
棱柱	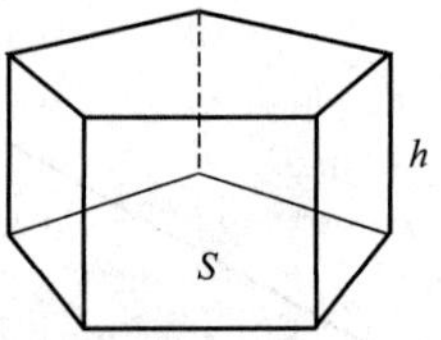	S:底面积 h:高	$V=S\cdot h$
圆柱	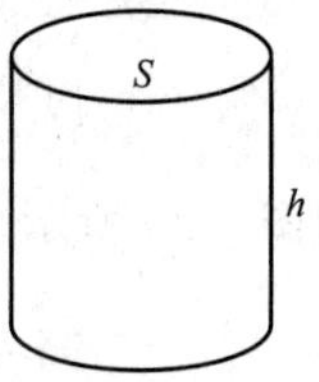	r:底半径 h:高	$V=\pi r^2 h$
棱锥	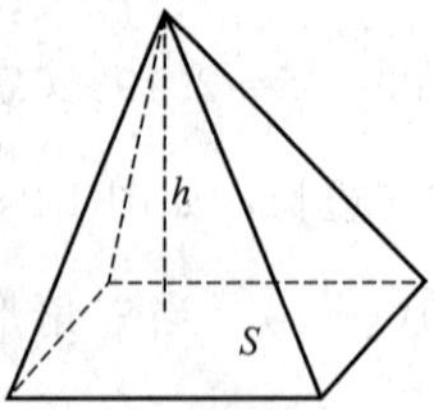	S:底面积 h:高	$V=\dfrac{1}{3}S\cdot h$
圆锥	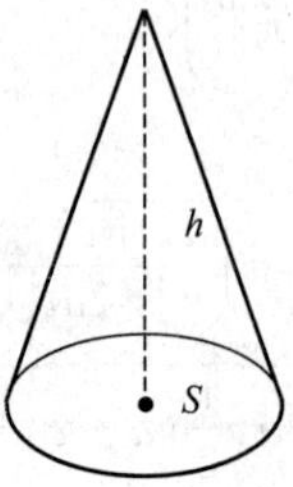	R:圆半径 h:高	$V=\dfrac{1}{3}\pi r^2 h$

名称	图形	符号说明	体积(V)公式
棱台		S_1：上底面积 S_2：下底面积 h：高	$V=\dfrac{1}{3}(S_1+\sqrt{S_1S_2}+S_2)h$
圆台		r_1：上底半径 r_2：下底半径 h：高	$V=\dfrac{1}{3}\pi(r_1{}^2+r_1r_2+r_2{}^2)h$
球		R：球半径	$V=\dfrac{4}{3}\pi R^3$
球缺		R：球半径 h：球缺高	$V=\pi h^2\left(R-\dfrac{h}{3}\right)$

另外，在建筑施工中，为了加工、运输、安装建筑构件的需要，都要求计算构件自重．其计算公式为：构件自重＝构件体积×构件所用材料的重力密度．

常见材料的重力密度为：木材 4～8 千牛/立方米，钢材 78.5 千牛/立方米，钢筋混凝土 25 千牛/立方米，砖砌体 19 千牛/立方米．

进一步的练习

练习 4【三棱柱土块重量的计算】 在挡土墙的设计中［如图 1-25(a)］，需要知道三棱柱土块的重量，三棱柱的横截面如图 1-25(b)(即 $\triangle ABC$)．如果已知数值 α、β、H_1、H_2 和土的容重 ρ，试计算 1 米长的该土块的重量．

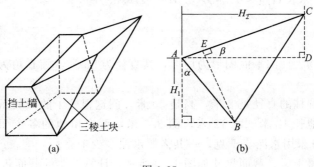

图 1-25

解: $BE = AB\sin(90° - \alpha + \beta) = \dfrac{H_1}{\cos\alpha}\cos(\alpha - \beta)$

$$AC = \dfrac{H_2}{\cos\beta}$$

$$W = \dfrac{1}{2}\left[\dfrac{H_2}{\cos\beta} \cdot \dfrac{H_1}{\cos\alpha} \cdot \cos(\alpha - \beta)\right] \cdot 1 \cdot \rho = \dfrac{1}{2}\dfrac{H_1 \cdot H_2 \cdot \cos(\alpha - \beta)}{\cos\alpha \cdot \cos\beta}\rho.$$

练习 5 有一个混凝土棱台形柱基，尺寸如图 1-26 所示（单位毫米），问它的混凝土量为多少？

解: 混凝土量 $= \left[\dfrac{1}{3} \times 高 \times (上底面积 + 下底面积 + \sqrt{上底面积 \times 下底面积})\right]$

$\qquad\qquad\qquad + [下底长 \times 下底宽 \times 高]$

$\qquad\quad = \dfrac{1}{3} \times 1.2 \times (1^2 + 3^2 + \sqrt{1^2 \times 3^2}) + 3^2 \times 0.8 = 12.4$（立方米）.

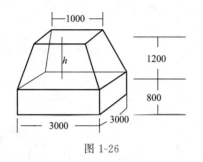

图 1-26

图 1-27

练习 6 有一个圆形砖烟囱，如图 1-27 所示，上底大圆半径为 2 米，小圆半径 1.76 米，下底大圆半径为 4 米，小圆半径为 3.52 米，高度为 48 米，问它的砖砌体量为多少？

解: 砖砌体量 = 大圆台体 − 小圆台体

$\qquad = \dfrac{\pi}{3} \times 48 \times (2^2 + 4^2 + 2 \times 4) - \dfrac{\pi}{3} \times 48 \times (1.76^2 + 3.52^2 + 1.76 \times 3.52)$

$\qquad = 317.5$（立方米）.

练习 7 试计算 $\phi8$ 毫米和 $\phi18$ 毫米钢筋 1 米长有多少重？

解: 钢筋 1 米长的自重 = 1 米长的体积 × 钢材重力密度

$$= \left(\dfrac{\pi}{4} \times 直径^2 \times 1\ 米\right) \times 78.5 \approx 61.65 \times 直径^2$$

$\phi8$ 毫米钢筋一米长自重 $\approx 61.65 \times 0.008^2 \approx 3.95$ 牛

$\phi18$ 毫米钢筋一米长自重 $\approx 61.65 \times 0.018^2 \approx 19.88$ 牛

⭐ 习题 1.9

1. 已知某建筑物大厅的平面图形为扇形，其直径为 56 米，圆心角为 $150°$，问该大厅的面积为多少平方米？

2. 钢筋混凝土圆柱的直径是 2 米，高是 30 米，问这根柱子的抹灰面积为多少？

3. 有一个养鱼池长 18 米，宽 12 米，深 3.5 米，要在鱼池的各个面上抹一层水泥，防止渗水，如果每平方米用水泥 5 千克，一共需要水泥多少千克？

4. 有一钢筋混凝土梁，截面尺寸如图 1-28 所示，计算该梁的截面积.

5. 工地上浇筑混凝土梁 8 根，每根长 6.24 米，高 0.45 米，宽 0.20 米，问约需混凝土多少方？若搅拌机每次拌 0.3 方混凝土，问需搅拌多少次？

6. 有一堆沙子，上底面与下底面是互相平行的长方形，各侧面是梯形．现知上底面长 5.2 米，宽 3.4 米，下底面长 7.3 米，宽 4.2 米，高 1.3 米．求这堆沙子的体积．

7. 已知某建筑构件为球缺形状，球半径为 1.6 米，球缺高为 0.5 米，则该建筑构件体积为多少？

8. 2 根长 3.6 米的 φ16 毫米钢筋，3 根长 3.6 米的 φ12 毫米钢筋，5 根长 3.6 米的 φ8 毫米钢筋，自重共多少牛顿？

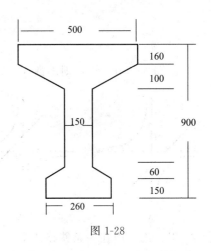

图 1-28

【阅读材料】

刘徽（生于公元 250 年左右），是中国数学史上一个非常伟大的数学家，在世界数学史上也占有杰出的地位．他的杰作《九章算术注》和《海岛算经》，是我国最宝贵的数学遗产．

《九章算术注》约成书于东汉之初，共有 246 个问题的解法．在许多方面：如解联立方程、分数四则运算、正负数运算、几何图形的体积面积计算等，都属于世界先进之列，但因解法比较原始，缺乏必要的证明，而刘徽则对此均作了补充证明．这些证明显示了他在多方面的创造性的贡献．他是世界上最早提出十进小数概念的人，并用十进小数来表示无理数的立方根．在代数方面，他正确地提出了正负数的概念及其加减运算的法则；改进了线性方程组的解法．在几何方面，提出了"割圆术"，即将圆周用内接或外切正多边形切割的一种求圆面积和圆周长的方法．他利用割圆术科学地求出了圆周率 π＝3.14 的结果．刘徽在割圆术中提出的"割之弥细，所失弥少，割之又割以至于不可割，则与圆合体而无所失矣"，这可视为中国古代极限观念的佳作．

《海岛算经》一书中，刘徽精心选编了九个测量问题，这些题目的创造性、复杂性和富有代表性，都在当时为西方所瞩目．

刘徽思维敏捷，方法灵活，既提倡推理又主张直观．他是我国最早明确主张用逻辑推理的方式来论证数学命题的人．

【本章小结】

1. 本章内容主要复习了正比例函数，反比例函数，一次函数，二次函数，不等式，一元一次不等式，一元二次不等式，方根、幂函数及其性质，指数、指数函数及其性质，对数、对数函数及其性质．

2. 根据工程类专业学生必须具备的长度、面积、体积测算能力，并就这些知识在建筑工程中的实际应用作介绍．

（1）解直角三角形、斜三角形，利用解三角形的知识解决建筑工程中有关长度、角度计算的问题．

（2）三角函数与反三角函数，复习了三角函数与反三角函数的概念性质图像等知识．

（3）常见平面图形的面积及常见立体的体积计算，计算建筑构件的面积、体积、自重等问题的计算．

1. 已知 $k_1 < 0 < k_2$，则函数 $y = k_1 x - 1$ 和 $y = \dfrac{k_2}{x}$ 的图像大致是（　　　）．

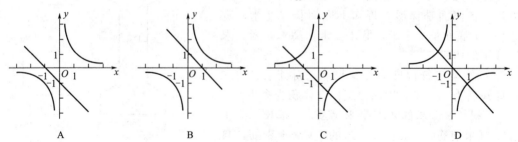

A　　　　　　B　　　　　　C　　　　　　D

2. 甲、乙、丙在一条铁路线上，依次为甲、乙、丙．甲、乙两地相距 100 千米，现有一列火车从乙地出发，以 80 千米/小时的速度向丙地行驶．设 x（小时）表示火车行驶的时间，y（千米）表示火车与甲地的距离．（1）写出 y 与 x 之间的关系式，并判断 y 是否为 x 的一次函数；（2）当 $x = 0.5$ 时，求 y 的值．

3. 解下列各不等式：

（1）$-x^2 + x + 6 > 0$；（2）$|x-1| > 2$；（3）$\log_2 x < 1$．

4. 为保证交通完全，汽车驾驶员必须知道汽车刹车后的停止距离（开始刹车到车辆停止车辆行驶的距离）与汽车行驶速度（开始刹车时的速度）的关系，以便及时刹车．表 1-20 是某款车在平坦道路上路况良好刹车后的停止距离与汽车行驶速度的对应值：

表 1-20

行驶速度（千米/小时）	40	60	80	…
停止距离（米）	16	30	48	…

（1）设汽车刹车后的停止距离 y（米）是关于汽车行驶速度 x（千米/小时）的函数．给出以下三个函数①$y = ax + b$；②$y = \dfrac{k}{x}(k \neq 0)$；③$y = ax^2 + bx$，请选择恰当的函数来描述停止距离 y（米）与汽车行驶速度 x（千米/小时）的关系，说明选择理由，并求出符合要求的函数的解析式；（2）根据你所选择的函数解析式，若汽车刹车后的停止距离为 70 米，求汽车行驶速度．

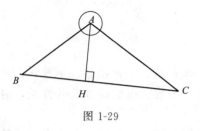

图 1-29

5. 如图 1-29，点 A 是一个半径为 300 米的圆形森林公园的中心，在森林公园附近有 B、C 两个村庄，现要在 B、C 两村庄之间修一条长为 1000 米的笔直公路将两村连通，经测得 $\angle ABC = 45°$，$\angle ACB = 30°$，问此公路是否会穿过该森林公园？请通过计算说明．

6. 已知 $\sin x = \dfrac{5}{13}$，求 x 的其他三角函数值．

7. 求下列函数的最值，及相应的 x 值：

（1）$y = 5\sin x - 12\cos x$；　　　　（2）$y = 3\sin^2 x + 6\cos x - 4$．

8. 求下列各式的值：

（1）$\arccos(-1)$；　　　　　　（2）$\operatorname{arccot}(-\sqrt{3})$；

（3）$\arctan\left(\cot\dfrac{2\pi}{3}\right)$；　　　　（4）$\sin\left[\arccos\left(-\dfrac{\sqrt{3}}{2}\right)\right]$

9．解三角方程：

（1）$1+5\cos x=0$；　　　　（2）$2\cot^2 x-5\cot x-3=0$.

10．上海体育馆是个平面图形为圆形的建筑物，其直径为 136 米，其中圆形比赛大厅直径为 114 米，问体育馆与比赛大厅面积各为多少平方米？比赛大厅是整个体育馆面积的百分之几？

11．现在要粉刷教室，教室长 8 米、宽 7 米、高 3.5 米，扣除门窗、黑板的面积 13.8 平方米，已知每平方米需要 5 元涂料费，粉刷一个教室需要多少费用？

12．一根钢管的外直径是 20 厘米，内直径是 10 厘米，这根钢管长 2 米，钢管每立方厘米重 7.8 克，这根钢管重多少千克？

13．一个圆锥形沙堆，测得底直径是 4 米，高是 0.9 米，求：

（1）这堆沙子的体积；（2）如果每立方米沙子重 1.7 吨，这堆沙子重多少吨？

14．有一个棱台形基柱，顶面为长 0.8 米、宽 0.5 米的长方形，底面长 1.2 米、宽 0.9 米，棱台的高为 1.6 米，求它的混凝土量为多少？

第2章 微分及其应用

初等数学的研究对象基本上是不变的量，高等数学的研究对象是变量．函数是刻画运动中变量相应关系的数学模型，极限方法是研究变量的一种基本方法，它是这门课程的基本推理工具．导数与微分是微积分的主要组成部分．本章在复习和加深函数知识的基础上，介绍了极限、导数与微分的概念，以及它们的一些主要性质、计算公式、运算法则和应用．

2.1 函数

微积分学的研究对象是函数．函数概念是数学中的一个基本而重要的概念．直到公元1837年，德国数学家 P. G. L. 狄利克雷（Dirichlet，1805～1859）才提出现今通用的函数定义，使函数关系更加明确，从而推动了数学的发展和应用．

💡 概念和公式的引出

生活的这个世界，有各种各样的事物，而每个事物间又是相互联系、相互依赖的．如随着时间的变化，太阳东升日落，气温也在悄悄变化，我国的国民生产总值在不断增长等．那么我们如何刻画这些变化着的现象呢？怎样找到这些现象中变量之间的关系呢？

📖 **案例1【气温的变化】** 我们知道，一天的气温随着时间的变化而变化．如何准确地表示气温与时间之间的变化关系呢？

📖 **案例2【圆的面积】** 圆的面积 A 与半径 r 的函数关系为 $A = \pi r^2$．

对任一时刻 t，都有唯一的温度 θ 与之对应；给定圆的半径，有唯一的圆的面积与之对应．

上述两个问题中，都反映出两个变量之间的关系，当一个变量的取值确定后，另一个变量的值也随之唯一确定．

2.1.1 邻域

我们先介绍与函数有关的概念——邻域．

设 a 与 δ 是两个实数，且 $\delta > 0$，数集 $\{x \mid |x-a| < \delta\}$ 称为点 a 的 δ 邻域，记作 $U(a, \delta)$，点 a 叫做这邻域的中心，δ 叫做这邻域的半径．因为 $|x-a| < \delta \Leftrightarrow a - \delta < x < a + \delta$，所以

$$U(a, \delta) = \{x \mid a - \delta < x < a + \delta\} = (a - \delta, a + \delta)$$

它是开区间 $(a-\delta, a+\delta)$，a 是这个开区间的中心，δ 是这个开区间的半径，这个开区间的长度等于 2δ（图 2-1）.

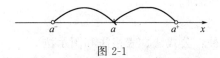

图 2-1

点 a 的 δ 邻域去掉中心 a 后，称为点 a 的去心的 δ 邻域，记作 $\overset{\circ}{U}(a,\delta)$，即

$$\overset{\circ}{U}(a,\delta)=\{x\mid 0<|x-a|<\delta\}$$

这里 $0<|x-a|$ 就表示 $x\neq a$.

为了方便，把开区间 $(a-\delta, a)$ 称为 a 的左 δ 邻域，把开区间 $(a, a+\delta)$ 称为 a 的右 δ 邻域，从而有 $\overset{\circ}{U}(a,\delta)=(a-\delta, a)\bigcup(a, a+\delta)$.

2.1.2 函数

1. 定义

设 D 为一个非空实数集合，若存在确定的对应规则 f，使得对于数集 D 中每一个数 x，按照 f 都有唯一确定的实数 y 与之对应，则称 f 是定义在集合 D 上的函数，记作 $y=f(x)$. D 称为函数 f 的定义域，x 称为自变量，y 称为因变量.

当 x 取数集 D 中的数值 x_0 时，与 x_0 对应的 y 的数值称为函数 $y=f(x)$ 在点 x_0 处的函数值，记为 $y\mid_{x=x_0}$，$f(x)\mid_{x=x_0}$ 或 $f(x_0)$.

函数值 $f(x)$ 的全体所构成的集合称为函数 f 的值域，记作 R_f 或 $f(D)$，即

$$R_f=f(D)=\{y\mid y=f(x), x\in D\}.$$

2. 函数的两个要素

构成函数的要素是：定义域 D 与对应规则 f. 因此，对于两个函数来说，当且仅当它们的定义域和对应规则都分别相同时，则它们表示同一函数，而与自变量及因变量用什么字母表示无关，例如函数 $y=f(x)$ 也可以用 $y=f(t)$ 表示.

📖 进一步的练习

练习 1 设 $y=f(x)=x\arctan\dfrac{1}{x}-1$，求 $f(1)$，$f\left(\dfrac{1}{x}\right)$.

解：$f(1)=1\times\arctan 1-1=\dfrac{\pi}{4}-1$，

$f\left(\dfrac{1}{x}\right)=\dfrac{1}{x}\arctan x-1.$

练习 2 求下列函数的定义域：

(1) $y=\dfrac{1}{16-x^2}+\sqrt{x+3}$；(2) $y=\sqrt{3+2x-x^2}+\ln(x-2)$；(3) $y=\arcsin\dfrac{2x-1}{7}$.

解：(1) 由 $\begin{cases}16-x^2\neq0\\x+3\geqslant0\end{cases}\Rightarrow\begin{cases}x\neq4\\x\geqslant3\end{cases}$

所以函数的定义域为 $[-3,4)\bigcup(4,+\infty)$.

(2) 由 $\begin{cases}3+2x-x^2\geqslant0\\x-2>0\end{cases}\Rightarrow\begin{cases}-1\leqslant x\leqslant3\\x>2\end{cases}\Rightarrow2<x\leqslant3$，所以函数的定义域为 $(2,3]$.

（3）由 $-1 \leqslant \dfrac{2x-1}{7} \leqslant 1 \Rightarrow -7 \leqslant 2x-1 \leqslant 7 \Rightarrow -3 \leqslant x \leqslant 4$，

所以函数的定义域为 $[-3,4]$.

3. 函数的表示法

函数的表示法通常有三种：公式法、表格法和图示法.

（1）公式法：以数学式子表示函数的方法叫做函数的公式表示法.

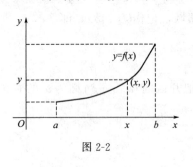

图 2-2

（2）表格法：将一系列的自变量值与对应的函数值列成表，这种表示函数的方法叫做表格法. 如平方表、三角函数表、对数表以及某班同学按学号排成的数学成绩表、企业历年产值表等，都是用表格法表示函数的例子.

（3）图示法：在坐标系中用点、直线或曲线表示函数的方法叫做图示法. 即坐标平面上的点集
$$\{P(x,y) \mid y=f(x), x \in D\}$$

称为函数的图形（图 2-2）.

4. 分段函数

在自变量的不同变化范围内用不同数学式子表示的函数称为分段函数，如图 2-3 所示.

📖 **进一步的练习**

练习3 设 $f(x)=\operatorname{sgn}x= \begin{cases} 1, & x>0, \\ 0, & x=0, \\ -1, & x<0. \end{cases}$

它的定义域为 $(-\infty,+\infty)$，其图形如图 2-4 所示，这个函数称为符号函数.

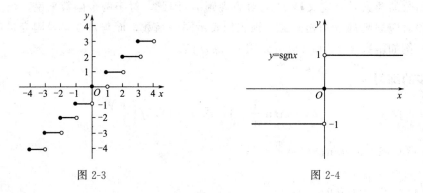

图 2-3   图 2-4

注：求分段函数的函数值时，应先确定自变量的取值范围，再按相应的式子进行计算.

2.1.3 基本初等函数

（1）常数函数　　　$y=C$（C 为常数）；

（2）幂函数　　　　$y=x^{\mu}$　　（μ 为常数）；

（3）指数函数　　　$y=a^{x}$（$a>0, a \neq 1, a$ 为常数）；

（4）对数函数　　　$y=\log_{a}x$（$a>0, a \neq 1, a$ 为常数）；

（5）三角函数　　　$y=\sin x$，$y=\cos x$，$y=\tan x$，$y=\cot x$，$y=\sec x$，$y=\csc x$；

（6）反三角函数　$y=\arcsin x$，$y=\arccos x$，$y=\arctan x$，$y=\text{arccot}x$.

这六种函数统称为基本初等函数，这些函数的性质及图形（表 2-1）今后会经常用到.

表 2-1

名　称	表达式	定义域	图　形	特　性
常数函数	$y=C$	$(-\infty,+\infty)$		平行于 x 轴
幂函数	$y=x^{\mu}$ $(\mu\neq0)$	随 μ 的不同而不同，但在 $(0,+\infty)$ 内都有定义		经过点 $(1,1)$，在第一象限内，当 $\mu>0$ 时，x^{μ} 为增函数；当 $\mu<0$ 时，x^{μ} 为减函数
指数函数	$y=a^{x}(a>0,$ $a\neq1)$	$(-\infty,+\infty)$		在 x 轴上方，且都通过点 $(0,1)$；当 $0<a<1$ 时，a^{x} 是减函数，当 $a>1$ 时，a^{x} 是增函数
对数函数	$y=\log_{a}x$ $(a>0,a\neq1)$	$(0,+\infty)$		在 y 轴右侧，且都通过点 $(1,0)$；当 $0<a<1$ 时，$\log_{a}x$ 是减函数，当 $a>1$ 时，$\log_{a}x$ 是增函数
正弦函数	$y=\sin x$	$(-\infty,+\infty)$		是以 2π 为周期的奇函数，图形在直线 $y=-1$ 与 $y=1$ 之间，即 $|\sin x|\leqslant1$
余弦函数	$y=\cos x$	$(-\infty,+\infty)$		是以 2π 为周期的偶函数，图形在直线 $y=-1$ 与 $y=1$ 之间，即 $|\cos x|\leqslant1$
正切函数	$y=\tan x$	$x\neq\left(k\pi+\dfrac{\pi}{2}\right)$ $(k=0,\pm1,\pm2,\cdots)$		是以 π 为周期的奇函数，在 $\left(-\dfrac{\pi}{2},\dfrac{\pi}{2}\right)$ 内是增函数

名　称	表达式	定义域	图　形	特　性
余切函数	$y = a^x$	$x \neq k\pi$ $(k = 0, \pm 1, \pm 2, \cdots)$		是以 π 为周期的偶函数,在 $(0, \pi)$ 内是减函数
反正弦函数	$y = \arcsin x$	$[-1, 1]$		是单调增加的奇函数,值域 $\left[-\dfrac{\pi}{2}, \dfrac{\pi}{2} \right]$
反余弦函数	$y = \arccos x$	$[-1, 1]$		是单调减少的函数,值域 $[0, \pi]$
反正切函数	$y = \arctan x$	$(-\infty, +\infty)$		是单调增加的奇函数,值域 $\left(-\dfrac{\pi}{2}, \dfrac{\pi}{2} \right)$
反余切函数	$y = \operatorname{arccot} x$	$(-\infty, +\infty)$		是单调减少的函数,值域 $(0, \pi)$

2.1.4　复合函数

实际问题中变量之间的函数关系往往很复杂,自变量与因变量之间不一定有直接的依赖关系,因而常常借助于另一变量来建立所需的函数关系.

💡 **概念和公式的引出**

如果 y 是 u 的函数 $y=f(u)$，而 u 又是 x 的函数 $u=\varphi(x)$，且 $\varphi(x)$ 的值全部或部分地落在 $f(u)$ 的定义域内，那么 y 通过 u 的联系也是 x 的函数．我们称这个函数是 $y=f(u)$ 与 $u=\varphi(x)$ 复合而成的，称为复合函数，记作 $y=f[\varphi(x)]$，其中 u 叫做中间变量．

注：如果 $u=\varphi(x)$ 的值全部落在 $y=f(u)$ 的定义域外，则不能构成复合函数．

📖 **进一步的练习**

练习 4 把下列函数复合成一个函数，并求这个复合函数的定义域：

(1) $y=\arcsin u$，$u=2\sqrt{1-x^2}$；(2) $y=\ln u$，$u=x-1$．

解：(1) 由 $y=\arcsin u$ 与 $u=2\sqrt{1-x^2}$ 复合构成的函数是 $y=\arcsin 2\sqrt{1-x^2}$，其定义域为 $\left[-1,-\dfrac{\sqrt{3}}{2}\right]\cup\left[\dfrac{\sqrt{3}}{2},1\right]$．

(2) 由 $y=\ln u$ 与 $u=x-1$ 复合构成的函数是 $y=\ln(x-1)$ 其定义域为 $(1,+\infty)$．

练习 5 指出下列复合函数的复合过程：

(1) $y=\sin^2 x$；(2) $y=\sqrt{\cot\dfrac{x}{2}}$；(3) $y=\arctan e^{\sqrt{x}}$．

解：(1) $y=\sin^2 x$ 是由 $y=u^2$ 与 $u=\sin x$ 复合构成的；

(2) $y=\sqrt{\cot\dfrac{x}{2}}$ 是由 $y=\sqrt{u}$，$u=\cot v$，$v=\dfrac{x}{2}$ 复合构成的；

(3) $y=\arctan e^{\sqrt{x}}$ 是由 $y=\arctan u$，$u=e^v$，$v=\sqrt{x}$ 复合构成的．

一般地，考察一个复合函数的复合过程，通常采用"由外向内，层层分析"的方法，每一层是基本初等函数或基本初等函数的算术运算表达式．

2.1.5 初等函数

由基本初等函数经过有限次的四则运算及有限次复合步骤所构成，并且可以用一个式子表示的函数叫做初等函数．

例如 $y=\sqrt{\ln(x+1)-x^2}$，$y=a^{x^2}$，$y=\dfrac{1}{x}\sin\dfrac{1}{x}$ 等都是初等函数．

※2.1.6 经济学中常用的函数

1. 成本函数

总成本是指生产者生产一定数量的产品所需的总费用，它由固定成本与可变成本组成．固定成本一般是指与产品生产产量无直接关系的开支，如厂房、设备、管理人员的工资，广告费用等；而可变成本是每生产一个单位产品时所需的费用，如原料、能源、生产工人的工资及包装费用等．

设 C 为总成本，C_0 为固定成本，C_1 为可变成本，Q 为产量，则有

$$C=C(Q)=C_0+C_1(Q)$$

即总成本等于固定成本与可变成本之和．

平均成本就是生产单位产品的成本，记为 $\overline{C}$，则 $\overline{C}=\dfrac{C(Q)}{Q}$．

2. 收入函数

商品售出后的全部收入称为总收入. 总收入＝销售量×价格.

设商品的销售量为 Q，价格函数为 $P(Q)$，总收入为 R，则

$$R = R(Q) = Q \cdot P(Q)$$

平均收入就是销售单位产品的收入，记为 $\overline{R}$，则 $\overline{R} = \dfrac{R(Q)}{Q}$.

📖 **进一步的练习**

练习 6 已知某产品的价格与销售量的关系为 $P(Q) = 1000 - Q$，求销售量为 20 时的总收入和平均收入.

解：总收入函数为 $R(Q) = P(Q) \cdot Q = (1000 - Q) \cdot Q$，当 $Q = 20$ 时，总收入为

$$R = (1000 - 20) \times 20 = 19600,$$

平均收入为

$$\overline{R} = \frac{R(Q)}{Q} = \frac{19600}{20} = 980.$$

3. 利润函数、盈亏平衡点

总利润就是总收入与总成本之差. 若记总利润为 L，则

$$L = L(Q) = R(Q) - C(Q)$$

使 $L(Q) = 0$ 的 Q_0 称为盈亏平衡点（又称保本点）.

📖 **进一步的练习**

练习 7 某工厂生产某种产品，固定成本为 200 元，每生产一单位产品，成本增加 10 元，总收入 $R(Q) = 40Q - Q^2$，求

（1）该产品的利润函数及产量为 15 时的总利润；

（2）该产品的盈亏平衡点；

（3）该产品产量为 5 时是否盈利？

解：（1）依题意，生产 Q 件产品的总成本

$$C(Q) = 200 + 10Q,$$

总利润函数 $L = R - C = 40Q - Q^2 - (200 + 10Q) = -Q^2 + 30Q - 200$，

当 $Q = 15$ 时， $L(15) = -15^2 + 30 \times 15 - 200 = 25$；

（2）令 $L = -Q^2 + 30Q - 200 = 0$，得两个盈亏平衡点 $Q_1 = 10$，$Q_2 = 20$；

（3）当 $Q = 5$ 时， $L = -5^2 + 30 \times 5 - 200 = -75 < 0$，

故不能盈利，此时亏本 75 元.

4. 需求函数与供给函数

（1）需求函数 "需求"指在一定价格条件下，消费者愿意购买并且有支付能力购买的商品量. 消费者对某种商品的需求是由多种因素决定的，商品的价格是影响需求的一个主要因素，但还有许多其他因素，如消费者的喜好、收入及其他代用品的价格等，都会影响需求，为简便起见，我们只考虑价格对需求的影响.

设 P 为商品价格，Q 为需求量，那么有需求函数 $Q = f(P)$.

一般来说，商品价格越低，需求量越大；反之，商品价格越高，需求量越小. 需求函数 $Q = f(P)$ 一般是单调减少的函数，其反函数 $P = f^{-1}(Q)$ 也称为需求函数，它也是一个减少的函数.

（2）供给函数 "供给"指在一定价格条件下，生产者愿意出售并且有可供给的商品量. 供给也是由多种因素决定的，我们只考虑价格对供给的影响. 设 P 为商品价格，Q 为供给量，那么有供给函数 $Q = \varphi(P)$. 一般说来，商品价格越低，生产者越不愿意生产，供给量会越少；反之，商品价格越高，生产者的生产积极性就越高，供给就会越多. 因此，供给函数一般为单调增加函数，其反函数 $P = \varphi^{-1}(Q)$ 也称为供给函数；图 2-5 中的曲线 S 为供给曲线.

（3）"均衡价格"　市场上需求量与供给量相等时，价格称为均衡价格．图 2-5 中需求曲线 D 与供给曲线 S 的交点 E 的横坐标 P_0，即为均衡价格．

当 $P < P_0$ 时，$Q_S < Q_D$，市场上该商品"供不应求"，将导致价格上涨．

当 $P > P_0$ 时，$Q_S > Q_D$，市场上该商品"供过于求"，当商品积压将导致价格下跌．

总之，商品的价格将在均衡价格附近波动．

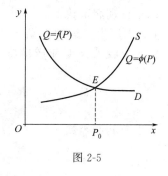

图 2-5

📖 **进一步的练习**

练习 8　某种商品的需求函数与供给函数分别为 $Q_D = 18 - 4P$，$Q_S = 26P - 42$，求该商品的均衡价格．

解： 由市场的均衡条件 $Q_D = Q_S$，得
$$18 - 14P = 26P - 42$$
解之，得　　$P = 2$
即市场的均衡价格为 $P_0 = 2$．

⭐ **习题 2.1**

1. 在数轴上表示邻域 $U(-1, 1)$，$U\left(-1, \dfrac{1}{2}\right)$，$U\left(-1, \dfrac{1}{4}\right)$，$U\left(-1, \dfrac{1}{8}\right)$，并说明在 $U(-1, \delta)$ 中，δ 变小所表示的开区间会怎样变化．

2. 设 $f(x) = \begin{cases} 2 + x, & x < 0, \\ 2^x, & 0 \leqslant x < 1, \\ \sqrt{x^2 + 1}, & x \geqslant 1. \end{cases}$　　求 $f(-1)$，$f(0)$，$f(1)$，$f(2)$．

3. 下列各题中，函数 $f(x)$ 与 $g(x)$ 是否相同？为什么？

（1）$f(x) = \ln x^2$，$g(x) = 2\ln x$；　　　　（2）$f(x) = x$，$g(x) = \sqrt{x^2}$；

（3）$f(x) = \sqrt[3]{x^4 - x^3}$，$g(x) = x\sqrt[3]{x - 1}$；　　（4）$f(x) = 1$，$g(x) = \sec^2 x - \tan^2 x$．

4. 求下列函数的定义域：

（1）$y = \dfrac{x^2 + x}{x^2 - 3x + 2}$；　　　　　　　　（2）$y = \mathrm{e}^{\frac{1}{x+1}} + \sqrt{x + 2}$．

5. 指出下列复合函数的复合过程：

（1）$y = \sqrt{2 - 3x}$；　　　（2）$y = \mathrm{e}^{x^3}$；　　（3）$y = \sin^3(x - 1)$；

（4）$y = \ln[\ln(\ln x)]$；　　　　　　（5）$y = \arctan\sqrt{\mathrm{e}^{2x-1}}$．

6. 已知某商品的销售总收入 R 是销售量 Q 的二次函数，经统计可稳中有降，销售 Q 分别为 0，1，3 时，总收入 R 分别为 0，4，6，试求总收入 R 与销售量 Q 的函数关系．

7. 某商店出售空调，零售价每台 4800 元，若一次购买超过 10 台，减价 5%；若一次购买超过 15 台，可再减价 5%．试写出收款金额与台数的函数关系式．

8. 某车间设计最大生产能力为月产 100 台机床，至少要完成 40 台方可保本．当生产量为 x 时的总成本函数为 $C = x^2 + 10x$，按市场规律价格为 $P = 259 - 0.5x$，x 为需求量可以销售完，试写出月利润函数．

9. 某商品的生产日固定成本 570 元，每件产品的可变成本为 10 元，每件商品的售价为 20 元，求

（1）总成本函数；　　　　　　（2）平均成本函数；

(3) 日利润函数；　　　　　　(4) 盈亏平衡点.

10. 工厂生产某种产品，年固定成本为 20000 元，每生产一单位产品，成本增加 100 元，已知总收入 R 是年产量 Q 的函数

$$R = R(Q) = \begin{cases} 400 - \dfrac{1}{2}Q^2, 0 \leqslant Q \leqslant 400, \\ 8000, Q > 400, \end{cases}$$

试求总利润函数.

2.2　极限思想

如何准确地刻画无限接近这一过程呢？19 世纪以前，人们用朴素的极限思想计算了圆的面积、体积等. 19 世纪之后，柯西以物体运动为背景，结合几何直观，引入了极限概念. 后来，维尔斯特拉斯给出了形式化的数学语言描述. 极限概念的创立，是微积分严格化的关键，它奠定了微积分学的基础.

2.2.1　$x \to \infty$ 时，函数 $f(x)$ 的极限

📖 **案例 1【水温的变化趋势】**　　将一盆 80℃ 的热水放在一间室温为 20℃ 的房间里，水的温度将逐渐降低，随着时间的推移，水温会越来越接近室温 20℃.

📖 **案例 2【动物数量的变化规律】**　　在某一自然保护区中生长的一群野生动物，其群体数量会逐渐增长，但随着时间的推移，由于自然环境保护区内各种资源的限制，这一动物群体不可能无限地增大，它应达到某一饱和状态.

这两个问题有一个共同的特征：当自变量逐渐增大时，相应的函数值接近于某一常数.

💡 **概念和公式的引出**

定义　设函数 $f(x)$ 当 $|x| > a$（a 是某个实数）时有定义，如果当自变量 x 绝对值无限增大（记作 $x \to \infty$）时函数值 $f(x)$ 无限接近于某确定的常数 A，则称 A 为函数 $f(x)$ 当 $x \to \infty$ 时的极限，记作

$$\lim_{x \to \infty} f(x) = A \quad 或 \quad 当 x \to \infty 时，f(x) \to A.$$

📖 **进一步的练习**

练习 1　考察当 $x \to \infty$ 时，函数 $f(x) = \dfrac{1}{x}$ 的变化趋势.

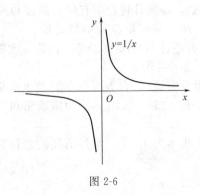

图 2-6

解：如图 2-6，从图像可以看出，当自变量 x 取正值并无限增大时（即 x 趋向于正无穷大时），函数 $f(x) = \dfrac{1}{x}$ 的值无限趋近于 0，即 $f(x) = \dfrac{1}{x} \to 0$；当 $x < 0$ 且其绝对值无限增大时（即 x 趋向于负无穷大时），也有 $f(x) = \dfrac{1}{x} \to 0$.

综合上述两种情况，当 x 的绝对值无限增大时，有 $f(x) = \dfrac{1}{x} \to 0$.

根据定义知，当 $x \to \infty$ 时，有 $\lim\limits_{x \to \infty} f(x) = \lim\limits_{x \to \infty} \dfrac{1}{x} = 0$.

注：自变量 x 的绝对值无限增大（记作 $x \to \infty$），指的是 x 既取正值且无限增大（记作 $x \to +\infty$），同时也取负值且绝对值无限增大（$x \to -\infty$）. 在实际中，有时只需考虑这两种变化中的一种情形，也就是 $f(x)$ 当 $x \to +\infty$ 或 $x \to -\infty$ 时的极限.

定义　设函数 $f(x)$ 在区间 $(-\infty, a)$ 上有定义（a 是某个实数），如果当自变量 x 取负值且绝对值无限增大时，函数值 $f(x)$ 无限接近于某确定的常数 A，则称 A 为函数 $f(x)$ 当 $x \to -\infty$ 时的极限，记作

$$\lim_{x \to -\infty} f(x) = A \qquad 或 \qquad 当 \; x \to -\infty 时, \; f(x) \to A.$$

类似可定义 $\lim\limits_{x \to +\infty} f(x) = A$.

由定义可得下面重要结论：

定理 $\lim\limits_{x \to \infty} f(x) = A$ 的充分必要条件是 $\lim\limits_{x \to -\infty} f(x)$、$\lim\limits_{x \to +\infty} f(x)$ 都存在且 $\lim\limits_{x \to -\infty} f(x) = \lim\limits_{x \to +\infty} f(x)$.

如 $\lim\limits_{x \to -\infty} \dfrac{1}{x} = 0$，$\lim\limits_{x \to +\infty} \dfrac{1}{x} = 0$，则 $\lim\limits_{x \to \infty} \dfrac{1}{x} = 0$.

练习 2　求 $\lim\limits_{x \to \infty} \arctan x$.

因为 $\lim\limits_{x \to -\infty} \arctan x = -\dfrac{\pi}{2}$，$\lim\limits_{x \to +\infty} \arctan x = \dfrac{\pi}{2}$. 表明当 $|x|$ 无限增大时，$\arctan x$ 不是接近于同一个确定的常数，由定理 1 知，$\lim\limits_{x \to \infty} \arctan x$ 不存在（图 2-7）.

再如，$\lim\limits_{x \to +\infty} 2^x$ 不存在，$\lim\limits_{x \to -\infty} 2^x = 0$，所以 $\lim\limits_{x \to \infty} 2^x$ 不存在（图 2-8）.

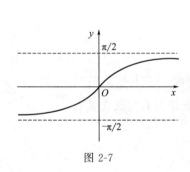

图 2-7　　　　　　　　　　　　图 2-8

2.2.2　$x \to x_0$ 时，函数 $f(x)$ 的极限

◆ 案例 3【人影长度】　考虑一个人沿直线走向路灯的正下方时其影子的长度. 若目标总是灯的正下方那一点，灯与地面的垂直高度为 H. 由日常生活知识知道，当此人走向目标时，其影子长度越来越短，当人越来越接近目标（$x \to 0$）时，其影子的长度 y 越来越短，逐渐趋于零（$y \to 0$）.

📖 进一步的练习

练习 3　分别考察当 $x \to 1$ 时，函数 $f(x) = x + 1$ 和 $g(x) = \dfrac{x^2 - 1}{x - 1}$ 的变化趋势.

解：考察当 x 分别从 1 的左、右两侧趋于 1 时，对应的函数值 $f(x)$ 和 $g(x)$ 的变化

趋势．为方便起见，将 x，$f(x)$，$g(x)$ 列成表（表 2-2）如下：

表 2-2

x	0.9	0.99	0.999	⋯→	1	←⋯	1.001	1.01	1.1
$f(x)=x+1$	1.9	1.99	1.999	⋯→	2	←⋯	2.001	2.01	2.1
$g(x)=\dfrac{x^2-1}{x-1}$	1.9	1.99	1.999	⋯→	2	←⋯	2.001	2.01	2.1

不难看出，当 $x\to 1$ 时，$f(x)=x+1\to 2$ ［图 2-9(a)］，$g(x)=\dfrac{x^2-1}{x-1}\to 2$ ［图 2-9(b)］．

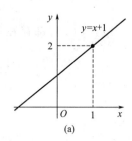
(a)

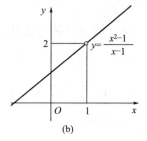
(b)

图 2-9

定义 设函数 $f(x)$ 在 x_0 的某一去心邻域 $U(x_0,\delta)$ 内有定义．如果当自变量 x 趋于 x_0 时，相应的函数值 $f(x)$ 无限接近于某一个确定的常数 A，则称 A 为函数 $f(x)$ 当 $x\to x_0$ 时的极限，记作

$$\lim_{x\to x_0}f(x)=A \quad 或 \quad 当 x\to x_0 时，f(x)\to A.$$

根据定义，得

$$\lim_{x\to 1}f(x)=\lim_{x\to 1}(x+1)=2,\ \lim_{x\to 1}g(x)=\lim_{x\to 1}\frac{x^2-1}{x-1}=2.$$

由此可见，$\lim\limits_{x\to x_0}f(x)=A$ 与函数 $f(x)$ 在 x_0 处是否有定义无关．

练习 4 考察极限 $\lim\limits_{x\to x_0}C$（C 为常数）和 $\lim\limits_{x\to x_0}x$．

解：设 $f(x)=C$，$g(x)=x$．

因为当 $x\to x_0$ 时，$f(x)$ 的值恒为常数 C，由定义得

$$\lim_{x\to x_0}f(x)=\lim_{x\to x_0}C=C.$$

因为当 $x\to x_0$ 时，$g(x)$ 的值无限地接近于 x_0，由定义得

$$\lim_{x\to x_0}g(x)=\lim_{x\to x_0}x=x_0.$$

在定义中，$x\to x_0$ 的方式是任意的，即 x 无论从 x_0 的左侧还是从 x_0 的右侧趋于 x_0，相应的函数值 $f(x)$ 都无限接近于某个确定常数 A．但有时只需要考虑 x 从 x_0 的某一侧趋于 x_0 时函数 $f(x)$ 的极限问题．例如，函数 $f(x)=\sqrt{x}$ 只能考察 x 从 0 的右侧趋于 0 的极限；又如，分段函数

$$f(x)=\begin{cases}x-1, & x<0, \\ 0, & x=0, \\ x+1, & x>0\end{cases}$$

在 $x=0$ 的左右两侧的解析式不同，因此，讨论 $f(x)$ 当 $x\to 0$ 时的极限问题，也只能对 $x=0$ 的左右两侧分别进行讨论（图 2-10）.

下面给出单侧极限的定义：

定义　如果当自变量 x 从 x_0 的左侧趋于 x_0（记作 $x\to x_0^-$）时，对应的函数值 $f(x)$ 无限接近于某个确定常数 A，则称 A 为函数 $f(x)$ 当 x 趋于 x_0 的左极限. 记作

$$\lim_{x\to x_0^-} f(x)=A \quad 或 f(x_0-0)=A \quad 或 f(x_0^-)=A.$$

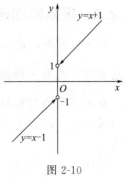

图 2-10

如果当自变量 x 从 x_0 的右侧趋于 x_0（记作 $x\to x_0^+$）时，对应的函数值 $f(x)$ 无限接近于某个确定常数 A，则称 A 为函数 $f(x)$ 当 x 趋于 x_0 的右极限. 记作

$$\lim_{x\to x_0^+} f(x)=A \quad 或 f(x_0+0)=A \quad 或 f(x_0^+)=A.$$

左极限与右极限统称为单侧极限.

由函数极限及单侧极限定义，得如下重要定理：

定理　函数极限 $\lim\limits_{x\to x_0} f(x)$ 存在的充分必要条件是 $f(x)$ 在 x_0 左、右极限都存在并且相等.

即　$\lim\limits_{x\to x_0} f(x)=A \Leftrightarrow f(x_0-0)=f(x_0+0)=A.$

练习 5　已知 $f(x)=\begin{cases} x-1, & x<0, \\ 0, & x=0, \\ x+1, & x>0. \end{cases}$　求极限 $\lim\limits_{x\to 0} f(x)$.

解：因为 $f(0-0)=\lim\limits_{x\to 0^-} f(x)=\lim\limits_{x\to 0^-}(x-1)=-1$，$f(0+0)=\lim\limits_{x\to 0^+} f(x)=\lim\limits_{x\to 0^+}(x+1)=1$，

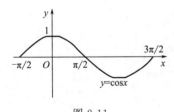

图 2-11

从而　$f(0-0)\neq f(0+0)$，　所以 $\lim\limits_{x\to 0} f(x)$ 不存在.

练习 6　考察极限 $\lim\limits_{x\to 0}\cos x$.

解：设 $f(x)=\cos x$，从图 2-11 可以观察到，无论 x 从 $x=0$ 的左侧还是从 $x=0$ 的右侧趋于 0 时，$\cos x$ 的值无限接近于 1，所以

$$\lim_{x\to 0} f(x)=\lim_{x\to 0}\cos x=1.$$

2.2.3　数列极限的定义

定义　设函数 $x_n=f(n)$，其中 n 为正整数，那么按自变量 n 无限增大时，数列 $\{x_n\}$ 的项 x_n 无限趋近于一个确定的常数 a，那么就称数列 $\{x_n\}$ 以 a 为极限，亦称数列 $\{x_n\}$ 收敛于 a，记作

$$\lim_{n\to\infty} x_n=a \quad 或 \quad 当 n\to\infty 时，x_n\to a.$$

📖 进一步的练习

练习 7　观察下列数列的变化趋势，写出它们的极限.

(1) $x_n=\dfrac{1}{n}$；(2) $x_n=(-1)^n\dfrac{1}{3^n}$；(3) $x_n=\dfrac{1}{n^3}$，(4) $x_n=7-\dfrac{5}{10^n}$.

2.2.4 极限的四则运算法则

对于比较简单的函数，可以从自变量的值按某种规定无限变化时相应的函数值的变化趋势找出函数的极限.例如 $\lim\limits_{x\to x_0}x=x_0$，$\lim\limits_{x\to\infty}\dfrac{x+1}{x}=1$，$\lim\limits_{x\to 1}(x+1)=2$.如果函数比较复杂，就需要分析这样的函数可以由哪些简单函数经过怎样运算而得到，这样就能通过函数的极限运算求出复杂函数的极限.为了求出较复杂函数的极限，我们给出极限的运算法则

定理 设 $\lim\limits_{x\to x_0}f(x)=A$，$\lim\limits_{x\to x_0}g(x)=B$，则

(1) $\lim\limits_{x\to x_0}\big[f(x)\pm g(x)\big]=\lim\limits_{x\to x_0}f(x)\pm\lim\limits_{x\to x_0}g(x)=A\pm B$，

(2) $\lim\limits_{x\to x_0}[f(x)\cdot g(x)]=\lim\limits_{x\to x_0}f(x)\cdot\lim\limits_{x\to x_0}g(x)=A\cdot B$，

(3) $\lim\limits_{x\to x_0}\dfrac{f(x)}{g(x)}=\dfrac{\lim\limits_{x\to x_0}f(x)}{\lim\limits_{x\to x_0}g(x)}=\dfrac{A}{B}$ $(B\neq 0)$.

这说明，在参与运算的函数存在极限的前提下，函数的和、差、积的极限分别等于函数极限的和、差、积，并可推广到有限个函数的情形；而对于两个函数的商的极限，只要分母的极限不为零，函数商的极限等于它们的极限的商.

在法则（2）中，如果 $g(x)=C$（C 为常数），则

$$\lim\limits_{x\to x_0}Cf(x)=C\lim\limits_{x\to x_0}f(x)，$$

即常数因子可以提到极限符号外面去；

如果 $\lim\limits_{x\to x_0}f(x)$ 存在，则 $\lim\limits_{x\to x_0}[f(x)]^2=[\lim\limits_{x\to x_0}f(x)]^2$，

一般地，有 $\lim\limits_{x\to x_0}[f(x)]^k=[\lim\limits_{x\to x_0}f(x)]^k$，（$k$ 为实数）.

上述法则对于 $x\to\infty$ 时的情形也是成立的.

📖 进一步的练习

练习 8 求 $\lim\limits_{x\to 2}(x^2+3x+8)$

解： $\lim\limits_{x\to 2}(x^2+3x+8)=\lim\limits_{x\to 2}x^2+\lim\limits_{x\to 2}3x+\lim\limits_{x\to 2}8$

$$=(\lim\limits_{x\to 2}x)^2+3\lim\limits_{x\to 2}x+8=2^2+3\times 2+8=18.$$

说明，求某些函数在某一点 $x=x_0$ 下的极限值时，只要把 $x=x_0$ 代入函数的解析式中，就得到极限值.即该函数在 x_0 处的极限值等于函数在 x_0 处的函数值.

练习 9 求 $\lim\limits_{h\to 0}\dfrac{(x+h)^2-x^2}{h}$.

分析：当 $h=0$ 时，函数无定义，当 $h\to 0$ 时，分子、分母的极限都是 0，所以不能用简单的代入法来求这个极限.因为所求的极限只限取决于点 $h=0$ 处附近的点（$h\neq 0$）的函数值，所以可先把分子、分母因式分解，约去以 0 为极限的公因式 h，然后再求极限.

解：$\lim\limits_{h\to 0}\dfrac{(x+h)^2-x^2}{h}=\lim\limits_{h\to 0}\dfrac{2hx+h^2}{h}=\lim\limits_{h\to 0}(2x+h)$

$$=\lim\limits_{h\to 0}2x+\lim\limits_{h\to 0}h=2x.$$

练习 10 说明函数在某点的极限存在与否和函数在该点有没有定义无关.

练习 10 求 $\lim\limits_{x\to\infty}\dfrac{3x^3+4x+2}{7x^3+5x-3}$

解：当 $x\to\infty$ 时，分子、分母都不存在极限，所以不能直接使用法则（3），把分子、分母同时除以 x^3，得

$$\lim_{x\to\infty}\frac{3x^3+4x^2+2}{7x^3+5x^2-3}=\lim_{x\to\infty}\frac{3+\dfrac{4}{x}+\dfrac{2}{x^3}}{7+\dfrac{5}{x}-\dfrac{3}{x^3}}=\frac{\lim\limits_{x\to\infty}3+\lim\limits_{x\to\infty}\dfrac{4}{x}+\lim\limits_{x\to\infty}\dfrac{2}{x^3}}{\lim\limits_{x\to\infty}7+\lim\limits_{x\to\infty}\dfrac{5}{x}-\lim\limits_{x\to\infty}\dfrac{3}{x^3}}=\frac{3}{7}.$$

一般地有：

$$\lim_{x\to\infty}\frac{a_0x^n+a_1x^{n-1}+\cdots+a_{n-1}x+a_n}{b_0x^m+b_1x^{m-1}+\cdots+b_{m-1}x+b_m}=\begin{cases}\dfrac{a_0}{b_0}, & n=m;\\[2mm] 0, & n<m;\\[2mm] \infty, & n>m;\end{cases}\qquad (a_0\neq0,\ b_0\neq0).$$

☆ 习题 2.2

1. 举例说明：

(1) 发散数列一定是无界数列吗？有界数列一定收敛吗？

(2) 若 $f(x)$ 在 $x=a$ 处的极限不存在，则 $|f(x)|$ 在 $x=a$ 处极限也不存在，对吗？

(3) 若 $\lim\limits_{x\to x_0}|f(x)|=A$，则 $\lim\limits_{x\to x_0}f(x)=A$，对吗？

2. 求下列函数的极限：

(1) $\lim\limits_{x\to\infty}\dfrac{1}{1+x^2}$;   (2) $\lim\limits_{x\to-\infty}10^{-x}$;   (3) $\lim\limits_{x\to+\infty}0.1^x$;

(4) $\lim\limits_{x\to\frac{\pi}{2}}\sin x$;   (5) $\lim\limits_{x\to\infty}\sin x$;   (6) $\lim\limits_{x\to\frac{\pi}{4}}\tan x$.

3. 观察下列数列当 $n\to\infty$ 时的变化趋势，如果有极限，写出它们的极限：

(1) $x_n=\dfrac{1}{n^2}$;   (2) $x_n=(-1)^{n-1}\dfrac{1}{n}$;   (3) $x_n=1-\dfrac{1}{n}$;

(4) $x_n=1+\dfrac{1+(-1)^n}{n}$;   (5) $x_n=\cos n\pi$;   (6) $x_n=\left(\dfrac{2}{9}\right)^n$.

4. 求下列极限：

(1) $\lim\limits_{n\to\infty}\left(\dfrac{1}{n^2}+\dfrac{2}{n}-\dfrac{1}{3}\right)$;   (2) $\lim\limits_{n\to\infty}\dfrac{3n^3-n^2+5n-1}{n^3+2n^2-1}$;   (3) $\lim\limits_{n\to\infty}\dfrac{3n^4+2n^3}{n^5-3n+1}$;

(4) $\lim\limits_{n\to\infty}\dfrac{1+2+3+\cdots+n}{n^2}$;   (5) $\lim\limits_{n\to\infty}(1+q+q^2+\cdots+q^{n-1})$ $(|q|<1)$.

5. 电容器放电时，电压 V_C 随时间 t 变化规律为

$$V_C=Ee^{-\frac{1}{RC}t},$$

其中 E、R、C 为正常数，讨论当 $t\to+\infty$ 时电压 V_C 的变化趋势．

6. 函数 $f(x)=\begin{cases}3x+2, & x\leqslant0,\\ x^2+1, & 0<x\leqslant1,\\ \dfrac{2}{x}, & x>1,\end{cases}$ 求 $\lim\limits_{x\to0}f(x)$，$\lim\limits_{x\to1}f(x)$，$\lim\limits_{x\to2}f(x)$．

7. 计算下列极限：

(1) $\lim\limits_{x\to 0}\dfrac{3x^2-2x+1}{x^2-1}$;   (2) $\lim\limits_{x\to -3}\dfrac{x+3}{x^2-9}$;   (3) $\lim\limits_{h\to 0}\dfrac{(x+h)^3-x^3}{h}$;

(4) $\lim\limits_{x\to\infty}\dfrac{3x^2-5x+4}{x^2-2x+1}$;   (5) $\lim\limits_{x\to\infty}\dfrac{x^2+x}{x^3+3x-1}$;   (6) $\lim\limits_{x\to 1}\left(\dfrac{1}{1-x}-\dfrac{3}{1-x^3}\right)$.

2.3 微分及其应用

导数与微分是一元函数微分学中两个最基本的概念. 本节将以极限概念为基础, 从实际应用问题中引出导数和微分的概念, 并得到导数与微分基本公式和求导的运算法则, 介绍导数与微分的一些应用.

2.3.1 引例

📖 **案例1【汽车的速度】** 一辆汽车 2 小时行驶 160 千米, 那么它的平均速度 (或者说平均速率) 是 80 千米/小时, 这是距离关于时间的平均变化率, 但是在行驶的各个时刻, 汽车速度表盘上的读数不是 80 千米/小时, 因此我们说 80 千米/小时是一个平均速度, 速度表在任一瞬间的即时读数应该表示其瞬时速度或瞬时变化率, 那么怎样求瞬时变化率呢?

速度这个词对于我们来说并不陌生, 如一个人的行走速度, 汽车、火车的行驶速度, 火箭的发射速度等 (图 2-12).

图 2-12

【变速直线运动的瞬时速度】设一质点作变速直线运动, 若质点的运行路程 s 与运行时间 t 的关系为 $s=f(t)$, 求质点在 t_0 时刻的瞬时速度.

分析: 如果质点作匀速直线运动, 那就好办了, 给一个时间的增量 Δt, 那么质点在时刻 t_0 与时刻 $t_0+\Delta t$ 间隔内的平均速度也就是质点在时刻 t_0 的瞬时速度, 即 $v_0=\overline{v}=\dfrac{f(t_0+\Delta t)-f(t_0)}{\Delta t}$.

可我们要解决的问题没有这么简单, 质点作变速直线运动, 它的运行速度时刻都在发生变化, 那该怎么办呢? 首先在时刻 t_0 任给时间一个增量 Δt, 考虑质点由 t_0 到 $t_0+\Delta t$ 这段时间的平均速度:

$$\overline{V}=\frac{\Delta s}{\Delta t}=\frac{f(t_0+\Delta t)-f(t_0)}{\Delta t}$$

当时间间隔 Δt 越小时, 其平均速度就可以近似地看作时刻 t_0 瞬时速度. 用极限思想来解释就是: 当 $\Delta t\to 0$, 对平均速度取极限: $\lim\limits_{\Delta t\to 0}\dfrac{\Delta s}{\Delta t}=\lim\limits_{\Delta t\to 0}\dfrac{f(t_0+\Delta t)-f(t_0)}{\Delta t}$

如果这个极限存在的话, 其极限值称为质点在时刻 t_0 的瞬时速度.

📖 **案例2【曲线切线的斜率】** 设一曲线的方程为: $y=f(x)$, 求该曲线在点 $P(x_0,y_0)$

的切线的斜率.

我们首先要解决一个问题：什么是曲线的切线？

设有曲线 C，曲线 C 上有一定点 P_0（图 2-13），在该曲线 C 上任取一点 P，过 P_0 与 P 作一直线 L，直线 L 一般称为曲线 C 的割线，当动点 P 沿曲线 C 无论以任何方式无限趋近于定点 P_0 的时候，割线有唯一的位置，这个极限位置的直线 L_0 就称为曲线过 P_0 点的切线.

由上述关于切线的定义，我们可以先求出割线 L 的斜率：

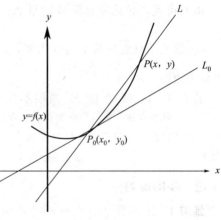

图 2-13

$$K_{割} = \frac{f(x) - f(x_0)}{x - x_0}$$

注意到，P 无限趋近于定点 P_0 等价于 $x \to x_0$，因此，曲线 C 过 P_0 点的切线的斜率为：

$$K_{切} = \lim_{x \to x_0} \frac{f(x) - f(x_0)}{x - x_0}$$

如果令 $\Delta x = x - x_0$，那么 $x = x_0 + \Delta x$，并且 $x \to x_0 \Leftrightarrow \Delta x \to 0$，所以

$$K_{切} = \lim_{\Delta x \to 0} \frac{f(x_0 + \Delta x) - f(x_0)}{\Delta x} = \lim_{\Delta x \to 0} \frac{\Delta y}{\Delta x}$$

上面两个例子从各自的具体意义来说，毫不相干，但把它们从具体意义抽象出来的话，问题都是求函数值的改变量与自变量的改变量之比，当自变量改变量趋于零时的极限.

我们撇开它们具体的物理学、几何学上意义，抽象出数学符号的概念来，即用数学语言描述的话，就是我们以下介绍的导数概念。

💡 概念和公式的引出

2.3.2　导数的定义

定义　设函数 $y = f(x)$ 在点 x_0 的某邻域内有定义，当自变量 x 在 x_0 有一个改变量 Δx 时，相应的函数 $f(x)$ 在 x_0 点也有一个改变量 $\Delta y = f(x_0 + \Delta x) - f(x_0)$，若

$$\lim_{\Delta x \to 0} \frac{\Delta y}{\Delta x} = \lim_{\Delta x \to 0} \frac{f(x_0 + \Delta x) - f(x_0)}{\Delta x}$$

存在，则称函数 $f(x)$ 在点 x_0 处可导，并称该极限值为函数 $f(x)$ 在点 x_0 处的导数，记作 $f'(x_0)$，或 $y'|_{x=x_0}$，$\dfrac{dy}{dx}\big|_{x=x_0}$，$\dfrac{df}{dx}\Big|_{x=x_0}$，

即
$$f'(x_0) = \lim_{\Delta x \to 0} \frac{f(x_0 + \Delta x) - f(x_0)}{\Delta x} \quad \text{...................} \quad (2\text{-}1)$$

称 $\lim\limits_{\Delta x \to 0^-} \dfrac{f(x_0 + \Delta x) - f(x_0)}{\Delta x}$ 为左导数，记为 $f_-(x_0)$；称 $\lim\limits_{\Delta x \to 0^+} \dfrac{f(x_0 + \Delta x) - f(x_0)}{\Delta x}$ 为右导数，记为 $f_+(x_0)$，

令 $x = x_0 + \Delta x$，$\Delta y = f(x_0 + \Delta x) - f(x_0)$，则式（2-1）可改写为：

$$f'(x_0) = \lim_{x \to x_0} \frac{f(x) - f(x_0)}{x - x_0} \quad \text{...................} \quad (2\text{-}2)$$

由此可见，导数就是函数增量 Δy 与自变量增量 Δx 之比 $\dfrac{\Delta y}{\Delta x}$ 的极限，一般地，我们称 $\dfrac{\Delta y}{\Delta x}$ 为函数关于自变量的平均变化率，所以导数 $f'(x_0)$ 为 $f(x)$ 在点 x_0 处关于 x 的变化率（也称为边际）.

若式（2-1）或式（2-2）极限不存在，则称 $f(x)$ 在点 x_0 处不可导.

注：1. 函数在某一定点的导数是一个数值.

2. 由于极限存在的充要条件是左极限等于右极限，因此函数在某点可导的充要条件是左导数等于右导数.

📖 进一步的练习

练习 1　求函数 $f(x) = x^2 + x$ 在点 $x_0 = 0$ 处的导数.

解：由定义得：

$$f'(0) = \lim_{\Delta x \to 0} \frac{f(0+\Delta x)-f(0)}{\Delta x} = \lim_{\Delta x \to 0} \frac{(0+\Delta x)^2 + (0+\Delta x) - 0}{\Delta x} = \lim_{\Delta x \to 0}(\Delta x + 1) = 1$$

练习 2　证明函数 $f(x) = |x|$ 在点 $x_0 = 0$ 处不可导.

证：因为

$$\frac{\Delta y}{\Delta x} = \frac{f(x)-f(0)}{x-0} = \frac{|x|-0}{x} = \frac{|x|}{x} = \begin{cases} 1, & x > 0, \\ -1, & x < 0, \end{cases}$$

所以当 $x \to 0$ 时，上式的极限不存在，所以 $f(x)$ 在点 $x = 0$ 处不可导.

定义　设函数 $y = f(x)$ 在 x 点的邻域内有定义，当自变量 x 有一个改变量 Δx 时，相应的函数 $f(x)$ 也有一个改变量 Δy，且 $\Delta y = f(x+\Delta x) - f(x)$，若

$$\lim_{\Delta x \to 0} \frac{\Delta y}{\Delta x} = \lim_{\Delta x \to 0} \frac{f(x+\Delta x)-f(x)}{\Delta x}$$

存在，则称函数 $f(x)$ 在 x 点处可导. 此极限值就是 $f(x)$ 在 x 点的导数，也称为导函数. 记为 $f'(x)$，或 y'，$\dfrac{\mathrm{d}y}{\mathrm{d}x}$，$\dfrac{\mathrm{d}f(x)}{\mathrm{d}x}$ 即

$$f'(x) = \lim_{\Delta x \to 0} \frac{f(x+\Delta x)-f(x)}{\Delta x}$$

注：1. 我们在求函数在 x_0 点的导数，其实只要先求其导函数 $f'(x)$，然后将 $x = x_0$ 代入就得该点的导数值 $f'(x_0)$.

2. 导数、导函数通常不加区别统称为导数，但读者心里要明白.

3. 通常情况下说求函数的导数绝大多数是求其导函数.

练习 3　求函数 $y = 2 + 5x - x^2$ 的导函数，并计算出 $f'(1), f'(0)$.

解：按照导函数的定义可得

$$f'(x) = \lim_{\Delta x \to 0} \frac{f(x+\Delta x)-f(x)}{\Delta x} = \lim_{\Delta x \to 0} \frac{2+5(x+\Delta x)-(x+\Delta x)^2 - 2 - 5x + x^2}{\Delta x}$$

$$= \lim_{\Delta x \to 0} \frac{5\Delta x - 2x\Delta x - (\Delta x)^2}{\Delta x} = \lim_{\Delta x \to 0}(5 - 2x - \Delta x) = 5 - 2x$$

所以　$f'(1) = 3, f'(0) = 5$

练习 4　从一个铜矿中开采 T 吨铜矿的花费为 $C = f(T)$ 元，那么 $f'(2000) = 100$ 意味着什么？

解：对于 $f'(2000) = \dfrac{\mathrm{d}C}{\mathrm{d}T}\bigg|_{T=2000} = 100$，因为 C 的单位是元，T 的单位是吨，则 $\dfrac{\mathrm{d}C}{\mathrm{d}T}$ 的

单位是元/吨，$f'(2000)=100$ 表示有两千吨开采出来时，每再开采 1 吨铜矿需花费 100 元.

下面我们根据导数的定义计算一些基本初等函数的导数，这些结论都是作为最基本的公式，学习过程中必须达到熟记的程度.

练习 5 设 $f(x)=C$（C 为常数），求 $f'(x)$.

解：因为 $\dfrac{f(x+\Delta x)-f(x)}{\Delta x}=\dfrac{c-c}{\Delta x}=0$

所以 $f'(x)=\lim\limits_{\Delta x\to 0}\dfrac{f(x+\Delta x)-f(x)}{\Delta x}=\lim\limits_{\Delta x\to 0}0=0$

即 $(C)'=0$

* 练习 6 设 n 为正整数，幂函数 $f(x)=x^n$，求 $f'(x)$.

解：因为 $\dfrac{f(x+\Delta x)-f(x)}{\Delta x}=\dfrac{(x+\Delta x)^n-x^n}{\Delta x}$

$$=\dfrac{nx^{n-1}\Delta x+C_n^2 x^{n-2}\Delta x^2+\cdots+\Delta x^n}{\Delta x}$$

$$=nx^{n-1}+C_n^2\cdot x^{n-2}\cdot\Delta x+\cdots+(\Delta x)^{n-1}$$

所以 $f'(x)=\lim\limits_{\Delta x\to 0}\dfrac{f(x+\Delta x)-f(x)}{\Delta x}=\lim\limits_{\Delta x\to 0}[nx^{n-1}+C_n^2\cdot x^{n-2}\cdot\Delta x+\cdots+(\Delta x)^{n-1}]$

$$=nx^{n-1}$$

即 $(x^n)'=nx^{n-1}$.

当 n 为任意实数 α 时，上式仍成立，即

$$(x^\alpha)'=\alpha x^{\alpha-1}.$$

利用导数的定义可推得：$(\sin x)'=\cos x$，$(\cos x)'=-\sin x$，$(a^x)'=a^x\ln a$，

特别地，当 $a=e$ 时，即当 $f(x)=e^x$ 时，有 $(e^x)'=e^x$.

2.3.3 导数的几何意义

若函数 $y=f(x)$ 在 x_0 点处可导，则其导数 $f'(x_0)$ 在数值上就等于曲线 $y=f(x)$ 在点 $[x_0,f(x_0)]$ 处切线的斜率，即 $f'(x_0)=\tan\alpha$.

由导数的几何意义，可以得到曲线在点 $[x_0,f(x_0)]$ 的切线与法线方程.

所以，曲线在 $P_0(x_0,y_0)$ 的切线方程为：

$$y-y_0=f'(x_0)(x-x_0)$$

大家都知道，曲线 $y=f(x)$ 在点 $P_0(x_0,y_0)$ 处的法线是过此点且与切线垂直的直线，所以它的斜率为 $-\dfrac{1}{f'(x_0)}[f'(x_0)\neq 0]$，所以

法线方程为：$y-y_0=-\dfrac{1}{f'(x_0)}(x-x_0)$，

练习 7 求曲线 $y=x^2$ 在点（2，4）处的切线方程及法线方程.

解：因为 $y'=2x$，所以 $y'|_{x=2}=4$，所以，

所求切线方程为：$y-4=4(x-2)$ 即：$4x-y-4=0$

所求法线方程为：$y-4=-\dfrac{1}{4}(x-2)$ 即：$x+4y-18=0$

⭐ **习题 2.3**

1. 当物体的温度高于周围介质的温度时，物体就不断冷却. 若物体的温度 T 与时间 t

的函数关系为 $T = T(t)$，应怎样确定该物体在时刻 t 的冷却速度？

2. 设有一根细棒，取棒的一端作为原点，棒上任意点的坐标为 x. 于是分布在区间 $[0, x]$ 上的质量是 x 的函数：$m = m(x)$. 对于均匀细棒来说，单位长度细棒的质量叫做这细棒的线密度；如果细棒是不均匀的，如何确定细棒在 x_0 处的线密度？

3. 设 $Q = Q(T)$ 表示 1 克的金属从 $0℃$ 加热到 $T℃$ 所吸收的热量（焦耳），当金属从 $T℃$ 升温到 $(T + \Delta T)℃$ 时，所需的热量为 $\Delta Q = Q(T + \Delta T) - Q(T)$，它与 ΔT 之比，叫做 T 到 $T + \Delta T$ 的平均比热容. 问题：

（1）如何定义在 $T℃$ 时，金属的比热.

（2）当 $Q = aT + bT^2$（其中 a, b 均为常数）时，求比热容，即 $Q'(T)$.

4. 设 $f(x) = \dfrac{1}{x}$，试按定义求 $f'(-2)$.

5. 下列各题中均假设 $f'(x_0)$ 存在，且 $f'(x_0) = A$，试求下列极限：

（1）$\lim\limits_{\Delta x \to 0} \dfrac{f(x_0 + 2\Delta x) - f(x_0)}{\Delta x}$；   （2）$\lim\limits_{h \to 0} \dfrac{f(x_0 + 2h) - f(x_0 + h)}{h}$.

6. 求下列函数的导数：

（1）$y = x\sqrt{x}$；   （2）$y = \dfrac{x\sqrt{x}}{\sqrt[3]{x}}$；   （3）$y = \sqrt{\sqrt{x}}$.

7. 设 $f(x) = \cos x$，求 $f'\left(\dfrac{\pi}{6}\right)$，$f'\left(\dfrac{\pi}{3}\right)$.

8. 求曲线 $y = \sqrt{x}$ 在点 $(4, 2)$ 处的切线方程和法线方程.

9. 求曲线 $y = \ln x$ 在点 $(1, 0)$ 处的切线方程和法线方程.

10. 已知物体的运动规律为 $s = t^3$（米），求这物体在 $t = 2$（秒）时的速度.

*11. 设函数 $f(x) = \begin{cases} x^2, & x \leqslant 1 \\ ax + b, & x > 1 \end{cases}$，为了使函数在 $x = 1$ 处可导，a，b 应取什么值？

2.4 导数的运算

上一节，我们根据导数的定义已求出了一些基本初等函数的导数，但对于一般的初等函数，利用定义求导，从理论上来说是可行的，但在实际过程中是不现实的，为此就必须给出一些求导法则和方法，这就是本节的主要任务.

🔖 **案例 1【细菌繁殖速度】** 据测定，某种细菌的个数 y 随时间 t（天）的繁殖规律为 $y = 400e^{0.17t}$，求（1）开始时细菌的个数；（2）第 5 天的繁殖速度.

💡 **概念和公式的引出**

2.4.1 导数的基本公式

（1）$(C)' = 0$，C 为常数；   （2）$(x^\alpha)' = \alpha x^{\alpha-1}$，$\alpha$ 为常数；

（3）$(\log_a^x)' = \dfrac{1}{x\ln a}$，$(a > 0, a \neq 1)$；   （4）$(\ln x)' = \dfrac{1}{x}$；

（5）$(a^x)' = a^x \ln a$，$(a > 0, a \neq 1)$；   （6）$(e^x)' = e^x$；

（7）$(\sin x)' = \cos x$；   （8）$(\cos x)' = -\sin x$；

(9) $(\tan x)' = \sec^2 x$;   (10) $(\cot x)' = -\csc^2 x$;

(11) $(\sec x)' = \sec x \tan x$;   (12) $(\csc x)' = -\csc x \cot x$;

(13) $(\arcsin x)' = \dfrac{1}{\sqrt{1-x^2}}$;   (14) $(\arccos x)' = -\dfrac{1}{\sqrt{1-x^2}}$;

(15) $(\arctan x)' = \dfrac{1}{1+x^2}$;   (16) $(\operatorname{arccot} x)' = -\dfrac{1}{1+x^2}$.

2.4.2　导数的四则运算法则

定理：设函数 $u=u(x)$、$v=v(x)$ 在区间 I 上是可导函数，则有：

(1) $(u \pm v)' = u' \pm v'$;   (2) $(uv)' = u'v + uv'$;   (3) $\left(\dfrac{u}{v}\right)' = \dfrac{u'v - uv'}{v^2}$.

特别地，若 C 为常数，则：$[cu(x)]' = cu'(x)$

一般地有：$(u_1 + u_2 + \cdots + u_n)' = u_1' + u_2' + \cdots + u_n'$

$\qquad (u_1 u_2 \cdots u_n)' = u_1' u_2 \cdots u_n + u_1 u_2' \cdots u_n + \cdots + u_1 u_2 \cdots u_n'$.

📖 进一步的练习

练习 1　设 $f(x) = x^4 + 2x^2 + 6x + 10$，求 $f'(x)$.

解：$f'(x) = (x^4)' + 2(x^2)' + 6x' + 10' = 4x^3 + 4x + 6$.

练习 2　设 $y = x^3 \cdot e^x$，求 y' .

解：$y' = (x^3)' \cdot e^x + x^3 \cdot (e^x)' = 3x^2 e^x + x^3 e^x = (3+x)x^2 e^x$.

练习 3　证明：$(\tan x)' = \sec^2 x$；$(\cot x)' = -\csc^2 x$.

证明：$(\tan x)' = \left(\dfrac{\sin x}{\cos x}\right)' = \dfrac{(\sin x)' \cos x - \sin x (\cos x)'}{\cos^2 x}$

$\qquad\qquad\qquad = \dfrac{\cos^2 x + \sin^2 x}{\cos^2 x} = \sec^2 x$

同理可证　　$(\cot x)' = -\csc^2 x$。

2.4.3　复合函数的求导法则

🗂 **案例 2**　求 $y = \sin 2x$ 的导数.

解：一方面由 $y = \sin 2x$ 得 $y = 2\sin x \cos x$，从而

$\qquad y' = 2(\sin x \cos x)' = 2[(\sin x)' \cos x + \sin x (\cos x)'] = 2(\cos^2 x - \sin^2 x) = 2\cos 2x$. 另一方面 $y = \sin 2x$ 由 $y = \sin u$，$u = 2x$ 组成，而 $y_u' = \cos u$，$u_x' = 2$，观察可得：$y_u' \cdot u_x' = y'$.

问题：若 $y = f(u)$，$u = \varphi(x)$ 可导，则构成的复合函数 $y = f[\varphi(x)]$ 的导数是否为 $y' = f'(u) \cdot \varphi'(x)$？

定理：设 $u = \varphi(x)$ 在 x 处可导，$y = f(u)$ 在对应的 $u = \varphi(x)$ 处可导，则复合函数 $y = f[\varphi(x)]$ 在 x 处也可导，且

$$\frac{\mathrm{d}y}{\mathrm{d}x} = \frac{\mathrm{d}y}{\mathrm{d}u} \cdot \frac{\mathrm{d}u}{\mathrm{d}x} \text{或} \qquad y_x' = y_u' \cdot u_x'$$

这个结论可以简述为：函数对最终自变量的导数等于函数对中间变量的导数乘以中间变量对自变量的导数.

推广：设函数 $y = f(u)$，$u = \varphi(v)$，$v = \psi(x)$ 在所对应自变量处可导，则复合函数 $y =$

$f\{\varphi[\psi(x)]\}$ 在最终的自变量 x 处可导, 且

$$\frac{\mathrm{d}y}{\mathrm{d}x}=\frac{\mathrm{d}y}{\mathrm{d}u}\cdot\frac{\mathrm{d}u}{\mathrm{d}v}\cdot\frac{\mathrm{d}v}{\mathrm{d}x}=y'_u\cdot u'_v\cdot v'_x$$

上述法则一般称为复合函数求导数的链式法则.

📖 进一步的练习

练习 4 设 a 为实数, 求幂函数 $y=x^a (x>0)$ 的导数.

解: 因为 $y=x^a=\mathrm{e}^{a\ln x}$, 所以 $y=x^a$ 可看作 $y=\mathrm{e}^u$ 与 $u=a\ln x$ 的复合函数.

由复合函数求导法则可知:

$$y'=(x^a)'=(\mathrm{e}^{a\ln x})'=\mathrm{e}^{a\ln x}\cdot(a\ln x)'=\mathrm{e}^{a\ln x}\cdot\frac{a}{x}=x^a\cdot\frac{a}{x}=ax^{a-1}$$

练习 5 设 $y=\ln|x|$, 求 $\dfrac{\mathrm{d}y}{\mathrm{d}x}$.

解: 当 $x>0$ 时, $\dfrac{\mathrm{d}y}{\mathrm{d}x}=(\ln x)'=\dfrac{1}{x}$, 当 $x<0$ 时, $y=\ln(-x)$, 令 $u=-x$, 由复合函数求导法, 得 $\dfrac{\mathrm{d}y}{\mathrm{d}x}=\dfrac{\mathrm{d}y}{\mathrm{d}u}\cdot\dfrac{\mathrm{d}u}{\mathrm{d}x}=\dfrac{1}{u}\times(-1)=\dfrac{1}{-x}\cdot(-1)=\dfrac{1}{x}$, 总之, $\dfrac{\mathrm{d}y}{\mathrm{d}x}=\dfrac{1}{x}$.

从以上例子可以看出, 应用复合函数求导法则时, 首先要分析所给函数可由哪些函数复合而成, 而这些函数的导数我们已经会求, 那么应用复合函数求导法则就可以求出所给函数的导数了.

对复合函数的分解比较熟练后, 就不必写出中间变量, 而可以采用下列例题的方式来计算.

练习 6 设函数 $y'=\ln\sin x$, 求 y'.

解: $y'=(\ln\sin x)'=\dfrac{1}{\sin x}(\sin x)'=\dfrac{1}{\sin x}\cos x=\cot x$.

练习 7 设函数 $y=\cos(\mathrm{e}^x)$, 求 y'.

解: $y'=[\cos(\mathrm{e}^x)]'=[-\sin(\mathrm{e}^x)](\mathrm{e}^x)'=-\mathrm{e}^x\cdot\sin(\mathrm{e}^x)$

练习 8【人口增长率】《全球 2000 年报告》指出世界人口在 1975 年为 41 亿, 并以每年 2% 的相对比率增长. 若用 P 表示自 1975 年来的人口数, 求 $\dfrac{\mathrm{d}P}{\mathrm{d}t}$, $\dfrac{\mathrm{d}P}{\mathrm{d}t}\Big|_{t=0}$, 它们的实际意义分别是什么?

解: $\dfrac{\mathrm{d}P}{\mathrm{d}t}=\lim\limits_{\Delta t\to 0}\dfrac{P(t+\Delta t)-p(t)}{\Delta t}=2\%P(t)$, 实际意义是从 1975 年开始, 世界人口以每年 2% 的相对比率增长.

$\dfrac{\mathrm{d}P}{\mathrm{d}t}\Big|_{t=0}=2\%\times P(0)=2\%\times 41=0.82$, 实际意义是 1976 年的人口比 1975 年增长 0.82 亿.

练习 9【刹车测试】在测试一汽车的刹车性能时发现, 刹车后汽车行驶的距离 s(单位: 米) 与时间 t(单位: 秒) 满足 $s=19.2t-0.4t^3$. 假定汽车作直线运动, 求汽车在 $t=4s$ 时的速度和加速度.

解: $v=\dfrac{\mathrm{d}s}{\mathrm{d}t}=(19.2t-0.4t^3)'=19.2-1.2t^2$, $a=\dfrac{\mathrm{d}v}{\mathrm{d}t}=(19.2-1.2t^2)'=-2.4t$.

当 $t=4$ 时, $v=19.2-1.2\times 4^2=0$, $a=-2.4\times 4=-9.6$(米/秒^2).

2.4.4 高阶导数

案例 3【物体运动的加速度】 已知作变速直线运动物体的运动方程为 $s = s(t)$，求任意时刻 t 的加速度.

分析：根据导数的定义，物体在时刻 t 的运动速度为 $v = s'(t)$，加速度 a 是速度 v 对时间 t 的变化率，即加速度 a 是速度 v 对时间 t 的导数，即 $a = v'$，由于 $v = s'$，所以 $a = (s')'$ 叫做 s 对 t 的二阶导数.

正是为了解决类似问题的需要，便产生了高阶导数的概念.

概念和公式的引出

若函数 $y = f(x)$ 的导数 $f'(x)$ 仍然可导，则称 $f'(x)$ 的导数为 $f(x)$ 的二阶导数，通常记作：y''；$f''(x)$；$\dfrac{\mathrm{d}^2 y}{\mathrm{d}x^2}$ 或 $\dfrac{\mathrm{d}^2 f(x)}{\mathrm{d}x^2}$. 同时称 $f(x)$ 二阶可导.

如果 $f''(x)$ 关于 x 还可导，那么，$f''(x)$ 的导数称为 $f(x)$ 的三阶导数，通常记为：y'''；$f'''(x)$；$\dfrac{\mathrm{d}^3 y}{\mathrm{d}x^3}$ 或 $\dfrac{\mathrm{d}^3 f}{\mathrm{d}x^3}$.

依上述进行下去，如果 $f(x)$ 的 $n-1$ 阶导数 $f^{(n-1)}(x)$ 存在，并且 $f^{(n-1)}(x)$ 仍然可导，那么，$f^{(n-1)}(x)$ 的导数称为 $f(x)$ 的 n 阶导数，一般记为：

$$y^{(n)};\quad f^{(n)}(x);\quad \frac{\mathrm{d}^n y}{\mathrm{d}x^n} \text{ 或 } \frac{\mathrm{d}^n f}{\mathrm{d}x^n}$$

二阶或者二阶以上的导数统称为高阶导数.

进一步的练习

练习 10 设 $f(x) = \mathrm{e}^x$，求 $f^{(n)}(x)$.

解：$f'(x) = (\mathrm{e}^x)' = \mathrm{e}^x$，$f''(x) = (\mathrm{e}^x)'' = \mathrm{e}^x$，$f'''(x) = (\mathrm{e}^x)''' = \mathrm{e}^x$

一般地，可得 $(\mathrm{e}^x)^{(n)} = \mathrm{e}^x$.

习题 2.4

1. 求下列函数的导数：

(1) $y = 3x^2 - \dfrac{2}{x^2} + 3$；

(2) $y = (2x - 1)^2$；

(3) $y = 3\sec x - \tan x - \cos x + \ln 3$；

(4) $s = t\tan t - 2\sec t + \cos \dfrac{\pi}{3}$；

(5) $y = \dfrac{\cos x}{x^2}$；

(6) $y = \dfrac{1}{1 + \sqrt{t}} - \dfrac{1}{1 - \sqrt{t}}$；

(7) $y = x^2 \ln x$；

(8) $y = x^3 + 3^x + \log_3 x$.

2. 求曲线 $y = x^2 + 2\sin x$ 上横坐标为 $x = 0$ 的点处的切线方程和法线方程.

3. 曲线 $y = x^3 + x - 2$ 上哪一点的切线与直线 $y = 4x - 1$ 平行？

4. 当推出一款新的电子游戏程序时，其在短期内销售量会迅速增加，然后开始下降，销售量 s 与时间 t 的函数关系是 $s(t) = \dfrac{200t}{t^2 + 100}$，$t$ 的单位为月份，求销量对时间的变化率.

5. 求下列函数在指定点的导数值：

(1) $y = \dfrac{1}{2}\cos x + x\tan x$，求 $y'|_{x = \frac{\pi}{4}}$；

(2) $\rho = \theta\sin\theta + \dfrac{1}{2}\cos\theta$，求，$\rho'|_{\theta = \frac{\pi}{4}}$；

(3) $f(t) = \dfrac{1-\sqrt{t}}{1+\sqrt{t}}$，求 $f'(4)$；　　　　(4) $y = \cos x \sin x$，求 $y'|_{x=\frac{\pi}{6}}$ 和 $y'|_{x=\frac{\pi}{4}}$．

6．求下列函数的导数：

(1) $y = (2x-4)^7$；　　　(2) $y = \cos\left(\dfrac{\pi}{4} - x\right)$；　　　(3) $y = e^{3x+1}$；

(4) $y = \tan(x^2+1)$；　　(5) $y = \ln(3-x)$；　　　　(6) $y = \sec(3x-1) + \cot 4x$；

(7) $y = \cos^3 \dfrac{x}{2}$；　　　(8) $y = \ln\tan\dfrac{x}{2}$；　　　(9) $y = x^2 \sin\dfrac{1}{x}$；

(10) $y = \ln\dfrac{x}{1-x}$；　　(11) $y = e^{\arctan\sqrt{x}}$；　　(12) $y = \ln(x + \sqrt{x^2 + a^2})$．

7．求下列函数的二阶导数：

(1) $y = x\cos x$；　　　(2) $y = \sin^2 x$；　　　(3) $y = \arctan x$．

8．质量为 m_0 的物质，在化学分解中，经过时间 t 后，所剩的质量 m 与时间 t 的函数关系是 $m = m_0 e^{-kt}$（$k>0$ 且为常数）．

求出这个函数的变化率．

9．质点按规律 $s = 12t + 3t^2 - 2t^3$ 作直线运动，其中 s 以米为单位，t 以秒为单位，求

(1) 质点的运动速度；

(2) 在什么时刻运动改变方向；

(3) 在前 3 秒内的位移；

(4) 在第 3 秒末的瞬时速度．

10．求下列函数的 n 阶导数：

(1) $y = e^{3x-2}$；　　　(2) $y = x e^x$；　　　(3) $y = x\ln x$；　　　(4) $y = \dfrac{x-1}{x+1}$．

2.5　导数的应用

单调性是函数的重要特征之一，它既决定着函数的增减变化状况，又能帮助我们研究函数的极值．本节将给出函数单调性与极值的判别方法及其求法．

2.5.1　函数的单调性

📔 **案例 1【农田化肥效用】**　在农田里撒化肥可以增加农作物的产量，当你向一亩农田里撒第一个 100 千克化肥的时候，增加的产量最多，撒第二个 100 千克化肥的时候，增加的产量就没有第一个 100 千克化肥增加的产量多，撒第三个 100 千克化肥的时候增加的产量就更少甚至减产，也就是说随着所撒化肥的增加，增产效应越来越低．

分析：这就是经济学中的边际报酬递减规律，或者叫做边际效用递减规律，也叫做戈森定律．即在生产中普遍存在着这么一种现象：在一定的生产技术水平下，当其他生产要素的投入量不变时，若连续增加某种生产要素的投入量，在达到某一点以后，总产量的增加额将越来越小的现象，甚至还会出现总产量减少的情况．

很明显地，当撒第一个 100 千克时，产量增加最多，也就是撒第一个 100 千克化肥的效用最大；撒第二个 100 千克化肥的时候虽然产量还是增加的，但是增加的幅度已经没有撒第一个 100 千克那么大了，也就是撒第二个 100 千克化肥的效用比撒第一个 100 千克化肥的效

用有所减少；再撒第三个 100 千克化肥的时候，产量非但没有增加，反而比不撒化肥时的产量更少，这时撒第三个 100 千克化肥的效用就为负值了．

要提高生产效率，减少生产要素的投入，就必须找到这个点，使得总产量增加额达到最大值．把这样的问题转化为数学问题来看，就是找到单调递增与单调递减分界的那个点——研究函数的单调性．

对于一个可导的函数 $f(x)$，我们可以观察到：

如果函数 $f(x)$ 在 $[a,b]$ 是单调递增的，则曲线 $f(x)$ 在 (a,b) 上各点切线斜率为正的，即 $\tan a = f'(x) > 0$ [图 2-14(a)]；如果函数 $f(x)$ 在 $[a,b]$ 是单调递减的，则曲线 $f(x)$ 在 (a,b) 上各点切线斜率为负的，即 $\tan a = f'(x) < 0$ [图 2-14(b)]．由此可见，函数的单调性与导数的符号有关．

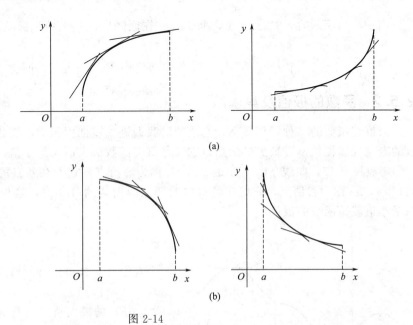

(a)

(b)

图 2-14

💡 概念和公式的引出

定理（函数单调性的充分条件）设函数 $y = f(x)$ 在区间 (a,b) 内可微．

（1）如果当 $x \in (a,b)$ 时，$f'(x) > 0$，则 $f(x)$ 在 (a,b) 内单调递增；

（2）如果当 $x \in (a,b)$ 时，$f'(x) < 0$，则 $f(x)$ 在 (a,b) 内单调递减．

注：如果函数的导数仅在个别点处为零，而在其余的点处均满足定理 1 的条件，那么定理 1 的结论仍然成立．如 $y = x^3$ 在 $x = 0$ 处导数为零，但在 $(-\infty, +\infty)$ 内其他的点处导数都为正的，因此函数 $y = x^3$ 在 $(-\infty, +\infty)$ 内仍为单调递增的．

确定函数单调性的一般步骤是：

（1）确定函数的定义域；

（2）在定义域内求出使 $f'(x) = 0$ 和 $f'(x)$ 不存在的点，并以这些点为分界点，将定义域分为若干个子区间；

（3）确定各个子区间内 $f'(x)$ 的符号，从而判定出 $f(x)$ 的单调性．

📖 进一步的练习

练习 1　求函数 $f(x) = x^3 - 3x$ 的单调区间．

解：函数的定义域为 $(-\infty,+\infty)$，由 $f'(x)=3x^2-3=0$ 得，$x=\pm 1$，

当 $x\in(-\infty,-1)$ 时，$f'(x)>0$，则 $f(x)$ 在区间 $(-\infty,-1)$ 上单调递增；

当 $x\in(-1,+1)$ 时，$f'(x)<0$，则 $f(x)$ 在区间 $(-1,+1)$ 上单调递减；

当 $x\in(1,+\infty)$ 时，$f'(x)>0$，则 $f(x)$ 在区间 $(1,+\infty)$ 上单调递增．

练习 2 讨论函数 $f(x)=(x-1)x^{\frac{2}{3}}$ 的单调性．

解：函数的定义域为 $(-\infty,+\infty)$，由 $f'(x)=x^{\frac{2}{3}}+\dfrac{2}{3}x^{-\frac{1}{3}}(x-1)=\dfrac{5x-2}{3\sqrt[3]{x}}=0$ 得

$x=\dfrac{2}{5}$，此外 $x=0$ 时，$f(x)$ 为不可导，于是有：

当 $x\in(-\infty,0)$ 时，$f'(x)>0$，则 $f(x)$ 在区间 $(-\infty,0)$ 上单调递增；

当 $x\in\left(0,\dfrac{2}{5}\right)$ 时，$f'(x)<0$，则 $f(x)$ 在区间 $\left(0,\dfrac{2}{5}\right)$ 上单调递减；

当 $x\in\left(\dfrac{2}{5},+\infty\right)$ 时，$f'(x)>0$，则 $f(x)$ 在区间 $\left(\dfrac{2}{5},+\infty\right)$ 上单调递增．

2.5.2 函数的极值及其求法

极值是函数的一种局部性态，它能帮助我们进一步把握函数的变化性态，为准确描绘函数的变化性态提供不可缺少的信息，它又是研究函数最大值与最小值的关键所在．

考察图 2-15，曲线 $f(x)$ 上的 x_1，x_4 称为峰值点，它们在各自的局部范围内达到最大值；x_2，x_5 称为谷值点，它们在各自的局部范围内达到最小值，这种局部范围内的最大值与最小值就是函数的极值．

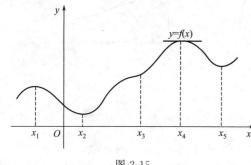

图 2-15

下面介绍函数极值的定义与求法．

定义 设函数 $f(x)$ 在 x_0 的一个邻域内有定义，若对于该邻域内异于 x_0 的 x 恒有：

(1) $f(x_0)>f(x)$，则称 $f(x_0)$ 为函数 $f(x)$ 的极大值，x_0 称为 $f(x)$ 的极大值点；

(2) $f(x_0)<f(x)$，则称 $f(x_0)$ 为函数 $f(x)$ 的极小值，x_0 称为 $f(x)$ 的极小值点．

函数的极大值与极小值统称为函数的极值，极大值点与极小值点统称为函数的极值点．

定义告诉我们，极值是函数的一个局部性质，而函数的最大值与最小值则是指定区域内的整体性态，两者不能混淆．图 2-15 还显示，一个函数可能有若干个极大值或极小值，有的极小值比极大值大，如图 2-15 所示极小值 $f'(x_5)$ 大于极大值 $f(x_1)$．

定理（极值的必要条件） 设函数 $f(x)$ 在点 x_0 处可导，且 $f(x_0)$ 为极值，则 $f'(x_0)=0$（证明略）．

定理的几何意义是：可微函数的图形在极值点处的切线平行于 x 轴（图 2-15）．

为什么说定理是可导函数极值的必要条件呢？这是因为 $f'(x_0)=0$ 的点 x_0 并不一定是函数的极值点，如图 2-15 中的点 x_3 既不是极大值点，又不是极小值点．定理的重要意义在于，可微函数的极值点必在导数为零的点中取得，称导数为零的点为驻点．

然而，连续但不可导的点也可能是函数的极值点，即函数还可能在连续但不可导的点处取得极值．如函数 $y=x^{\frac{2}{3}}$，在 $x=0$ 处不可导，但 $x=0$ 为函数的极小值点（图 2-16）．

综上所述可知，函数可能在其导数为零的点或在定义域内但不可导的点处取得极值．

定理（极值的第一充分条件）设函数 $y=f(x)$ 在 x_0 的一个邻域内可微（在 x_0 处可以不可微，但必须连续）那么在此邻域内有：

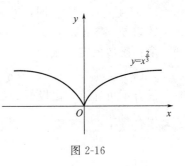

图 2-16

(1) 若 $x<x_0$ 时 $f'(x)>0$，若 $x>x_0$ 时 $f'(x)<0$，则 x_0 为极大值点，$f(x_0)$ 为 $f(x)$ 的极大值；

(2) 若 $x<x_0$ 时 $f'(x)<0$，若 $x>x_0$ 时 $f'(x)>0$，则 x_0 为极小值点，$f(x_0)$ 为 $f(x)$ 的极小值；

(3) 若 $x<x_0$ 与 $x>x_0$ 时，导数的符号不改变，则 $f(x_0)$ 不是 $f(x)$ 的极值．

📖 **进一步的练习**

练习 3 求函数 $f(x)=x^3-3x^2-9x+5$ 的极值．

解：函数 $f(x)$ 的定义域为 $(-\infty,+\infty)$，
$$f'(x)=3x^2-6x-9=3(x-3)(x+1)$$

令 $f'(x)=0$ 得驻点 $x_1=-1$，$x_2=3$，这两点将定义域 $(-\infty,+\infty)$ 分成三个部分区间 $(-\infty,-1),(-1,3),(3,+\infty)$．

列表（表 2-3）讨论如下：

表 2-3

x	$(-\infty,-1)$	-1	$(-1,3)$	3	$(3,+\infty)$
$f'(x)$	+	0	−	0	+
$f(x)$	↗	极大值	↘	极小值	↗

所以函数的极大值为 $f(-1)=(-1)^3-3\times(-1)^2-9\times(-1)+5=10$

极小值为 $f(3)=3^3-3\times3^2-9\times3+5=-22$

练习 4 求 $f(x)=(x-1)x^{\frac{2}{3}}$ 的极值．

解：函数的定义域为 $(-\infty,+\infty)$，$f'(x)=\dfrac{5x-2}{3\sqrt[3]{x}}$，令 $f'(x)=0$ 得驻点 $x=\dfrac{2}{5}$，另函数有不可导点 $x=0$，这两个点将函数的定义域分成三个部分区间：
$$(-\infty,0),\left(0,\frac{2}{5}\right),\left(\frac{2}{5},+\infty\right)$$

列表讨论如表 2-4 所示：

表 2-4

x	$(-\infty,0)$	0	$\left(0,\dfrac{2}{5}\right)$	$\dfrac{2}{5}$	$\left(\dfrac{2}{5},+\infty\right)$
$f'(x)$	+	不存在	−	0	+
$f(x)$	↗	极大值	↘	极小值	↗

所以函数的极大值为 $f(0)=0$，极小值为 $f\left(\dfrac{2}{5}\right)=-\dfrac{3}{25}\sqrt[3]{20}$．

对于二阶可导函数，还有以下定理：

定理（极值的第二充分条件）设 $f(x)$ 在 x_0 处二阶可导，且 $f''(x_0)\neq0$，$f'(x_0)=0$ 则

(1) 当 $f''(x_0)<0$ 时，$f(x_0)$ 为极大值；

（2）当 $f''(x_0) > 0$ 时，$f(x_0)$ 为极小值.

练习 5 求函数 $f(x) = (x^2 - 2)^2 + 1$ 的极值.

解： 函数的定义域为 $(-\infty, +\infty)$

$f'(x) = 4x(x^2 - 2)$，令 $f'(x) = 0$，得驻点 $x_1 = -\sqrt{2}$，$x_2 = 0$，$x_3 = \sqrt{2}$

没有不可导点，由极值的第二充分条件判断：

由于

$$f''(x) = 4(3x^2 - 2), f''(-\sqrt{2}) = 16 > 0,$$
$$f''(0) = -8 < 0, f''(\sqrt{2}) = 16 > 0,$$

所以函数在 $x = 0$ 处取得极大值，为 $f(0) = 5$，在 $x = \pm\sqrt{2}$ 处取得极小值为 $f(\pm\sqrt{2}) = 1$

2.5.3 函数的最值

📖 **案例 2【牛奶可乐经济学】** 美国的经济学家罗伯特·弗兰克在《牛奶可乐经济学》这本书的关于"产品设计中的经济学"这一章节中，提出了一个有趣的问题：为什么牛奶装在方盒子里卖，可乐却装在圆瓶子里卖？几乎所有软性饮料瓶子，不管是玻璃瓶还是铝罐子都是圆柱形的，可装牛奶的盒子却似乎都是方的（图 2-17）.

图 2-17

案例分析： 从容器的体积上来说，在表面积一样，也就是铸造容器的材料一样的前提下，方形柱体的体积会比圆柱形柱体的体积小，也就是方形柱体节约了存储空间. 在体积一样的前提下，圆柱形容器的表面积比长方体的表面积小，也就是圆柱形的柱体节约了铸造材料. 超市里大多数软性饮料都是放在开放式货架上的，这种架子便宜，平常也不存在运营成本. 但牛奶则需专门装在冰柜里，冰柜很贵，运营成本也高. 所以，冰柜里的存储空间相当宝贵，从而提高了用方形柱体容器装牛奶的收益.

这里所涉及的最省材料或最省体积的分析，也就是数学上函数的最大值与最小值问题. 本节将讨论最大值与最小值的求法.

💡 **概念和公式的引出**

如果函数 $f(x)$ 在闭区间 $[a, b]$ 内连续，那么它在该区间上一定有最大值与最小值，显然如果最大值与最小值在开区间 (a, b) 内取得，则最大值点与最小值点应该是函数的极值点，而极值点可能在驻点与不可导点处取得，因此，求出 $f(x)$ 在 (a, b) 内的驻点与不可导点，然后计算出它们的函数值及 $f(a)$ 和 $f(b)$，将它们加以比较，其中最大者为 $f(x)$ 在 $[a, b]$ 内的最大值，最小者为 $f(x)$ 在 $[a, b]$ 内的最小值.

📖 **进一步的练习**

练习 6 求函数 $f(x) = 3x^4 - 16x^3 + 30x^2 - 24x + 4$ 在闭区间 $[0, 3]$ 上的最大值与最小值.

解：$f'(x)=12x^3-48x^2+60x-24=12(x-1)^2(x-2)$，令 $f'(x)=0$ 得驻点 $x=1$，$x=2$，它们为可能的极值点，算出它们的函数值及区间端点的函数值：

$$f(0)=4,f(1)=-3,f(2)=-4,f(3)=13$$

将它们比较可知在区间 $[0,3]$ 内，$f(x)$ 的最大值为 $f(3)=13$，最小值为 $f(2)=-4$.

练习7 求函数 $f(x)=x-x\sqrt{x}$ 在闭区间 $[0,4]$ 上的最大值与最小值.

解：$f'(x)=1-\dfrac{3}{2}x^{\frac{1}{2}}$，令 $f'(x)=0$ 得驻点 $x=\dfrac{4}{9}$，其函数值为 $f\left(\dfrac{4}{9}\right)=\dfrac{4}{27}$ 区间端点的函数值为 $f(0)=0$，$f(4)=-4$，所以 $f(x)$ 在闭区间 $[0,4]$ 上的最大值为 $f\left(\dfrac{4}{9}\right)=\dfrac{4}{27}$，最小值为 $f(4)=-4$.

在解决实际问题时，注意下述情况，会使我们的讨论方便又简洁.

（1）若函数 $f(x)$ 在某区间内只有一个可能的极值点 x_0 时，则当 x_0 为极大（小）值时，$f(x_0)$ 就是该区间上的最大（小）值.

（2）在实际问题中，若由分析得知，确实存在最大值或最小值，又所讨论的区间内只有一个可能的极值点，则该点的函数值就是所求的最大值或最小值.

练习8 设圆柱形有盖茶缸容积 V 为常数，求其表面积最小时，底半径 x 与高 y 之比（见图 2-18）.

解：（1）建立目标函数，茶缸容积为 $V=\pi x^2 y$，设茶缸表面积为 S，则 $S=2\pi xy+2\pi x^2$，因为 V 为常数，所以 $y=\dfrac{V}{\pi x^2}$，由此得目标函数——茶缸表面积的表达式：

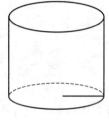

图 2-18

$$S(x)=2\pi x^2+\frac{2\pi xV}{\pi x^2}=2\pi x^2+\frac{2V}{x}\ (x>0).$$

（2）求 $S(x)$ 的最小值. 因为

$$S'(x)=4\pi x-\frac{2V}{x^2}$$

令 $s'(x)=0$ 可得可能的极值点 $x=\sqrt[3]{\dfrac{V}{2\pi}}$，且唯一，又 $S''(x)=4\pi+\dfrac{4V}{x^3}$，$S''\left(\sqrt[3]{\dfrac{V}{2\pi}}\right)\geqslant 0$ 所以 $S(x)$ 在 $x=\sqrt[3]{\dfrac{V}{2\pi}}$ 处取得极小值.

（3）求半径与高之比：由 $y=\dfrac{V}{\pi x^2}$ 和 $x=\sqrt[3]{\dfrac{V}{2\pi}}$ 计算得 $y=\dfrac{V}{\pi\left(\sqrt[3]{\sqrt{\dfrac{V}{2\pi}}}\right)^2}=2\sqrt[3]{\dfrac{V}{2\pi}}=2x$.

因此当半径与高之比为 $1:2$ 时，茶缸的表面积最小.

练习9 某轮船的耗油费与速度的三次方成正比，已知速度为 10 千米/小时时，每小时燃料费为 80 元，若轮船行驶时的其他费用为每小时 160 元，轮船应以什么速度匀速行驶才能使 20 千米航程的总费用最少？最少费用是多少？

解：（1）建立目标函数，轮船在行驶过程中的费用有两部分组成，其中一部分为燃料费，另一部分为其他费用. 设轮船以速度 v 行驶，由题意，可设每小时燃料费为 kv^3，则由 $80=k\times 10^3$ 得 $k=\dfrac{2}{25}$，那么 20 千米所用的时间为 $\dfrac{20}{v}$，总费用为

$$C(v)=160\times\frac{20}{v}+\frac{2}{25}v^3\times\frac{20}{v}=40\times\left(80\frac{1}{v}+\frac{1}{25}v^2\right)(v>0)$$

（2）求 $C(v)$ 的最小值.

由于 $C'(v)=40\left(\frac{2}{25}v-\frac{80}{v^2}\right)$，令 $C'(v)=0$ 得唯一驻点 $v=10$，因此 $v=10$ 时 $C(v)$ 有最小值. 最小费用为

$$C(10)=40\times\left(80\times\frac{1}{10}+\frac{1}{25}\times10^2\right)=480（元）$$

故当速度 $v=10$ 千米/小时时，20 千米航程费用最少，最少费用为 480 元.

练习 10【线路设计问题】 要铺设一石油管道，将石油从炼油厂输送石油罐装点，如图 2-19 所示，炼油厂区附近有条宽 2.5 千米的河，罐装点在炼油厂的对岸沿河下游 10 千米处，如果在水中铺设管道的费用为 6 万元/千米，在河边铺设管道的费用为 4 万元/千米，试在河边找一点 P，使管道铺设费用最低？

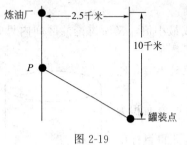

图 2-19

解： 设 P 点距炼油厂的距离为 x，管道铺设费用为 y，可得：$y=4x+6\sqrt{(10-x)^2+2.5^2}\ (0<x<10)$.

$$y'=4-\frac{6(10-x)}{\sqrt{(10-x)^2+2.5^2}}$$

令 $y'=0$ 得驻点 $x=10\pm\frac{10}{\sqrt{20}}$，舍去 $x=10+\frac{10}{\sqrt{20}}$.

由于管道最低铺设费用一定存在，且在（0,10）内取得，所以最小值存在，即当 $x=10-\frac{10}{\sqrt{20}}\approx7.764$（千米）时代入函数算得最低的管道铺设费用为 $y\approx51.18$ 万元.

练习 11 某旅行社组团去外地旅游，20 人起组团，每人单价 800 元，旅行社对超过 20 人的团给予优惠，即旅行团每增加 1 人，每人的单价就降低 20 元，你能帮助算一下，当一个旅行团的人数是多少时，旅行社可以获得最大营业额？

解： 设旅行团增加 x 人时，该旅行社的收入为 y，此时，旅行团的总人数为 $20+x$，每名成员的单价为 $800-20x$；

所以 $y=(20+x)(800-20x)=-20x^2+400x+16000$，令 $y'=-40x+400=0$ 得唯一驻点：$x=10$，由此得该旅行团增加 10 人，即每团 30 人时，该旅行社可以获得最大收入，此时最大收入为 18000 元.

2.5.4 曲线的凹凸性与拐点 函数图像的描绘

一阶导数可以判断函数的单调性，但仅仅根据单调性还不能确定曲线的形状. 如图 2-20 中，从 A 点到 B 点有两条上升的曲线，但曲线的弧分别向下弯曲和向上弯曲，这就是曲线的凹凸问题.

下面先介绍曲线凹凸性的定义，从图 2-21 可以明显地看出曲线向上弯曲的弧段都位于该曲线上任意一点的切线的上方，图 2-22 告诉我们曲线向下弯曲的弧段都位于该曲线上任意一点的切线的下方.

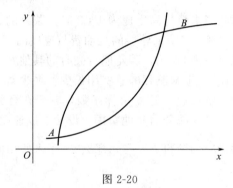

图 2-20

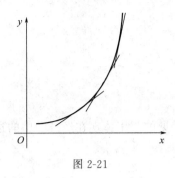

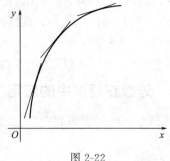

图 2-21   图 2-22

💡 概念和公式的引出

设曲线 $y=f(x)$ 在 (a,b) 内各点都有切线，如果曲线上每一点处的切线都在曲线的下方，则称此曲线在 (a,b) 内为凹的，区间 (a,b) 为曲线的凹区间；如果曲线上每点的切线都在曲线的上方，则称此曲线在 (a,b) 内为凸的，区间 (a,b) 为曲线的凸区间.

对于凹的曲线弧，从图 2-21 中可以看出，随着 x 增大，曲线上切线的斜率是递增的，由导数的几何意义可知，函数 $y=f(x)$ 的导函数是增函数，因此 $f''(x)>0$；对于凸的曲线弧，从图 2-22 中可以看出，随着 x 的增大，曲线上切线的斜率是递减的，由导数的几何意义可知，函数 $y=f(x)$ 的导函数是减函数，因此 $f''(x)<0$.

定理   设函数 $f(x)$ 在 (a,b) 内二阶可导，那么：

(1) 如果在 (a,b) 内 $f''(x)>0$，则曲线 $y=f(x)$ 在 (a,b) 内为凹的；

(2) 如果在 (a,b) 内 $f''(x)<0$，则曲线 $y=f(x)$ 在 (a,b) 内为凸的.

📖 进一步的练习

练习 12   讨论曲线 $f(x)=x^3$ 的凹凸性.

解：函数的定义域为 $(-\infty,+\infty)$，$f'(x)=3x^2$，$f''(x)=6x$，当 $x\in(-\infty,0)$ 时，$f''(x)<0$，曲线为凸的；当 $x\in(0,+\infty)$ 时，$f''(x)>0$，曲线为凹的；当 $x=0$ 时，$f''(x)=0$，点 $(0,0)$ 是曲线由凸变凹的转折点，称这样的点为曲线的拐点.

练习 13   求曲线 $f(x)=(x-1)^{\frac{1}{3}}$ 的凹凸区间.

解：函数的定义域为 $(-\infty,+\infty)$，$f'(x)=\dfrac{1}{3}(x-1)^{-\frac{2}{3}}$，$f''(x)=-\dfrac{2}{9}(x-1)^{-\frac{5}{3}}$

$x\in(-\infty,1)$ 时，$f''(x)>0$，曲线为凹的；当 $x\in(1,+\infty)$ 时，$f''(x)<0$，曲线为凸的；所以区间 $(-\infty,1)$ 为曲线的凹区间，区间 $(1,+\infty)$ 为曲线的凸区间，点 $x=1$ 处导数不存在，但点 $(1,0)$ 是曲线的拐点.

从上述两例可以看出，曲线的拐点可能在二阶导数为零的点及二阶导数不存在的点处取得，因此求曲线的拐点可按下列步骤进行：

(1) 确定函数的定义域，并求 $f''(x)$；

(2) 求出 $f''(x)=0$ 和 $f''(x)$ 不存在的点，设它们为 x_1，$x_2\cdots x_n$；

(3) 对于步骤（2）中求出的每个点 $x_i(i=1,2,\cdots,n)$，考察 x_i 左右两端 $f''(x)$ 的符号，如果 $f''(x)$ 异号，则点 $[x_i,f(x_i)]$ 为函数 $f(x)$ 的拐点，如果 $f''(x)$ 同号，则点 $[x_i,f(x_i)]$ 不是函数 $f(x)$ 的拐点（步骤（3）可以列表讨论）.

练习 14   讨论曲线 $y=\ln(1+x^2)$ 的凹凸区间与拐点.

解：函数的定义域为 $(-\infty,+\infty)$，$y'=\dfrac{2x}{1+x^2}$，$y''=\dfrac{2(1-x^2)}{(1+x^2)^2}$，令 $y''=0$ 得 $x=\pm1$.

当 $x \in (-\infty, -1)$ 时，$y'' < 0$，此区间为凸区间；

当 $x \in (-1, 1)$ 时，$y'' > 0$，此区间为凹区间；

当 $x \in (1, +\infty)$ 时，$y'' < 0$，此区间为凸区间；

曲线 $y = \ln(1 + x^2)$ 的拐点为 $(-1, \ln 2)$，$(1, \ln 2)$.

＊2.5.5 导数在经济中的应用

导数的概念在经济方面起着极大的作用，其中最常见的应用体现在经济学中的边际分析与弹性分析上.

1. 边际分析

📗 **案例3【最后一位乘客票价价位问题】** 从杭州开往南京的长途汽车即将出发，无论哪个公司的车，票价均为50元. 一个匆匆赶来的乘客见一家国营公司的车上尚有最后一个空位，要求以30元上车，但被拒绝了，他又找到一家也有最后一个空位的私人公司的车，售票员二话没说，收了30元允许他上车了，哪家公司的行为更理性呢？

分析： 乍一看，私人公司允许这名乘客用30元享受50元的运输服务，当然亏了，但是在我们这个例子中，增加这一名乘客，所需汽车的磨损费、汽油费、工作人员工资和过路费等都无需增加，对汽车来说多拉一个人，少拉一个人都一样，所需增加的成本仅仅是这名乘客所需的食物和饮料，假设这些东西值10元，那么增加一个乘客所需要的成本也就是这10元，而尽管让这最后一位乘客以30元的价位上车，私人公司还是有收益的，即增加这名乘客所增加的收益就是 $30 - 10 = 20$(元)，从赢利的角度看，私人公司的车仍然有赢利.

上述案例所涉及的分析方法，就是在经济学中得到广泛运用的"边际分析法".

💡 **概念和公式的引出**

边际概念是经济学中的一个重要概念，一般是指经济函数的导函数. 设 $y = f(x)$ 是可导的，那么 $f(x)$ 的导函数 $f'(x)$ 在经济学中称为边际函数.

（1）边际成本 某产品的总成本是指一定数量的产品所需要的全部经济资源投入（劳力、原料、设备等）的价格或费用的总额. 它由固定成本与可变成本组成.

平均成本是指生产一定量的产品，平均每生产1个单位产品的成本.

边际成本就是成本的变化率.

设成本函数 $C = C(Q)$，则它对产量的导数 $C'(Q_0)$ 称为成本函数 $C = C(Q)$ 在 $Q = Q_0$ 处的边际成本，记作 MC. 即 $MC = C'(Q_0)$.

根据微分的概念，有

$$dC = C(Q_0 + dQ) - C(Q_0) \approx C'(Q_0)Q$$

当 $dQ = 1$ 时，有

$$dC = C(Q_0 + dQ) - C(Q_0) \approx C'(Q_0) = MC$$

它表明当产量为 Q_0 时，再生产一个单位产品所增加的成本 dC 近似等于成本函数 $C(Q)$ 在 Q_0 处的导数值.

📖 **进一步的练习**

练习15 某工厂生产某种产品的成本函数为 $C = 100 + \dfrac{Q^2}{4}$，求当 $Q = 10$ 时的总成本、平均成本和边际成本.

解： 当 $Q = 10$ 时，总成本为

$$C = C(10) = 100 + \frac{10^2}{4} = 125$$

平均成本
$$\overline{C} = \frac{C(10)}{10} = 12.5$$

由于 $C' = \dfrac{Q}{2}$，所以当 $Q = 10$ 时，边际成本为 $MC = C'(10) = 5$

练习 16 在练习 15 中，当商品产量 Q 为多少时，平均成本最小？

解： 由已知得，$\overline{C} = \dfrac{C(Q)}{Q} = \dfrac{100}{Q} + \dfrac{Q}{4}$，$\overline{C}' = -\dfrac{100}{Q^2} + \dfrac{1}{4}$，令 $\overline{C}' = 0$ 得：$Q = 20$，导数为零的点只有一个，而此问题中一定有平均成本最小的情况，因此 $Q = 20$ 时，平均成本最小．

（2）边际收入　总收益是生产者出售一定量产品所得的全部收入．

平均收益是生产者出售一定量产品，平均每出售单位产品所得的收入，即单位产品的售价．

边际收益是总收益的变化率．

设收入函数 $R = R(Q)$，则它对产量的导数就是边际收入（边际收益），记作 MR，即 $MR = R'(Q)$．

边际收入的经济意义与边际成本类似，边际收入 $R'(Q)$ 表示当产量（销售量）为 Q_0 时，再多生产（销售）一个单位产品或少生产（销售）一个单位产量时增加或减少的收入．

📖 **进一步的练习**

练习 17 设某商品的需求函数为 $Q = e^{-2P}$（P 为价格），求该商品的收入函数、平均收入、和边际收入函数．

解： 由 $Q = e^{-2P}$ 得 $P = -\dfrac{1}{2}\ln Q$，所以该商品的

收入函数为
$$R = PQ = -\frac{1}{2}Q\ln Q$$

平均收入为
$$\overline{R} = \frac{R}{Q} = -\frac{1}{2}\ln Q$$

边际收入
$$MR = R'(Q) = -\frac{\ln Q}{2} - \frac{1}{2}$$

（3）边际利润　利润函数 $L = L(Q)$ 对产量的导数 $L'(Q)$ 称为边际利润，记作 ML，即 $ML = L'(Q)$．

类似地，边际利润的经济意义为：$L'(Q_0)$ 表示当产量为 Q_0 时，再多生产一个单位产品时所增加或减少的利润．

📖 **进一步的练习**

练习 18 某企业月产量（单位：吨）为 Q 时，利润（单位：千元）是 $L = -5Q^2 + 250Q$，试求月产量是 20 吨、25 吨、30 吨时的边际利润．

解： 生产量为 Q 时，产品的边际利润为　$ML = L' = -10Q + 250$

当 $Q = 20$ 吨时，边际利润为 $L'(20) = -10 \times 20 + 250 = 50$（千元）

当 $Q = 25$ 吨时，边际利润为 $L'(25) = -10 \times 25 + 250 = 0$（千元）

当 $Q = 30$ 吨时，边际利润为 $L'(30) = -10 \times 30 + 250 = -50$（千元）

即当月产量为 30 吨时，产量再增加一个单位，利润不会增加，反而还会减少 50 千元．实际上，当 $Q > 25$ 时 $L'(Q) = -10Q + 250 < 0$，这时的利润为减函数，因此当产量增加时，利润会减少．

2. 弹性分析

◆ **案例4【谷贱伤农】** 有人说，气候不好对农民不利，因为谷物欠收，会减少农民的收入，但也有人说，气候不好反而对农民有利，因为农业欠收后谷物价格会上涨，农民因此而增加收入.

评价气候不好对农民是否有利，主要看农民的农业收入在气候不好的情况下如何变动，气候不好对农民的直接影响是农业歉收，即农产品的供给减少，如果此时市场对农产品的需求不发生变化，那么农产品供给的减少将导致均衡价格的上升.农产品供给减少的幅度小于价格上涨的幅度，那么农民总收入是有增加的，但是如果农产品的供给减少的幅度大于价格上涨的幅度，那么农民的总收入非但没有增加，反而是减少的.如果两者之间是相等的，也就是农产品供给减少的幅度等同于其价格上涨的幅度，那么农民的总体收入水平是持平的，也就是没有发生变化，所以分析这一问题的时候，应该首先对农产品的供给幅度变化与价格幅度变化进行调查，才能得出准确的结论.

这里用到的分析方法，价格发生变化时，供给量或（需求量）随之发生变化的幅度，即经济学上经常使用的"需求价格弹性分析".

定义 设函数 $y=f(x)$ 在点 x 处可导，函数 $f(x)$ 在点 x 处的相对改变量 $\dfrac{\Delta y}{y}$ 与自变量的相对改变量 $\dfrac{\Delta x}{x}$ 之比，在 $\Delta x \to 0$ 时的极限

$$\lim_{\Delta x \to 0} \frac{\dfrac{\Delta y}{y}}{\dfrac{\Delta x}{x}} = \lim_{x \to 0} \frac{\dfrac{f(x+\Delta x)-f(x)}{y}}{\dfrac{\Delta x}{x}}$$

若存在，则称此极限值为函数 $f(x)$ 在点 x 处的弹性，也称之为函数 $f(x)$ 在点 x 处的相对变化率，并记为

$$\frac{Ey}{Ex} \text{或} \frac{Ef(x)}{Ex}$$

即

$$\frac{Ey}{Ex} = \lim_{\Delta x \to 0} \frac{\dfrac{\Delta y}{y}}{\dfrac{\Delta x}{x}} = \lim_{x \to 0} \frac{x}{y} \cdot \frac{\Delta y}{\Delta x} = \frac{x}{y} y'$$

$f(x)$ 的相对弹性可解释为当自变量变化 1% 时，函数变化的百分数.

📖 **进一步的练习**

练习 19 设某产品的需求函数 $Q=100\mathrm{e}^{-P}$（P 为价格），求当 $P=10$ 时的需求弹性，并解释其经济意义.

解： 需求弹性函数为

$$\frac{EQ}{EP} = \frac{P}{Q} \cdot \frac{\mathrm{d}Q}{\mathrm{d}P} \frac{P}{100\mathrm{e}^{-P}}(-100\mathrm{e}^{-P}) = -P$$

当 $P=10$ 时，有

$$\left. \frac{EQ}{EP} \right|_{P=10} = -10$$

其经济意义为：当价格增加 1%时，需求量减少 10%.

练习 20 已知某商品的供给函数 $Q=2+3P$，求供给弹性函数及 $P=2$ 时的供给弹性.

解：供给需求函数为

$$\frac{EQ}{EP} = \frac{P}{Q} \cdot \frac{dQ}{dP} = \frac{3P}{2+3P}$$

当 $P=2$ 时供给弹性为

$$\frac{EQ}{EP}\bigg|_{P=2} = \frac{3\times 2}{2+3\times 2} = \frac{3}{4}$$

其经济意义为：当价格增加 1% 时，供给量增加 0.75%.

*2.5.6　曲率

在有些问题中，有时需要考虑曲线的弯曲程度．如设计铁路时，就要考虑铁路的弯曲程度，如果弯曲程度不合适，便可能导致火车出轨等安全事故．又如在机械和土建工程中遇到的各种梁，它们在自重和负载作用下，要弯曲变形，对于允许的弯曲程度，也是设计中要考虑的因素．在数学中我们用曲率来表示曲线的弯曲程度．在介绍曲率之前，先介绍曲线的弧长的微分（简称弧的微分）的概念．

💡 概念和公式的引出

📋 案例5【火车轨道】　设火车由直线轨道 AO 转入曲线轨道 CB 时，中间需用曲线 OC 连接，人们通常取 OC 为三次立方抛物线 $y=ax^3$，而不采用圆弧，试解释之.

1. 弧微分

设函数 $y=f(x)$ 在区间 (a,b) 内有连续的导函数，即 $f'(x)$ 连续．在曲线 $y=f(x)$ 上取定点 $M_0(x_0,y_0)$，作为计算曲线弧长的起点，点 $M(x,y)$ 是其上任意一点，并规定：

（1）以 x 增大的方向作为曲线的正方向；即该曲线上任意一段弧 $\overparen{M_0M}$ 是有方向的．简称曲线 $y=f(x)$ 为有向曲线，弧 $\overparen{M_0M}$ 为有向弧.

（2）记有向弧 $\overparen{M_0M}$ 的长度为 s，则当弧 $\overparen{M_0M}$ 的方向与曲线的正向一致时，s 取正号；当弧 $\overparen{M_0M}$ 的方向与曲线的方向相反时，s 取负号.

显然，对于任意的 $x\in(a,b)$，在曲线上相应的有一个点 M，那么，就有一个确定的弧长 s 与之对应，因此弧长 s 是 x 的函数

$$s=s(x)$$

且由规定（2）可知，它是一个单调递增的函数．

下面我们来求 $s(x)$ 的微分，即弧微分.

当 x 增大到 $x+\Delta x$ 时，函数 $s=s(x)$ 的增量为 $\Delta s=\overparen{MM_1}$（图 2-23），而点 M 处的切线 MT 的纵坐标增量为 dy，则

$$MT=\sqrt{dx^2+dy^2}=\sqrt{1+y'^2}\,dx$$

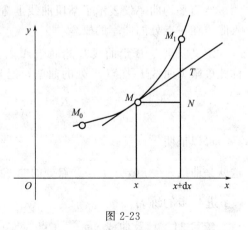

图 2-23

根据微分的定义，所以函数 $s=s(x)$ 的微分即弧微分为

$$ds=\sqrt{1+y'^2}\,dx \ 或 \ ds=\sqrt{dx^2+dy^2}$$

若曲线方程为 $\begin{cases} x=j(t), \\ y=y(t), \end{cases}$　$a<t<b$，则 $ds=\sqrt{j'^2(t)+y'^2(t)}\,dt$

2. 曲率

学习了弧微分后，就可以从数量上来刻画曲线的弯曲程度——曲率. 下面先从几何直观入手，分析曲线的弯曲程度是由哪些量确定的，然后引入平均曲率和曲线在一点曲率的概念.

首先，它与曲线的切线密切相关，从图 2-24 可以看到，若曲线 L 上的动点从 A 点移动到 B 点，曲线上 A 点的切线相应地变动到 B 点的切线，若记切线转过的角度（简称转角）为 $\Delta\alpha$，则 $\Delta\alpha$ 越大，弧 $\overparen{AB}$ 弯曲得越厉害.

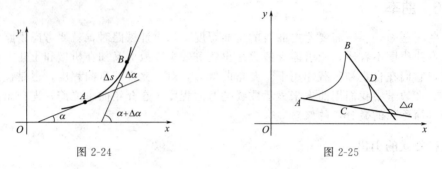

图 2-24   图 2-25

其次，它与曲线的长度也有关，从图 2-25 可见，弧 $\overparen{AB}$ 与弧 $\overparen{CD}$ 的切线的转角都是 $\Delta\alpha$，但是明显地，弧长较短的弯曲得厉害.

于是，我们自然想到，应当以单位弧长上曲线切线转过的角度的值来定义曲线的弯曲程度.

定义 弧 $\overparen{AB}$ 的切线转角 $\Delta\alpha$ 与该弧长 Δs 之比的绝对值叫做该弧的平均曲率，记为 $\overline{K}$，即

$$\overline{K} = \left| \frac{\Delta\alpha}{\Delta s} \right|.$$

之所以取绝对值，是因为 $\dfrac{\Delta\alpha}{\Delta s}$ 有正有负，但我们只考虑曲线的弯曲程度，而弯曲程度是不必计较正负的.

然而平均曲率仅表示了某段曲线上弯曲程度的平均值，要精确地描绘弯曲程度还需要引入曲线在一点处的曲率的概念.

定义 当点 B 沿曲线 L 趋向于 A 点时（图 2-24），若弧 $\overparen{AB}$ 的平均曲率的极限存在，则称此极限为曲线 L 在点 A 处的曲率，记为 K，即

$$K = \lim_{B \to A} \left| \frac{\Delta\alpha}{\Delta s} \right| = \lim_{x \to 0} \left| \frac{\Delta\alpha}{\Delta s} \right| = \left| \frac{\mathrm{d}\alpha}{\mathrm{d}s} \right|$$

可以证明

$$K = \left| \frac{y''}{(1 + y'^2)^{\frac{3}{2}}} \right|$$

这就是曲线 $y = f(x)$ 上任意点处的曲率计算公式.

📖 进一步的练习

练习 21 计算曲线 $y = x^3$ 在点 $(0,0)$ 与 $(-1,-1)$ 处的曲率.

解： 因为 $y' = 3x^2$，$y'' = 6x$，所以曲线在任意点处的曲率为：

$$K = \frac{|6x|}{(1 + 9x^4)^{\frac{3}{2}}}$$

将 $x = 0$ 代入上式得点 $(0,0)$ 处的曲率为 $K = 0$，将 $x = -1$ 代入得点 $(-1,-1)$ 处的

曲率为：$K=\dfrac{|6\times(-1)|}{(1+9)^{\frac{3}{2}}}=\dfrac{3}{5\sqrt{10}}$

练习 22 抛物线 $y=ax^2+bx+c$ 在哪一点的曲率最大？

解： 由 $y=ax^2+bx+c$ 得 $y'=2ax+b$，$y''=2a$，从而有

$$K=\dfrac{|2a|}{[1+(2ax+b)^2]^{\frac{3}{2}}}$$

因为 K 的分子是常数 $|2a|$，所以只要 K 的分母最小，K 值才最大，显然当 $x=-\dfrac{b}{2a}$ 时，分母最小，这时 K 最大，且 $K=|2a|$，由于 $x=-\dfrac{b}{2a}$ 时，$y=-\dfrac{b^2-4ac}{4a}$ 所以抛物线 $y=ax^2+bx+c$ 上点 $\left(-\dfrac{b}{2a},-\dfrac{b^2-4ac}{4a}\right)$ 的曲率最大．

3. 曲率圆与曲率半径

由曲率公式可以知道，圆周上每一点的曲率相同，且等于它的半径的倒数，对于一般的曲线，其上每一点的曲率一般不相同．因此，在研究曲线在某一点的曲率时，如果用一个圆（它的曲率与曲线在该点的曲率相同）来代替该点附近的曲线，常有便利之处，这样的圆我们称之为曲率圆．

定义：如果一圆满足下列三个条件：（1）在 M 点与曲线有公切线；（2）与曲线在 M 点有相同的凹向；（3）与曲线在 M 点有相同的曲率（图 2-26），那么称此圆为曲线在 M 点处的曲率圆．

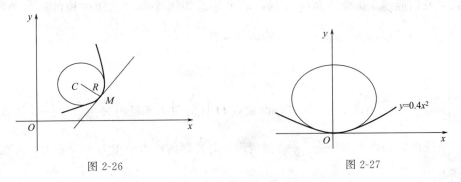

图 2-26　　　　　　　　　　　　图 2-27

曲率圆的中心 C 叫曲线在 M 点的曲率中心，曲率圆的半径叫曲线在 M 点的曲率半径．由定义可知，曲率中心必位于曲线的法线上，并且在曲线的凹向一侧．

如果曲线在 M 点的曲率用 K 表示，那么曲率圆的曲率也为 K，则曲率半径为 $R=\dfrac{1}{K}$．

进一步的练习

练习 23 设工件表面的截线为抛物线 $y=0.4x^2$（图 2-27），现拟用砂轮磨削其内表面，试问选用多大直径的砂轮比较合适？

解： 为了保证工件的形状与砂轮接触处附近的部分不被磨削太多，显然所选砂轮的半径应当小于或等于抛物线上曲率半径的最小值．为此先求抛物线上曲率半径的最小值，即曲率的最大值．

因为

$$y'=0.8x,\ y''=0.8$$

所以曲率

$$K = \frac{0.8}{(1+(0.8x)^2)^{\frac{3}{2}}}$$

欲使曲率最大，应使上式中的分母最小，因此 $x=0$ 时，曲率最大，且 $K=0.8$. 于是曲率半径的最小值为

$$R = \frac{1}{K} = \frac{1}{0.8} = 1.25$$

可见，应选半径不超过 1.25 单位长，即直径不超过 2.5 单位长的砂轮.

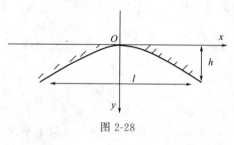

图 2-28

练习 24　设一辆质量为 m 的汽车以速度 v 经过图 2-28 所示的抛物形拱桥，该桥的跨度为 l 米，高度为 h 米，试问当汽车驶过顶点 O 时，对桥的压力多大？

解：由物理学知识知道，质量为 m 的质点，以速度 v（大小为 v）沿半径为 r 的圆周作匀速圆周运动时，质点所受的向心力为：

$$F = \frac{mv^2}{r}$$

若质点沿曲线 $y=f(x)$ 运动，则用曲线在该点的曲率圆弧近似代替其附近的曲线段，因此，质点在曲线上所受的向心力等于 $\frac{mv^2}{R}$，其中 R 为曲率半径.

为此，我们应建立拱桥的曲线方程，取坐标系如图 2-28，已知拱桥的形状为抛物线，所以设 $y=ax^2$，因为 $x=\frac{l}{2}$ 时，$y=h$，所以 $a=\frac{4h}{l^2}$，故

$$y = \frac{4h}{l^2}x^2$$

由 $y' = \frac{8h}{l^2}x$，$y'' = \frac{8h}{l^2}$ 可求得 $x=0$ 时，即顶点 O 处的曲率半径为 $R = \frac{1}{K} = \frac{l^2}{8h}$，故汽车通过桥顶点时所受的向心力为 $F = \frac{8mv^2h}{l^2}$. 因为汽车对桥面的压力＝重力－向心力，所以汽车对桥面的压力为：

$$mg - \frac{8mv^2h}{l^2} = mg\left(1 - \frac{8v^2h}{gl^2}\right)$$

*练习 25　前面案例火车轨道问题

解：如图 2-29 所示，曲线 OC 的连接应保证火车的安全运行，OC 在衔接点 O 处，既应与 AO 相切，又应使其曲率为零，即与直线轨道 AO 的曲率相同；在衔接点 C 处，也应与 C 点相切，且与 CB 在 C 处的曲率相同. 从而使曲线 OC 在衔接点处不仅切线连续变化，而且在这两点的曲率也连续变化，这样火车在转弯时向心力连续变化，从而不会发生急剧震动，显然曲线 $y=ax^3$ 可以保证在 $(0,0)$ 处的曲率为零，而且可以选择适当的 a，使 OC 在 C 处的曲率与 CB 在 B 处曲率相同，从而保证达到上述目的. 为什么不以圆弧为过渡曲线呢，这是因为圆弧上每点的曲率一样，且不会为零，因此火车经过 O 点时向心力发生突变，从而产生剧烈震动，这是不符合安全要求的.

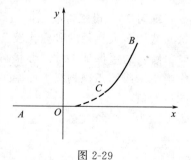

图 2-29

⭐ **习题 2.5**

1. 是非题:

(1) 若函数 $f(x)$ 在 (a,b) 内单调递增, 且在 (a,b) 内可导, 则必有 $f'(x)>0$;

(2) 若函数 $f(x)$ 和 $g(x)$ 在 (a,b) 内可导, 且 $f(x)>g(x)$, 则在 (a,b) 内必有 $f'(x)>g'(x)$;

(3) 单调可导函数的导函数必定单调;

(4) 若函数的导函数单调, 则该函数必定单调.

2. 求下列函数的单调区间:

(1) $y=x^4-2x^2-5$;

(2) $y=x+\sqrt{1-x}$;

(3) $y=x-e^x$;

(4) $y=2x^2-\ln x$;

(5) $y=(x-1)^2(x-2)^2$;

(6) $y=2x^3-6x^2-18x-7$;

(7) $y=x-2\sin x$, $(0<x<2\pi)$;

(8) $y=\ln(x+\sqrt{1+x^2})$.

3. 求下列函数的极值与极值点:

(1) $y=x^3-3x$;

(2) $y=x+\dfrac{3}{2}x^{\frac{2}{3}}$;

(3) $y=x-\ln(1+x)$;

(4) $y=e^x+e^{-x}$;

(5) $y=\arctan x-\dfrac{1}{2}\ln(1+x^2)$;

(6) $y=x+\sqrt{1-x}$.

4. 求下列函数在给定区间的最大值与最小值:

(1) $y=x+2\sqrt{x}$, $[0,4]$;

(2) $y=\sin 2x-x$, $\left[-\dfrac{\pi}{2},\dfrac{\pi}{2}\right]$;

(3) $y=\arctan\dfrac{1-x}{1+x}$, $[0,1]$;

(4) $y=x^{\frac{2}{3}}-(x^2-1)^{\frac{1}{3}}$, $[0,2]$;

(5) $y=x+\sqrt{1-x^2}$, $[-1,1]$.

5. 如图 2-30 所示窗户外框, 由一个半圆形加一个矩形构成, 若要窗户所围成面积 5 平方米, 底边为多少时, 窗户周长最小, 从而使用料最省.

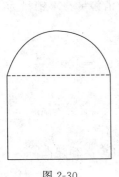

图 2-30

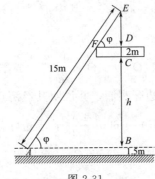

图 2-31

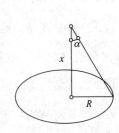

图 2-32

6. 欲做一个容积为 300 平方米的无盖圆柱形蓄水池, 已知池底单位面积造价为四壁单位面积造价的 2 倍, 蓄水池的尺寸应怎样设计才能使总造价最低?

7. 某厂有一个圆柱形油罐, 其直径为 6 米, 高为 2 米, 想用吊臂长为 15 米的吊车 (车身高 1.5 米) 把油罐吊到 6.5 米高的平台上去, 试问能否吊上去 (图 2-31)?

8. 有一个半径为 R 的圆形广场, 在广场中心的上方设置一灯 (图 2-32), 问灯设多高能使广场周围的环道最亮？已知当灯高为 x 时，照明度 y 有 $y=\dfrac{k\cos\alpha}{x^2+R^2}$，其中 k 是比例系数.

9. 用直径为 d 的圆柱形木材加工横断面为矩形的梁，若矩形高为 y，宽为 x，则梁的强度与 xy^2 成正比，试问高与宽成什么比例时梁的强度最大？

10. 某厂生产一种产品，其固定成本为 3 万元，每生产 100 件产品，成本增加 2 万元，其总收入 y（万元）与产量 x（百件）之间的函数关系为 $y=5x-\dfrac{1}{2}x^2$，求达到最大利润时的产量.

11. 设某公司的甲、乙两厂生产同一种产品，月产量分别是 x 和 y（单位：万件），甲厂的月生产成本是 $c_1(x)=x^2-x+5$（万元），乙厂的月生产成本是 $c_2(y)=y^2+2y+3$，若要求该产品每月总产量为 8 万件，则：

(1) 怎样安排两厂的产量，才能使总成本最小？

(2) 求出相应的最小成本？

12. 设某出口产品其总成本 $C(Q)=900+20Q+Q^2$（万元），求使平均成本最低时的产量及最低平均成本.

13. 求下列函数的凹凸区间与拐点：

(1) $y=x^3-6x^2+x-1$;   (2) $y=x+\dfrac{x}{x-1}$;

(3) $y=(2x-1)^4+1$;   (4) $y=\mathrm{e}^x+\mathrm{e}^{-x}$;

(5) $y=\ln(1+x^2)$;   (6) $y=x\sqrt{x+1}$.

14. a，b 为何值时，点 $(1,3)$ 是曲线 $y=ax^3+bx^2$ 的拐点？

15. 某企业生产的某产品的总成本 $C(Q)=Q^2+12Q+100$，求：

(1) 生产 300 个单位时的总成本和平均成本；

(2) 生产 200 个单位到 300 个单位时总成本的改变量；

(3) 生产 200 个单位和 300 个单位的边际成本.

16. 设某产品的需求函数为 $P=20-\dfrac{Q}{5}$，其中 P 为价格，Q 为销售量，求销量为 15 个单位时的总收入和边际收入.

17. 已知某商品的收益函数 $R(Q)=20Q-\dfrac{1}{2}Q^2$，成本函数 $C(Q)=100+\dfrac{Q^2}{4}$，求当 $Q=20$ 时的边际收入、边际成本和边际利润，并说明其经济意义.

18. 某商品的需求函数为 $Q(P)=1600\left(\dfrac{1}{4}\right)^P$，求边际需求函数.

19. 设某商品的需求函数为 $Q(P)=75-P^2$，求 $P=4$ 时的边际需求和弹性需求，并说明其经济意义.

20. 某工厂生产某种商品 x 个单位的费用为 $C(x)=5x+200$（元）得到的收入为 $R(x)=10x-0.01x^2$（元），问生产多少个单位时，才能使利润 $L=R-C$ 最大？

*21. 求下列曲线在给定点处的曲率：

(1) $y=4x-x^2$ 在顶点处；   (2) $y=x^3$ 在点 $(1,1)$ 处；

(3) $\dfrac{x^2}{a^2}-\dfrac{y^2}{b^2}=1$ 在点 (x_0,y_0) 处；   (4) $y=\ln(1-x^2)$ 在原点处.

22. 求下列曲线在给定点处的曲率半径：

(1) $y = x^2$ 在点 $(1,1)$ 处；　　　　　　　(2) $y = \tan x$ 在点 $\left(\dfrac{\pi}{4}, 1\right)$ 处；

23. 求曲线 $y = \ln x$ 上曲率半径最小点，并求出该点处的曲率半径.

2.6　函数的微分

本节将介绍微分学中另一个重要的概念——微分. 我们知道，导数是在解决因变量相对于自变量的变化的快慢程度，也就是因变量关于自变量的变化率的问题中产生的. 而微分的概念是在解决直与曲的矛盾中产生的. 微分具有双重意义：一是表示一个微小的量；二是表示一种与导数密切相关的运算. 本节将以一个典型例子引入微分的概念.

2.6.1　微分的概念

📖 **案例【面积增量的计算】**　　一边长为 x_0 的正方形金属薄片，受热后边长增加 Δx，问其面积增加多少？

分析：由已知可得受热前的面积 $S = x^2$，那么，受热后面积的增量是：

$$\Delta S = (x_0 + \Delta x)^2 - x_0{}^2 = 2x_0 \Delta x + (\Delta x)^2$$

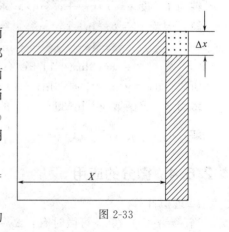

图 2-33

从几何图形上，可以看到，面积的增量可分为两个部分，一是两个矩形的面积总和 $2x_0 \Delta x$（阴影部分），它是 Δx 的线性部分；二是右上角的正方形的面积 $(\Delta x)^2$，它是 Δx 高阶无穷小部分. 这样一来，当 Δx 非常微小的时候，面积的增量主要部分就是 $2x_0 \Delta x$，而 $(\Delta x)^2$ 可以忽略不计，也就是所，可以用 $2x_0 \Delta x$ 来代替面积的增量.

因为 $s'|_{x=x_0} = 2x_0$，所以 $\Delta s \approx 2x_0 \cdot \Delta x = s'|_{x=x_0} \cdot \Delta x$

在实际中还有许多的问题，在求函数值的增量的近似值时，有类似的结论. 现在的问题是，这个结论对于一般的函数 $y = f(x)$ 是否也成立？可以证明，当函数在所讨论的点处可导时，回答是肯定的.

💡 **概念和公式的引出**

定义　设函数 $y = f(x)$ 在点 x_0 具有导数 $f'(x_0)$，则 $f'(x_0)\Delta x$ 叫做函数 $y = f(x)$ 在点 x_0 的微分，记为 $\mathrm{d}y|_{x=x_0}$，即：$\mathrm{d}y|_{x=x_0} = f(x_0)\Delta x$.

一般地，函数 $y = f(x)$ 在点 x 处的微分叫做函数的微分，记为 $\mathrm{d}y$，即 $\mathrm{d}y = f'(x)\Delta x$.

我们把自变量的改变量叫自变量的微分，记为 $\mathrm{d}x$，即 $\mathrm{d}x = \Delta x$，于是函数 $y = f(x)$ 的微分又可记为

$$\mathrm{d}y = f'(x)\mathrm{d}x$$

注意到导数的一种表示符号：$\dfrac{\mathrm{d}y}{\mathrm{d}x}$. 现在，函数的导数可以赋予一种新的解释：导数就是函数的微分 $\mathrm{d}y$ 与自变量的微分 $\mathrm{d}x$ 的商. 因此，导数也叫做微商.

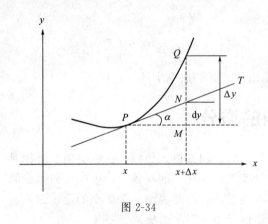

图 2-34

2.6.2　微分的几何意义

如图 2-34 所示，设曲线方程为 $y=f(x)$，PT 是曲线上点 $P(x,y)$ 处的切线，且设 PT 的倾斜角为 α，则 $\tan\alpha=f(x)$．

在曲线上取一点 $Q(x+\Delta x,y+\Delta y)$，则 $PM=\Delta x$，$MQ=\Delta y$，$MN=PM\cdot\tan\alpha$，所以 $MN=\Delta x\cdot f'(x)=\mathrm{d}y$，因此函数的微分 $\mathrm{d}y=f'(x)\cdot\Delta x$ 是：当 x 改变了 Δx 时曲线过点 P 的切线纵坐标的改变量，这就是微分的几何意义．

2.6.3　微分的计算

因为微分 $\mathrm{d}y=f'(x)\cdot\mathrm{d}x$，所以由导数的运算法则与公式，我们能立刻推导出微分的运算法则与公式，可以求出函数的微分．

📖 **进一步的练习**

练习 1　设 $y=x^3\ln x+\mathrm{e}^x\sin x$，求 $\mathrm{d}y$．

解：因为 $y'=(x^3\ln x+\mathrm{e}^x\sin x)'=(x^3\ln x)'+(\mathrm{e}^x\sin x)'$

$\qquad\qquad =3x^2\ln x+x^2+\mathrm{e}^x\sin x+\mathrm{e}^x\cos x$

$\qquad\qquad =x^2(3\ln x+1)+\mathrm{e}^x(\sin x+\cos x)$

所以，$\mathrm{d}y=y'\mathrm{d}x=[x^2(3\ln x+1)+\mathrm{e}^x(\sin x+\cos x)]\mathrm{d}x$．

练习 2　求函数 $y=\ln(3x^2-1)$ 的微分．

解：$\mathrm{d}y=[\ln(3x^2-1)]'\mathrm{d}x=\dfrac{1}{3x^2-1}\times(3x^2-1)'\mathrm{d}x=\dfrac{6x}{3x^2-1}\mathrm{d}x$．

* 2.6.4　微分的应用

1. 近似计算

当 $y=f(x)$ 在 x_0 可微时有：$\Delta y=f'(x_0)\Delta x+o(\Delta x)$，

所以，$f(x_0+\Delta x)-f(x_0)=f'(x_0)\Delta x+o(\Delta x)$，

即：$f(x_0+\Delta x)=f(x_0)+f'(x_0)\Delta x+o(\Delta x)$，

所以，当 Δx 很小时，我们可以由下列近似地计算出 $f(x_0+\Delta x)$．

$$f(x_0+\Delta x)\approx f(x_0)+f'(x_0)\Delta x$$

📖 **进一步的练习**

练习 3　求 $\sin 31°$ 的近似值．

解：$f(x)=\sin x$，$f'(x)=\cos x$，$x_0=30°=\dfrac{\pi}{6}$，$\Delta x=1°=\dfrac{\pi}{180}$

于是，$f(x_0)=\sin\dfrac{\pi}{6}=\dfrac{1}{2}$，$f'(x_0)=\cos\dfrac{\pi}{6}=\dfrac{\sqrt{3}}{2}$，

所以，$\sin 31°=f(x_0+\Delta x)\approx f(x_0)+f'(x_0)\Delta x$

$$=\dfrac{1}{2}+\dfrac{\sqrt{3}}{2}\cdot\dfrac{\pi}{180}\approx 0.5151$$

练习 4 半径 10 厘米的金属圆片加热后，半径伸长了 0.05 厘米，问面积增大了多少？

解： 设圆的面积为 A，半径为 r，则 $A = \pi r^2$，$r = 10$ 厘米，$\Delta r = 0.05$ 厘米，因为 Δr 很小，所以

$$\Delta A \approx \mathrm{d}A = 2\pi r \Delta r \approx 2 \times 3.14 \times 10 \times 0.05 = 3.14 \text{（平方厘米）}$$

2. 误差分析

设某量的精确数值为 A，它的近似值为 a，则称 $|A - a|$ 为 a 的绝对误差，称 $\left|\dfrac{A-a}{a}\right|$ 为 a 的相对误差．

若已知测量值 x_0 的误差限为 σ_x，即：$|\Delta x| = |x - \Delta x| \leqslant \sigma_x$．则当 σ_x 充分小时，$|\Delta y| = |f(x) - f(x_0)| \approx |f'(x_0)\Delta x| \leqslant |f'(x_0)|\sigma_x$，而相对误差限为：

$$\frac{|\Delta y|}{|y_0|} = \left|\frac{f'(x_0)}{f(x_0)}\right| \cdot |\Delta x| \leqslant \left|\frac{f'(x_0)}{f(x_0)}\right|\sigma_x$$

练习 5 为了使计算出的球的体积准确到 1%，问测量半径 r 时允许发生的相对误差至多为多少？

解： 设半径的精确值为 r，测量值为 R，由题设可知：

$$\left|\frac{\Delta v}{v}\right| \approx \left|\frac{\mathrm{d}v}{v}\right| = \left|\frac{4\pi r^2 \Delta r}{\frac{4}{3}\pi r^3}\right| = \left|\frac{3\Delta r}{r}\right| \leqslant 1\%$$

所以相对误差，$\left|\dfrac{\Delta r}{r}\right| \leqslant 0.0033 = 0.33\%$，

即：相对误差限为 0.33%．

☆ 习题 2.6

1. 求函数 $y = x^2 + x$，在 $x = 3$ 处、Δx 分别等于 0.1、0.01 时的增量 Δy 与微分 $\mathrm{d}y$．

2. 求函数 $y = x^3 - x$，自变量 x 由 2 变到 1.99 时在 $x = 2$ 处的微分．

3. 求下列函数的微分：

(1) $y = \dfrac{1}{x} + 2\sqrt{x}$；　　　(2) $y = x\sin 2x$；　　　(3) $y = \arcsin\sqrt{1 - x^2}$；

(4) $y = \tan^2(1 + 2x^2)$；　　(5) $y = 3^{\ln\cos x}$；　　　(6) $y = x\mathrm{e}^{-x^2}$；

(7) $y = [\ln(1 - x)^2]$；　　(8) $y = 1 - x\mathrm{e}^y$．

4. 将适当的函数填入括号内，使等式成立：

(1) $\mathrm{d}(\quad) = 3x\,\mathrm{d}x$；　　(2) $\mathrm{d}(\quad) = \cos 2t\,\mathrm{d}t$；　　(3) $\mathrm{d}(\quad) = \mathrm{e}^{-2x}\,\mathrm{d}x$；

(4) $\mathrm{d}(\quad) = \sec^2 3x\,\mathrm{d}x$；　(5) $\mathrm{d}(\quad) = \sin\omega x\,\mathrm{d}x$；　(6) $\mathrm{d}(\quad) = \dfrac{1}{1+x}\,\mathrm{d}x$；

(7) $\mathrm{d}(\quad) = \dfrac{1}{x^2}\,\mathrm{d}x$；　　(8) $\mathrm{d}(\quad) = \dfrac{2}{1+4x^2}\,\mathrm{d}x$；　(9) $\mathrm{d}(\quad) = \dfrac{x}{\sqrt{1+x^2}}\,\mathrm{d}x$．

* 5. 扩音器的插头是截面半径为 0.15 厘米、长为 4 厘米的圆柱体．为了提高它的导电性能，必须在圆柱体的侧面镀上一层厚为 0.001 厘米的铜。若铜的密度为 8.9 克/厘米^3，试估计每个扩音器需用多少克铜？

* 6. ［钟表的误差］　一机械挂钟的钟摆的周期为 1 秒，在冬季，摆长因热胀冷缩而缩短了 0.01 厘米，已知单摆运动的周期 $T = 2\pi\sqrt{\dfrac{l}{g}}$，其中 $g = 980$ 厘米/秒^2，l 为摆长（单位：厘米）．问这只钟每秒大约快还是慢多少？

* 7. 求下列各值的近似值：

(1) $\cos 29°$;   (2) $\sqrt[6]{65}$;   (3) $e^{1.01}$.

* 8. 正方形的边长为 2.41 ± 0.005 米，求出它的面积，并求绝对误差和相对误差.

* 9. 已知测量球的直径 D 时有 1% 的相对误差，问用公式 $V=\dfrac{\pi}{6}D^3$ 计算球的体积时，相对误差有多少？

* 10. [汽球体积的增量] 一个充满的气球，半径为 5 米，升空后，因外部气压降低，气球的半径增大了 10 厘米，问气球的体积近似增加了多少？

【阅读材料】

牛顿与莱布尼兹的贡献

世界著名的英国科学家牛顿（1642～1727）少年时就矢志献身科学，甘愿受"荆棘冠冕"的刺痛，三十多岁就熬白了头发. 他的横溢的才华闪耀在数学、物理、天文等各个科学领域.

牛顿在伦敦剑桥大学即将毕业时，为躲避当时流行的瘟疫返回家乡. 牛顿的"流数术"（微积分）就是这样发明的.

牛顿受业于数学教授巴鲁，从他的《几何学讲义》里学到了微积分的初步思想和无穷小分析的一些方法. 此外，正如牛顿所说："我从费马的切线作法中得到了这个方法（流数术）的启示. 我推广了它，把它直接地并且反过来应用于抽象的方程上." 牛顿还受到瓦里斯的直接影响，利用他的《无穷小算术》提出的求闭合曲线面积的结果，研究出了流数术. 牛顿在 1665 年 5 月 20 日的手稿里第一次提出"流数术". 有人就把这一天当作微积分的诞生日. 形成牛顿流数术理论的，主要有三个著作：《运用无穷多项方程的分析学》、《流数术和无穷级数》和《求曲边形的面积》.

第一篇著作写于 1669 年，正式发表于 1771 年。其中给出了求瞬时变化率的普遍方法，并证明面积可由变化率的逆过程求得. 这是个重要的突破，它阐明了微分与积分的联系，即现在所谓的微积分基本原理. 当然，牛顿的推导在方法上与逻辑上是不严密的.

第二篇著作写于 1671 年，1763 年发表. 在这篇著作里，他改变了过去静止的观点，认为变量是由点、线、面连续运动而产生的. 他把变量叫做"流"，把变量的变化率叫做"流数". 牛顿还明确指出"流数术"的中心内容包括：（1）已知连续运动的路程，求某一确定时间的速度（即微分法）；（2）已知运动的速度求某一确定时间内经过的路程（即积分法）；（3）将流数术用于求曲线的极值，计算曲线的切线、曲率、弧长、面积等.

最后一篇著作写于 1676 年，发表于 1704 年，是研究可求积（可积分的）曲线的经典文献. 牛顿为了建立没有"无穷小"的微积分，消除不严密的"无穷小"的说法，在这篇文章里代之以"最初的和最后的比"的说法，但这仍是一个不严格的模糊概念.

牛顿在微积分上取得了极为重要的创造性的成果，但由于缺乏清晰严格的"极限"和"无穷小"的概念，未能把微积分建立在牢固的基础上，因而遭到了一些人的批评和攻击.

莱布尼兹（1646～1716）是德国杰出的博学多才的科学家，他的学识涉及到数学、物理、机械、哲学、历史、语言以致神学方面. 大学毕业后，他长期从事外交工作，研究数学只是他的业余爱好，他是数理逻辑学的开山祖师，是机械计算机的发明人之一.

莱布尼兹在治学上思绪奔放，厚积薄发，1671～1677 年间写下了大量数学笔记，却从未发表出来. 正是在这段时间里，他引进常量、变量与参变量等概念，从研究几何问题入手，完成了微积分的基本计算理论．他研究了巴鲁的著作，理解到微分和积分是互逆的运算．他还创造了微分符号 $\mathrm{d}x$、$\mathrm{d}x^n$ 以及积分符号 $\int$，并给出复合函数求导法则，幂函数、指数函数、对数函数的求导法则，以及和、差、积、商、幂、方根的求导法则，还于 1680 年得出微积分求旋转体体积的公式．

莱布尼兹 1680 年公开发表了数学史上第一篇微分学论文《一种求极大、极小和切线的新方法》；1686 年公开发表了第一篇积分学论文．莱布尼兹的微积分，虽然在与物理学的结合上不如牛顿，但方法更富有想象力与启发性．他首创的微积分符号简明精确，对微积分的发展起了强大的推动作用，一直在全世界流传至今．但是他的理论不系统、不严密，很难让一般人理解．幸好，欧洲大陆的数学家们，如瑞士数学家族的伯努利兄弟等，热衷于他的学说，整理并发展了他那些纲领性的、摘要式的著作，陆续发表了《微积分初步》等著作，使莱布尼兹的微积分得以发扬光大．

【本章小结】

1. 掌握函数、复合函数与基本初等函数的概念．

2. 极限的思想

（1）定义 1　如果当自变量 x 取负值且绝对值无限增大时，函数值 $f(x)$ 无限接近于某确定的常数 A，则称 A 为函数 $f(x)$ 当 $x \to -\infty$ 时的极限，记作 $\lim\limits_{x \to \infty} f(x) = A$．

定义 2　设函数 $f(x)$ 在 x_0 的某一去心邻域 $U(x_0, \delta)$ 内有定义．如果当自变量 x 趋于 x_0 时，相应的函数值 $f(x)$ 无限接近于某一个确定的常数 A，则称 A 为函数 $f(x)$ 当 $x \to x_0$ 时的极限，记作 $\lim\limits_{x \to x_0} f(x) = A$．

定义 3　设函数 $x_n = f(n)$，其中 n 为正整数，那么按自变量 n 无限增大时，数列 $\{x_n\}$ 的项 x_n 无限趋近于一个确定的常数 a，那么就称数列 $\{x_n\}$ 以 a 为极限，亦称数列 $\{x_n\}$ 收敛于 a，记作 $\lim\limits_{n \to \infty} x_n = a$．

（2）极限的四则运算　设 $\lim\limits_{x \to x_0} f(x) = A$，$\lim\limits_{x \to x_0} g(x) = B$，则

① $\lim\limits_{x \to x_0} [f(x) \pm g(x)] = \lim\limits_{x \to x_0} f(x) \pm \lim\limits_{x \to x_0} g(x) = A \pm B$，

② $\lim\limits_{x \to x_0} [f(x) \cdot g(x)] = \lim\limits_{x \to x_0} f(x) \cdot \lim\limits_{x \to x_0} g(x) = A \cdot B$，

③ $\lim\limits_{x \to x_0} \dfrac{f(x)}{g(x)} = \dfrac{\lim\limits_{x \to x_0} f(x)}{\lim\limits_{x \to x_0} g(x)} = \dfrac{A}{B}$　$(B \neq 0)$．

3. 导数的概念

导数的定义

$$f'(x_0) = \lim_{\Delta x \to 0} \frac{\Delta y}{\Delta x} = \lim_{\Delta x \to 0} \frac{f(x_0 + \Delta x) - f(x_0)}{\Delta x} \text{或} f'(x_0) = \lim_{x \to x_0} \frac{f(x) - f(x_0)}{x - x_0}$$

导数的几何意义为曲线上某点 (x_0, y_0) 切线的斜率．

※导数的物理意义为瞬时速度 $v = S'(t)$，其中 $S = S(t)$ 为直线运动方程．

4. 导数的运算

基本初等函数的导数公式；导数的四则运算法则；复合函数求导法则；隐函数求导；对数求导法；参数方程求导；

5. 微分的概念 $\mathrm{d}y = f'(x)\mathrm{d}x$、微分的运算、微分的应用

6. 函数的单调性与极值

函数 $y=f(x)$ 在区间 (a,x_0) 及 (x_0,b) 内可导，x_0 处可以可导（可导时导数为零），也可以不可导，但必须连续，那么函数 $y=f(x)$ 在区间 (a,b) 内的单调性与极值的判断方法如表 2-5.

表 2-5

序　　号	x	(a,x_0)	x_0	(x_0,b)
(1)	$f'(x)$	+	0(或不可导)	−
	$f(x)$	↗	极大值	↘
(2)	$f'(x)$	−	0(或不可导)	+
	$f(x)$	↘	极大值	↗
(3)	$f'(x)$	+(−)	0(或不可导)	+(−)
	$f(x)$	↗(↘)	无极值	↗(↘)

7. 函数的最大值与最小值

(1) 闭区间 $[a,b]$ 上连续的函数的最大值与最小值的对应点应从该区间内的极值点及端点处寻找.

(2) 若函数 $y=f(x)$ 在区间 (a,b) 内只有一个极值点 x_0，则该点一定是函数的最值点，这点在实际问题中经常用到.

8. 曲线的凹凸性与拐点，函数图像的描绘方法

凹曲线指的是曲线位于切线上方的曲线，凸曲线指的是曲线位于切线下方的曲线，而拐点是指曲线凹凸性的分界点.

函数的图像是根据函数的单调性与极值、曲线的凹凸性与拐点、曲线的渐近线等特点作出的.

9. 边际与弹性

把成本、收入、利润等函数的一阶导数叫做边际成本、边际收入、边际利润等，经济学上叫边际函数.

把上述函数的相对变化率 $\dfrac{Ey}{Ex}=\dfrac{x}{y}\cdot y'$ 称为函数 $y=f(x)$ 在点 x 处的弹性.

※10. 曲率

(1) 弧微分：$ds=\sqrt{1+(y')^2}\,dx$.

(2) 曲线的曲率是指曲线的弯曲程度. 曲率公式 $K=\dfrac{|y'|}{[1+y'^2]^{\frac{3}{2}}}$.

(3) 曲率圆与曲率半径：曲线在点 x 处的曲率圆的圆心在该点的法线上，凹向与曲线的凹向相同，半径为曲率的倒数.

━━━ 复习题 2 ━━━

1. 填空题：

(1) 设 $f(x)=\dfrac{1}{x}$，则 $f[f(x)]=$＿＿＿＿；$f(x)=\ln x$，$g(x)=e^{2x+1}$，则 $f[g(x)]=$＿＿＿＿.

（2）数列 $\{x_n\}$ 有界是数列 $\{x_n\}$ 收敛的_____条件；$f(x)$ 当 $x \to x_0$ 时的左极限 $f(x_0^-)$ 及右极限 $f(x_0^+)$ 都存在且相等是 $\lim\limits_{x \to x_0} f(x)$ 存在的_____条件.

2. 选择题（题中给出的四个结论中只有一个是正确的）：

（1）若 $f'(x_0) = 2$，则 $\lim\limits_{h \to 0} \dfrac{f(x_0+h) - f(x_0-2h)}{h} = (\quad)$.

A. -2 B. 1   C. 6   D. 3

（2）设 $f(0) = 0$，且极限 $\lim\limits_{x \to 0} \dfrac{f(x)}{x}$ 存在，则 $\lim\limits_{x \to 0} \dfrac{f(x)}{x} = (\quad)$.

A. $f'(x)$ B. $f'(0)$ C. $f(0)$ D. $\dfrac{1}{2} f'(0)$

（3）下列函数在 x＝0 处可导的是（   ）.

A. $y = 3\sqrt{x}$ B. $y = x^3$ C. $y = |x|$ D. $f(x) = \begin{cases} x, & x \leqslant 0 \\ x^2, & x > 0 \end{cases}$

（4）曲线 $y = e^{1-x^2}$ 在 $x = -1$ 处的切线方程为（   ）.

A. $2x - y - 1 = 0$ B. $2x + y - 1 = 0$ C. $2x + y - 3 = 0$ D. $2x - y + 3 = 0$

（5）$f(x) = (1+x^2) \arctan x$，则 $f'(0) = (\quad)$.

A. 1   B. 0   C. π D. $\dfrac{\pi}{2}$

（6）$f(x) = x(x-1)(x-2) \cdots (x-100)$，则 $f'(0) = (\quad)$.

A. -100 B. 0   C. 100   D. 100!

（7）设函数 $f(x) = e^{2x-1}$，则 $f(x)$ 在在 $x = 0$ 处的二阶导数 $f''(0) = (\quad)$.

A. 0   B. e^{-1} C. $4e^{-1}$ D. e

3. 求下列极限：

（1）$\lim\limits_{x \to 1} \dfrac{x^2 - 3x + 2}{x - 1}$；

（2）$\lim\limits_{x \to \infty} \left(\dfrac{x^3}{2x^2 - 1} - \dfrac{x^2}{2x+1} \right)$；

（3）$\lim\limits_{x \to \infty} x \left(\sqrt{x^2+1} - x \right)$；

（4）$\lim\limits_{x \to 3} \sqrt{\dfrac{x-3}{x^2-9}}$.

4. 已知极限 $\lim\limits_{x \to \infty} \left(\dfrac{x^2+1}{x+1} - ax - b \right) = 0$，求 a，b.

5. 已知函数 $f(x) = \dfrac{1 - \cos x}{1 + \cos x}$，求 $f'\left(\dfrac{\pi}{2}\right)$，$f'(0)$.

6. 求下列函数的导数：

（1）$y = e^2 - \dfrac{\pi}{x} + x^2 \ln a$；   （2）$y = 2x \sin x + (2-x^2) \cos x$；   （3）$\omega = \dfrac{z \ln z}{z + \ln z}$；

（4）$y = \arcsin(\sin x)$；   （5）$y = e^{-x} \cos 2x$；   （6）$y = \ln \dfrac{1 + \sqrt{x}}{\sin x}$.

7. 求下列函数的二阶导数：

（1）$y = (\arcsin x)^2$；   （2）$y = \dfrac{x}{\sqrt{1-x^2}}$.

8. 求下列函数的单调区间：

（1）$y = 3x^2 + 6x + 5$；   （2）$y = x + x^3$；   （3）$y = x^4 - 2x^2 + 2$；

（4）$y = x - e^x$；   （5）$y = \dfrac{x^2}{1+x}$；   （6）$y = 2x^2 - \ln x$.

9. 求下列函数的极值：

(1) $y=x^3-3x^2+7$；　　　　(2) $y=\dfrac{2x}{1+x^2}$；　　　　(3) $y=\sqrt{2+x-x^2}$；

(4) $y=x^2\mathrm{e}^{-x}$；　　　　(5) $y=(x+1)^{\frac{2}{3}}(x-5^2)$；　　　　(6) $y=3-\sqrt[3]{(x-2)^2}$．

10. 求下列函数在给定区间的最大值与最小值：

(1) $y=x^4-2x^2+5$，$x\in[-2,2]$；　　　　(2) $y=\ln(x^2+1)$，$x\in[-1,2]$；

(3) $y=\dfrac{x^2}{1+x}$，$x\in[-\dfrac{1}{2},1]$；　　　　(4) $y=x+\sqrt{x}$，$x\in[0,4]$．

11. 欲做一个底为正方形，容积为 108 立方米的长方体开口容器，怎样做所用材料最省？

12. 欲用围墙围成面积为 216 平方米的一块矩形土地，并在正中用一堵墙将其隔成两块，问这块土地的长和宽选取多大的尺寸，才能使所用建筑材料最省？

13. 在一条公路的一侧有某地的 A、B 两个村庄，其位置如图所示．欲在公路旁修建一个堆货场 M，并从 A、B 两个村庄各修一条直线大道通往堆货场 M，欲使 A、B 到 M 的大道总长最短，堆货场 M 应修在何处？

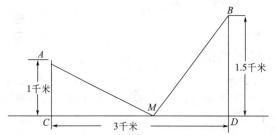

14. 甲船以每小时 20 海里的速度向东行驶，同一时间乙船在甲船正北 82 海里处以每小时 16 海里的速度行驶，问经过多少时间两船距离最近？

15. 确定下列函数的凹凸区间与拐点：

(1) $y=x^2-x^3$；　　　　　　　　(2) $y=3x^5-5x^3$；

(3) $y=x\mathrm{e}^x$；　　　　　　　　(4) $y=\mathrm{e}^{-x}$．

*16. 汽车连同载重共 5 吨，在抛物线拱桥上行驶，速度为 21.6 千米/小时，桥的跨度为 10 米，拱的矢高为 0.25 米。求汽车越过桥顶时对桥的压力．

17. 求下列函数的微分：

(1) $y=\sin^3x-\cos3x$；　　　　　　(2) $y=\mathrm{e}^{2x}\arctan x$．

*18. 立方体的体积从 27 立方米扩大到 27.3 立方米，问它的边长近似地改变了多少？

*19. 已知单摆运动的周期 $T=2\pi\sqrt{\dfrac{l}{g}}$，其中 $g=980$ 厘米/秒^2，l 为摆长（单位：厘米）．设原摆长为 20 厘米，为了使周期 T 增大 0.05 秒，摆长约需要加多长？

第3章 积分及其应用

"无限细分，无限求和"的积分思想在古代就早已萌芽．最早可追溯到希腊由阿基米德等人提出的计算面积和体积的方法．但直到 17 世纪，莱布尼茨和牛顿才确立微分和积分是互逆的两个运算，建立了微积分学．

3.1 定积分的概念与性质

3.1.1 引例

📖 案例1【曲边梯形的面积】

曲边梯形是指由连续曲线 $y=f(x)[f(x)\geqslant 0]$，两条直线 $x=a$，$x=b$ 及 x 轴所围成的平面图形（图 3-1）．其中曲线 $y=f(x)$ 称为曲边．下面讨论如何计算这个曲边梯形的面积．

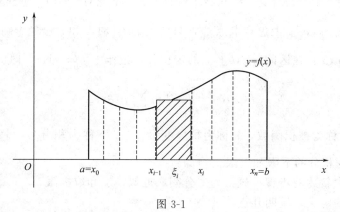

图 3-1

由于曲边梯形的高 $y=f(x)\neq c$ 是变化的，所以不能直接按矩形或直角梯形的面积公式去计算它的面积．但我们可以用平行于 y 轴的直线将曲边梯形细分为许多小曲边梯形，如图 3-1 所示．每个小曲边梯形以其底边一点的函数值为高，得到相应的小矩形，把所有这些小矩形的面积加起来，就得到原曲边梯形面积的近似值．具体的步骤如下：

（1）分割　在 $[a,b]$ 中任意插入 $n-1$ 个分点 $a=x_0<x_1<x_2<\cdots<x_{n-1}<x_n=b$，把 $[a,b]$ 分成 n 个子区间 $[x_0,x_1]$，$[x_1,x_2]$，$\cdots$，$[x_{n-1},x_n]$，各个小区间的长度为 $\Delta x_i=x_i-x_{i-1}(i=1,2,\cdots,n)$．经过每一个分点作平行于 y 轴的直线段，把曲边梯形分成 n 个小曲边梯形．

（2）取近似　在每个小区间 $[x_{i-1},x_i]$ 上任取一点 ξ_i，以 $[x_{i-1},x_i]$ 为底，$f(\xi_i)$ 为高的小矩形的面积近似代替第 $i(i=1,2,\cdots,n)$ 个小曲边梯形面积 ΔA_i，即

$$\Delta A_i \approx f(\xi_i)\Delta x_i \quad (i=1,2,\cdots,n)$$

（3）求和 将所有小矩形面积加起来，得到所求曲边梯形面积 A 的近似值，即

$$A \approx \sum_{i=1}^{n}\Delta A_i = \sum_{i=1}^{n}f(\xi_i)\Delta x_i \tag{3-1}$$

（4）取极限 当上述分割越来越细时，和式（3-1）$\sum_{i=1}^{n}f(\xi_i)\Delta x_i$ 越接近于曲边梯形面积 A. 为了保证所有小区间的长度都无限缩小，只需要小区间长度中的最大值趋于零，设 $\lambda = \max\{\Delta x_1,\Delta x_2,\cdots,\Delta x_n\}$，$\lambda \to 0$ 时，可得曲边梯形的面积

$$A = \lim_{\lambda \to 0}\sum_{i=1}^{n}f(\xi_i)\Delta x_i$$

在自然科学和工程技术中有很多问题，如变力沿直线做功、物质的质量、平均值、弧长等，都需要用类似的方法去解决，为此抽象出定积分的概念.

💡 概念和公式的引出

3.1.2 定积分的概念

定义 设函数 $f(x)$ 在 $[a,b]$ 上有界，在 $[a,b]$ 内任意插于 $n-1$ 个分点

$$a = x_0 < x_1 < x_2 < \cdots < x_{n-1} < x_n = b,$$

把 $[a,b]$ 分成 n 个子区间 $[x_0,x_1]$，$[x_1,x_2]$，$\cdots$，$[x_{n-1},x_n]$，每个子区间的长度为 $\Delta x_i = x_i - x_{i-1}(i=1,2,\cdots,n)$. 在每个子区间 $[x_{i-1},x_i](i=1,2,\cdots,n)$ 上任取一点 ξ_i，作和式 $s = \sum_{i=1}^{n}f(\xi_i)\Delta x_i$，并记 $\lambda = \max_{1 \leqslant i \leqslant n}\{\Delta x_i\}$. 如果不论对 $[a,b]$ 怎样划分成子区间，也不论在子区间 $[x_{i-1},x_i]$ 上怎样取点 ξ_i，只要当 $\lambda \to 0$ 时，和 s 总趋于确定的值 I，则称这极限值 I 为函数 $f(x)$ 在区间 $[a,b]$ 上的定积分，记作 $\int_a^b f(x)\mathrm{d}x$，即

$$\int_a^b f(x)\mathrm{d}x = I = \lim_{\lambda \to 0}\sum_{i=1}^{n}f(\xi_i)\Delta x_i \tag{3-2}$$

其中 $f(x)$ 称为被积函数，x 称为积分变量，"$\int$" 称为积分号，$[a,b]$ 称为积分区间，a,b 分别称为积分的下限和上限.

定积分定义中叙述的步骤可概括为"分割取近似，求和取极限".

关于定积分的定义，说明几点：

（1）由定义可知，当 $f(x)$ 在区间 $[a,b]$ 上的定积分存在时，它的值只与被积函数 $f(x)$ 以及积分区间 $[a,b]$ 有关，而与积分变量 x 无关，所以定积分的值不会因积分变量的改变而改变，即有 $\int_a^b f(x)\mathrm{d}x = \int_a^b f(t)\mathrm{d}t = \int_a^b f(u)\mathrm{d}u$.

（2）我们仅对 $a<b$ 的情形定义了积分 $\int_a^b f(x)\mathrm{d}x$，为了今后使用方便，对 $a=b$ 与 $a>b$ 的情况作如下补充规定：

当 $a=b$ 时，规定 $\int_a^b f(x)\mathrm{d}x = 0$；

当 $a>b$ 时，规定 $\int_a^b f(x)\mathrm{d}x = -\int_b^a f(x)\mathrm{d}x$.

案例 1 中 $y=f(x)$ 在 $[a,b]$ 上的曲边梯形的面积就是曲线的 $f(x)$ 从 a 到 b 的定积分 $A=\int_a^b f(x)\mathrm{d}x$.

3.1.3 定积分的几何意义

观察图 3-2，设图形阴影部分的面积为 A，由定积分定义可知其几何意义为：

若在 $[a,b]$ 上有 $f(x)\geqslant 0$ [图 3-2(a)]，则图形位于 x 轴上方，有 $\int_a^b f(x)\mathrm{d}x=A$；

若在 $[a,b]$ 上 $f(x)\leqslant 0$ [图 3-2(b)]，则图形位于 x 轴下方，积分值为负，即

$$\int_a^b f(x)\mathrm{d}x=-A；$$

如果 $f(x)$ 在 $[a,b]$ 上有正、有负 [如图 3-2(c)]，积分值等于 x 轴上方部分与下方部分面积的代数和，即 $\int_a^b f(x)\mathrm{d}x=A_1-A_2+A_3$.

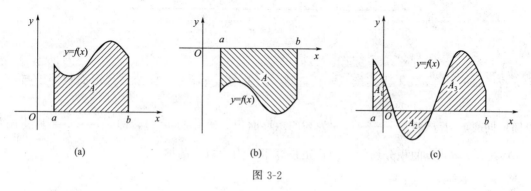

图 3-2

3.1.4 定积分的性质

（1）积分的线性性质

① 若 $f(x)$ 在 $[a,b]$ 上可积，k 为常数，则 $kf(x)$ 在 $[a,b]$ 上可积，且

$$\int_a^b kf(x)\mathrm{d}x=k\int_a^b f(x)\mathrm{d}x \tag{3-3}$$

② 若 $f(x)$，$g(x)$ 在 $[a,b]$ 上可积，则 $f(x)\pm g(x)$ 在 $[a,b]$ 上也可积，且

$$\int_a^b [f(x)\pm g(x)]\mathrm{d}x=\int_a^b f(x)\mathrm{d}x\pm\int_a^b g(x)\mathrm{d}x \tag{3-4}$$

（2）积分对区间的可加性　设 $f(x)$ 是可积函数，则

$$\int_a^b f(x)\mathrm{d}x=\int_a^c f(x)\mathrm{d}x+\int_c^b f(x)\mathrm{d}x \tag{3-5}$$

对 a,b,c 任何顺序都成立.

对于其他顺序，式（3-5）仍成立. 例如 $a<b<c$，有 $\int_a^c f(x)\mathrm{d}x=\int_a^b f(x)\mathrm{d}x+\int_b^c f(x)\mathrm{d}x$，所以 $\int_a^b f(x)\mathrm{d}x=\int_a^c f(x)\mathrm{d}x-\int_b^c f(x)\mathrm{d}x=\int_a^c f(x)\mathrm{d}x+\int_c^b f(x)\mathrm{d}x$.

（3）积分的不等式性质　若 $f(x)$，$g(x)$ 在 $[a,b]$ 上可积，且 $f(x)\leqslant g(x)$，则

$$\int_a^b f(x)\mathrm{d}x\leqslant\int_a^b g(x)\mathrm{d}x \tag{3-6}$$

（4）**积分估值**　若 $f(x)$ 在 $[a,b]$ 上可积，且存在常数 m 和 M，使对一切 $x \in [a,b]$ 有 $m \leqslant f(x) \leqslant M$，则 $m(b-a) \leqslant \int_a^b f(x)\mathrm{d}x \leqslant M(b-a)$．

（5）**积分中值定理**　若 $f(x)$ 在 $[a,b]$ 上连续，则在 $[a,b]$ 上至少存在一点 ξ，使得

$$\int_a^b f(x)\mathrm{d}x = f(\xi)(b-a) \tag{3-7}$$

积分中值定理的几何意义如图 3-3 所示．

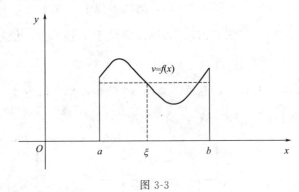

图 3-3

若 $f(x)$ 在 $[a,b]$ 上连续且非负，则 $f(x)$ 在 $[a,b]$ 上的曲边梯形面积等于与该曲边梯形同底，以 $f(\xi) = \dfrac{\int_a^b f(x)\mathrm{d}x}{b-a}$ 为高的矩形面积．通常把 $f(\xi)$，即 $\dfrac{\int_a^b f(x)\mathrm{d}x}{b-a}$ 称为函数 $f(x)$ 在 $[a,b]$ 上的积分均值，而这正是算术平均值概念的推广．

⭐ 习题 3.1

1. 用定积分表示下列量：

（1）由曲线 $y = \sqrt{x}$ 与直线 $y = x$ 所围成图形的面积；

（2）作圆周运动，在时刻 t 的角速度 $\omega = \omega(t)$，试用定积分表示该质点从时刻 t_1 到 t_2 所转过的角度；

（3）电流强度 i 与时间 t 的函数关系为 $i = i(t)$，试用定积分表示从时刻 0 到时刻 t 这一段时间流过导线横截面的电量；

（4）细棒，长度为 l，取棒的一端为原点，假设细棒上任意一点处距该点的距离为 x，其线密度为 $\rho = \rho(x)$，试用定积分表示细棒的质量 M；

（5）设一汽车作直线运动，其速度为 $v = 3t^2 + 2t$（t 的单位为：秒，v 的单位为：米/秒），试用定积分表示汽车在 $[0,60]s$ 内所行驶的路程．

2. 利用定积分的几何意义说明下列各式成立：

（1）$\int_a^b k\mathrm{d}x = k(b-a)$；　　　　（2）$\int_{-\pi}^{\pi} \sin x\mathrm{d}x = 0$；　　　　（3）$\int_0^a \sqrt{a^2-x^2}\,\mathrm{d}x = \dfrac{\pi}{4}a^2$

3. 用定积分表示图 3-4、图 3-5 中阴影部分的面积：

4. 判断下列各组定积分的大小：

（1）$\int_0^1 x^3\mathrm{d}x$ 与 $\int_0^1 x^2\mathrm{d}x$；　　　　（2）$\int_1^2 x^3\mathrm{d}x$ 与 $\int_1^2 x^2\mathrm{d}x$；

（3）$\int_1^e \ln x\,\mathrm{d}x$ 与 $\int_1^e (\ln x)^2\mathrm{d}x$；　　　　（4）$\int_0^1 e^x\mathrm{d}x$ 与 $\int_0^1 (1+x)\mathrm{d}x$；

(1)
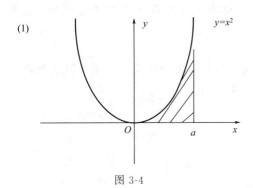
图 3-4

(2)
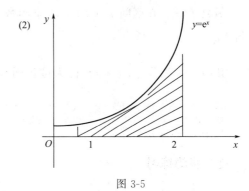
图 3-5

(5) $\displaystyle\int_0^1 x\,\mathrm{d}x$ 与 $\displaystyle\int_0^1 \ln(1+x)\,\mathrm{d}x$；　　(6) $\displaystyle\int_0^{\frac{\pi}{2}} \sin^7 x\,\mathrm{d}x$ 与 $\displaystyle\int_0^{\frac{\pi}{2}} \sin^2 x\,\mathrm{d}x$．

5. 估计下列定积分的值：

(1) $\displaystyle\int_1^4 (x^2+1)\,\mathrm{d}x$；　　(2) $\displaystyle\int_{\frac{\pi}{4}}^{\frac{5\pi}{4}} (1+\sin^2 x)\,\mathrm{d}x$．

3.2　不定积分的概念与性质

3.2.1　原函数与不定积分的概念

📗 **案例 1【路程函数】**　　数学中有许多运算都是互逆的，如加法与减法、乘法与除法、乘方与开方、指数运算与对数运算等．

已知物体的运动方程为 $s(t)=t^2$，则其速度为 $v(t)=s'(t)=(t^2)'=2t$，这里速度 $2t$ 是路程 t^2 的导数，反过来，路程 t^2 又称为速度 $2t$ 的什么函数呢？若已知物体的运动速度 $v(t)$，又如何求得物体的运动方程 $s(t)$ 呢？

💡 **概念和公式的引出**

1. 原函数

设 $F(x)$ 与 $f(x)$ 在区间 I 上有定义，若在 I 上可导函数 $F(x)$ 的导数为 $f(x)$，即当 $x\in I$ 时，$F'(x)=f(x)$，或 $\mathrm{d}F(x)=f(x)\mathrm{d}x$，则称 $F(x)$ 为 $f(x)$ 在区间 I 上的一个原函数．

📖 **进一步的练习**

(1) $\dfrac{1}{3}x^3$ 是 x^2 在区间 $(-\infty,+\infty)$ 上的一个原函数，因为 $\left(\dfrac{1}{3}x^3\right)'=x^2$；

(2) $\sin^2 x$ 是 $\sin 2x$ 在 $(-\infty,+\infty)$ 上的一个原函数，因为 $(\sin^2 x)'=\sin 2x$；

(3) 在 $t\in(0,T)$ 内，$s'(t)=v(t)$，故路程函数 $s(t)$ 是速度函数 $v(t)$ 的一个原函数．

一个函数的原函数不是唯一的，由 $(x^2)'=2x$，$(x^2+1)'=2x$ 知 x^2，x^2+1 都是 $2x$ 的一个原函数．事实上一个函数的任意两个原函数之间至多相差一个常数．因此，函数 $f(x)$ 的所有原函数可以写成 $F(x)+c$ 的形式．

2. 不定积分

函数 $f(x)$ 在区间 I 上的全体原函数 $F(x)+c$ 称为 $f(x)$ 在 I 上的不定积分, 记作 $\int f(x)\mathrm{d}x$.

其中 $\int$ 为积分号, $f(x)$ 称为被积函数, $f(x)\mathrm{d}x$ 称为被积表达式, x 称为积分变量.

即 $\quad \int f(x)\mathrm{d}x = F(x)+C$,

其中 C 称为积分常数.

📖 **进一步的练习**

(1) $\dfrac{1}{3}x^3$ 是 x^2 在区间 $(-\infty, +\infty)$ 上的一个原函数, 所以 $\int x^2 \mathrm{d}x = \dfrac{x^3}{3}+C$;

(2) $\sin^2 x$ 是 $\sin 2x$ 在 $(-\infty, +\infty)$ 上的一个原函数, 所以 $\int \sin 2x \mathrm{d}x = \sin^2 x + C$.

由不定积分的定义, 函数的不定积分和导数 (或微分) 之间有如下运算关系:

$$\left[\int f(x)\mathrm{d}x\right]' = f(x) \quad \text{或} \quad \mathrm{d}\left[\int f(x)\mathrm{d}x\right] = f(x)\mathrm{d}x$$

$$\int f'(x)\mathrm{d}x = f(x)+c \quad \text{或} \quad \int \mathrm{d}f(x) = f(x)+c$$

3.2.2 基本积分公式

📕 **案例 2【幂函数的不定积分】** 因为 $\left(\dfrac{x^{\mu+1}}{\mu+1}\right)' = x^{\mu} \ (\mu+1\neq 0)$, 所以 $\dfrac{x^{\mu+1}}{\mu+1}$ 是 x^{μ} 的一个原函数, 于是 $\int x^{\mu} \mathrm{d}x = \dfrac{x^{\mu+1}}{\mu+1}+c \ (\mu\neq -1)$.

类似地, 由基本初等函数的求导公式, 可以写出与之对应的不定积分公式.

💡 **概念和公式的引出**

基本积分公式

(1) $\int k \mathrm{d}x = kx + C \quad$ (k 为常数);

(2) $\int x^{\mu} \mathrm{d}x = \dfrac{x^{\mu+1}}{\mu+1}+C \quad$ ($\mu \neq -1$);

(3) $\int \dfrac{\mathrm{d}x}{x} = \ln|x| + C$;

(4) $\int \mathrm{e}^x \mathrm{d}x = \mathrm{e}^x + C$;

(5) $\int a^x \mathrm{d}x = \dfrac{a^x}{\ln a} + C$;

(6) $\int \sin x \mathrm{d}x = -\cos x + C$;

(7) $\int \cos x \mathrm{d}x = \sin x + C$;

(8) $\int \sec^2 x \mathrm{d}x = \tan x + C$;

(9) $\int \csc^2 x \mathrm{d}x = -\cot x + C$;

(10) $\int \sec x \cdot \tan x \, dx = \sec x + C$；

(11) $\int \csc x \cdot \cot x \, dx = -\csc x + C$；

(12) $\int \dfrac{dx}{\sqrt{1-x^2}} = \arcsin x + C$；

(13) $\int \dfrac{dx}{1+x^2} = \arctan x + C$．

这些公式都是从基本初等函数的求导公式直接反过来得出的．当然我们也可以利用一些已知的导数公式直接写出相应的积分公式．如：

$$(\ln|f(x)|)' = \frac{f'(x)}{f(x)} \qquad (f(x) \neq 0 \text{ 且 } f(x) \text{ 可导}),$$

于是 $\qquad \int \dfrac{f(x)}{f(x)} dx = \ln|f(x)| + C$．

特别取 $f(x) = \sin x$，则 $\int \cot x \, dx = \ln|\sin x| + C$．

3.2.3 不定积分的性质

📖 **案例3【自由落体运动】**　一物体在地球引力的作用下开始作自由落体运动，重力加速度为 g．求：（1）运动的速度方程和运动方程；（2）如果一只球从一幢高楼的屋顶掉下，5秒落地，求此屋的高度．

解：（1）由于物体只受到地球引力的作用，由加速度与速度的关系，有

$a = \dfrac{dv}{dt} = g$，且 $t = 0$ 时，$v = 0$．

积分后得 $\qquad v = \int g \, dt = gt + c$，

将 $v(0) = 0$ 代入上式，得 $c = 0$，故作自由落体的物体的速度方程为 $v = gt$．

又由 $v = \dfrac{ds}{dt} = gt$，积分得 $\qquad s = \int gt \, dt = \dfrac{1}{2}gt^2 + c$，

将 $s(0) = 0$ 代入上式，得 $c = 0$，即自由落体的运动方程为

$$s = \frac{1}{2}gt^2$$

（2）因球作的是自由落体运动，所以它满足运动方程 $s = \dfrac{1}{2}gt^2$，将时间 $t = 5$ 代入上式，可得屋顶距离地面的高度 h 为 $h = \dfrac{1}{2}g \times 5^2 = 12.5g$

如果取重力加速度 $g = 9.8$ 米/秒^2，可得此幢楼的高度为 $\qquad h = 122.5$ 米．

💡 **概念和公式的引出**

性质 1 $\quad \int [f(x) \pm g(x)] dx = \int f(x) dx \pm \int g(x) dx$．

即两个被积函数和（差）的不定积分等于这两个函数的不定积分的和（差）．

性质 1 可推广到有限个的情形．

性质 2 $\displaystyle\int kf(x)\mathrm{d}x = k\int f(x)\mathrm{d}x$ $\qquad(k\neq 0,k$ 为常数$)$

有些函数的不定积分，对被积函数经过适当的恒等变换（包括代数的与三角的变换）后，可用基本积分表和积分的性质计算，这种方法称为直接积分法.

📖 **进一步的练习**

练习 1 求不定积分 $\displaystyle\int \frac{(1-x)^2}{\sqrt{x}}\mathrm{d}x$.

解：把被积函数变形，化为代数和形式，再用逐项积分法.

$$\text{原式}=\int \frac{1-2x+x^2}{\sqrt{x}}\mathrm{d}x=\int x^{-\frac{1}{2}}\mathrm{d}x-2\int x^{\frac{1}{2}}\mathrm{d}x+\int x^{\frac{3}{2}}\mathrm{d}x$$

$$=2x^{\frac{1}{2}}-2\times\frac{2}{3}x^{\frac{3}{2}}+\frac{2}{5}x^{\frac{5}{2}}+C=\sqrt{x}\left(2-\frac{4}{3}x+\frac{2}{5}x^2\right)+C.$$

练习 2【运动方程】 已知一物体作直线运动，其加速度为 $a=12t^2-3\sin t$，且当 $t=0$ 时 $v=5$，$s=3$，求：

(1) 速度 v 与时间 t 的函数关系；

(2) 路程 s 与时间 t 的关系.

解：(1) 由速度和加速度的关系 $v'(t)=a(t)$ 知速度 $v(t)$ 满足 $v'(t)=a(t)=12t^2-3\sin t$，且 $v(0)=5$

求不定积分，得 $\quad v(t)=\displaystyle\int(12t^2-3\sin t)\mathrm{d}t=4t^3+3\cos t+c$ ，

将 $v(0)=5$ 代入上式，得 $c=2$，所以 $\quad v(t)=4t^3+3\cos t+2.$

(2) 由路程与速度的关系 $s'(t)=v(t)$，知路程 $s(t)$ 满足 $s'(t)=v(t)=4t^3+3\cos t+2$，且 $s(0)=3$，

求不定积分，得 $\quad s(t)=\displaystyle\int(4t^3+3\cos t+2)\mathrm{d}t=t^4+3\sin t+2t+c$ ，

将 $s(0)=3$ 代入上式，得 $c=3$，所以

$$s(t)=t^4+3\sin t+2t+3 .$$

练习 3【电流函数】 一电路中的电流关于时间的变化率为 $\dfrac{\mathrm{d}i}{\mathrm{d}t}=4t-0.6t^2$，若 $t=0$ 时，$i=2A$，求电流 i 关于时间 t 的函数关系.

解：由 $\dfrac{\mathrm{d}i}{\mathrm{d}t}=4t-0.6t^2$，求不定积分得

$$i(t)=\int(4t-0.6t^2)\mathrm{d}t=2t^2-0.2t^3+c$$

将 $i(0)=2$ 代入上式，得 $c=2$，所以

$$i(t)=2t^2-0.2t^3+2 .$$

练习 4【结冰厚度】 池塘结冰的速度由 $\dfrac{\mathrm{d}y}{\mathrm{d}t}=k\sqrt{t}$，其中 y 是自结冰起到时刻 t（单位：小时）冰的厚度（单位：厘米），k 是正常数，求结冰厚度 y 关于时间 t 的函数.

解：由 $\dfrac{\mathrm{d}y}{\mathrm{d}t}=k\sqrt{t}$，求不定积分得

$$y(t)=\int k\sqrt{t}\,\mathrm{d}t=k\int \sqrt{t}\,\mathrm{d}t=k\left(\frac{2}{3}t^{\frac{3}{2}}+c\right)$$

其中 $t=0$ 开始结冰，此时冰的厚度为 0，即有 $y(0)=0$，代入上式，得 $c=0$，所以

$$y(t)=\frac{2}{3}kt^{\frac{3}{2}}.$$

练习5【成本函数】 已知某产品的边际成本为 $c'(x)=3+\dfrac{20}{\sqrt{x}}$，固定成本为 80，求总成本函数.

解： 因为总成本是边际成本的原函数，所以

$$c(x)=\int\left(3+\frac{20}{\sqrt{x}}\right)\mathrm{d}x=3\int\mathrm{d}x+20\int x^{-\frac{1}{2}}\mathrm{d}x=3x+40x^{\frac{1}{2}}+c,$$

将 $c(0)=80$ 代入上式，得 $c=80$，

所以总成本函数为 $c(x)=3x+40x^{\frac{1}{2}}+80$.

☆ 习题 3.2

1. (1) 设 $\mathrm{e}^x+\sin x$ 是 $f(x)$ 的原函数则 $f'(x)=$ _____；

(2) $\int(\cos3x-\mathrm{e}^x)'\mathrm{d}x=$ _____；

(3) $\left[\int(\arctan x-\mathrm{e}^{4x})\mathrm{d}x\right]'=$ _____．

2. 求下列不定积分：

(1) $\displaystyle\int 2^x\mathrm{e}^x\mathrm{d}x$；

(2) $\displaystyle\int\frac{\mathrm{d}x}{x^3\sqrt{x}}$；

(3) $\displaystyle\int\frac{3x^4+3x^2+1}{x^2+1}\mathrm{d}x$；

(4) $\displaystyle\int\cos^2\frac{x}{2}\mathrm{d}x$；

(5) $\displaystyle\int\sec x(\sec x-\tan x)\mathrm{d}x$；

(6) $\displaystyle\int\left(\frac{3}{1+x^2}-\frac{2}{\sqrt{1-x^2}}\right)\mathrm{d}x$；

(7) $\displaystyle\int\frac{(1-2x)^2}{\sqrt{x}}\mathrm{d}x$；

(8) $\displaystyle\int\left(2\mathrm{e}^x+\frac{3}{x}\right)\mathrm{d}x$；

(9) $\displaystyle\int\left(1-\frac{1}{x^2}\right)\sqrt{x}\,\mathrm{d}x$；

(10) $\displaystyle\int\frac{1}{x^2(x^2+1)}\mathrm{d}x$；

(11) $\displaystyle\int\frac{1}{1+\cos2x}\mathrm{d}x$；

(12) $\displaystyle\int\frac{\cos2x}{\cos^2x\sin^2x}\mathrm{d}x$．

3. 已知函数 $f(x)=2x+3$ 的一个原函数为 y，且满足条件 $y\big|_{x=1}=2$，求此函数 y.

4.【曲线方程】一曲线通过点 $(\mathrm{e}^2,3)$，且在任一点处的切线的斜率等于该点横坐标的倒数，求该曲线方程.

5.【物体直线运动方程】一物体由静止开始作直线运动。经过 t 秒后为 $3t^2$（米/秒），问：

(1) 经过 3 秒后物体离开出发点的距离是多少？

(2) 物体与出发点的距离为 360 米时经过了多少时间？

6.【火车运动方程】设火车从甲站出发，以 0.5 千米/分² 的加速度匀加速前进，经过 2 分后开始匀速行驶，再经过 7 分后以 -0.5 千米/分² 的加速度匀减速到达乙站．试将火车在这段时间内所经过的路程 s 表示为时间 t 的函数，并作出其图形．

3.3 积分法

若已知 $f(x)$ 在 $[a,b]$ 上的定积分存在，怎样计算这个积分值呢？如果利用定积分的定义，由于需要计算一个和式的极限，可以想象，即使是很简单的被积函数，那也是十分困难的. 本节将通过揭示微分和积分的关系，引出一个简捷的定积分的计算公式.

3.3.1 微积分基本公式

📘 **案例 1【列车何时制动】**　列车快进站时必须减速. 若列车减速后的速度为 $v(t)=1-\dfrac{1}{3}t$（千米/分），问列车应在离站台多远的地方开始减速？

解：当列车速度为 $v(t)=1-\dfrac{1}{3}t=0$ 时停下，解出 $t=3$（分）.

一方面，由本章 3.1 变速直线运动路程的计算，有

$$s(3)=\int_0^3 v(t)\mathrm{d}t .$$

另一方面，由速度和路程的关系 $v(t)=s'(t)$ 知路程 $s(t)$ 满足

$$s'(t)=v(t)=1-\frac{1}{3}t，且\ s(0)=0.$$

因此，求 $\displaystyle\int_0^3 v(t)\mathrm{d}t$，即 $s(3)$，转化为求 $v(t)$ 的不定积分 $s(t)$，而

$$s(t)=\int v(t)\mathrm{d}t=\int\left(1-\frac{1}{3}t\right)\mathrm{d}t=t-\frac{1}{6}t^2+c$$

将 $s(0)=0$ 代入上式，得 $c=0$，故

$$s(t)=t-\frac{1}{6}t^2.$$

将 $t=3$ 代入上式，得到列车从减速开始到停下来的 3 秒所经过的路程为

$$\int_0^3 v(t)\mathrm{d}t=s(3)=3-\frac{1}{6}\times 3^2=1.5（千米）.$$

即列车在站台 1.5 千米处开始减速.

从这一案例可以看出，求函数的定积分可转化为先求函数的不定积分，再求值.

💡 **概念和公式的引出**

若函数 $F(x)$ 是 $f(x)$ 在区间 $[a,b]$ 上的一个原函数，则

$$\int_a^b f(x)\mathrm{d}x=F(b)-F(a)=F(x)\Big|_a^b$$

此公式称为微积分基本公式，也称为牛顿-莱布尼茨公式.

📖 **进一步的练习**

练习 1　计算下列定积分　$\displaystyle\int_1^2\left(x+\frac{1}{x}\right)^2\mathrm{d}x$.

解：$\displaystyle\int_1^2\left(x+\frac{1}{x}\right)^2\mathrm{d}x=\int_1^2\left(x^2+2+\frac{1}{x^2}\right)\mathrm{d}x=\left(\frac{1}{3}x^3+2x-\frac{1}{x}\right)\bigg|_1^2=\frac{29}{6}$.

练习 2【汽车刹车的路程】　一辆汽车正以 10 米/秒的速度匀速直线行驶，突然发现一

障碍物，于是以 -1 米/秒的加速度匀减速停下，求汽车刹车的路程.

解：因为 $v'(t)=a=-1$，两边从 $t=0$ 秒到 t 秒积分

$$\int_0^t v'(t)\mathrm{d}t = \int_0^t (-1)\mathrm{d}t$$

得

$$v(t)-v(0)=-t$$

$$v(t)=v(0)-t=10-t$$

当汽车速度为零，即 $v(t)=10-t=0$ 时，汽车停下，解出所需的时间为 $t=10$ 秒．再由速度与路程之间的关系，得汽车的刹车路程为

$$s=\int_0^{10} v(t)\mathrm{d}t = \int_0^{10}(10-t)\mathrm{d}t = (10t-0.5t^2)\,\big|_0^{10}=50\,(\text{米}).$$

即汽车的刹车路程为 50 米.

练习 3【收入预测】 中国人的收入正在逐年提高，据统计，深圳 2002 年的年人均收入为 21914 元（人民币），假设这一人均收入以速度 $v(t)=600(1.05)^t$（单位：元/年）增长，这里 t 是从 2003 年开始算起的年数，估计 2009 年深圳的年人均收入是多少？

解：因为深圳年人均收入以速度 $v(t)=600(1.05)^t$（单位：元/年）增长，由变化率求总该变量的方法，得这 7 年间人均收入的总变化为

$$R=\int_0^7 600(1.05)^t \mathrm{d}t = 600\int_0^7 (1.05)^t \mathrm{d}t$$

$$=600\left[\frac{(1.05)^t}{\ln 1.05}\right]\Big|_0^7 = \frac{600}{\ln 1.05}[(1.05)^7-1]\approx 5006.3\,(\text{元}).$$

所以，2009 年深圳的人均收入为 $21914+5006.3=26920.3$（元）．

练习 4【总收益】 已知生产某种产品 x 单位时总收益的变化率（即边际收益）为 $R'(x)=200-\dfrac{x}{100}(x\geqslant 0)$.

（1）求生产该产品 50 个单位时的总收益；

（2）如果已经生产了 100 单位，求再生产 100 单位时，总收益的增量.

解：（1）总收益函数 $R(x)$ 为 $R(x)=\int_0^x R'(t)\mathrm{d}t = \int_0^x \left(200-\dfrac{t}{100}\right)\mathrm{d}t$.

当 $x=50$ 时，$R(50)=\int_0^{50}\left(200-\dfrac{t}{100}\right)\mathrm{d}t = \left[200t-\dfrac{t^2}{200}\right]\Big|_0^{50}$

$$=200\times 50-\frac{2500}{200}=9987.5\,(\text{元}).$$

（2）已经生产了 100 单位，再生产 100 单位所增加的收益为

$$R=R(200)-R(100)=\int_0^{200}\left(200-\frac{t}{100}\right)\mathrm{d}t - \int_0^{100}\left(200-\frac{t}{100}\right)\mathrm{d}t$$

$$=\int_{100}^{200}\left(200-\frac{t}{100}\right)\mathrm{d}t = \left[200t-\frac{t^2}{200}\right]\Big|_{100}^{200}=19850\,(\text{元}).$$

3.3.2 换元积分法

案例 2【石油消耗总量】 近年来，全球每年对石油的消耗率呈指数增长，增长指数大约为 0.07. 若用 $R(t)$ 表示从 1970 年底起第 t 年的石油消耗率，已知 1970 年石油消耗量大约为 161 亿桶，则 $R(t)=161\mathrm{e}^{0.07t}$（亿桶/年）. 试计算从 1970 年底到 1990 年全球消耗石油的总量.

解：设 $T(t)$ 表示从 1970 年（$t=0$）起到第 t 年石油消耗的总量. $T'(t)$ 就是石油消耗率 $R(t)$，即 $T'(t)=R(t)$. 于是由变化率求总消耗量得：

$$T(20)-T(0)=\int_0^{20} T'(t)\mathrm{d}t=\int_0^{20} R(t)\mathrm{d}t=\int_0^{20} 161\mathrm{e}^{0.07t}\mathrm{d}t .$$

在基本积分公式中，只有积分公式 $\int \mathrm{e}^t \mathrm{d}t=\mathrm{e}^t+c$，如果将 $\int_0^{20} 161\mathrm{e}^{0.07t}\mathrm{d}t$ 的积分微元凑成 $\mathrm{d}0.07t$，则有 $\int_0^{20} 161\mathrm{e}^{0.07t}\mathrm{d}t=\dfrac{1}{0.07}\int_0^{20} 161\mathrm{e}^{0.07t}\mathrm{d}0.07t$，

令 $0.07t=u$，积分变为 $\int_0^{20} 161\mathrm{e}^{0.07t}\mathrm{d}t=\dfrac{161}{0.07}\int_0^{1.4} \mathrm{e}^u \mathrm{d}u$.

这时，用公式 $\int \mathrm{e}^t \mathrm{d}t=\mathrm{e}^t+c$，得

$$\int_0^{20} \mathrm{e}^{0.07t}\mathrm{d}t=\frac{161}{0.07}\int_0^{1.4} \mathrm{e}^{0.07t}\mathrm{d}0.07t=\frac{161}{0.07}\int_0^{1.4} \mathrm{e}^u \mathrm{d}u$$

$$=\frac{161}{0.07}\mathrm{e}^u \Big|_0^{1.4}=2300(\mathrm{e}^{1.4}-1)\approx 7027（桶）.$$

💡 概念和公式的引出

1. 不定积分第一换元积分法

设 $\int f(u)\mathrm{d}u=F(u)+c$，函数 $u=\varphi(x)$ 可导，则

$$\int f[\varphi(x)]\cdot \varphi'(x)\mathrm{d}x=F[\varphi(x)]+c .$$

换元法求积分的一般步骤如下：

$$\int g(x)\mathrm{d}x \xrightarrow{\text{恒等变形}} \int f[\varphi(x)]\cdot \varphi'(x)\mathrm{d}x=\int f[\varphi(x)]\mathrm{d}\varphi(x)$$

$$\xrightarrow[u=\varphi(x)]{\text{换元}} \int f(u)\mathrm{d}u \xrightarrow{\text{积分}} F(u)+c \xrightarrow{\text{回代}} F[\varphi(x)]+c .$$

📖 进一步的练习

练习 5 求不定积分 $\displaystyle\int \frac{1}{3+2x}\mathrm{d}x$.

分析：在积分公式中，被积函数为分式的积分公式有 $\int \dfrac{1}{u}\mathrm{d}u=\ln|u|+c$，要利用这个公式，需要将微分凑成 $\mathrm{d}(3+2x)$，具体步骤如下：

解：$\displaystyle\int \frac{1}{3+2x}\mathrm{d}x=\frac{1}{2}\int \frac{1}{3+2x}(3+2x)'\mathrm{d}x=\frac{1}{2}\int \frac{1}{3+2x}\mathrm{d}(3+2x)$

$$\xlongequal{u=3+2x} \frac{1}{2}\int \frac{1}{u}\mathrm{d}u=\frac{1}{2}\ln|u|+c=\frac{1}{2}\ln|3+2x|+c .$$

利用换元积分法时，要把被积表达式分解出 $\varphi'(x)\mathrm{d}x$，并凑成微分 $\mathrm{d}\varphi(x)$，因此这种方法也称为凑微分法. 换元积分法的关键是"凑微分"，下面列举一些常见的凑微分形式，以下 a，b 均为常数，$a\neq 0$.

$$\mathrm{d}x=\frac{1}{a}\mathrm{d}(ax+b), \qquad\qquad x\mathrm{d}x=\frac{1}{2}\mathrm{d}x^2=\frac{1}{2a}\mathrm{d}(ax^2+b),$$

$$\frac{1}{\sqrt{x}}\mathrm{d}x = 2\mathrm{d}\sqrt{x} = \frac{2}{a}\mathrm{d}(a\sqrt{x}+b), \qquad a^x\,\mathrm{d}x = \frac{1}{\ln a}\mathrm{d}a^x,$$

$$\frac{1}{x^2}\mathrm{d}x = -\mathrm{d}\left(\frac{1}{x}\right), \qquad \sec^2 x\,\mathrm{d}x = \mathrm{d}(\tan x),$$

$$\cos x\,\mathrm{d}x = \mathrm{d}(\sin x), \qquad \sin x\,\mathrm{d}x = -\mathrm{d}(\cos x).$$

凑微分法运用熟练后，可省略换元步骤，直接写出积分结果.

练习 6 求不定积分 $\displaystyle\int\frac{\sin\sqrt{x}}{\sqrt{x}}\mathrm{d}x$.

解：$\displaystyle\int\frac{\sin\sqrt{x}}{\sqrt{x}}\mathrm{d}x = 2\int\sin\sqrt{x}\,\mathrm{d}\sqrt{x} = -2\cos\sqrt{x}+c$.

练习 7【质子的速度】 一电厂中质子运动的加速度为 $a = -20(1+2t)^{-2}$（单位：米/秒^2）．如果 $t=0$ 时，$v=0.3$ 米/秒，求质子运动的速度.

解：由加速度和速度的关系 $v'(t) = a(t)$，有

$$v(t) = \int a(t)\mathrm{d}t = \int\left[-20(1+2t)^{-2}\right]\mathrm{d}t = \int\left[-20(1+2t)^{-2}\right]\cdot\frac{1}{2}\mathrm{d}(1+2t)$$

$$= -10\int(1+2t)^{-2}\mathrm{d}(1+2t) = \frac{10}{1+2t}+c.$$

将 $t=0$ 时，$v=0.3$ 代入上式，得 $c=-9.7$，所以

$$v(t) = 10(1+2t)^{-1}-9.7.$$

2. 不定积分第二换元积分法

设（1）$x=\psi(t)$ 是单调可导的函数，且 $\psi'(t)\neq0$；

（2）$\displaystyle\int f[\psi(t)]\cdot\psi'(x)\mathrm{d}t = F(t)+c$.

则 $\displaystyle\int f(x)\mathrm{d}x \xrightarrow[x=\psi(t)]{\text{换元}} \int f[\psi(t)]\cdot\psi'(x)\mathrm{d}t \xrightarrow{\text{积分}} F(t)+c \xrightarrow[t=\psi^{-1}(x)]{\text{回代}} F[\psi^{-1}(x)]+c$.

其中 $t=\psi^{-1}(x)$ 是 $x=\psi(t)$ 的反函数.

📖 进一步的练习

练习 6 的解法二 $\displaystyle\int\frac{\sin\sqrt{x}}{\sqrt{x}}\mathrm{d}x \xrightarrow{\sqrt{x}=t} \int\frac{\sin t}{t}\mathrm{d}t^2 = \int\frac{\sin t}{t}2t\,\mathrm{d}t = 2\int\sin t\,\mathrm{d}t$

$= -2\cos t+c = -2\cos\sqrt{x}+c$.

练习 8 求不定积分 $\displaystyle\int\sqrt{a^2-x^2}\,\mathrm{d}x\,(a>0)$.

解：设 $x=a\sin t\left(-\frac{\pi}{2}<t<\frac{\pi}{2}\right)$ 则

$$\sqrt{a^2-x^2} = a\sqrt{1-\sin^2 t} = a\cos t,\ \mathrm{d}x = a\cos t\,\mathrm{d}t,$$

于是

$$\int\sqrt{a^2-x^2}\,\mathrm{d}x = \int a\cos t\cdot a\cos t\,\mathrm{d}t = a^2\int\cos^2 t\,\mathrm{d}t = a^2\int\frac{1+\cos2t}{2}\mathrm{d}t = \frac{a^2}{2}\left(t+\frac{1}{2}\sin2t\right)+c$$

由 $x=a\sin t$ 或 $\sin t = \frac{x}{a}$

作辅助三角形如图 3-6，可知 $t=\arcsin\frac{x}{a}$，$\cos t = \frac{\sqrt{a^2-x^2}}{a}$，代入上式得

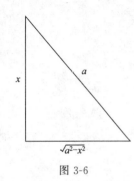

$$\int \sqrt{a^2 - x^2}\, dx = \frac{a^2}{2}\left(\arcsin \frac{x}{a} + \frac{x}{a} \cdot \frac{\sqrt{a^2-x^2}}{a} \right) + c.$$

一般地，根据被积函数的情况，作以下代换：

(1) $\sqrt{a^2 - x^2}$，可令 $x = a\sin t$；

(2) $\sqrt{x^2 + a^2}$，可令 $x = a\tan t$；

(3) $\sqrt{x^2 - a^2}$，可令 $x = a\sec t$.

其中 $a > 0$ 为常数. 通常称以上为三角代换.

图 3-6

练习 9【太阳能能量】 某一太阳能的能量 f 相对于太阳能接触的表面积 x 的变化率为 $\dfrac{df}{dx} = \dfrac{0.005}{\sqrt{0.01x + 1}}$，如果当 $x = 0$，时，$f = 0$. 求 f 的函数表达式.

解：对 $\dfrac{df}{dx} = \dfrac{0.005}{\sqrt{0.01x + 1}}$ 积分，得 $f = \displaystyle\int \dfrac{0.005}{\sqrt{0.01x + 1}}\, dx$

解法一：用第一换元积分法得

$$f = 0.5 \int \frac{1}{\sqrt{0.01x + 1}}\, d(0.01x + 1)$$

$$= 0.5 \times 2\sqrt{0.01x + 1} + c$$

将 $x = 0$，$f = 0$ 代入上式，得 $c = -1$. 所以

$$f = \sqrt{0.01x + 1} - 1.$$

解法二：用第二换元积分法得

$$f \xrightarrow{\sqrt{0.01x+1}=t} 0.005 \int \frac{1}{t}\, d100(t^2 - 1) = 0.5 \int \frac{2t}{t}\, dt = \int dt = t + c$$

将 $x = 0$ 时，即 $t = 1$ 时 $f = 0$ 代入上式，得 $c = -1$. 所以

$$f = \sqrt{0.01x + 1} - 1.$$

3. 定积分的换元积分法

设函数 $f(x)$ 在区间 $[a, b]$ 上连续，若

(1) 函数 $x = \varphi(x)$ 在区间 $[\alpha, \beta]$ 上单调且有连续导数；

(2) 当 t 在区间 $[\alpha, \beta]$ 上变化时，对应的函数 $x = \varphi(t)$ 在区间 $[a, b]$ 上变化，且 $\varphi(\alpha) = a$，

$\varphi(\alpha) = a$，则有定积分的换元公式

$$\int_a^b f(x)\, dx = \int_\alpha^\beta f[\varphi(t)] \cdot \varphi'(t)\, dt.$$

注：在应用定积分的换元法时，积分上下限进行相应地变换.

进一步的练习

练习 10 求定积分 $\displaystyle\int_0^4 \dfrac{dx}{1 + \sqrt{x}}$.

解：用定积分换元法. 令 $\sqrt{x} = t$，则 $x = t^2$，$dx = 2t\, dt$.

换限　　$x = 0 \to t = 0$，$x = 4 \to t = 2$.

于是　　$\displaystyle\int_0^4 \dfrac{dx}{1 + \sqrt{x}} = \int_0^2 \dfrac{1}{1 + t} \cdot 2t\, dt = 2\int_0^2 \left(1 - \dfrac{1}{1 + t} \right) dt = 2(t - \ln|1 + t|)\, |_0^2 = 4 - 2\ln 3.$

练习 11【商品销售量】　某种商品在某年中的销售速度为 $v(t) = 100 + 100\sin\left(2\pi t - \dfrac{\pi}{2}\right)$（$t$ 的单位：月；$0 \leqslant t \leqslant 12$），求此商品在前 3 个月的销售总量.

解： 由变化率求总量改变量得该商品在前三个月的销售总量

$$
\begin{aligned}
N &= \int_0^3 \left[100 + 100\sin\left(2\pi t - \frac{\pi}{2}\right)\right] \mathrm{d}t \\
&= \int_0^3 \left[100\mathrm{d}t + \int_0^3 100\sin\left(2\pi t - \frac{\pi}{2}\right)\right] \cdot \frac{1}{2\pi}\mathrm{d}\left(2\pi t - \frac{\pi}{2}\right) \\
&= 100t\ \Big|_0^3 + \frac{100}{2\pi}\int_0^3 \sin\left(2\pi t - \frac{\pi}{2}\right)\mathrm{d}\left(2\pi t - \frac{\pi}{2}\right) \\
&= 300 - \frac{100}{2\pi}\left[\cos\left(2\pi t - \frac{\pi}{2}\right)\right]\Big|_0^3 \\
&= 300.
\end{aligned}
$$

练习 12【电路中的电量】　设导线在时刻 t（单位：秒）的电流 $i(t) = 0.006t\sqrt{t^2+1}$，求在时间间隔 $[1,4]$ 内流过导线横截面的电量 $Q(t)$（单位：安）.

解： 由电流与电量的关系 $i = \dfrac{\mathrm{d}Q}{\mathrm{d}t}$ 得在 $[1,4]$ 秒内流过导线横截面的电量

$$
\begin{aligned}
Q &= \int_1^4 0.006t\sqrt{t^2+1}\,\mathrm{d}t = \int_1^4 0.003\sqrt{t^2+1}\,\mathrm{d}(t^2+1) \\
&= \left[0.002(t^2+1)^{\frac{3}{2}}\right]\Big|_1^4 \approx 0.1345(\text{安}).
\end{aligned}
$$

3.3.3　分部积分法

◈ 案例 3【新井的石油产量】　工程师们预计一个新开发的天然气新井在开采后的第 t 年的产量为 $P(t) = 0.0849t\,\mathrm{e}^{-t} \times 10^6\,\text{米}^3$. 试估计该新井前 4 年的总产量.

解： 在 $[t, t+\Delta t]$ 时间段内，天然气的产量（产量微元）为

$$
\mathrm{d}p = P(t)\mathrm{d}t
$$

该新井前 4 年的总产量为

$$
\begin{aligned}
P &= \int_0^4 p(t)\mathrm{d}t = \int_0^4 0.0849t\,\mathrm{e}^{-t}\,\mathrm{d}t \\
&= 0.0849\int_0^4 t\,\mathrm{e}^{-t}\,\mathrm{d}t.
\end{aligned}
$$

该积分的被积函数为一个幂函数与一个指数函数的乘积，如何计算该积分呢？

💡 概念和公式的引出

不定积分的分部积分法

$$
\int u\,\mathrm{d}v = uv - \int v\,\mathrm{d}u
$$

定积分的分部积分法

$$
\int_a^b u\,\mathrm{d}v = uv\ \Big|_a^b - \int_a^b v\,\mathrm{d}u
$$

一般地，若被积函数为不同类函数的乘积（如幂函数与三角函数或幂函数与反三角函数的乘积），则要用分部积分法.

练习 13【引例的计算】

$$P = \int_0^4 P(t)\mathrm{d}t = 0.0849\int_0^4 t\,\mathrm{e}^{-t}\,\mathrm{d}t = 0.0849\int_0^4 (-t)\mathrm{d}\mathrm{e}^{-t}$$

$$= 0.0849\left[(-t\mathrm{e}^{-t})\,\big|_0^4 - \int_0^4 \mathrm{e}^{-t}\mathrm{d}(-t)\right]$$

$$= 0.0849\left[(-t\mathrm{e}^{-t})\,\big|_0^4 - (\mathrm{e}^{-t})\,\big|_0^4\right]$$

$$\approx 0.77\times10^6\,(\text{米}^3).$$

练习 14 求不定积分 $\int x\cos x\,\mathrm{d}x$.

解法一： 选择 x 为 u，

$$\int x\cos x\,\mathrm{d}x = \int x\mathrm{d}(\sin x)$$

$$= x\sin x - \int \sin x\,\mathrm{d}x$$

$$= x\sin x + \cos x + c.$$

解法二： 选择 $\cos x$ 为 u，结果会怎样呢？

$$\int x\cos x\,\mathrm{d}x = \frac{1}{2}\int \cos x\,\mathrm{d}(x^2)$$

$$= \frac{1}{2}x^2\cos x + \int \frac{1}{2}x^2\sin x\,\mathrm{d}x.$$

比较一下不难发现，被积函数中 x 的幂次反而升高了，积分的难度增大了，这样选择 u、v 不合适. 所以在应用分部积分法时，恰当选取 u 和 v 是一个关键. 因此在应用分部积分法时，恰当选取 u 和 v 是一个关键. 选取 u 和 v 一般要考虑一下两点：

（1）v 要容易求得；

（2）$\int v\mathrm{d}u$ 比 $\int u\mathrm{d}v$ 容易积出.

注：一般地，如果被积函数是幂函数与正（余）弦函数或指数函数的乘积，可用分部积分法，选幂函数为 u. 被积函数是幂函数与对数函数（或反三角函数）的乘积，选对数函数（或反三角函数）为 u.

练习 15【电能】 在电力需求的电涌时期，消耗电能的速度 r 可以近似地表示为 $r = t\mathrm{e}^{-t}$（t 单位：小时）. 求在前两个小时内消耗的总电能 E（单位：焦耳）.

解： 由变化率求总该变量得

$$E = \int_0^2 r\mathrm{d}t = \int_0^2 t\mathrm{e}^{-t}\,\mathrm{d}t = \int_0^2 (-t)\mathrm{d}\mathrm{e}^{-t}$$

$$= (-t\mathrm{e}^{-t})\,\big|_0^2 - \int_0^2 \mathrm{e}^{-t}\mathrm{d}(-t)$$

$$= -2\mathrm{e}^{-2} - 0 - (\mathrm{e}^{-t})\,\big|_0^2$$

$$\approx 0.594(\text{焦耳}).$$

练习 16【污染】 某工厂排出大量废气，造成了严重空气污染，于是工厂通过减产来控制废气的排放量，若第 t 年废气的排放量为

$$c(t) = \frac{20\ln(t+1)}{(t+1)^2}$$

求该厂在 $t=0$ 和 $t=5$ 年间排出的总废气量.

解：因为该厂在第 $[t,t+\Delta t]$ 年排出的废气量（废气量微元）为 $\mathrm{d}W=\dfrac{20\ln(t+1)}{(t+1)^2}\mathrm{d}t$，

所以该厂在 $t=0$ 和 $t=5$ 年间排出的总废气量为

$$
\begin{aligned}
W &= \int_0^5 \frac{20\ln(t+1)}{(t+1)^2}\mathrm{d}t = 20\int_0^5 \ln(t+1)\mathrm{d}\left(-\frac{1}{t+1}\right)\\
&= \left[-\frac{20}{t+1}\ln(t+1)\right]\Big|_0^5 + 20\int_0^5 \frac{1}{t+1}\mathrm{d}\ln(t+1)\\
&= -\frac{20}{6}\ln6 + 20\int_0^5 \frac{1}{(t+1)^2}\mathrm{d}t\\
&= -\frac{20}{6}\ln6 - 20\left(\frac{1}{t+1}\right)\Big|_0^5\\
&\approx 10.6941\cdots
\end{aligned}
$$

⭐ **习题 3.3**

1. 求下列不定积分：

(1) $\displaystyle\int (3-2x)^3\mathrm{d}x$ ；

(2) $\displaystyle\int \frac{\mathrm{d}x}{1+(2x-3)^2}$ ；

(3) $\displaystyle\int \frac{\sin\dfrac{1}{x}}{x^2}\mathrm{d}x$ ；

(4) $\displaystyle\int \frac{2}{1+\sqrt{x}}\mathrm{d}x$ ；

(5) $\displaystyle\int \frac{\sin x}{\cos^3 x}\mathrm{d}x$ ；

(6) $\displaystyle\int x^2\sqrt{1+x^3}\,\mathrm{d}x$ ．

2. 求下列定积分：

(1) $\displaystyle\int_1^2 \left(x^2+\frac{1}{x^4}\right)\mathrm{d}x$ ；

(2) $\displaystyle\int_4^9 \sqrt{x}\,(1+\sqrt{x})\mathrm{d}x$ ；

(3) $\displaystyle\int_0^1 \sqrt{4+5x}\,\mathrm{d}x$ ；

(4) $\displaystyle\int_0^5 \frac{x^3}{x^2+1}\mathrm{d}x$ ；

(5) $\displaystyle\int_0^{\frac{\pi}{2}} 2\sin^2\frac{x}{2}\mathrm{d}x$ ；

(6) $\displaystyle\int_0^{\frac{\pi}{2}} |\sin x-\cos x|\,\mathrm{d}x$ ；

(7) 设 $f(x)=\begin{cases}x-1, & x\leqslant 1\\ x^2, & x>1\end{cases}$，求 $\displaystyle\int_{-1}^4 f(x)\mathrm{d}x$ ；

(8) $\displaystyle\int_1^4 \frac{1}{1+\sqrt{x}}\mathrm{d}x$ ．

3. 【产品销售总量】一个新销售代理商发现，他在第 t 个月销售的商品数量为 $2t+5$，求该销售商第一年的销售总量．

4. 【城市人口总数】一圆形城市中，离市中心越近，人口密度越大；而离中心越远，人口密度越小．设该城市半径为 50 千米，距中心 r（单位：千米）处的人口密度为 $100000(50-r)$．求这一城市的人口总数．

5. 【伤口面积】经研究发现，某一小伤口表面积修复的速度为 $\dfrac{\mathrm{d}A}{\mathrm{d}t}=-5t^{-2}$（$t$ 的单位：天，$1\leqslant t\leqslant 5$），其中 A 表示伤口的面积，假设 $A(1)=5$. 问病人受伤 5 天后伤口面积有多大？

6. 【水箱积水】设水从储藏箱的底部以速度 $r(t)=20\mathrm{e}^{0.04t}$（$r$ 的单位：升/秒^2；t 的单位：秒；$0\leqslant t\leqslant 50$）流出，求在前 10 秒流出的水的总量．

7. 【总产量】某一计算机公司研发了一套用于生产一种新型计算机器的生产线，第 t 周

生产速度（单位：个/周）为

$$\frac{\mathrm{d}x}{\mathrm{d}t}=5000\left[1-\frac{100}{(t+10)^2}\right]$$

（注意到当时间足够长时生产量接近每周 5000 个，但是由于工人不熟悉新技术使得开始的生产量很低）求从第三周开始到第四周结束时生产计算器的个数．

8.【降落问题】若某人从飞机中跳出，在降落伞没有打开时，跳出 t 秒时此人下落的速度为

$$v(t)=\frac{g}{k}(1-\mathrm{e}^{-kt})，\text{其中 } g=9.8 \text{ 米/秒}^2，k=0.25.$$

（1）写出 t 秒时此人下落高度的表达式．

（2）如果此人从高出地面 6000 米的高空处跳下，且降落伞一直没有打开，问需要多长时间，此人将落到地面？

9.【高速公路上汽车总数】设从城市 A 到城市 B 有条长 30 千米的高速公路，公路上汽车的密度（每千米多少辆车计）为 $\rho(x)=300+300\sin(2x+0.2)$，其中 x 为到城市 A 的距离，求该高速公路上的汽车数．

10.【选票数】经统计，某城市从某年底起到第 t 年的选票数（单位：千万）为

$$N(t)=20+40t-5\mathrm{e}^{-0.1t}$$

求该城市在 $t=0$ 到 $t=5$ 年间的选票总数．

3.4 定积分的应用

我们已经看到，定积分可用来求曲边梯形的面积．事实上，定积分被广泛地应用在几何、物理、经济等方面．例如，德国天文学家、数学家开普勒 1615 年发表的《测量酒桶体积的新科学》一文中，应用微元分析法计算出了大量复杂图形的面积和旋转体的体积，本节将用微元法讨论一些几何问题、物理问题和经济问题．

3.4.1 微元分析法

📖 **案例 1【曲边梯形的面积】** 利用定积分思想求解曲边梯形的面积，"分割、取近似、求和、取极限"可概括为以下两步：

第一步：分割与取近似，其主要过程是将区间细分成很多小区间，在每个小区间上，"以直代曲"用矩形面积 $f(\xi_i)\Delta x_i$ 近似代替小曲边梯形的面积

$$\Delta A_i\approx f(\xi_i)\Delta x_i$$

为简便起见，省略下标 i，用 ΔA 表示任意小区间 $[x,x+\Delta x]$ 上的面积，用 x 代替 ξ_i，这样

$$\Delta A\approx f(x)\Delta x=f(x)\mathrm{d}x$$

$f(x)\mathrm{d}x$ 称为面积 A 的微元（元素），记作 $\mathrm{d}A=f(x)\mathrm{d}x$。

第二步：求和与取极限，其主要过程是将所有小面积加起来，即

$$A=\Sigma\Delta A$$

取极限，当最大的小区间长度趋于零时，得到曲边梯形面积：函数 $y=f(x)$ 在区间 $[a,b]$ 上的定积分，即

$$A=\int_a^b f(x)\mathrm{d}x$$

💡 概念和公式的引出

一般地，如果某一个实际问题中所求量 U 符合下列条件：

(1) U 与变量 x 的变化区间 $[a,b]$ 有关；

(2) U 对于区间 $[a,b]$ 具有可加性．也就是说，如果把区间 $[a,b]$ 分成许多部分区间，则 U 相应地分成许多部分量，而 U 等于所有部分量之和；

(3) 部分量 ΔU_i 的近似值可以表示为 $f(\xi_i)\Delta x_i$．

那么，对于实际问题，在确定了积分变量和取值范围后，可用以下三步来求解：

第一步：确定积分变量及积分区间　根据问题的具体情况，选取一个变量（如 x）为积分变量，并确定其变化区间 $[a,b]$；

第二步：用近似方法确定微元　写出 U 在任一小区间 $[x,x+\mathrm{d}x]$ 上的微元 $\mathrm{d}U=f(x)\mathrm{d}x$；

第三步：写出定积分　以所求量 U 的微元 $f(x)\mathrm{d}x$ 为被积表达式，写出在区间 $[a,b]$ 上的定积分，得

$$U=\int_a^b f(x)\mathrm{d}x$$

上述方法称为微元法或元素法，也称为微元分析法．

定积分的微元法是一种实用性很强的数学方法和变量分析法．在工程实践和科学技术中有着广泛的应用．

📖 进一步的练习

练习 1【由变化率求总改变量】　一般地，假设 $F'(x)$ 是某一相对于自变量 x 的变化率，则在 $[x,x+\Delta x]$ 上，由微分与导数的关系，得微元　$\mathrm{d}F(x)=F'(x)\mathrm{d}x$

用微元法，得到从 $x=a$ 到 $x=b$ 的总变化为

$$F(a)-F(b)=\int_a^b F'(x)\mathrm{d}x .$$

练习 2【水箱积水】　设水流到水箱的速度为 $r(t)$（升/分），问从 $t=0$ 到 $t=2$ 分这段时间内水流入水箱的总量 W 是多少？

解： (1) 在 $[t,t+\Delta t]$ 这段时间内，"以常代变"，将水的流速视为匀速的，得水量微元为

$$\mathrm{d}W=r(t)\mathrm{d}t；$$

(2) 以 $r(t)\mathrm{d}t$ 为被积表达式，在时间段 $[0,2]$ 内积分，得 $t=0$ 到 $t=2$ 分这段时间内水流入水箱的总量 W

$$W=\int_0^2 r(t)\mathrm{d}t .$$

练习 3【电容充电时电量的计算】　如图 3-7 所示的电路，当开关 S 合上时，电源 E 就对电容器 C 充电，计算经过时间 T 后，电容器极板上积累的电量 Q 是多少？

解： 由电量与电流强度之间的关系，得电量微元为

$$\mathrm{d}Q=i(t)\mathrm{d}t$$

由微元法，得在 $[0,t]$ 时间段极板上积累的电量为

$$Q=\int_0^t i(t)\mathrm{d}t .$$

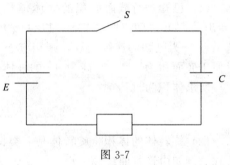

图 3-7

3.4.2 定积分在几何上的应用

1. 平面图形的面积

📖 **进一步的练习**

练习4【图形的面积】 求由曲线 $y=\mathrm{e}^x$、$y=\mathrm{e}^{-x}$ 以及直线 $x=1$ 所围成的图形的面积.

解：（1）画出所求面积的图形，如图 3-8 所示；

（2）取横坐标 x 为积分变量，变化区间为 $[0,1]$. 于是 $\mathrm{d}S=(\mathrm{e}^x-\mathrm{e}^{-x})\mathrm{d}x$；

（3）所求面积为 $S=\int_0^1(\mathrm{e}^x-\mathrm{e}^{-x})\mathrm{d}x=(\mathrm{e}^x-\mathrm{e}^{-x})\,|_0^1=\mathrm{e}+\dfrac{1}{\mathrm{e}}-2$.

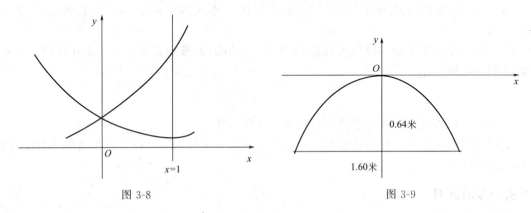

图 3-8　　　　　　　　　　　　　　　　图 3-9

练习5【窗户的面积】 某一窗户的顶部设计为弓形，上方曲线为抛物线，下方为直线，如图 3-9 所示，求此窗户上部的面积.

解： 建立直角坐标系如图 3-9 所示，设此抛物线方程为 $y=-2px^2$，因它过点（0.8，-0.64），所以 $p=\dfrac{1}{2}$，即抛物线方程为 $y=-x^2$. 此图形的面积实际上是由曲线 $y=-x^2$ 与直线 $y=-0.64$ 所围成图形的面积，面积微元为 $\mathrm{d}s=[-x^2-(-0.64)]\mathrm{d}x$，

面积为
$$S=\int_{-0.8}^{0.8}[-x^2-(-0.64)]\mathrm{d}x$$
$$=\left(-\frac{2}{3}x^3+0.64x\right)\Big|_{-0.8}^{0.8}\approx0.683\text{（平方米）}.$$

所以窗户上部的面积为 0.683 平方米.

2. 立体体积

💡 **概念和公式的引出**

（1）**已知平行截面面积的立体体积** 设空间某立体夹在垂直于 x 轴的两平面 $x=a$，$x=b(a<b)$ 之间（图 3-10）. 以 $A(x)$ 表示过 x（$a<x<b$），且垂直于 x 轴的截面面积. 若 $A(x)$ 为已知的连续函数，则相应于 $[a,b]$ 的任一子区间 $[x,x+\mathrm{d}x]$ 上的薄片的体积近似于底面积为 $A(x)$、高为 $\mathrm{d}x$ 的柱体体积. 从而得这立体的体积元素　$\mathrm{d}V=A(x)\mathrm{d}x$

所求体积为
$$V=\int_a^b A(x)\mathrm{d}x.$$

（2）**旋转体的体积** 旋转体是一类特殊的已知平行截面面积的立体，容易导出它的计算公式. 例如由连续曲线 $y=f(x)$，$x\in[a,b]$ 绕 x 轴旋转一周所得的旋转体（图 3-11）. 由

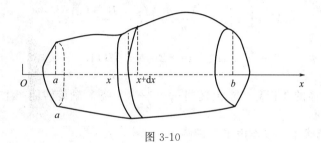

图 3-10

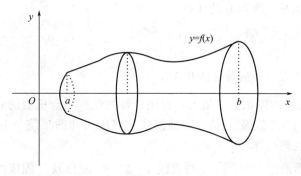

图 3-11

于过 $x(a \leqslant x \leqslant b)$，且垂直于 x 轴的截面是半径等于 $f(x)$ 的圆，截面面积为
$$A(x) = \pi f^2(x).$$

所以这旋转体的体积为
$$V = \pi \int_a^b f^2(x)\mathrm{d}x.$$

类似地，由连续曲线 $x = \varphi(y)$，$y \in [c, d]$ 绕 y 轴旋转一周所得旋转体的体积为
$$V = \pi \int_c^d \varphi^2(y)\mathrm{d}y$$

📖 进一步的练习

练习 6【椎体的体积】 设有一截锥体，其高为 h，上下底均为椭圆，椭圆的轴长分别为 $2a$，$2b$ 和 $2A$，$2B$，求这截锥体的体积.

解：取截锥体的中心线为 t 轴（图 3-12），即取 t 为积分变量，其变化区间为 $[0, h]$. 在 $[0, h]$ 上任取一点 t，过 t 且垂直于 t 轴的截面面积记为 $\pi x y$. 容易算出
$$x = a + \frac{A-a}{h}t, \qquad y = b + \frac{B-b}{h}t.$$

所以这截锥体的体积为

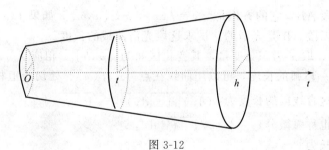

图 3-12

$$V = \int_0^h \pi \left(a + \frac{A-a}{h}t\right)\left(b + \frac{B-b}{h}t\right)\mathrm{d}t$$

$$= \frac{\pi h}{6}[aB + Ab + 2(ab + AB)].$$

练习 7 **【椭球体的体积】** 求由椭圆 $\dfrac{x^2}{a^2} + \dfrac{y^2}{b^2} = 1$ 绕 x 轴旋转而产生的旋转体的体积.

解：这个旋转椭球体可看作由半个椭圆 $\qquad y = \dfrac{b}{a}\sqrt{a^2 - x^2}$

绕 x 轴旋转一周而成.所以它的体积

$$V = \pi \int_{-a}^{a}\left(\frac{b}{a}\sqrt{a^2 - x^2}\right)^2 \mathrm{d}x = \frac{2\pi b^2}{a^2}\int_0^a (a^2 - x^2)\mathrm{d}x = \frac{4}{3}\pi ab^2.$$

特别当 $a = b = r$ 时得半径为 r 的球体体积 $V_{球} = \dfrac{4}{3}\pi r^3$.

练习 8 **【机器底座的体积】** 某人正在用计算机设计一台机器的底座,它在第一象限的图形由 $y = 8 - x^3$、$y = 2$ 以及 x 轴、y 轴围成,底座由此图形绕 y 轴旋转一周而成,如图 3-13 所示.试求此底座的体积.

解：此图形实为由曲线 $x = \sqrt[3]{8-y}$ 与直线 $y = 2$、$y = 0$ 以及 y 围成的曲边梯形绕 y 轴旋转一周所成的旋转体.体积微元为 $\quad \mathrm{d}V = \pi(8-y)^{\frac{2}{3}}\mathrm{d}y$,

所求的体积为 $\qquad V = \pi \int_0^2 (8-y)^{\frac{2}{3}}\mathrm{d}y = -\frac{3}{5}\pi(8-y)^{\frac{5}{3}}\Big|_0^2$

$$\approx 22.9765.$$

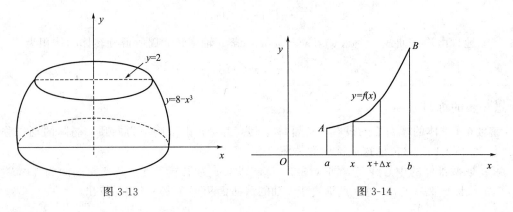

图 3-13 　　　　　　　　　　　　　　图 3-14

3. 平面曲线的弧长

💡 **概念和公式的引出**

设有一曲线弧段 $\overset{\frown}{AB}$,它的方程是 $\quad y = f(x)$, $x \in [a, b]$. 如果 $f(x)$ 在 $[a, b]$ 上有连续的导数,则称弧段 AB 是光滑的,试求这段光滑曲线的长度.

如图 3-14 所示,取 x 为积分变量,其变化区间为 $[a, b]$. 相应于 $[a, b]$ 上任一子区间 $[x, x+\Delta x]$ 的一段弧的长度,可以用曲线在点 $[x, f(x)]$ 处切线上相应的一直线段的长度来近似代替,这直线段的长度为 $\sqrt{(\mathrm{d}x)^2 + (\mathrm{d}y)^2} = \sqrt{1 + y'^2}\,\mathrm{d}x$,

于是得弧长元素(也称弧微分) $\quad \mathrm{d}s = \sqrt{1 + y'^2}\,\mathrm{d}x$,

因此所求的弧长为

$$s = \int_a^b \sqrt{1 + y'^2}\, \mathrm{d}x.$$

特别地，设曲线的参数方程为

$$\begin{cases} x = x(t), \\ y = y(t), \end{cases} \quad t \in [\alpha, \beta].$$

给出，其中 $x(t)$，$y(t)$ 在 $[\alpha, \beta]$ 上有连续的导数，且 $[x'(t)]^2 + [y'(t)]^2 \neq 0$. 则弧长元素，即微弧分为 $\mathrm{d}s = \sqrt{[x'(t)]^2 + [y'(t)]^2}\, \mathrm{d}t$，

所以 $\quad s = \int_\alpha^\beta \sqrt{[x'(t)]^2 + [y'(t)]^2}\, \mathrm{d}t.$

📖 进一步的练习

练习 9【悬链线长度】 求悬链线 $y = \dfrac{\mathrm{e}^x + \mathrm{e}^{-x}}{2}$ 从 $x = 0$ 到 $x = a$ 那一段的弧长（图 3-15）.

解： $y' = \dfrac{\mathrm{e}^x - \mathrm{e}^{-x}}{2}$

代入公式 $s = \int_\alpha^\beta \sqrt{[x'(t)^2 + [y'(t)]^2}\, \mathrm{d}t$，得

$$s = \int_0^a \sqrt{1 + y'^2}\, \mathrm{d}x = \int_0^a \frac{\mathrm{e}^x + \mathrm{e}^{-x}}{2}\, \mathrm{d}x = \frac{\mathrm{e}^x - \mathrm{e}^{-x}}{2} \Bigg|_0^a = \frac{\mathrm{e}^a - \mathrm{e}^{-a}}{2}.$$

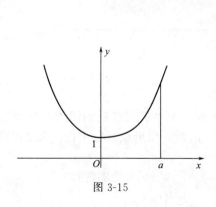

图 3-15

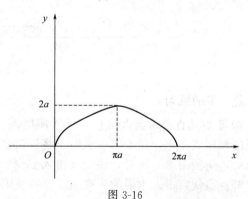

图 3-16

练习 10【摆线拱长】 在摆线 $x = a(t - \sin t)$，$y = a(1 - \cos t)$ 上求分摆线第一拱（图 3-16）成 $1:3$ 的点的坐标.

解： 设 $t = \tau$ 时，点的坐标 $[x(\tau), y(\tau)]$ 分摆线第一拱成 $1:3$. 由于弧微分

$$\mathrm{d}s = \sqrt{a^2(1 - \cos t)^2 + a^2 \sin^2 t}\, \mathrm{d}t = 2a \sin \frac{t}{2}\, \mathrm{d}t,$$

由公式可得

$$3\int_0^\tau 2a \sin \frac{t}{2}\, \mathrm{d}t = \int_\tau^{2\pi} 2a \sin \frac{t}{2}\, \mathrm{d}t.$$

解得 $\quad \cos \dfrac{\tau}{2} = \dfrac{1}{2}$，所以 $\tau = \dfrac{2\pi}{3}$. 随之有

$$x(\tau) = \left(\frac{2\pi}{3} - \frac{\sqrt{3}}{2} \right) a, \quad y(\tau) = \frac{3a}{2}.$$

所求的点的坐标为 $\left[\left(\dfrac{2\pi}{3} - \dfrac{\sqrt{3}}{2} \right) a, \dfrac{3}{2} a \right]$.

3.4.3 定积分在物理上的应用

定积分在物理中的应用十分广泛，如在计算物体的质量、静力矩与重心、液体压力、两质点的引力等问题，都可以应用微元法予以分析处理，各种实例是不胜枚举的．重要的是通过学习，使我们能熟练地运用这种方法，以不变应万变．

1. 变力沿直线所做的功

🔅 概念和公式的引出

从物理学知道，若物体在作直线运动的过程中一直受与运动方向一致的常力 F 的作用，则当物体有位移 s 时，力 F 所做的功为 $W = Fs$．

现在我们来考虑变力沿直线做功问题．

设某物体在力 F 的作用下沿 x 轴从 a 移动至 b（图 3-17），并设力 F 平行于 x 轴且是 x 的连续函数 $F = F(x)$．相应于 $[a, b]$ 的任一子区间 $[x, x+\Delta x]$，可以把 $F(x)$ 看作是物体经过这一子区间时所受的力．因此功元素为

$$dW = F(x)dx.$$

所以当物体沿 x 轴从 a 移动至 b 时，作用在其上的力 $F = F(x)$ 所做的功为

$$W = \int_a^b F(x)dx.$$

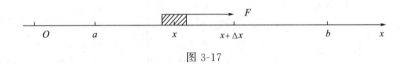

图 3-17

📖 进一步的练习

练习 11【打击木板做功】 用铁锤将铁钉击入木板．设木板对铁钉的阻力与铁钉击入木板的深度成正比，在击第一次时，将铁钉击入木板 1 厘米，如果铁锤每次打击铁钉所做的功相等，问锤击第二次时，铁钉又击入多少？

解： 设铁钉击入木板的深度为 x，所受阻力 $f = kx$ （k 为比例常数）

铁锤第一次将铁钉击入木板 1 厘米，所做的功为 $W = \int_0^1 kx\,dx = \dfrac{k}{2}$．

由于第二次锤击铁钉所做的功与第一次相等，故有 $\int_1^x kt\,dt = \dfrac{k}{2}$．

其中 $x > 1$ 为两锤共将铁钉击入木板的深度．上式即

$$\frac{k}{2}(x^2 - 1) = \frac{k}{2}.$$

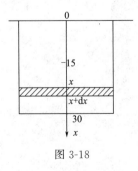

图 3-18

解得 $x = \sqrt{2}$，所以第二锤将铁钉击入木板的深度为 $(\sqrt{2} - 1)$ 厘米．

练习 12【吸水所做的功】 有一圆柱形大蓄水池，直径为 20 米，高为 30 米，池中盛水半满（即水深 15 米）．求将水从池口全部抽出所做的功．

解： 建立坐标系如图 3-18 所示．水深区间为 $[15, 30]$．相应于 $[15, 30]$ 的任一子区间 $[x, x+\Delta x]$ 的水层，其高度为 Δx，水的重力密度为 9.8 千牛/米³，所以其重力的功元素为

$$\mathrm{d}W = 9.8\pi \cdot 10^2 x \,\mathrm{d}x = 980\pi x \,\mathrm{d}x. \text{ 从而所做的功为}$$

$$W = \int_{15}^{30} 980\pi x \,\mathrm{d}x = 980\pi \left[\frac{x^2}{2}\right]_{15}^{30} \approx 1036985 \ \text{（千焦）}.$$

2. 压力

💡 **概念和公式的引出**

由物理学知道，在液体深处为 h 的压强为 $p = \gamma h$，这里 γ 是液体的密度. 如果有一面积为 A 的平板平行地放置在某液体深为 h 处，那么，平板一侧所受的液体的压力为

$$F = p \times A$$

如果平板铅直地放置水中，如图 3-19 所示，由于水深不同，压强 p 不同，此时平板一侧所受的水的压力如何计算呢？

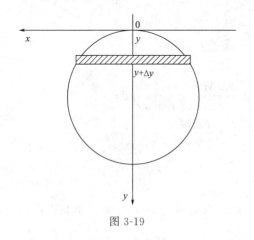

图 3-19

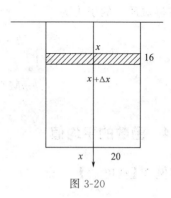

图 3-20

📖 **进一步的练习**

练习 13【水闸门所受的压力】 一矩形水闸门，宽 20 米、高 16 米；水面与闸门顶齐，求闸门上所受的总压力。

解： 如图 3-20 所示，选取 x 轴，在 $[x, x + \Delta x]$ 上闸门所受的压力（压力微元）为

$$\mathrm{d}F = p \,\mathrm{d}A = rx \cdot 20 \,\mathrm{d}x = 20rx \,\mathrm{d}x.$$

从而闸门上所受的总压力为

$$F = \int_0^{16} 20\gamma x \,\mathrm{d}x = 20\gamma \int_0^{16} x \,\mathrm{d}x = 20\gamma \left(\frac{1}{2}x^2\right) \Big|_0^{16} = 2560\gamma.$$

当 $\gamma = 1000 \times 9.8$ 牛/米^3 时，力 $F = 2560 \times 9800 = 2.5088 \times 10^7$（牛）.

3. 引力

💡 **概念和公式的引出**

由物理学知道，质量分别为 m_1 和 m_2，相距为 r 的两质点间的引力为 $F = k\dfrac{m_1 m_2}{r^2}$，其中 k 为引力系数，引力方向沿着质点的连线方向. 由于细棒上各质点的距离是变化的，如何计算位于一条直线上的一根细棒对质点的引力呢？

📖 **进一步的练习**

练习 14【棒对质点的引力】 设有一长度为 l、质量为 M 的均匀细直棒，另有一质量

为 m 的质点与细棒在同一直线上，它到细直棒的近端距离为 a，试计算该棒对质点的引力.

解：建立直角坐标系如图 3-21 所示，使棒位于 x 轴上，取 x 为积分变量，它的变化区间为 $[0,l]$，设 $[x,x+\Delta x]$ 为 $[0,l]$ 上任一小区间，把细直棒上相应于 $[x,x+\Delta x]$ 的一段近似地看成质点，其质量为 $\dfrac{M}{l}\mathrm{d}x$，于是引力微元为

$$\mathrm{d}F=\frac{km\dfrac{M}{l}\mathrm{d}x}{(x+a)^2}$$

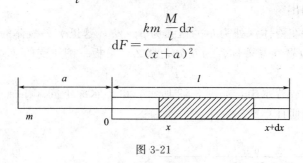

图 3-21

该棒对质点的引力为

$$F=\int_0^l \frac{k\cdot m\cdot \dfrac{M}{l}}{(x+a)^2}\mathrm{d}x=\frac{kmM}{l}\int_0^l \frac{1}{(x+a)^2}\mathrm{d}x$$

$$=\frac{kmM}{l}\left(-\frac{1}{x+a}\right)\Big|_0^l=\frac{-kmM}{l(l+a)}.$$

3.4.4 函数的平均值

📖 **案例 2【耗电量】**　　设 $c(t)$（单位：度/天）为某城市第 t 天的耗电量，$t=0$ 对应于 2001 年 1 月 1 日，则 $\displaystyle\int_0^{365}c(t)\mathrm{d}t$ 表示该城市前 365 天的总耗电量，那么 $\dfrac{1}{365}\displaystyle\int_0^{365}c(t)\mathrm{d}t=$ 前 365 天的总耗电量/总天数＝前 365 天的平均耗电量.

💡 **概念和公式的引出**

函数的平均值　$\bar{y}=f(\xi)=\dfrac{1}{b-a}\displaystyle\int_a^b f(x)\mathrm{d}x$ 表示连续曲线 $y=f(x)$ 在区间 $[a,b]$ 上的平均高度，也就是函数 $y=f(x)$ 在区间 $[a,b]$ 上的平均值.

📖 **进一步的练习**

练习 15【平均销售量】　　一家快餐连锁店在广告后第 t 天销售快餐数量由下式给出：

$$s(t)=20-10\mathrm{e}^{-0.1t}$$

求该快餐连锁店在广告后第一周内的平均销售量.

解：该快餐连锁店在广告后第一周内的平均销售量 $\bar{s}$ 为

$$\bar{s}=\frac{1}{7}\int_0^7 (20-10\mathrm{e}^{-0.1t})\mathrm{d}t=\frac{1}{7}\left[\int_0^7 20\mathrm{d}t-10\int_0^7 \mathrm{e}^{-0.1t}\mathrm{d}t\right]$$

$$=20+\frac{100}{7}\int_0^7 \mathrm{e}^{-0.1t}\mathrm{d}(-0.1t)=20+\frac{100}{7}(\mathrm{e}^{-0.1t})\mid_0^7\approx 12.808.$$

练习 16【交流电的平均功率】　　在电机、电器上常会标有功率、电流、电压的数字。如电机上标有功率 2.8kW，电压 380V. 在灯泡上标有 4W、220V 等. 这些数字表明交流电在单位时间内所做的功以及交流电压. 但是交流电流、电压的大小和方向都随时间作周期性

的变化，怎样确定交流电的功率、电流、电压呢?

(1) 直流电的平均功率　由电工学知，电流在单位时间所做的功称为电流的功率 P，即

$$P = \frac{W}{t}$$

直流电通过电阻 R，消耗在电阻 R 上的功率（即单位时间内消耗在电阻 R 上的功）是

$$P = I^2 R$$

其中 I 为电流，因直流电流大小和方向不变，所以 I 是常数，因而功率 P 也是常数．若要计算经过时间 t 消耗在电阻上的功，则有

$$W = Pt = I^2 Rt.$$

(2) 交流电的平均功率　对交流电，因交流电流 $i = i(t)$ 不是常数，因而通过电阻 R 所消耗的功率 $P(t) = i(t)^2 R$ 也随时间而变．由于交流电随时间 t 在不断变化，因而所求的功 W 是一个非均匀分布的量，可以用定积分表示．

交流电虽然在不断变化，但在很短时间间隔内，可以近似地认为是不变的（即近似地看作是直流电），因而在 Δt 时间内对 $i = i(t)$ 以常代变，可得到功的微元：

$$dW = Ri^2(t)dt$$

在时间 $[t_0, t]$ 内电阻元件的热量 q，也就是这段时间内吸收（消耗）的电能 W 为

$$W = \int_0^t Ri^2(t)dt$$

在一个周期 T 内消耗的功率为

$$W = \int_0^T Ri^2(t)dt$$

因此，交流电的平均功率为

$$\bar{P} = \frac{W}{T} = \frac{1}{T}\int_0^T Ri^2(t)dt.$$

3.4.5　定积分在经济上的应用

定积分在经济上有着广泛的应用，前面介绍了由某一经济函数求它的边际函数是求导运算，在实际问题中也有相反的要求，即已知边际函数，需考虑对应的经济函数，这是积分运算．

1. 已知边际函数求总函数

💡 概念和公式的引出

由于总量函数（如总成本、总收益、总利润等）的导数就是边际函数（如边际成本、边际收益、边际利润等），当已知初始条件时，即可用定积分求出总量函数．在经济活动中经常遇到的求总量问题，有以下几类：

(1) 已知某产品的边际成本为 $c'(x)$（x 表示产量），固定成本 $c(0)$，则总成本函数为

$$C(x) = \int_0^x C'(x)dx + C(0).$$

累计产量从 a 到 $b(a<b)$ 的总成本为 $\Delta C = C(b) - C(a) = \int_a^b C'(x)dx$．

(2) 已知某产品的边际收入为 $R'(x)$（x 表示销量），则

销售 x 个单位的总收入为函数为 $R(x) = \int_0^x R'(x)dx$．

累计销售量从 a 到 b 时的总收入为　$R = R(b) - R(a) = \int_a^b R'(x)dx$．

（3）总收入扣除总成本为利润，所以边际利润＝边际收入－边际成本．若已知边际收入 $R'(x_1)$（x_1 表示产量）、边际成本 $C'(x_2)$（x_2 表示销量），假设全部产品无积压时（$x_1 = x_2 = x$），则

所获总利润函数 $L(x) = R(x) - C(x) = \int_0^x [R'(x) - C'(x)]\mathrm{d}x - C(0)$；

当累计产量从 a 到 b 时所获得的总利润为

$$\Delta L = \int_a^b [R'(x) - C'(x)]\mathrm{d}x .$$

📖 进一步的练习

练习 17【成本函数】　企业生产某产品的边际成本为 $C'(x) = 0.2x + 10$，固定成本 $C(0) = 50$，求：（1）总成本函数 $C(x)$；（2）产量由 10 个单位变到 20 个单位时，总成本的改变量．

解：总成本函数为 $C(x) = \int_0^x C'(t)\mathrm{d}t + C(0)$

$$= \int_0^x (0.2t + 10)\mathrm{d}t + 50 = 0.1x^2 + 10x + 50 .$$

当产量从 10 到 20 时，则总成本的改变量为

$$\Delta C = \int_{10}^{20} C'(x)\mathrm{d}x = \int_{10}^{20} (0.2x + 10)\mathrm{d}x = 130 .$$

练习 18【收益函数】　已知某商品销售 q 单位时，边际收益函数 $R(q) = 30 - \dfrac{q}{5}$，

（1）求销售 q 单位时的总收益函数 $R(q)$ 以及平均单位收益 $\overline{R}(q)$；

（2）如果已经销售了 10 个单位，求再销售 20 个单位总收益将增加多少？

解：（1）销售 q 单位时的总收益 $R(q) = \int_0^q R'(x)\mathrm{d}x = \int_0^q \left(30 - \dfrac{x}{5}\right)\mathrm{d}x = 30q - \dfrac{q^2}{10}$

平均单位收益 $\overline{R}(q) = \dfrac{R(q)}{q} = 30 - \dfrac{q}{10}$；

（2）已销售 10 个单位产品，再销售 20 个单位产品的总收益的改变量为

$$\Delta R = \int_{10}^{30} R'(q)\mathrm{d}q = \int_{10}^{30} \left(30 - \dfrac{q}{5}\right)\mathrm{d}q = \left[30q - \dfrac{q^2}{10}\right]\Big|_{10}^{30} = 520 .$$

2. 已知边际函数求总函数在区间上的增量

💡 概念和公式的引出

边际成本、边际收入、边际利润以及产量 x 的变化区间 $[a, b]$ 上的改变量（增量）就等于它们各自边际函数在区间 $[a, b]$ 上的定积分：

$$C(b) - C(a) = \int_a^b C'(x)\mathrm{d}x$$

$$R(b) - R(a) = \int_a^b R'(x)\mathrm{d}x$$

$$L(b) - L(a) = \int_a^b L'(x)\mathrm{d}x$$

📖 进一步的练习

练习 19【经济函数在区间上增量】　已知某商品的边际收入为 $-0.08x + 25$（万元/吨），边际成本为 5（万元/吨），求产量 x 从 250 吨增加到 300 吨时销售收入 $R(x)$、总成本 $C(x)$、利润 $L(x)$ 的改变量（增量）．

解：首先求边际利润
$$L'(x)=R'(x)-C'(x)=-0.08x+25-5=-0.08x+20$$

所以根据上式，依次求出：

$$\Delta R=R(300)-R(250)=\int_{250}^{300}R'(x)\mathrm{d}x=\int_{250}^{300}(-0.08x+25)\mathrm{d}x=150（万元）$$

$$\Delta C=C(300)-C(250)=\int_{250}^{300}C'(x)\mathrm{d}x=\int_{250}^{300}5\mathrm{d}x=250（万元）$$

$$\Delta L=L(300)-L(250)=\int_{250}^{300}L'(x)\mathrm{d}x=\int_{250}^{300}(-0.08x+20)\mathrm{d}x=-100（万元）.$$

3. 已知边际函数求总函数的最值

💡 **概念和公式的引出**

设边际收益为 $R'(x)$，边际成本为 $C'(x)$，固定成本为 $C(0)$，则总利润函数为
$$L(x)=R(x)-C(x)$$

当 $R'(x)=C'(x)$ 时，即 $x=x_0$ 利润最大，且最大利润为
$$L(x_0)=\int_0^{x_0}[R'(x)-C'(x)]\mathrm{d}x-C(0).$$

📖 **进一步的练习**

练习 20【最大利润】　某种产品的边际成本函数 $C'(x)=0.5x+6$（万元/吨）固定成本为 $C(0)=5$ 万元，边际收入函数 $R'(x)=12-x$（万元/吨），求：

(1) 生产产量多少吨时利润最大？最大利润是多少？

(2) 从利润最大时再生产 1 吨，总利润将如何变化？

解：(1) 总利润函数为 $L(x)=R(x)-C(x)$. 欲求最大利润，只需求出 $L(x)$ 的最大值即可. 因为 $L(x)=R(x)-C(x)$，所以 $L'(x)=R'(x)-C'(x)$，令 $L'(x)=0$ 得 $R'(x)=C'(x)$，即 $12-x=0.5x+6$，得唯一驻点 $x=4$，因最大利润必定存在且驻点唯一，所以 $x=4$ 必定是最大值点，所以 $x=4$ 时利润最大，这时最大利润为

$$L(4)=R(4)-C(4)=\int_0^4[R'(x)-C'(x)]\mathrm{d}x-C(0)$$

$$=\int_0^4[(12-x)-(0.5x+6)]\mathrm{d}x-5$$

$$=\int_0^4(6-1.5x)\mathrm{d}x-5=7（万元）.$$

(2) 产量由 4 吨增加到 5 吨时，总利润的增加量为
$$\Delta L=\int_4^5[R'(x)-C'(x)]\mathrm{d}x=\int_4^5(6-1.5x)\mathrm{d}x=-0.75.$$

即从利润最大时的产量再多生产 1 吨，总利润反而减少了 0.75 万元. 说明在经济工作中，企业增加产量并不意味着增加收入，只有合理安排生产量，才能使企业获得利润.

4. 由经济函数的变化率求经济函数在区间上的平均变化率

💡 **概念和公式的引出**

设某经济函数的变化率为 $f(t)$，则称 $\dfrac{\displaystyle\int_{t_1}^{t_2}f(t)\mathrm{d}t}{t_2-t_1}$ 为该经济函数在时间间隔 $[t_1,t_2]$ 内的平均变化率.

练习21【平均利息率】 某银行的利息连续计算，利息率是时间 t 的函数：$r(t)=0.08+0.015\sqrt{t}$，求它在开始2年即时间间隔 $[0,2]$ 内的平均利息率.

解： 由于 $\int_0^2 r(t)\mathrm{d}t=\int_0^2(0.08+0.015\sqrt{t})\mathrm{d}t=[0.08t+0.01t\sqrt{t}]\big|_0^2=0.16+0.02\sqrt{2}$，所以开始2年的平均利息率为

$$r=\frac{\int_0^2 r(t)\mathrm{d}t}{2-0}=0.08+0.01\sqrt{2}=0.094.$$

练习22【平均变化率】 某公司运行 t（年）所获得的利润为 $L(t)$（元），利润的变化率为

$$L'(t)=3\times10^5\sqrt{t+1}\,(\text{元/年})$$

求利润从第4年初到第8年末即时间间隔 $[3,8]$ 内的年平均变化率.

解： 由于 $\int_3^8 L'(t)\mathrm{d}t=\int_3^8 3\times10^5\sqrt{t+1}\,\mathrm{d}t=2\times10^5\times(t+1)^{\frac{3}{2}}\big|_3^8=38\times10^5$

所以从第4年初到第8年末，利润的年平均变化率为

$$\frac{\int_3^8 L'(t)\mathrm{d}t}{8-3}=7.6\times10^5\ \text{元/年}.$$

5. 由贴现率求总贴现值在时间区间上的增量

概念和公式的引出

设某个项目在 t（年）时的收入为 $f(t)$（万元），年利率为 r，即贴现率为 $f(t)\mathrm{e}^{-rt}$，则应用定积分计算，该项目在时间区间 $[a,b]$ 上总贴现值的增量为 $\int_a^b f(t)\mathrm{e}^{-rt}\mathrm{d}t$.

设某工程总投资在竣工时的贴现值为 A（万元），竣工后的年收入预计为 a（万元），年利率为 r，银行利息连续计算，在进行动态经济分析时，把竣工后收入的总贴现值达到 A，即有关系式

$$\int_0^T a\mathrm{e}^{-rt}\mathrm{d}t=A$$

成立的时间 T（年）称为该项工程的投资回收期.

进一步的练习

练习23【投资回收期】 某工程总投资在竣工时的贴现值为1000万元，竣工后的年收入预计为200万元，年利息为0.08，求该工程的投资回收期.

解： 由 $A=1000$，$a=200$，$r=0.08$，则该工程竣工后 T 年内收入的总贴现值为

$$\int_0^T 200\mathrm{e}^{-0.08t}\mathrm{d}t=\frac{200}{-0.08}\mathrm{e}^{-0.08t}\bigg|_0^T=2500(1-\mathrm{e}^{-0.08T})$$

令 $2500(1-\mathrm{e}^{-0.08T})=1000$，解得

$$T=-\frac{1}{0.08}\ln\left(1-\frac{1000}{2500}\right)=-\frac{1}{0.08}\ln0.6=6.39.$$

即得该工程的投资回收期为6.39年.

习题3.4

1. 求下列曲线所围成的平面图形的面积：

(1) $y=\dfrac{1}{x}$，$y=x$，$x=2$；　　　　　　(2) $y=x^2$，$y=2x$；

(3) $y=x^2-25$，$y=x-13$；　　　　　　(4) $y=\mathrm{e}^x$，$y=\mathrm{e}^{-x}$，$x=1$；

(5) $y=\sin x$，$y=\cos x$，$x=0$，$x=\dfrac{\pi}{2}$．

2. 设曲线 $y=x-x^2$ 与直线 $y=ax$ 所围成的图形的面积为 $\dfrac{9}{2}$，求 a 的值．

3. 【旋转体体积】求下列已知曲线所围成的图形，按指定的轴旋转所产生的旋转体的体积：

(1) $y=x^2$ 和 x 轴、$x=1$ 所围成的图形，绕 x 轴；

(2) $y=x^2$ 和 x 轴、$x=1$ 所围成的图形，绕 y 轴．

4. 求由 $y=x^3$，$x=2$，$y=0$ 所围成的平面图形，分别绕 x 轴和 y 轴旋转一周，计算所得两个旋转体的体积．

5. 【曲线弧长】计算曲线 $y=\ln x$ 上相应于 $\sqrt{3}\leqslant x\leqslant\sqrt{8}$ 的一段弧的长度．

6. 【做功】由实验知道，弹簧在拉伸过程中，需要的力 F（单位：牛）与伸长量 s（单位：厘米）成正比，即 $F=ks$（k 是比例常数）．如果把弹簧由原长拉伸 6 厘米，计算所做的功．

7. 【水压力】有一等腰梯形的闸门，它的两条底边各长 10 米和 6 米．较长的底边与水面相齐．计算闸门的一侧所受的水压力．

8. 【建筑】一根长 28 米、质量为 20 千克的匀质链条被悬挂于一建筑物顶部，问需要做多大的功才能把这一链条全部拉上建筑物顶部？

9. 【药物注射】某药物从病人的右手注射进入体内，t 小时后该病人左手血注液中所含该药物量为

$$C(t)=\dfrac{0.14t}{t^2+1}$$

问药物注射 1 小时内，该病人左手血注液中所含药物量的平均值为多少？两小时内的平均值又为多少？

10. 【电烙铁的电能】一个 220 伏、75 瓦的电烙铁的电压为 $u(t)=200\sqrt{2}\sin(100\pi t)$ 伏，求：

(1) 电烙铁的电流和平均功率；

(2) 电烙铁使用 20 小时消耗的电能．

11. 【经济应用】某产品的产量为 x（百台）时总成本函数 $C(x)$（万元）的边际成本函数 $C'(x)=0.5x+1$（万元/百台），总收益函数的边际收入函数 $R'(x)=7-0.5x$（万元/百台），固定成本为 2 万元（设产量等于销售量），求：

(1) 总利润函数 $L(x)$ 及最大总利润 L；

(2) 从利润最大时再生产 100 台，总利润的改变量．

【阅读材料】

微积分的简史

微积分成为一门学科，是在 17 世纪，但是，微分和积分的思想在古代就已经产生了．

公元前 3 世纪，古希腊的阿基米德在研究解决抛物弓形的面积、球和球冠面积、螺线下面积和旋转双曲体的体积的问题中，就隐含着近代积分学的思想。作为微分学基础的极限理

论来说，早在古代已有比较清楚的论述。比如我国的庄周所著的《庄子》一书的"天下篇"中，记有"一尺之棰，日取其半，万世不竭"。三国时期的刘徽在他的割圆术中提到"割之弥细，所失弥小，割之又割，以至于不可割，则与圆周和体而无所失矣。"这些都是朴素的、也是很典型的极限概念。

到了 17 世纪，有许多科学问题需要解决，这些问题也就成了促使微积分产生的因素。归结起来，大约有四种主要类型的问题：第一类是研究运动的时候直接出现的，也就是求即时速度的问题；第二类问题是求曲线的切线的问题；第三类问题是求函数的最大值和最小值问题；第四类问题是求曲线长、曲线围成的面积、曲面围成的体积、物体的重心、一个体积相当大的物体作用于另一物体上的引力。

17 世纪的许多著名的数学家、天文学家、物理学家都为解决上述几类问题作了大量的研究工作，如法国的费尔玛、笛卡尔、罗伯瓦、笛沙格；英国的巴罗、瓦里士；德国的开普勒；意大利的卡瓦列利等人都提出许多很有建树的理论，为微积分的创立做出了贡献。

17 世纪下半叶，在前人工作的基础上，英国大科学家牛顿和德国数学家莱布尼茨分别在自己的国度里独自研究和完成了微积分的创立工作，虽然这只是十分初步的工作。他们的最大功绩是把两个貌似毫不相关的问题联系在一起，一个是切线问题（微分学的中心问题），一个是求积问题（积分学的中心问题）。

牛顿和莱布尼茨建立微积分的出发点是直观的无穷小量，因此这门学科早期也称为无穷小分析，这正是现在数学中分析学这一大分支名称的来源。牛顿研究微积分着重于从运动学来考虑，莱布尼茨却是侧重于从几何学来考虑的。

牛顿在 1671 年写了《流数法和无穷级数》，这本书直到 1736 年才出版，它在这本书里指出，变量是由点、线、面的连续运动产生的，否定了以前自己认为的变量是无穷小元素的静止集合。他把连续变量叫做流动量，把这些流动量的导数叫做流数。牛顿在流数术中所提出的中心问题是：已知连续运动的路径，求给定时刻的速度（微分法）；已知运动的速度求给定时间内经过的路程（积分法）。

德国的莱布尼茨是一个博才多学的学者，1684 年，他发表了现在世界上认为是最早的微积分文献，这篇文章有一个很长而且很古怪的名字《一种求极大极小和切线的新方法，它也适用于分式和无理量，以及这种新方法的奇妙类型的计算》。就是这样一片说理也颇含糊的文章，却有划时代的意义。它已含有现代的微分符号和基本微分法则。1686 年，莱布尼茨发表了第一篇积分学的文献。他是历史上最伟大的符号学者之一，他所创设的微积分符号，远远优于牛顿的符号，这对微积分的发展有极大的影响。现在我们使用的微积分通用符号就是当时莱布尼茨精心选用的。

微积分学的创立，极大地推动了数学的发展，过去很多初等数学束手无策的问题，运用微积分，往往迎刃而解，显示出微积分学的非凡威力。

前面已经提到，一门科学的创立绝不是某一个人的业绩，他必定是经过多少人的努力后，在积累了大量成果的基础上，最后由某个人或几个人总结完成的。微积分也是这样。

不幸的是，由于人们在欣赏微积分的宏伟功效之余，在提出谁是这门学科的创立者的时候，竟然引起了一场轩然大波，造成了欧洲大陆的数学家和英国数学家的长期对立。英国数学在一个时期里闭关锁国，囿于民族偏见，过于拘泥在牛顿的"流数术"中停步不前，因而数学发展整整落后了 100 年。

其实，牛顿和莱布尼茨分别是自己独立研究，在大体上相近的时间里先后完成的。比较特殊的是牛顿创立微积分要比莱布尼茨早 10 年左右，但是正式公开发表微积分这一理论，莱布尼茨却要比牛顿发表早三年。他们的研究各有长处，也都各有短处。那时候，由于民族偏见，关于发明优先权的争论竟从 1699 年始延续了一百多年．

应该指出，这和历史上任何一项重大理论的完成都要经历一段时间一样，牛顿和莱布尼茨的工作也都是很不完善的．他们在无穷和无穷小量这个问题上，其说不一，十分含糊．牛顿的无穷小量，有时候是零，有时候不是零而是有限的小量；莱布尼茨也不能自圆其说．这些基础方面的缺陷，最终导致了第二次数学危机的产生．

直到 19 世纪初，法国科学学院以柯西为首的科学家，对微积分的理论进行了认真研究，建立了极限理论，后来又经过德国数学家维尔斯特拉斯进一步的严格化，使极限理论成为了微积分的坚定基础，才使微积分进一步发展开来．

任何新兴的、具有无量前途的科学成就都吸引着广大的科学工作者。在微积分的历史上也闪烁着这样的一些明星：瑞士的雅科布·贝努利和他的兄弟约翰·贝努利、欧拉，法国的拉格朗日、科西等．

欧氏几何也好，上古和中世纪的代数学也好，都是一种常量数学，微积分才是真正的变量数学，是数学中的大革命。微积分是高等数学的主要分支，不只是局限在解决力学中的变速问题，它还驰骋在近代和现代科学技术园地里，建立了数不清的丰功伟绩．

【本章小结】

一、基本概念

函数的原函数、不定积分概念、定积分概念．

二、基本知识

（一）微元法建立定积分的步骤

第一步　根据问题的具体情况，选取一个变量（如 x）为积分变量，并确定它的变化区间 $[a,b]$；

第二步　写出 U 在任一小区间 $[x,x+\Delta x]$ 上的微元 $\mathrm{d}U=f(x)\mathrm{d}x$，这里常运用"以常代变，以直代曲"等方法；

第三步　以所求量 U 的微元 $f(x)\mathrm{d}x$ 为被积表达式，写出在区间 $[a,b]$ 上的定积分，得到

$$U=\int_a^b f(x)\mathrm{d}x$$

（二）微积分基本公式

1. 基本积分表

2. 微积分基本公式：若函数 $F(x)$ 是连续函数 $f(x)$ 在区间 $[a,b]$ 上的一个原函数，则

$$\int_a^b f(x)\mathrm{d}x=F(b)-F(a)=F(x)\,\Big|_a^b$$

（三）积分方法

1. 换元积分法

（1）不定积分的第一换元法：设 $\int f(u)\mathrm{d}x=F(u)+c$，$u=\varphi(x)$ 可导，则

$$\int f[\varphi(x)]\cdot\varphi'(x)\mathrm{d}x=F[\varphi(x)]+c$$

（2）不定积分的第二换元法：设 $x=\psi(t)$ 是单调可导函数，$\psi'(t)\neq0$，且

$$\int f[\psi(t)]\cdot\psi'(t)\mathrm{d}t=F(t)+c$$

则 $\qquad \displaystyle\int f(x)\mathrm{d}x \xlongequal{x=\psi(t)} \int f[\psi(t)]\cdot\psi'(t)\mathrm{d}t$

(3)定积分的换元积分法：设函数 $f(x)$ 在区间 $[a,b]$ 上连续，若

① 函数 $x=\varphi(x)$ 在区间 $[\alpha,\beta]$ 上单调且有连续导数；

② 当 t 在区间 $[\alpha,\beta]$ 上变化时，对应的函数 $x=\varphi(t)$ 在区间 $[a,b]$ 上变化，且 $\varphi(\alpha)=a$，$\varphi(\alpha)=a$，则有定积分的换元公式

$$\int_a^b f(x)\mathrm{d}x = \int_\alpha^\beta f[\varphi(t)]\cdot\varphi'(t)\mathrm{d}t$$

2. 分部积分法

（1）不定积分的分部积分法

$$\int u\,\mathrm{d}v = uv - \int v\,\mathrm{d}u$$

（2）定积分的分部积分法

$$\int_a^b u\,\mathrm{d}v = (uv)\,\big|_a^b - \int_a^b v\,\mathrm{d}u$$

三、基本方法

微元法、直接积分法、第一换元积分法、第二换元积分法、分部积分法．

复习题 3

一、选择题

1. 已知 $F(x)$ 是 $f(x)$ 的一个原函数，C 为任意常数，下列等式能成立的是（　　）．

A. $\displaystyle\int \mathrm{d}F(x)=F(x)+C$　　　　B. $\displaystyle\int F'(x)\mathrm{d}x=F(x)$　　　　C. $\left[\displaystyle\int f(x)\mathrm{d}x\right]'=f(x)+C$

2. 下列等式能成立的是（　　）．

A. $\displaystyle\int \mathrm{e}^{-x}\mathrm{d}x=\mathrm{e}^{-x}+C$　　　　B. $\displaystyle\int \ln x\,\mathrm{d}x=\dfrac{1}{x}+C$　　　　C. $\displaystyle\int \sin 2x\,\mathrm{d}x=\sin^2 x+C$

3. 若 $\displaystyle\int f(x)\mathrm{d}x=2\sin\dfrac{x}{2}+C$，则 $f(x)=$（　　）．

A. $\cos\dfrac{x}{2}+C$　　　　B. $\cos\dfrac{x}{2}$　　　　C. $2\cos\dfrac{x}{2}+C$

4. $\displaystyle\int_a^b 1\,\mathrm{d}x=$（　　）．

A. 0　　　　　　　　B. 1　　　　　　　　C. $b-a$

二、计算题

1. 计算不定积分：

(1) $\displaystyle\int \dfrac{\cos x}{1+\sin^2 x}\mathrm{d}x$ ；　　　　(2) $\displaystyle\int \dfrac{\mathrm{e}^x}{1+\mathrm{e}^x}\mathrm{d}x$ ；

(3) $\displaystyle\int \dfrac{1+\cos x}{x+\sin x}\mathrm{d}x$ ；　　　　(4) $\displaystyle\int \dfrac{\ln\ln x}{x}\mathrm{d}x$ ；

(5) $\displaystyle\int x\cos x^2\,\mathrm{d}x$ ；　　　　(6) $\displaystyle\int \dfrac{\mathrm{d}x}{\sqrt{1+\mathrm{e}^x}}$ ；

(7) $\displaystyle\int \dfrac{\mathrm{d}x}{x^2\sqrt{x^2-1}}$ ；　　　　(8) $\displaystyle\int \arctan\sqrt{x}\,\mathrm{d}x$ ．

2. 计算定积分：

(1) $\displaystyle\int_0^3 \frac{x}{1+\sqrt{1+x}}\mathrm{d}x$ ；　　(2) $\displaystyle\int_0^1 \mathrm{e}^{\sqrt{x}}\mathrm{d}x$ ；

(3) $\displaystyle\int_1^{\mathrm{e}} x\ln x\,\mathrm{d}x$ ；　　(4) $\displaystyle\int_0^{\frac{\pi}{2}} x\cos 2x\,\mathrm{d}x$ ；

(5) $\displaystyle\int_{\frac{1}{\mathrm{e}}}^{\mathrm{e}} |\ln x|\,\mathrm{d}x$ ；　　(6) $\displaystyle\int_{-5}^5 \frac{x^2\sin^3 x}{1+x^4}\mathrm{d}x$ ；

(7) $\displaystyle\int_0^{\pi} \frac{x\sin x}{1+\cos^2 x}\mathrm{d}x$ ；　　(8) $\displaystyle\int_{-2}^0 \frac{\mathrm{d}x}{x^2+2x+2}$.

三、应用题

1.【曲线方程】已知曲线经过点 (1,2)，且其上任一点处的切线斜率等于这点的横坐标的 2 倍，求此曲线的方程.

2.【旋转体体积】求 $y=x^{\frac{3}{2}}$ 与直线 $x=4$、x 轴所围图形绕 y 轴旋转一周而形成的旋转体的体积.

3.【面积最小值】求由抛物线 $y^2=4ax$ 与过焦点的弦所围成的图形面积的最小值.

4.【做功】半径为 r 的球沉入水中，球的上部与水面相切，球的密度与水相同，现将球从水中取出，需做多少功？

5.【面积】求由抛物线 $y=-x^2+4x-3$ 及其在点 (0,−3) 和 (3,0) 处的切线所围成的图形的面积.

6.【机器零件的体积】某一机器零件是由曲线 $y=\mathrm{e}^{-x}$、x 轴、$x=0$ 与 $x=1$ 所围成的区域绕 x 轴旋转所成的，求此零件的体积.

7.【电路中的电量】设导线在时刻 t（单位：秒）电流强度为 $i(t)=\sin\omega t$，求在时间间隔 $[0,1]$ 内流过导线横截面的电量 $Q(t)$（单位：安）.

8.【飞行跑道的长度】一架波音 727 喷气式客机起飞时的速度为 360 千米/小时，如果它在 50 秒内匀加速地将速度提到 360 千米/小时，问跑道应为多长？

9.【汽车行驶的路程】一辆汽车沿着直线行驶，其速度（单位：米/秒）
$$v(t)=6-3t\,(t\geqslant 0)$$
假设汽车位置 s 由出发点开始计算，求汽车的位置 s 关于时间 t 的函数.

10.【收益函数】设某产品生产 Q 个单位，总收益 R 的变化率为 $f(Q)=20-\dfrac{Q}{10}(Q\geqslant 0)$.

(1) 求生产 40 个单位产品的总收益；

(2) 求从生产 40 个单位产品到 60 个单位产品的总收益.

11.【经济应用】已知某产品的边际成本函数和边际收益函数分别为：
$$C'(Q)=3+\frac{1}{3}Q（万元/百台）$$
$$R'(Q)=7-Q（万元/百台）$$

(1) 若固定成本 $C(0)=1$ 万元时，求总成本函数、总收益函数、总利润函数；

(2) 产量 Q 为多少时，总利润最大？最大利润为多少？

12.【投资时间】某投资总额为 100 万元，在 10 年中每年可获收益 25 万元，年利率为 5%，试求：(1) 该投资的纯收入的贴现值；(2) 回收该项投资的时间.

第4章 微分方程

在研究物理、几何以及其他许多实际问题时，常常要寻求与问题有关的变量之间的函数关系．它是解决问题时的关键，但是，人们往往并不能直接由所给的条件找到函数关系，却比较容易列出表示未知函数及其导数（或微分）与自变量之间关系的等式，然后再从中解得待求的函数关系．这样的等式，称之为微分方程．本章将讨论几种特殊类型的微分方程及其解法，并初步介绍它们在一些实际问题中的应用．

4.1 微分方程的基本概念

4.1.1 实例

📖 **案例1【曲线方程】** 一曲线通过点 $(4,8)$ 且在该曲线上任意点 $M(x,y)$ 处的切线斜率为 $3x^2$，求这条曲线的方程．

解：设所求曲线方程为 $y=f(x)$，由题意有 $\dfrac{\mathrm{d}y}{\mathrm{d}x}=3x^2$，并且 $y\,|_{x=4}=8$，

于是
$$y=\int 3x^2\,\mathrm{d}x=x^3+c \tag{4-1}$$

将 $y\,|_{x=4}=8$ 代入上式，得 $8=64+c$，故 $c=-56$，从而得到所求曲线方程为
$$y=x^3+56 \tag{4-2}$$

📖 **案例2【自由落体运动】** 在真空中，物体由静止状态自由下落，求物体的运动规律．

解：设物体的运动规律为 $s=s(t)$，由导数的物理意义得 $\dfrac{\mathrm{d}^2 s}{\mathrm{d}t^2}=g$（$g$ 为重力加速度），并且 $s\,|_{t=0}=0$，$v\,|_{t=0}=0$，于是

$$v=\frac{\mathrm{d}s}{\mathrm{d}t}=\int g\mathrm{d}t=gt+c_1, \tag{4-3}$$

$$s=\int (gt+c_1)\mathrm{d}t=\frac{1}{2}gt^2+c_1 t+c_2, \tag{4-4}$$

将分 $v\,|_{t=0}=0$，$s\,|_{t=0}=0$ 分别代入式（4-3）和式（4-4），得
$$c_1=c_2=0,$$

从而得到该物体的运动规律 $\qquad s=\dfrac{1}{2}gt^2. \tag{4-5}$

案例1和案例2都是从实际问题出发，利用已知条件，建立起含有未知函数的导数的一个等式，利用积分求出未知函数，我们给这种等式下一个定义．

4.1.2 微分方程的基本概念

💡 概念和公式的引出

在案例 1 中，方程 $\dfrac{\mathrm{d}y}{\mathrm{d}x}=3x^2$ 含有未知函数的导数．一般地凡含有未知函数的导数（或微分）的方程，称为微分方程．未知函数是一元函数的微分方程，称为常微分方程．

注意：在微分方程中，自变量与未知函数可以不出现，但未知函数的导数或微分必须出现．

本章只讨论常微分方程，并将它简称为微分方程．

微分方程的阶　在微分方程中，未知函数的导数或微分的最高阶数称为微分方程的阶．例如，方程 $y'+xy=\mathrm{e}^x$，$2xy'-x\ln x=0$ 都是一阶微分方程，而微分方程 $y''-3y'+2y=x^2$ 是二阶微分方程．

一阶及二阶微分方程的一般形式分别是
$$F(x,y,y')=0,F(x,y,y',y'')=0$$

微分方程的解　若将一个函数代入微分方程中，使该微分方程成为恒等式，那么这个函数就叫做微分方程的解．

例如在案例 1 和案例 2 中 $s=\dfrac{1}{2}gt^2+c_1t+c_2$ 和 $s=\dfrac{1}{2}gt^2$ 都是方程 $\dfrac{\mathrm{d}^2s}{\mathrm{d}t^2}=g$ 的解，$y=x^3+c$ 和 $y=x^3+56$ 都是微分方程 $\dfrac{\mathrm{d}y}{\mathrm{d}x}=3x^2$ 的解．

通解与特解　如果微分方程的解中包含有任意常数，并且独立的任意常数的个数与微分方程的阶数相同，这样的解称为微分方程的通解．不包含任意常数的解，称为微分方程的特解．

例如，函数 $y=x^3+c$ 和 $s=\dfrac{1}{2}gt^2+c_1t+c_2$ 分别是方程 $\dfrac{\mathrm{d}y}{\mathrm{d}x}=3x^2$ 和 $\dfrac{\mathrm{d}^2s}{\mathrm{d}t^2}=g$ 的通解，函数 $y=x^3+56$ 和 $s=\dfrac{1}{2}gt^2$ 分别是方程 $\dfrac{\mathrm{d}y}{\mathrm{d}x}=3x^2$ 和 $\dfrac{\mathrm{d}^2s}{\mathrm{d}t^2}=g$ 的特解．

微分方程的初始条件　通解中用以确定特解的条件叫做微分方程的初始条件．

例如，案例 1 中的初始条件是 $y\big|_{x=4}=8$，案例 2 中的初始条件是 $s\big|_{t=0}=0$，$v\big|_{t=0}=0$.

上面通过案例说明了微分方程的几个基本概念，同时也可以看到，利用微分方程解决实际问题的一般步骤如下：

（1）建立反映实际问题的微分方程；

（2）按实际问题写出初始条件；

（3）由初始条件确定所求的特解．

📖 进一步的练习

练习 1【验证微分方程的解】　验证函数 $y=C_1\cos2x+C_2\sin2x$ 是微分方程 $y''+4y=0$ 的通解，并求满足初始条件 $y\big|_{x=0}=1$，$y'\big|_{x=0}=-1$ 的特解．

解：因为
$$y=C_1\cos2x+C_2\sin2x, \tag{4-6}$$
所以
$$y'=-2C_1\sin2x+2C_2\cos2x, \tag{4-7}$$
$$y''=-4C_1\cos2x-4C_2\sin2x \tag{4-8}$$
将 y，y'，y'' 代入原方程 $y''+4y=0$ 的左端，得

$$-4C_1\cos2x-4C_2\sin2x+4C_1\cos2x+4C_2\sin2x=0$$

故已给函数满足方程 $y''+4y=0$，是它的解，又因为这个解中含有两个独立的任意常数，且等于方程 $y''+4y=0$ 的阶数，因此又是它的通解．

将初始条件分别代入式（4-6）和式（4-7）两式中，得

$$C_1=1, C_2=-\frac{1}{2},$$

所以 $y''+4y=0$ 满足初始条件的特解是

$$y=\cos2x-\frac{1}{2}\sin2x.$$

练习2【运动方程】 设一物体从 A 点出发作直线运动，在任一时刻的速度大小为运动时间的 2 倍．求物体的运动规律（或称运动方程）．

解：首先建立坐标系：取 A 点为坐标原点，物体运动方向为坐标轴的方向，并设物体在时刻 t 到达 M 点，其坐标为 $s(t)$．显然，$s(t)$ 是时间 t 的函数，它表示物体的运动规律，是本题中待求的未知函数，$s(t)$ 的导数 $s'(t)$ 就是物体运动的速度 $v(t)$．

由题意，知 $v(t)=2t$，以及 $s|_{t=0}=0$

因为 $v(t)=s'(t)$，因此，求物体的运动方程已经化成了求解初值问题

$$\begin{cases} s'(t)=2t \\ s|_{t=0}=0 \end{cases}$$

这里的方程 $s'(t)=2t$ 与前面提到的方程 $y'=2x$ 完全相同．积分后，得通解 $s(t)=t^2+C$．再将初始条件代入通解中，得 $C=0$，故初值问题的解为 $s(t)=t^2$．也是本题所求的物体的运动方程．

练习3【列车制动】 列车在直线轨道上以 20 米/秒的速度行驶，制动列车获得负加速度 -0.4 米/秒^2，问开始制动后要经过多长时间才能把列车刹住？在这段时间内列车行驶了多少路程？

解：记列车制动时刻为 $t=0$，设制动后 t（秒）列车行驶了 s（米），由题意知，制动后列车行驶的加速度 $\dfrac{\mathrm{d}s}{\mathrm{d}t^2}=-0.4$ 米/秒^2，即

$$\frac{\mathrm{d}s}{\mathrm{d}t^2}=-0.4$$

初始条件为当 $t=0$ 时，$s=0$，$v=\dfrac{\mathrm{d}s}{\mathrm{d}t}=20$．

将方程 $\dfrac{\mathrm{d}s}{\mathrm{d}t^2}=-0.4$ 两端同时对 t 积分，得速度方程

$$V(t)=\frac{\mathrm{d}s}{\mathrm{d}t}=-0.4t+C_1$$

将 $t=0$，$v=20$ 代入上式，得 $c_1=20$．因此列车刹住时速度为零，在式 $V(t)=-0.4t+20$ 中，令 $V(t)=0$，即 $0=-0.4t+20$，解出得列车从开始制动到完全刹住的时间为

$$t=\frac{20}{0.4}=50（秒）$$

这段时间内列车行驶的路程为 $s=\displaystyle\int_0^{50}(-0.4t+20)\mathrm{d}t=(-0.2t^2+20t)\big|_0^{50}=1500（米）$．

1. 下列等式是微分方程吗？如果是，请指明微分方程的阶数.

(1) $xy'' - 2xy' + \sin x = 0$；

(2) $(x+6y)\,dx = (3x-2y)dy$；

(3) $\left(\dfrac{dx}{dy}\right)^2 = 4$；

(4) $L\dfrac{d^2Q}{dt^2} + R\dfrac{dQ}{dt} + \dfrac{1}{C}Q = 0$；

(5) $y = (\sin x)' - 1$；

(6) $xy''' - 4(y')^2 + x^6 y = 0$.

2. 验证 $y = (C_1 + C_2 x)e^{2x}$ 是微分方程 $y'' - 4y' + 4y = 0$ 的通解，并求出微分方程满足初始条件 $y|_{x=0} = 0$，$y'|_{x=0} = 1$ 的特解.

3. 【曲线方程】设曲线上任意点处 $M(x,y)$ 的切线斜率为 $\cos x$，且曲线过点 $(0,1)$. 求此曲线的方程.

4. 【冷却速率】物体在空气中的冷却速率与物体和空气的温差成正比. 试以微分方程描述这一物理现象（设空气温度为 T_0）.

5. 【运动方程】一物体的运动速度为 $v = 3t$（米/秒），当 $t = 2$ 时物体经过的路程为 9 米，求此物体的运动方程.

6. 【需求函数】设某产品的需求量 Q 是价格 P 的函数，该商品的最大需求量为 1000（即 $P = 0$ 时，$Q = 1000$），已知需求量的变化率（边际需求）为

$$Q'(P) = -1000 \times \ln 3 \times \left(\frac{1}{3}\right)^P$$

求需求量与价格的函数关系 $Q(P)$.

4.2 一阶微分方程

在实际生活中有许多量，它随时间的变化率与它的大小成正比。如放射性元素的衰减率、人口增长率、银行存款利率等，这类问题可以建立一种特殊的微分方程.

一阶微分方程的一般形式是：$F(x, y, y') = 0$ 或 $y' = f(x, y)$.

下面介绍几种常见的一阶微分方程及其解法.

4.2.1 可分离变量的微分方程

📖 **案例 1【人口模型】**　尽管人口的增加或减少是离散的，但在人口数量很大的情况下，作为连续量来处理也能很好地与实际吻合. 英国学者马尔萨斯认为人口的相对增长率为常数，即如果设 t 的人口数为 $x(t)$，则人口增涨速度 $\dfrac{dx}{dt}$ 与人口总量 $x(t)$ 成正比，从而建立了 Malthus 人口模型

$$\begin{cases} \dfrac{dx}{dt} = ax \\ x(t_0) = x_0 \end{cases}\text{，其中 } a > 0.$$

💡 **概念和公式的引出**

形如

$$\frac{dy}{dx} = f(x)g(y) \tag{4-9}$$

的一阶微分方程称为可分离变量的微分方程. 之所以称这个方程为可分离变量的微分方程，

是因为它可化成

$$\frac{\mathrm{d}y}{g(y)}=f(x)\mathrm{d}x \qquad (4\text{-}10)$$

的形式，也就是说，可以把微分方程中不同的两个变量分离在等式的两边．

将式（4-10）两端同时积分，得微分方程式（4-9）的通解

$$\int \frac{\mathrm{d}y}{g(y)}=\int f(x)\mathrm{d}x$$

设 $G(y)$、$F(y)$ 分别为 $\frac{1}{g(y)}$、$f(x)$ 的一个原函数，则得微分方程 $\frac{\mathrm{d}y}{\mathrm{d}x}=f(x)g(y)$ 的通解为

$$G(y)=F(x)+c.$$

进一步的练习

练习 1【求微分方程通解】 求微分方程 $\frac{\mathrm{d}y}{\mathrm{d}x}=3x^2y$ 的通解．

解：分离变量，得
$$\frac{1}{y}\mathrm{d}y=3x^2\mathrm{d}x,$$

两边分别积分
$$\int \frac{1}{y}\mathrm{d}y=\int 3x^2\mathrm{d}x,$$

得
$$\ln|y|=x^3+C_1,$$

从而
$$|y|=\mathrm{e}^{x^3+C_1}=\mathrm{e}^{C_1}\mathrm{e}^{x^3},$$

即
$$y=\pm\mathrm{e}^{C_1}\mathrm{e}^{x^3}$$

因 $\pm\mathrm{e}^{C_1}$ 仍为任意常数，把它记作 C，故原方程的通解为 $y=C\mathrm{e}^{x^3}$．

练习 2【曲线方程】 已知一曲线过点 $(1,1)$，且曲线上任一点之切线垂直于此点与原点的连线 OM，求此曲线的方程．

解：设所求曲线方程为 $y=f(x)$，α 为曲线在点 $M(x,y)$ 处切线的倾斜角，β 是直线 OM 的倾斜角，如图 4-1 所示：

根据导数的几何意义，得切线的斜率为

$$\tan\alpha=\frac{\mathrm{d}y}{\mathrm{d}x}$$

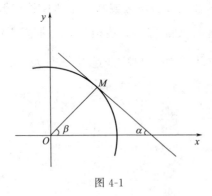

图 4-1

又直线 OM 的斜率为

$$\tan\beta=\frac{y}{x}$$

由于切线与直线 OM 垂直，所以

$$\frac{\mathrm{d}y}{\mathrm{d}x} \cdot \frac{y}{x} = -1$$

得方程

$$\frac{\mathrm{d}y}{\mathrm{d}x} = -\frac{x}{y}$$

这是可分离变量的微分方程 $y\mathrm{d}y = -x\mathrm{d}x$

两边积分，得

$$\frac{1}{2}y^2 = -\frac{1}{2}x^2 + C_1$$

即

$$x^2 + y^2 = 2C_1 = C$$

这是微分方程的通解，把初始条件 $y|_{x=1} = 1$ 代入上式，得 $C = 2$，于是所求的曲线方程为 $x^2 + y^2 = 2$.

练习 3【国民生产总值】 1999 年我国的国民生产总值（GDP）为 80423 亿元，如果能保持每年 8% 的相对增长率，问 2010 年我国的 GDP 是多少？

解：（1）建立微分方程

记 $t = 0$ 为 1999 年，并设第 t 年我国的 GDP 为 $p(t)$. 由题意知，从 1999 年起，$p(t)$ 的相对增长率为 8%，即

$$\frac{\frac{\mathrm{d}P(t)}{\mathrm{d}t}}{P(t)} = 8\%, \text{且 } P(0) = 80423.$$

（2）求通解

分离变量得

$$\frac{\mathrm{d}P(t)}{P(t)} = 8\%\mathrm{d}t,$$

方程两边同时积分，得 $\quad \ln P(t) = 0.08t + \ln C,$

即通解为 $\quad P(t) = C \cdot \mathrm{e}^{0.08t}.$

（3）求特解

将 $P(0) = 80423$ 代入通解，得 $C = 80423$，所以从 1999 年起第 t 年我国的 GDP 为

$$P(t) = 80423\mathrm{e}^{0.08t},$$

将 $t = 2010 - 1999 = 11$ 代入上式，得 2010 年我国的 GDP 的预计值为

$$P(t) = 80423\mathrm{e}^{0.08 \times 11} = 193891.787 \text{（亿元）}.$$

练习 4【环境污染问题】 某水塘原有 50000 吨清水（不含有害杂质），从时间 $t = 0$ 开始，含有害杂质 5% 的浊水流入该水塘，流入速度为 2 吨/分在塘中充分混合（不考虑沉淀）后又以 2 吨/分的速度流出水塘．问经过多长时间后水塘中有害物质的浓度达到 4%？

解：（1）建立微分方程

设在时刻 t 塘中的有害物质的含量为 $Q(t)$，此时塘中有害物质的浓度为 $\dfrac{Q(t)}{50000}$，于是有

$$\frac{\mathrm{d}Q}{\mathrm{d}t} = 单位时间内有害物质的变化量$$

$$= （单位时间内流进塘内有害物质的量）-（单位时间内流出塘的有害物质的量）$$

即
$$\frac{\mathrm{d}Q}{\mathrm{d}t} = \frac{5}{100} \times 2 - \frac{Q(t)}{50000} \times 2 = \frac{1}{10} - \frac{Q(t)}{25000},$$

初始条件为 $Q(0) = 0$.

(2) 求通解

上式是可分离变量的微分方程，分离变量得
$$\frac{\mathrm{d}Q}{2500 - Q(t)} = \frac{1}{25000}\mathrm{d}t,$$

积分，得
$$Q(t) - 2500 = C \cdot \mathrm{e}^{-\frac{t}{25000}}$$

即
$$Q(t) = 2500 + C \cdot \mathrm{e}^{-\frac{t}{25000}}.$$

(3) 求特解

由初始条件 $t = 0$，$Q = 0$ 得 $C = -2500$，故
$$Q(t) = 2500(1 - \mathrm{e}^{-\frac{t}{25000}}).$$

当水塘中的浓度达到 4% 时，应有 $Q = 50000 \times 4\% = 2000$（吨），这时 t 应满足 $2000 = 2500(1 - \mathrm{e}^{-\frac{t}{25000}})$，由此解得 $t \approx 670.6$（分），即经过 670.6 分后，塘中有害物质浓度达到 4%. 又由于 $\lim\limits_{t \to \infty} Q(t) = 2500$，塘中有害物质的最终浓度为 $\frac{2500}{50000} = 5\%$.

练习 5【刑事侦查中死亡时间的鉴定】 牛顿冷却定律指出：物体在空气中冷却的速度与物体温度和空气温度之差成正比，现将牛顿冷却定律应用于刑事侦查中死亡时间的鉴定. 当一次谋杀发生后，尸体的温度从原来的 $37℃$ 按照牛顿冷却定律开始下降，如果 2 个小时后尸体温度变为 $35℃$，并且假定周围空气的温度保持 $20℃$ 不变，试求尸体温度 H 随时间 t 的变化规律. 又如果尸体发现时温度是 $30℃$，时间是下午 4 点整，那么谋杀是何时发生的？

解：(1) 建立微分方程

设尸体的温度为 $H(t)$（t 从谋杀时计），根据题意，尸体的冷却速度 $\frac{\mathrm{d}H}{\mathrm{d}t}$ 与尸体温度 H 和空气温度之差成正比，即 $\frac{\mathrm{d}H}{\mathrm{d}t} = -k(H - 20)$，其中 $k > 0$ 是常数，

初始条件为 $H(0) = 37$.

(2) 求通解

分离变量得
$$\frac{\mathrm{d}H}{H - 20} = -kt$$

两端积分，得 $H - 20 = C \cdot \mathrm{e}^{-kt}$.

(3) 求特解

将初始条件 $H(0) = 37$ 代入通解，得 $C = 17$. 于是满足该问题的特解为
$$H = 20 + 17\mathrm{e}^{-kt}.$$

为求出 k 值，根据两小时后尸体温度为 $35℃$ 这一条件，有
$$35 = 20 + 17\mathrm{e}^{-k \times 2}$$

求得 $k \approx 0.063$，于是尸体的温度函数为
$$H = 20 + 17\mathrm{e}^{-0.063t}.$$

将 $H = 30$ 代入上式有 $\frac{10}{17} = \mathrm{e}^{-0.063t}$，即得 $t \approx 8.4$（小时）. 于是，可以判断谋杀发生在下午 4 点尸体被发现前的 8.4 小时，即 8 小时 24 分钟，所以谋杀发生在上午 7 点 36 分.

练习6【销售量】 在商品销售预测中，t 时刻的销售量用 $x=x(t)$ 表示，如果商品销售的增长速度 $\dfrac{\mathrm{d}x(t)}{\mathrm{d}t}$ 与销售量 x 和销售接近饱和水平程度 $\alpha-x$ 之积（α 为饱和水平）成正比，求销售量函数 $x(t)$.

解：由题意，可建立微分方程

$$\frac{\mathrm{d}x}{\mathrm{d}t}=kx(\alpha-x)$$

其中 k 为比例系数，且 $k>0$.

将以上微分方程分离变量，得

$$\frac{\mathrm{d}x}{x(\alpha-x)}=k\,\mathrm{d}t$$

即

$$\left(\frac{1}{x}+\frac{1}{a-x}\right)\mathrm{d}x=ak\,\mathrm{d}t$$

两边积分，得

$$\ln x-\ln(a-x)=akt+\ln C_1$$

化简得

$$\frac{x}{\alpha-x}=C_1\mathrm{e}^{akt},$$

从而得通解为

$$x(t)=\frac{aC_1\mathrm{e}^{akt}}{1+C_1\mathrm{e}^{akt}}=\frac{a}{1+C\mathrm{e}^{-akt}}.$$

其中 $C=\dfrac{1}{C_1}$ 为任意常数，可由初始条件确定.

4.2.2 一阶线性微分方程

◆ **案例2【溶液的混合】** 一容器内盛有 50 升的盐水溶液，其中含有 10 克的盐，现将每升含盐 2 克的溶液以每分钟 5 升的速度注入容器，并不断进行搅拌，使混合液迅速达到均匀，同时混合液以 3 升/分的速度流出溶液，问在任一时刻 t 容器中的含盐量是多少？

解：建立微分方程

设 t 时刻容器中含盐量为 x（克），容器中含盐量的变化率为

$$\frac{\mathrm{d}x}{\mathrm{d}t}=盐流入容器的速度-盐流出容器的速度 \tag{4-11}$$

其中，盐流入容器的速度 $=2(克/升)\times5(升/分)=10(克/分)$，

$$盐流出容器的速度=\frac{x}{50+2t}(克/升)\times3(升/分)=\frac{3x}{50+2t}(克/分)$$

由式（4-11）可得

$$\frac{\mathrm{d}x}{\mathrm{d}t}=10-\frac{3x}{50+2t}$$

即

$$\frac{\mathrm{d}x}{\mathrm{d}t}+\frac{3}{50+2t}x=10$$

由题意知初始条件为 $x\big|_{t=0}=10$. 此问题的解就是上述微分方程满足初始条件的特解.

此微分方程的特点是：未知函数 x 及其导数 $\dfrac{\mathrm{d}x}{\mathrm{d}t}$ 都是一次的.

💡 **概念和公式的引出**

形如

$$\frac{\mathrm{d}y}{\mathrm{d}x}+P(x)y=Q(x) \tag{4-12}$$

的微分方程称为一阶线性微分方程，其中 $P(x)$、$Q(x)$ 都是自变量 x 的函数，$Q(x)$ 叫做自由项，所谓"线性"指的是方程（4-12）中的未知函数 y 及其导数 y' 都是一次式.

如果 $Q(x) \equiv 0$，则方程（4-12）变成

$$\frac{dy}{dx} + P(x)y = 0 \tag{4-13}$$

方程（4-13）称为方程（4-12）所对应的一阶线性齐次微分方程.

如果 $Q(x) \neq 0$，则称方程（4-12）为一阶线性非齐次微分方程.

例如，方程 $y' + \dfrac{1}{x}y = e^x$ 是一阶线性非齐次方程，它对应的齐次方程为

$$y' + \frac{1}{x}y = 0.$$

一阶线性齐次微分方程（4-13）的解法

它是可分离变量的分方程，将其分离变量，得

$$\frac{dy}{y} = -P(x)dx,$$

两端积分，得

$$\int \frac{dy}{y} = -\int P(x)dx$$

并把任意常数写成 $\ln C$ 的形式，得

$$\ln y = -\int P(x)dx + \ln C$$

整理化简后即得线性齐次方程（4-13）的解

$$y = Ce^{-\int P(x)dx} \tag{4-14}$$

一阶线性非齐次方程（4-12）的解法

由于一阶线性非齐次微分方程（4-12）和一阶线性齐次微分方程（4-13）的左端是一样的，只是右端一个为函数 $Q(x)$，而另一个为 0. 于是设想方程（4-13）的通解为式（4-14）中 C 为 x 的函数时，即

$$y = C(x)e^{-\int P(x)dx}, \tag{4-15}$$

可能是非齐次微分方程（4-12）的解，其中 $C(x)$ 需要待定.

将 $y = C(x)e^{-\int P(x)dx}$ 代入方程（4-12），得

$$\left[C(x)e^{-\int P(x)dx}\right]' + P(x)C(x)e^{-\int P(x)dx} = Q(x)$$

整理得

$$C'(x) = Q(x)e^{\int P(x)dx},$$

两边积分，得

$$C(x) = \int Q(x)e^{\int P(x)dx}dx + C$$

将上式代入式（4-15）中，得方程（4-12）的通解为

$$y = e^{-\int P(x)dx}\left[\int Q(x)e^{\int P(x)dx}dx + C\right] \tag{4-16}$$

将通解公式（4-16）改写成两项之和为

$$y = Ce^{-\int P(x)dx} + e^{-\int P(x)dx} \int Q(x)e^{\int P(x)dx} dx \qquad (4\text{-}17)$$

↑ 齐次方程的通解　　　　　　　↑ 非齐次方程的通解

式（4-17）右端第一项是对应的齐次方程的（4-13）的通解，第二项是非齐次线性方程（4-13）的一个特解．由此可知一阶非齐次线性微分方程的通解等于对应的齐次方程的通解与非齐次线性方程的一个特解之和．

上述讨论中所用的方法，是将方程（4-12）所对应的线性齐次方程（4-13）的解中的任意常数 C 变易为待定函数，然后求出线性非齐次方程（4-12）的通解．这种方法称为常数变易法．

📖 进一步的练习

练习7【求通解】 求微分方程 $2y' - y = e^x$ 的通解．

解法一：使用常数变易法求解．

将所给的方程改写成下列形式：

$$y' - \frac{1}{2}y = \frac{1}{2}e^x$$

这是一个线性非齐次方程，不难求出与它对应的线性齐次方程的通解为

$$y = Ce^{\frac{x}{2}}$$

设所给非齐次方程的解为 $y = C(x)e^{\frac{x}{2}}$，将 y 及 y' 代入该方程，得

$$C'(x)e^{\frac{x}{2}} = \frac{1}{2}e^x,$$

于是，有

$$C(x) = \int \frac{1}{2}e^{\frac{x}{2}}dx = e^{\frac{x}{2}} + C,$$

因此，原方程的通解为 $\qquad y = C(x)e^{\frac{x}{2}} = Ce^{\frac{x}{2}} + e^x.$

解法二：运用通解公式求解．

将所给方程改写成下列形式：

$$y' - \frac{1}{2}y = \frac{1}{2}e^x,$$

则 $P(x) = -\dfrac{1}{2}$，$Q(x) = \dfrac{1}{2}e^x$，

算出

$$-\int P(x)dx = \int \frac{1}{2}dx = \frac{x}{2}, e^{-\int P(x)dx} = e^{\frac{x}{2}}$$

$$\int Q(x)e^{\int P(x)dx}dx = \int \frac{1}{2}e^x e^{-\frac{x}{2}}dx = e^{\frac{x}{2}},$$

代入通解公式，得原方程的通解为 $y = (C + e^{\frac{x}{2}})e^{\frac{x}{2}} = Ce^{\frac{x}{2}} + e^x.$

练习2【求特解】 求微分方程

$$\frac{dy}{dx} - \frac{2}{x+1} \cdot y = (x+1)^3$$

满足初始条件：$y|_{x=0} = 1$ 的特解．

解：先求通解，所给是一阶线性非齐次方程，先求对应的线性齐次方程

$$\frac{dy}{dx} - \frac{2}{x+1} \cdot y = 0$$

的通解，移项并分离变量，得

$$\frac{dy}{y} = \frac{2}{x+1}dx,$$

两端积分，得 $\qquad \ln y = 2\ln(x+1) + \ln c$

化简后，得 $\qquad y = C(x+1)^2.$

再用常数变易法，把上式中的 C 换成待定函数 $C(x)$，即设原线性非齐次方程的解为

$$y = C(x) \cdot (x+1)^2,$$

则 $\qquad y' = C'(x) \cdot (x+1)^2 + 2C(x) \cdot (x+1),$

把它们代入原方程，得

$$C'(x) \cdot (x+1)^2 + 2C(x) \cdot (x+1) - 2C(x) \cdot (x+1) = (x+1)^3,$$

化简，得 $\qquad C'(x) = x+1,$

两边积分，得

$$C(x) = \frac{1}{2}x^2 + x + C,$$

代入 $y = C(x) \cdot (x+1)^2$，即得所求方程的通解为

$$y = (\frac{1}{2}x^2 + x + C)(x+1)^2 。$$

下面求满足所给初始条件的特解，将所给初始条件：$y|_{x=0} = 1$ 代入上面的通解中，得

$$C = 1,$$

故所求特解为 $\qquad y = (\frac{1}{2}x^2 + x + 1)(x+1)^2.$

请同学们自己用公式求解.

练习 3【降落伞下落速度】 设跳伞队员从跳伞塔下落，所受空气阻力与速度成正比，降落伞离开塔顶（$t=0$）时的速度为零，求跳伞队员下落速度与时间 t 的函数关系.

解：设跳伞队员下落速度为 $v(t)$，它在下落过程中同时受到重力 f 与阻力 R 的作用.重力 $f = mg$，方向与 v 一致，阻力 $R = kv$（$k>0$ 为常数），方向与 v 相反，从而降落伞所受外力的合力为 $F = f - R = mg - kv$，由牛顿第二定律 $F = ma$，即

$$m\frac{dv}{dt} = mg - kv$$

变形为 $\qquad \frac{dv}{dt} + \frac{k}{m}v = g$

它为一阶线性非齐次微分方程，由公式 $y = e^{-\int P(x)dx}\left[\int Q(x)e^{\int P(x)dx}dx + C\right]$，得通解为

$$v = e^{-\int \frac{k}{m}dt}\left[\int g e^{\int \frac{k}{m}dt}dt + C\right]$$

化简求得通解为 $\qquad v = \frac{mg}{k} + C \cdot e^{-\frac{k}{m}t}$

将初始条件 $v|_{t=0} = 0$ 代入上式，得 $C = -\frac{mg}{k}$，故所求速度与时间的函数关系为

$$v = \frac{mg}{k}(1 - e^{-\frac{k}{m}t}).$$

由式 $v=\dfrac{mg}{k}(1-\mathrm{e}^{-\frac{k}{m}t})$ 可见，当 t 很大时 $\mathrm{e}^{-\frac{k}{m}t}$ 很小，此时 v 接近 $\dfrac{mg}{k}$. 由此可见，跳伞运动员跳伞时是加速运动，以后逐渐趋于匀速运动，其速度为 $v=\dfrac{mg}{k}$.

练习 4【电机温度】　一电动机运转后，每秒钟温度升高 $1℃$，设室内温度恒为 $15℃$，电动机温度的冷却速率和电动机与室内温差成正比，求电动机的温度与时间的函数关系.

解：设电动机运转 t（秒）后的温度（单位为 $℃$）为 $T=T(t)$，当时间从 t（单位为秒）增加 $\mathrm{d}t$ 时，电动机的温度也相应地从 $T(t)$ 增加到 $T(t)+\mathrm{d}T$.

由于在 $\mathrm{d}t$ 时间内，电动机温度升高了 $\mathrm{d}t$，同时受室温的影响又下降了 $K(T-15)\mathrm{d}t$，因此，电动机在 $\mathrm{d}t$ 时间内温度实际改变量为

$$\mathrm{d}T=\mathrm{d}t-K(T-15)\mathrm{d}t,$$

即
$$\frac{\mathrm{d}T}{\mathrm{d}t}+KT=1+15K \tag{4-18}$$

由题设可知，初始条件为 $T\mid_{t=0}=15$

方程（4-18）是一阶线性非齐次微分方程，由一阶线性非齐次微分方程的通解公式，得

$$T(t)=\mathrm{e}^{-\int K\mathrm{d}t}\Big[\int(1+15K)\mathrm{e}^{\int K\mathrm{d}t}\,\mathrm{d}t+C\Big]$$

$$=\mathrm{e}^{-Kt}\Big[\frac{(1+15K)\mathrm{e}^{Kt}}{K}+C\Big]$$

将初始条件 $T\mid_{t=0}=15$ 代入上式，得　$C=-\dfrac{1}{K}$

故经时间 t 后，电动机的实际温度为

$$T(t)=15+\frac{1}{K}(1-\mathrm{e}^{-Kt}).$$

由上式可见，电动机运转较长时间后，温度将稳定于

$$T=15+\frac{1}{K}.$$

练习 5【RL 电路】　在一个包含有电阻 $R(\Omega)$，电感 $H(\mathrm{L})$ 和电源 $E(\mathrm{V})$ 的 RL 串联回路中，由回路电流定律，知电流（单位：A）满足以下微分方程

$$\frac{\mathrm{d}I}{\mathrm{d}t}+\frac{R}{L}I=\frac{E}{L}$$

若电路中电源 $3\sin 2t$（V），电阻 10Ω，电感 $0.5H$ 和初始电流 6A，求在任意时刻 t 电流中的电流.

解：（1）建立微分方程

这里 $E=3\sin 2t$，$R=10$，$L=0.5$，将其代入 RL 回路中电流应满足的微分方程，得

$$\frac{\mathrm{d}I}{\mathrm{d}t}+20I=6\sin 2t$$

初始条件为 $I\mid_{t=0}=6$.

（2）求通解

此方程是一阶线性微分方程，应用公式 $y=\mathrm{e}^{-\int P(x)\mathrm{d}x}\Big[\int Q(x)\mathrm{e}^{\int P(x)\mathrm{d}x}\,\mathrm{d}x+C\Big]$，得通解

$$I=\mathrm{e}^{-\int 20\mathrm{d}t}\Big(\int(6\sin 2t)\mathrm{e}^{\int 20\mathrm{d}t}\,\mathrm{d}t+C\Big)$$

$$= e^{-20t} \left(\int (6\sin 2t) e^{20t} \, dt + C \right)$$

$$= C \cdot e^{-20t} + \frac{30}{101}\sin 2t - \frac{3}{101}\cos 2t.$$

（3）求特解

将 $t=0$ 时，$I=6$ 代入通解，得

$$6 = C \cdot e^{-20 \times 0} + \frac{30}{101}\sin(2 \times 0) - \frac{3}{101}\cos(2 \times 0)$$

解之，得

$$C = \frac{609}{101},$$

所以，在任意时刻 t 的电流为

$$I = \frac{609}{101}e^{-20t} + \frac{30}{101}\sin 2t - \frac{3}{101}\cos 2t$$

练习 6【RC 电路】　在一个含有电阻 R，电容 C 和电源 E 的 RC 串联回路中，由回路电流定律，知电容上的电量 q 满足以下微分方程

$$\frac{dq}{dt} + \frac{1}{RC} \cdot q = \frac{E}{R}$$

若回路中有电源 $400\cos 2t$(V)，电阻 100Ω，电容 0.01F，电容上没有初始电量. 求在任意时刻 t 电路中的电流.

解：（1）建立微分方程

先求电量 q，这里 $E = 400\cos 2t$，$R = 100$，$C = 0.01$，于是将其代入 RC 回路中电量 q 应满足的微分方程得

$$\frac{dq}{dt} + q = 4\cos 2t,$$

初始条件为 $q \mid _{t=0} = 0$，

（2）求通解

此方程是一阶线性微分方程，应用公式 $y = e^{-\int P(x)dx} \left[\int Q(x) e^{\int P(x)dx} \, dx + C \right]$，得

$$q = C \cdot e^{-t} + \frac{8}{5}\sin 2t + \frac{4}{5}\cos 2t$$

将 $t=0$，$q=0$ 代入上式，得

$$0 = C \cdot e^{-0} + \frac{8}{5}\sin(2 \times 0) + \frac{4}{5}\cos(2 \times 0)$$

解之，得 $C = -\frac{4}{5}$.

于是

$$q = -\frac{4}{5}e^{-t} + \frac{8}{5}\sin 2t + \frac{4}{5}\cos 2t$$

再由电流与电量的关系 $I = \dfrac{dq}{dt}$，得

$$I = \frac{4}{5}e^{-t} + \frac{16}{5}\cos 2t - \frac{8}{5}\sin 2t.$$

小结：可分离变量微分方程和一阶线性微分方程的解法如表 4-1 所示：

表 4-1

微分方程类型		方　　程	解　　法
可分离变量方程		$\dfrac{\mathrm{d}y}{\mathrm{d}x}=f(x)g(y)$	将不同变量分离到方程两边,然后积分 $\displaystyle\int\dfrac{\mathrm{d}y}{g(y)}=\int f(x)\mathrm{d}x$
一阶线性方程	齐次方程	$\dfrac{\mathrm{d}y}{\mathrm{d}x}+P(x)y=0$	分离变量,两边积分或用公式 $y=C\mathrm{e}^{-\int P(x)\mathrm{d}x}$
	非齐次方程	$\dfrac{\mathrm{d}y}{\mathrm{d}x}+P(x)y=Q(x)$	用常数变易法或公式法 $y=\mathrm{e}^{-\int P(x)\mathrm{d}x}\left[\int Q(x)\mathrm{e}^{\int P(x)\mathrm{d}x}\mathrm{d}x+C\right]$

☆ 习题 4.2

1. 求解下列微分方程:

(1) $\dfrac{\mathrm{d}y}{\mathrm{d}x}=2xy$;

(2) $\mathrm{d}x+xy\mathrm{d}y=y^2\mathrm{d}x+y\mathrm{d}y$;

(3) $y'-2y=0$, $y\mid_{x=0}=2$;

(4) $xy'-y\ln y=0$, $y\mid_{x=1}=\mathrm{e}$.

2. 求解下列微分方程:

(1) $\dfrac{\mathrm{d}y}{\mathrm{d}x}+y=\mathrm{e}^{-x}$;

(2) $y'+y\cos x=\mathrm{e}^{-\sin x}$;

(3) $y^2\mathrm{d}x+(x-2xy-y^2)\mathrm{d}y=0$;

(4) $(x^2+1)y'+2xy-\cos x=0$.

3. 【曲线方程】已知一曲线在点 (x,y) 处的切线斜率等于 $2x+y$,并且该曲线通过原点,求此曲线的方程.

4. 【账户余额】某银行账户以当年余额的 2% 的年利率连续每年赢取利息. 假设最初存入的数额为 M_0,并且之后没有其他数额存入和支出,求账户中的余额 y 与时间 t(年)的函数关系.

5. 【人年均收入】据统计,2002 年北京市人均年收入为 12464 元. 中国政府提出到 2020 年,中国的新小康目标为人均年收入为 3000 美元. 若按 1 美元=7.3 元(人民币)计,北京人均年收入每年应保持多高的相对增长率才能实现新小康.

6. 【冷却问题】将一个加热到 100℃ 的物体,放到 0℃ 的恒温环境中冷却,若 50 分时物体的温度是 50℃,求物体温度的变化规律.

7. 【物体下滑】一质量为 m 的物体沿倾角为 α 的斜面由静止开始下滑,摩擦力为 $kv+lp$,其中 P 为物体对斜面的正压力,v 为运动速度,k,l 为正常数. 试求物体下滑速度的变化规律.

8. 【RL 电路】在一个 RL 电路中,电阻为 12Ω,感应系数为 $4H$,如果电池提供 $60\mathrm{V}$ 的电压,当 $t=0$ 时开关闭合上,电流初值为 $I(0)=0$. 求:

(1) $I(t)$;

(2) 1 秒后的电流.

9. 【RC 回路】一个 RC 回路中有电源 $100\mathrm{V}$,电阻 5Ω,电容 $0.02\mathrm{F}$ 和最初有 $5\mathrm{C}$ 电量的电容,求在任意时刻 t 电容上的电量和电路中的电流.

10. 【需求函数】已知某种商品的需求量 Q 对价格 P 的弹性为 $E_\mathrm{d}=\dfrac{EQ}{EP}=-3P$. 该商品的最大需求量为 600(即 $P=0$ 时,$Q=600$). 求需求函数 $Q(P)$.

【阅读材料】

马尔萨斯人口模型

人口问题是当今世界人们最关心的问题之一，有效控制人口增长，分析与预测人口增长过程，有利于制定正确的人口政策。

世界人口在 1000 年前为 2.75 亿，1830 年达到 10 亿，1930 年是 20 亿，1960 年是 30 亿，1975 年是 40 亿，1987 年突破 50 亿。

影响人口增长的因素很多，如人口基数、性别比、经济发展水平、天灾人祸等，在建立人口的数学模型时，必须简化问题，抓住主要矛盾，由于人口总数很大，可近似地认为人口总数 N 是时间 t 的连续可微变量。

18 世纪末，英国人 Malthus 在美国任牧师期间，查看了当地的教堂 100 多年的人口统计资料，他在 1789 年发表的《人口理论》一书中，提出了著名的 Malthus 人口模型。

假设：人口总数的变化是封闭的（无迁入及迁出），个体具有相同的生殖能力及死亡率，人口在自然增长过程中相对增长率是一个常数，记为 r（称为生命系数），这一增长率等于出生率减去死亡率。

设 t 时刻人口总数为 $N(t)$，则在上述假设下，$N(t)$ 满足微分方程

$$\frac{dN}{dt} = rN$$

当 $t = t_0$ 时，$N = N_0$，此方程的通解是 $N(t) = N_0 e^{r(t-t_0)}$。

当 $r > 0$ 时，$\lim\limits_{t \to +\infty} N(t) = +\infty$。如果将 t 年以一年或十年为单位分散研究，人口数是按照以 e^r 为公式的等比级数增长的，不符合实际，不过，用 1700~1961 年间的世界人口的统计数据来检验这一公式，可以发现，由此模型计算的人口总数与这段时期人口总数的实际数据相当吻合，1961 年以后的人口状况，用此模型就不准确。

上述情况也就说明在人口总数不大、生存空间和自然资源都充裕的条件下，Malthus 理论是符合实际情形的，用于美国 1790~1860 年人口来计算，其误差不超过 10%；也就是说，当自然资源和环境条件不能容许人口增长时，必须建立新的人口数学模型。

【本章小结】

一、基本概念

本章主要讲述了微分方程的基本概念；几种特殊类型的微分方程的解法，微分方程的简单应用举例。

（1）微分方程　含有未知函数的导数或微分的方程。

（2）常微分方程　未知函数是一元函数的微分方程。

（3）微分方程的阶　在微分方程中，未知函数的导数或微分的最高阶数。

（4）微分方程的解　若将一函数代入微分方程中，使该方程成为恒等式，那么该函数就叫微分方程的解。

（5）通解与特解　如果微分方程的解中包含有任意常数，并且独立的任意常数的个数与微分方程的解数相同，这样的解称为微分方程的通解。不包含任意常数的解，称为微分方程的特解。

（6）微分方程的初始条件　通解中用以确定特解的条件叫做微分方程的初始条件。

二、基本知识

(1) 形如 $\dfrac{\mathrm{d}y}{\mathrm{d}x}=f(x)$ 的微分方程可直接积分.

(2) 可分离变量的微分方程 $\dfrac{\mathrm{d}y}{\mathrm{d}x}=f(x)g(y)$，将不同变量分离到方程两边，然后积分

$$\int \frac{\mathrm{d}y}{g(y)}=\int f(x)\mathrm{d}x$$

得到方程通解为

$$G(y)=F(x)+C.$$

其中设 $G(y)$、$F(y)$ 分别为 $\dfrac{1}{g(y)}$、$f(x)$ 的一个原函数.

(3) 一阶线性齐次微分方程 $\dfrac{\mathrm{d}y}{\mathrm{d}x}+p(x)y=0$，采用变量分离法.

(4) 一阶线性非齐次微分方程 $\dfrac{\mathrm{d}y}{\mathrm{d}x}+P(x)y=Q(x)$.

方法一：采用常数变易法

① 先求对应的齐次方程的通解 $y=C\cdot \mathrm{e}^{-\int P(x)\mathrm{d}x}$；

② 将 C 变为函数，把 $y=C\cdot \mathrm{e}^{-\int P(x)\mathrm{d}x}$ 代入原方程，求得 $C(x)$；

③ 将 y 中的 C 换成 $C(x)$，即得其通解.

方法二：找出相应的 $P(x)$，$Q(x)$，直接代入公式

$$y=\mathrm{e}^{-\int P(x)\mathrm{d}x}\left[\int Q(x)\mathrm{e}^{\int P(x)\mathrm{d}x}\mathrm{d}x+C\right]$$

三、基本方法

分析实际问题建立相应微分方程的方法、分离变量法、常数变易法、公式法.

本章从几何、力学、机械学、电学、经济学等方面的实例说明了微分方程的应用，初步了解了利用微分方程求解实际问题的方法和步骤. 微分方程的应用主要是列微分方程解决实际问题. 列微分方程首先要有正确的思维方法，善于把所给的具体问题变成一个数学问题（建立数学模型）；其次是能把问题中的关系联系起来，找到沟通这些关系的媒介与桥梁，特别要找到函数的变化率与未知函数的联系.

复习题 4

一、选择题

1. 微分方程 $y'^2+y'y''^3+xy^4=0$ 的阶数是（　　　）.

A. 1 　　　　　　 B. 2 　　　　　　 C. 3 　　　　　　 D. 4

2. 下列函数中，可以是微分方程 $y''+y=0$ 的解的函数是（　　　）.

A. $y=\cos x$ 　　　 B. $y=x$ 　　　 C. $y=\sin x$ 　　　 D. $y=\mathrm{e}^x$

3. 下列方程是一阶线性方程的是（　　　）.

A. $(y-3)\ln x\mathrm{d}x-x\mathrm{d}y=0$ 　　　　　　 B. $\dfrac{\mathrm{d}y}{\mathrm{d}x}=\dfrac{y^2}{1-2xy}$

C. $xy'=y^2+x^2\sin x$ 　　　　　　 D. $y''+y'-2y=0$

4. 曲线族 $y=C_1e^x+C_2$ 中满足 $y(0)=1$，$y'(0)=-2$ 的曲线方程为（　　）．

A. $y=-2c^x+1$　　　　B. $y=3e^x-2$　　　　C. $y=-2e^x+3$

5. 方程 $y'+2y=0$ 的通解是（　　）．

A. $y=Ce^x$　　　　　　B. $y=Ce^{-2x}$　　　　C. $y=e^{-2x}+C$

二、计算题

1. 求下列微分方程的通解：

（1）$\dfrac{dy}{dx}=\dfrac{xy}{1+x^2}$；　　　　　　　　（2）$y'+y=\cos x$；

（3）$y'+y=e^{-x}$；　　　　　　　　（4）$y'=e^{x-2y}$．

2. 求下列微分方程满足所给初始条件的特解：

（1）$\cos y\sin x\,dx-\cos x\sin y\,dy=0$，$y\,|_{x=0}=\dfrac{\pi}{3}$；

（2）$xy'-2y=x^3\cos x$，$y\,|_{x=\frac{\pi}{2}}=0$

三、应用题

1.【曲线方程】已知一平面曲线上任一点的切线斜率等于该点横坐标的 2 倍，且该曲线过原点．求该曲线方程．

2.【运动方程】设有一质量为 m 的质点作直线运动，从速度等于零的时刻起，有一个与运动方向一致、大小与时间成正比（比例系数为 k_1）的力作用于它，此外还受到一与速度成正比（比例系数为 k_2）的阻力作用．求质点运动的速度与时间的函数关系．

3.【RL 电路】．设有一个由电阻 $R=10\Omega$、电感 $L=2H$ 和电源电压 $E=20\sin5t$（V）串联组成的电路．开关 K 合上后，电路中有电流通过．求电流 I 与时间 t 的函数．

4.【马尔萨斯人口模型】如果设时刻 t 世界人口总数为 $x(t)$，并假设人口的相对增长率为 $k>0$，则 Malthus 人口模型为 $\dfrac{dx}{dt}=kx$ 且 $x(0)=x_0$，求时刻 t 世界人口总数 $x(t)$．

5.【经济】某商品的需求量 Q 对价格 P 的弹性为 $-P\ln3$，若该商品的最大需求量为 1200（即 $P=0$，$Q=1200$），P 的单位为元，Q 的单位为千克．

（1）求需求量 Q 与价格 P 的函数关系；

（2）求当价格为 1 元时，市场对该商品的需求量；

（3）当 $P\to+\infty$ 时，需求量的变化趋势如何？

6.【需求函数】已知某商品的需求价格弹性为 $\dfrac{EQ}{EP}=-P(\ln P+1)$，且当 $P=1$ 时，需求量 $Q=1$.

（1）求商品对价格的需求函数；

（2）当 $P\to+\infty$ 时，需求量是否趋于稳定？

7.【国民收入】在宏观经济研究中，发现某地区的国民收入 y，国民储蓄 S 和投资 I 均是时间 t 的函数，且在任一时刻 t，储蓄额 $S(t)$ 是国民收入 $y(t)$ 的 $\dfrac{1}{10}$ 倍，投资额 $I(t)$ 是国民收入增长率 $\dfrac{dy}{dt}$ 的 $\dfrac{1}{3}$ 倍，$t=0$ 时国民收入为 5（亿元），设在时刻 t 的储蓄额全部用于投资．试求国民收入函数．

第5章 傅里叶级数与拉普拉斯变换

无穷级数是研究函数的重要工具之一，它包括常数项级数与函数项级数两个部分。为了把复杂的运算转化为简单的运算，在数学中常采用变换的方法，拉普拉斯变换就是其中的一种，它在微分方程的求解及自动控制系统中有着广泛的应用。本章首先介绍无穷级数的概念和基本性质，然后重点讨论傅里叶级数与拉普拉斯变换。

5.1 级数的概念与性质

5.1.1 无穷级数的基本概念

📖 **案例1【分苹果】** 有 A、B、C 三人按以下方法分一个苹果：先将苹果分成四份，每人各取一份；然后将剩下的一份又分成四份，每人又各取一份；依此类推，以至无穷，求每人分得的苹果数。

分析：将一个苹果分成四份，每人得其中的一份，因此第一次分时，每人得苹果的四分之一。即：$\frac{1}{4}$，第二次分时又将剩下的四分之一分成四份，每人又得其中的一份，这样第二次分每人得十六分之一，即：$\frac{1}{4^2}$，依此类推，每人分得的苹果为：$\frac{1}{4}+\frac{1}{4^2}+\cdots+\frac{1}{4^n}+\cdots$。

📖 **案例2【弹簧的运动总路程】** 一只球从 100 米的高空落下，每次弹回的高度为上次高度的 $\frac{2}{3}$，这样运动下去，小球的总路程是多少？

分析：每次都弹回上次高度的 $\frac{2}{3}$，因此第一次下落又弹回高度为 $100+100\times\left(\frac{2}{3}\right)$，第二次下落又弹回高度为 $100\times\left(\frac{2}{3}\right)+100\times\left(\frac{2}{3}\right)^2$，第三次下落又弹回高度为 $100\times\left(\frac{2}{3}\right)^2+100\times\left(\frac{2}{3}\right)^3$，依次类推，小球的总路程为

$$100+2\times100\times\frac{2}{3}+2\times100\times\left(\frac{2}{3}\right)^2+\cdots+2\times100\times\left(\frac{2}{3}\right)^n+\cdots.$$

在实际问题中经常会遇到这种无穷多个数相加的情形，对这样的问题，我们有许多问题要讨论，如：这样的和存在吗？如果存在则和是多少？满足什么条件和存在等？这就是我们将要学习的无穷级数。

概念与公式的引出

无穷级数 设有数列

$$u_1, u_2, \cdots u_n, \cdots \tag{5-1}$$

则由此式构成的表达式

$$u_1 + u_2 + \cdots + u_n + \cdots \tag{5-2}$$

叫做无穷级数（简称级数），也常写作 $\sum\limits_{n=1}^{\infty} u_n$. 即

$$\sum_{n=1}^{\infty} u_n = u_1 + u_2 + \cdots + u_n + \cdots.$$

其中 u_1 叫做级数的第 1 项（也叫首项），u_2 叫做级数的第 2 项，$\cdots$ 第 n 项叫做级数的一般项（或者叫通项）. 如果级数（5-2）中的各项是常数，则称级数（5-2）为数项级数.

例如 $1 + \dfrac{1}{2} + \dfrac{1}{3} + \cdots + \dfrac{1}{n} + \cdots$ 为一个数项级数. 如果级数（5-2）中的各项是变量 x 的函数，则称级数（5-2）为函数项级数. 例如 $1 + x + x^2 + x^3 + \cdots$ 为一个函数项级数.

从级数（5-2）的首项加到第 n 项止，即级数的前 n 项（有限项）的和 $s_n = \sum\limits_{k=1}^{n} u_k$ 叫做级数的部分和. 当 n 依次取 1，2，3，$\cdots$ 时，级数的部分和构成一个新的数列 s_1，s_2，$\cdots$，s_n，$\cdots$ 叫做级数的部分和数列，记为 $\{s_n\}$.

级数的收敛与发散 当 $n \to \infty$ 时，如果级数（5-2）的部分和数列 s_n 存在极限，即 $\lim\limits_{n \to \infty} s_n = s$ 则称级数（5-2）收敛，极限值 s 称为级数（5-2）的和. 记作 $s = u_1 + u_2 + \cdots + u_n + \cdots$ 如果级数（5-2）的部分和数列 s_n 没有极限，则称级数（5-2）发散，这时级数（5-2）就没有和.

当级数收敛时，其部分和 s_n 是级数的和 s 的近似值，称 $s - s_n$ 为级数的余项，记为 r_n，即

$$r_n = s - s_n = u_{n+1} + u_{n+2} + \cdots \tag{5-3}$$

由此定义可知，级数与其部分和数列有着紧密的联系，也就是说，级数的收敛、发散性（简称敛散性）就是用级数的部分和数列是否有极限来定义的. 正因为如此，我们不难看出，数列与级数是一个问题的两种形式，一般地，任给级数（5-2），则对应一个数列 $\{s_n\}$，反之对于给定数列 $\{s_n\}$ 可令 $u_1 = s_1$，$u_2 = s_2 - s_1$，$\cdots$，从而构成级数 $\sum\limits_{n=1}^{\infty} u_n$ 这样级数的问题常可以转化为数列的问题来研究，数列的问题也可以转化为级数的问题来处理.

进一步的练习

练习 1 讨论几何级数（等比级数）$a + aq + aq^2 + \cdots aq^n + \cdots$ $\tag{5-4}$
（其中 q 是公比，$a \neq 0$）的敛散性.

解： 如果 $q \neq 1$，则部分和 $s_n = a + aq + aq^2 + \cdots aq^{n-1} = \dfrac{a - aq^n}{1-q} = \dfrac{a}{1-q} - \dfrac{aq^n}{1-q}$；

当 $|q| < 1$ 时，由于 $\lim\limits_{n \to \infty} q^n = 0$，所以 $\lim\limits_{n \to \infty} s_n = \dfrac{a}{1-q}$；

当 $|q| > 1$ 时，由于 $\lim\limits_{n \to \infty} q^n = \infty$，所以 $\lim\limits_{n \to \infty} s_n = \infty$，即级数发散；

当 $q = 1$ 时 $s_n = na$，所以 $\lim\limits_{n \to \infty} s_n = \infty$，即级数发散；

当 $q=-1$ 时，此时级数为 $a-a+a-a+a-\cdots$　即其部分和为　$s_n=\begin{cases}0,&n\text{ 为偶数}\\a,&n\text{ 为奇数}\end{cases}$

所以 s_n 的极限不存在，级数发散.

根据以上讨论可得：当 $|q|<1$ 时，等比级数 $\sum\limits_{n=0}^{\infty}aq^n$ 收敛，其和为 $\dfrac{a}{1-q}$；

当 $|q|\geqslant1$ 时，等比级数 $\sum\limits_{n=0}^{\infty}aq^n$ 发散.

练习 2　讨论级数 $\sum\limits_{n=1}^{\infty}\dfrac{1}{n(n+1)}=\dfrac{1}{1\times2}+\dfrac{1}{2\times3}+\cdots+\dfrac{1}{n\times(n+1)}+\cdots$ 的敛散性.

解：级数的前 n 项和

$$s_n=\frac{1}{1\times2}+\frac{1}{2\times3}+\cdots+\frac{1}{n\times(n+1)}=\left(1-\frac{1}{2}\right)+\left(\frac{1}{2}-\frac{1}{3}\right)+\cdots+\left(\frac{1}{n}-\frac{1}{n+1}\right)$$

$$=1-\frac{1}{n+1}$$

由于 $\lim\limits_{n\to\infty}s_n=\left(1-\dfrac{1}{n+1}\right)=1$，所以级数收敛，且其和为 1.

5.1.2　收敛级数的基本性质

根据无穷级数收敛、发散以及和的概念，可以得出收敛级数的几个基本性质.

性质 1　如果级数 $\sum\limits_{n=1}^{\infty}u_n$ 收敛于和 s，则级数 $\sum\limits_{n=1}^{\infty}ku_n$（$k$ 为非零常数）收敛且其和为 ks

性质 1 告诉我们：级数的每一项同乘一个非零常数后，它的收敛性不会改变.

性质 2　如果级数 $\sum\limits_{n=1}^{\infty}u_n$、$\sum\limits_{n=1}^{\infty}v_n$ 分别收敛于 s、σ，则级数 $\sum\limits_{n=1}^{\infty}(u_n\pm v_n)$ 也收敛，且其和为 $s\pm\sigma$.

性质 2 告诉我们：收敛级数的和（或差）所构成的级数等于级数的和（或差）

性质 3　在级数中去掉、加上或改变有限项，不会改变级数的收敛性.

性质 4　如果级数 $\sum\limits_{n=1}^{\infty}u_n$ 收敛，则对该级数的项任意加括号后所成的新级数仍收敛，且其和不变.

性质 4 告诉我们：对于收敛级数，只要不改变级数各项的次序，我们可以任意合并它的一些项，级数仍然收敛，且收敛于原来的和.

推论　如果加括号后所成的级数发散，则原级数也发散.

性质 5　（级数收敛的必要条件）如果级数 $\sum\limits_{n=1}^{\infty}u_n$ 收敛，则它的一般项 u_n 趋于零，即

$$\lim_{n\to\infty}u_n=0$$

性质 5 告诉我们：如果级数的一般项不趋于零，则该级数必发散.

注：级数的一般项趋于零并不是级数收敛的充分条件，有些级数虽然一般项趋于零，但仍然是发散的，如：调和级数 $\sum\limits_{n=1}^{\infty}\dfrac{1}{n}=1+\dfrac{1}{2}+\dfrac{1}{3}+\cdots+\dfrac{1}{n}+\cdots$ 　　　　　　(5-5)

显然有　$\lim\limits_{n\to\infty}u_n=\lim\limits_{n\to\infty}\dfrac{1}{n}=0$，但级数 $\sum\limits_{n=1}^{\infty}\dfrac{1}{n}$ 是发散的.

假设级数（5-5）收敛，设它的部分和 s_n，且 $s_n \to s (n \to \infty)$. 显然，对级数（5-5）的部分和 s_{2n}，也有 $s_{2n} \to s(n \to \infty)$. 于是 $s_{2n} - s_n \to s - s \to 0 (n \to \infty)$.

但另一方面 $s_{2n} - s_n = \dfrac{1}{n+1} + \dfrac{1}{n+2} + \cdots + \dfrac{1}{2n} > \dfrac{1}{2n} + \dfrac{1}{2n} + \dfrac{1}{2n} + \cdots + \dfrac{1}{2n} = \dfrac{1}{2}$

故 $s_{2n} - s_n$ 不趋于零，与假设级数（5-5）收敛矛盾，这说明级数（5-5）必发散.

⭐ **习题 5.1**

1. 写出下列级数的一般项：

（1）$1 + \dfrac{1}{3} + \dfrac{1}{5} + \dfrac{1}{7} + \cdots$； （2）$\dfrac{2}{1} - \dfrac{3}{2} + \dfrac{4}{3} - \dfrac{5}{4} + \dfrac{6}{5} - \cdots$；

（3）$\dfrac{\sqrt{x}}{2} + \dfrac{x}{2 \times 4} + \dfrac{x\sqrt{x}}{2 \times 4 \times 6} + \dfrac{x^2}{2 \times 4 \times 6 \times 8} + \cdots$；

（4）$\dfrac{a^2}{3} - \dfrac{a^3}{5} + \dfrac{a^4}{7} - \dfrac{a^5}{9} + \cdots$.

2. 根据级数收敛与发散的定义判断下列级数的收敛性：

（1）$\sum\limits_{n=1}^{\infty} (\sqrt{n+1} - \sqrt{n})$；

（2）$\dfrac{1}{1 \times 3} + \dfrac{1}{3 \times 5} + \dfrac{1}{5 \times 7} + \cdots + \dfrac{1}{(2n-1)(2n+1)} + \cdots$；

（3）$\sin \dfrac{\pi}{6} + \sin \dfrac{2\pi}{6} + \cdots + \sin \dfrac{n\pi}{6} + \cdots$.

3. 判断下列级数的收敛性：

（1）$-\dfrac{8}{9} + \dfrac{8^2}{9^2} - \dfrac{8^3}{9^3} + \cdots + (1)^n \dfrac{8^n}{9^n} + \cdots$； （2）$\dfrac{1}{3} + \dfrac{1}{6} + \dfrac{1}{9} + \cdots + \dfrac{1}{3n} + \cdots$；

（3）$\dfrac{1}{3} + \dfrac{1}{\sqrt{3}} + \dfrac{1}{\sqrt[3]{3}} + \cdots + \dfrac{1}{\sqrt[n]{3}} + \cdots$； （4）$\dfrac{3}{2} + \dfrac{3^2}{2^2} + \dfrac{3^3}{2^3} + \cdots + \dfrac{3^n}{2^n} + \cdots$；

（5）$\left(\dfrac{1}{2} + \dfrac{1}{3}\right) + \left(\dfrac{1}{2^2} + \dfrac{1}{3^2}\right) + \left(\dfrac{1}{2^3} + \dfrac{1}{3^3}\right) + \cdots + \left(\dfrac{1}{2^n} + \dfrac{1}{3^n}\right) + \cdots$.

5.2 傅里叶级数

这一节我们在函数级数的一般理论的基础上，讨论各项皆为三角函数（正弦函数和余弦函数）的所谓傅里叶级数的收敛性以及如何把已知函数展开成傅里叶级数的问题. 傅里叶级数是一类非常重要的函数项级数. 它在电学、力学、声学和热力学等学科中都有着广泛的应用.

三角级数

📘 **案例**　在电工学中，电磁波函数 $f(t)$ 常作这样的展开：

$$f(t) = A_0 + \sum_{n=1}^{\infty} A_n \sin(n\omega t + \varphi_n)$$

其中 A_0，A_n，φ_n（$n = 1, 2, 3, \cdots$）都是常数，并称这种展开为谐波分析，其中 A_0 称为 $f(t)$ 的直流分量，$A_1 \sin(\omega t + \varphi_1)$ 称为一次谐波（基波），$A_2 \sin(2\omega t + \varphi_2)$ 称为二次

谐波，依次类推.

💡 概念和公式的引出

为了讨论问题方便起见，对案例 1 中的函数 $A_n \sin(n\omega t + \varphi_n)$ 变形，得

$$A_n \sin(n\omega t + \varphi_n) = A_n(\sin\varphi_n \cos n\omega t + \cos\varphi_n \sin n\omega t)$$
$$= A_n \sin\varphi_n \cos n\omega t + A_n \cos\varphi_n \sin n\omega t$$

如果用 $\dfrac{a_0}{2}$ 表示 A_0，a_n 表示 $A_n \sin\varphi_n$，b_n 表示 $A_n \cos\varphi_n$，$\omega t = x$，则上述函数级数可表示为

$$\frac{a_0}{2} + \sum_{n=1}^{\infty}(a_n \cos nx + b_n \sin nx) \tag{5-6}$$

称式（5-6）为三角级数，其中 a_0，a_n，b_n（$n = 1, 2, 3, \cdots$）称为三角级数（5-6）的系数.

三角级数中的函数族 1，$\cos x$，$\sin x$，$\cos 2x$，$\sin 2x$，$\cdots$，$\cos nx$，$\sin nx$，$\cdots$ 称为三角函数系. 它有如下的性质：

① 该三角函数系中所有函数都具有共同的周期 2π.

② 该三角函数系中，任何两个不相同的函数的乘积在闭区间 $[-\pi, \pi]$ 上的积分等于 0. 任意两个相同函数在闭区间 $[-\pi, \pi]$ 上的积分不等于零. 事实上

$$\int_{-\pi}^{\pi} 1 \cdot \cos nx \, dx = \int_{-\pi}^{\pi} \cos nx \, dx = 0 \qquad (n = 1, 2, 3, \cdots)$$

$$\int_{-\pi}^{\pi} 1 \cdot \sin nx \, dx = \int_{-\pi}^{\pi} \sin nx \, dx = 0 \qquad (n = 1, 2, 3, \cdots)$$

$$\int_{-\pi}^{\pi} \cos mx \sin nx \, dx = 0 \qquad (m \neq n)$$

$$\int_{-\pi}^{\pi} \cos mx \cos nx \, dx = 0 \qquad (m \neq n)$$

$$\int_{-\pi}^{\pi} \sin mx \sin nx \, dx = 0 \qquad (m \neq n)$$

$$\int_{-\pi}^{\pi} 1^2 \, dx = 2\pi$$

$$\int_{-\pi}^{\pi} \cos^2 nx \, dx = \int_{-\pi}^{\pi} \frac{1 + \cos 2nx}{2} = \pi \qquad (n = 1, 2, 3, \cdots)$$

$$\int_{-\pi}^{\pi} \sin^2 nx \, dx = \int_{-\pi}^{\pi} \frac{1 - \cos 2nx}{2} = \pi \qquad (n = 1, 2, 3, \cdots)$$

设 $f(x)$ 是周期为 2π 的周期函数，且能展开成三角级数

$$f(x) = \frac{a_0}{2} + \sum_{n=1}^{\infty}(a_n \cos nx + b_n \sin nx) \tag{5-7}$$

我们自然要问：系数 a_0，a_1，b_1，a_2，b_2，$\cdots$ 与函数 $f(x)$ 之间存在着怎样的关系？换句话说，如何利用 $f(x)$ 把 a_0，a_1，b_1，a_2，b_2，$\cdots$ 表达出来？利用上述三角函数系的性质及积分的有关知识，有下面的结果（证明不作要求）：

$$a_n = \frac{1}{\pi} \int_{-\pi}^{\pi} f(x) \cos nx \, dx \qquad (n = 0, 1, 2, 3, \cdots) \tag{5-8}$$

$$b_n = \frac{1}{\pi} \int_{-\pi}^{\pi} f(x) \sin nx \, dx \qquad (n = 1, 2, 3, \cdots) \tag{5-9}$$

如果以上公式中的积分都存在，这时通过它们求出的系数 a_0，a_1，b_1，a_2，b_2，…叫做函数 $f(x)$ 的傅里叶系数，将这些系数代入式（5-7）右端，所得的三角级数

$$\frac{a_0}{2}+\sum_{n=1}^{\infty}(a_n\cos nx+b_n\sin nx)$$

叫做函数 $f(x)$ 的傅里叶级数.

一个定义在 $(-\infty,+\infty)$ 上的周期为 2π 函数 $f(x)$，如果它在一个周期上可积，则一定可以求出 $f(x)$ 的傅里叶级数. 然而，函数 $f(x)$ 的傅里叶级数是否一定收敛？如果它收敛，它是否一定收敛于函数 $f(x)$？一般来说，这两个问题的答案都不是肯定的，那么，$f(x)$ 在怎样的条件下，它的傅里叶级数不仅收敛，而且收敛于 $f(x)$？也就是说，$f(x)$ 满足什么条件可以展开成傅里叶级数？这是我们面临的一个基本问题. 下面的定理（不加证明）告诉我们答案.

定理（狄利克雷收敛定理） 设 $f(x)$ 是周期为 2π 的周期函数，如果它满足：

（1）在一个周期内连续或只有有限个第一类间断点；

（2）在一个周期内至多只有有限个极值点；

则 $f(x)$ 的傅里叶级数收敛，并且

当 x 是 $f(x)$ 的连续点时，级数收敛于 $f(x)$；

当 x 是 $f(x)$ 的间断点时，级数收敛于 $\frac{1}{2}(f(x-0)+f(x+0))$.

此定理告诉我们：只要函数在 $[-\pi,\pi]$ 上至多有有限个第一类间断点，并且不作无限次振动，函数的傅里叶级数在连续点处就收敛于该点的函数值，在间断点处收敛于该点左极限与右极限的算术平均值. 可见，函数展开成傅里叶级数的条件还是比较宽松的.

📖 **进一步的练习**

练习 1【矩形脉冲信号】 如图 5-1 所示，脉冲矩形波的信号函数 $f(x)$ 是周期为 2π 的周期函数，它在 $[-\pi,\pi)$ 上的表达式为

$$f(x)=\begin{cases}-1,-\pi\leqslant x<0\\1,0\leqslant x<\pi\end{cases}$$

将 $f(x)$ 展开成傅里叶级数.

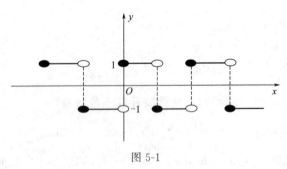

图 5-1

解：所给函数满足收敛定理的条件，它在 $x=k\pi$（$k=0,\pm1,\pm2,\cdots$）处不连续，在其他点处连续，从而由收敛定理可知 $f(x)$ 的傅里叶级数收敛，并且当 $x=k\pi$ 时级数收敛于

$$\frac{1}{2}[f(x-0)+f(x+0)]=\frac{-1+1}{2}=\frac{1+(-1)}{2}=0$$

计算傅里叶系数如下：

$$a_n = \frac{1}{\pi}\int_{-\pi}^{\pi} f(x)\cos nx\,\mathrm{d}x = \frac{1}{\pi}\int_{-\pi}^{0}(-1)\cos nx\,\mathrm{d}x + \frac{1}{\pi}\int_{0}^{\pi} 1 \cdot \cos nx\,\mathrm{d}x$$

$$= 0\,(n=0,1,2,\cdots);$$

$$b_n = \frac{1}{\pi}\int_{-\pi}^{\pi} f(x)\sin nx\,\mathrm{d}x$$

$$= \frac{1}{\pi}\int_{-\pi}^{0}(-1)\sin nx\,\mathrm{d}x + \frac{1}{\pi}\int_{0}^{\pi} 1 \cdot \sin nx\,\mathrm{d}x$$

$$= \frac{1}{\pi}\left(\frac{1}{n} - \frac{\cos n(-\pi)}{n}\right) + \frac{1}{\pi}\left(\frac{1}{n} - \frac{\cos n\pi}{n}\right)$$

$$= \frac{2}{n\pi}(1 - \cos n\pi) = \frac{2}{n\pi}[1 - (-1)^n]$$

$$= \begin{cases} \dfrac{4}{n\pi}, & n=1,3,5,\cdots \\[2mm] 0, & n=2,4,6,\cdots \end{cases}$$

将所求得的系数代入傅里叶级数展开式得：

$$f(x) = \frac{4}{\pi}\left[\sin x + \frac{1}{3}\sin 3x + \cdots + \frac{1}{2k-1}\sin(2k-1)x + \cdots\right]$$

$$(-\infty < x < +\infty;\ x \neq 0, \pm\pi, \pm2\pi, \cdots)$$

练习 2【锯齿脉冲信号】　如图 5-2 所示，锯齿脉冲信号函数 $f(x)$ 是周期为 2π 的周期函数，它在 $[-\pi, \pi)$ 上的表达式为

$$f(x) = \begin{cases} x, & -\pi \leqslant x < 0 \\ 0, & 0 \leqslant x < \pi \end{cases}$$

将 $f(x)$ 展开成傅里叶级数．

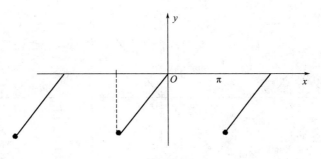

图 5-2

解：所给函数满足收敛定理的条件，它在点 $x = (2k+1)\pi\,(k=0, \pm1, \pm2, \cdots)$ 处不连续，因此，$f(x)$ 的傅里叶级数在 $x = (2k+1)\pi$ 处收敛于

$$\frac{1}{2}(f(x-0) + f(x+0)) = \frac{0-\pi}{2} = -\frac{\pi}{2}$$

计算傅里叶系数如下：

$$a_n = \frac{1}{\pi}\int_{-\pi}^{\pi} f(x)\cos nx\,\mathrm{d}x = \frac{1}{\pi}\int_{-\pi}^{0} x\cos nx\,\mathrm{d}x$$

$$= \frac{1}{\pi}\left[\frac{x\sin nx}{n} + \frac{\cos nx}{n^2}\right]_{-\pi}^{0} = \frac{1}{n^2\pi}(1 - \cos n\pi)$$

$$= \begin{cases} \dfrac{2}{n^2\pi}, & n=1,3,5,\cdots \\[2mm] 0, & n=2,4,6,\cdots \end{cases}$$

$$a_0 = \frac{1}{\pi}\int_{-\pi}^{\pi} f(x)\,\mathrm{d}x = \frac{1}{\pi}\int_{-\pi}^{0} x\,\mathrm{d}x = \frac{1}{\pi}\left[\frac{x^2}{2}\right]_{-\pi}^{0} = -\frac{\pi}{2}$$

$$b_n = \frac{1}{\pi}\int_{-\pi}^{\pi} f(x)\sin nx\,\mathrm{d}x = \frac{1}{\pi}\int_{-\pi}^{0} x\sin nx\,\mathrm{d}x$$

$$= \frac{1}{\pi}\left[-\frac{x\cos nx}{n} + \frac{\sin nx}{n^2}\right]_{-\pi}^{0}$$

$$= -\frac{\cos n\pi}{n} = \frac{(-1)^{n+1}}{n}$$

将所求得的系数代入傅里叶级数展开式得：

$$f(x) = -\frac{\pi}{4} + \left(\frac{2}{\pi}\cos x + \sin x\right) - \frac{1}{2}\sin 2x + \left(\frac{2}{3^2\pi}\cos 3x + \frac{1}{3}\sin 3x\right)$$

$$-\frac{1}{4}\sin 4x + \left(\frac{2}{5^2\pi}\cos 5x + \frac{1}{5}\sin 5x\right) - \cdots \quad (-\infty < x < +\infty; x \neq \pm\pi, \pm 3\pi, \cdots)$$

应当注意，如果函数 $f(x)$ 只在 $[-\pi,\pi]$ 上有定义，并且满足收敛定理的条件，那么 $f(x)$ 也可以展开成傅里叶级数．事实上，我们可在 $[-\pi,\pi)$ 或 $[-\pi,\pi]$ 外补充函数 $f(x)$ 的定义，使它拓广成周期为 2π 的周期函数 $F(x)$．按这种方式拓广函数的定义域的过程称为周期延拓．再将 $F(x)$ 展开成傅里叶级数，最后，限制 x 在 $(-\pi,\pi)$ 内，此时 $F(x) = f(x)$，这样便得到 $f(x)$ 的傅里叶级数展开式．根据收敛定理，这级数在区间端点 $x = \pm\pi$ 处收敛于 $\frac{1}{2}(f(x-0) + f(x+0))$．

练习3 将函数 $f(x) = \begin{cases} -x, & -\pi \leqslant x < 0 \\ x, & 0 \leqslant x \leqslant "\pi \end{cases}$ 展开成傅里叶级数．

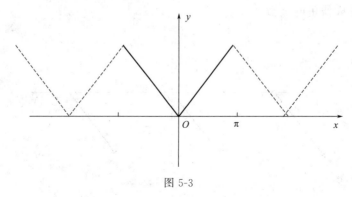

图 5-3

解： 所给函数在区间 $[-\pi,\pi]$ 满足收敛定理的条件．并且拓广为周期函数时，它在每一点 x 处都连续（如图 5-3）因此，拓广的周期函数的傅里叶级数在 $[-\pi,\pi]$ 上收敛于 $f(x)$．

计算傅里叶系数如下：

$$a_n = \frac{1}{\pi}\int_{-\pi}^{\pi} f(x)\cos nx\,\mathrm{d}x$$

$$= \frac{1}{\pi}\int_{-\pi}^{0}(-x)\cos nx\,\mathrm{d}x + \frac{1}{\pi}\int_{0}^{\pi} x\cos nx\,\mathrm{d}x$$

$$= -\frac{1}{\pi}\left[\frac{x\sin nx}{n} + \frac{\cos nx}{n^2}\right]_{-\pi}^{0} + \frac{1}{\pi}\left[\frac{x\sin nx}{n} + \frac{\cos nx}{n^2}\right]_{0}^{\pi}$$

$$= -\frac{1}{\pi}\left[\frac{x\sin nx}{n} + \frac{\cos nx}{n^2}\right]_{-\pi}^{0} + \frac{1}{\pi}\left[\frac{x\sin nx}{n} + \frac{\cos nx}{n^2}\right]_{0}^{\pi}$$

$$= \frac{2}{n^2 \pi}(\cos n\pi - 1)$$

$$= \begin{cases} -\dfrac{4}{n^2 \pi}, & n = 1,3,5,\cdots \\ 0, & n = 2,4,6,\cdots \end{cases}$$

$$a_0 = \frac{1}{\pi}\int_{-\pi}^{\pi} f(x)\,\mathrm{d}x = \frac{1}{\pi}\int_{-\pi}^{0}(-x)\,\mathrm{d}x + \frac{1}{\pi}\int_{0}^{\pi} x\,\mathrm{d}x$$

$$= \frac{1}{\pi}\left[-\frac{x^2}{2}\right]_{-\pi}^{0} + \frac{1}{\pi}\left[\frac{x^2}{2}\right]_{0}^{\pi} = \pi$$

$$b_n = \frac{1}{\pi}\int_{-\pi}^{\pi} f(x)\sin nx\,\mathrm{d}x$$

$$= \frac{1}{\pi}\int_{-\pi}^{0}(-x)\sin nx\,\mathrm{d}x + \frac{1}{\pi}\int_{0}^{\pi} x\sin nx\,\mathrm{d}x$$

$$= -\frac{1}{\pi}\left[-\frac{x\cos nx}{n} + \frac{\sin nx}{n^2}\right]_{-\pi}^{0} + \frac{1}{\pi}\left[-\frac{x\cos nx}{n} + \frac{\sin nx}{n^2}\right]_{0}^{\pi}$$

$$= 0 \,(n = 1,2,3,\cdots)$$

将所求得的系数代入傅里叶级数展开式得：

$$f(x) = \frac{\pi}{2} - \frac{4}{\pi}\left(\cos x + \frac{1}{3^2}\cos 3x + \frac{1}{5^2}\cos 5x + \cdots\right) \qquad (-\pi \leqslant x \leqslant \pi).$$

⭐ **习题 5.2**

1. 下列周期函数 $f(x)$ 的周期为 2π，试将 $f(x)$ 展开成傅里叶级数. $f(x)$ 在 $[-\pi, \pi)$ 上的表达式分别为：

    (1) $f(x) = 3x^2 + 1$，$(-\pi \leqslant x < \pi)$；

    (2) $f(x) = \mathrm{e}^{2x}$，$(-\pi \leqslant x < \pi)$；

    (3) $f(x) = \begin{cases} bx, & -\pi \leqslant x < 0 \\ ax, & 0 \leqslant x < \pi \end{cases}$，$(a, b$ 为常数，且 $a > b > 0)$.

2. 将下列函数 $f(x)$ 展开成傅里叶级数：

    (1) $f(x) = 2\sin\dfrac{x}{3}$，$(-\pi \leqslant x \leqslant \pi)$；

    (2) $f(x) = \begin{cases} \mathrm{e}^x, & -\pi \leqslant x < 0 \\ 1, & 0 \leqslant x \leqslant \pi \end{cases}$；

    (3) $f(x) = \cos\dfrac{x}{2}$，$(-\pi \leqslant x \leqslant \pi)$.

5.3　正弦级数与余弦级数

5.3.1　奇函数与偶函数的傅里叶级数

💡 **概念与公式的引出**

    一般说来，一个函数的傅里叶级数既含有正弦项也含有余弦项. 但是也有一些函数的傅里叶级数只含有正弦项或者只含有常数项和余弦项. 这是什么原因呢？实际上，这些情况是

与所给函数 $f(x)$ 的奇偶性有密切关系的. 对于周期为 2π 的函数 $f(x)$, 它的傅里叶系数计算公式为

$$a_n = \frac{1}{\pi} \int_{-\pi}^{\pi} f(x) \cos nx \, \mathrm{d}x \qquad (n = 0, 1, 2, 3, \cdots)$$

$$b_n = \frac{1}{\pi} \int_{-\pi}^{\pi} f(x) \sin nx \, \mathrm{d}x \qquad (n = 1, 2, 3, \cdots)$$

由于奇函数在对称区间上的积分为零, 偶函数在对称区间上的积分为半区间上的积分的两倍, 因此, 当 $f(x)$ 为奇函数时, $f(x)\cos nx$ 是奇函数, $f(x)\sin nx$ 是偶函数, 故有

$$a_n = 0 \qquad (n = 0, 1, 2, 3, \cdots)$$

$$b_n = \frac{2}{\pi} \int_0^{\pi} f(x) \sin nx \, \mathrm{d}x \qquad (n = 1, 2, 3, \cdots)$$

即知奇函数的傅里叶级数是只含有正弦项的正弦级数

$$\sum_{n=1}^{\infty} b_n \sin nx$$

当 $f(x)$ 为偶函数时, $f(x)\cos nx$ 是偶函数, $f(x)\sin nx$ 是奇函数, 故有

$$a_n = \frac{2}{\pi} \int_0^{\pi} f(x) \cos nx \, \mathrm{d}x \qquad (n = 0, 1, 2, 3, \cdots)$$

$$b_n = 0 \qquad (n = 1, 2, 3, \cdots)$$

即知偶函数的傅里叶级数是只含有常数项和余弦项的余弦级数

$$\frac{a_0}{2} + \sum_{n=1}^{\infty} a_n \cos nx$$

📖 进一步的练习

练习 1【锯齿脉冲信号】 设 $f(x)$ 是周期为 2π 的周期函数, 它在 $[-\pi, \pi)$ 上的表达式为 $f(x) = x$, 将 $f(x)$ 展开成傅里叶级数.

解: 首先, 所给函数满足收敛定理的条件, 它在点 $x = (2k+1)\pi (k = 0, \pm 1, \pm 2, \cdots)$ 处不连续, 因此 $f(x)$ 的傅里叶级数在点 $x = (2k+1)\pi$ 处收敛于

$$\frac{f(x-0) + f(x+0)}{2} = \frac{\pi + (-\pi)}{2} = 0$$

在连续点 $x (x \neq (2k+1)\pi)$ 处收敛于 $f(x)$. 和函数的图形如图 5-4 所示.

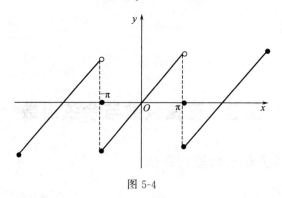

图 5-4

其次, 若不计 $x = (2k+1)\pi (k = 0, \pm 1, \pm 2, \cdots)$, 则 $f(x)$ 是周期为 2π 的奇函数. 因此有

$$a_n = 0 \qquad (n = 0, 1, 2, 3, \cdots)$$

$$b_n = \frac{2}{\pi}\int_0^\pi f(x)\sin nx\,\mathrm{d}x = \frac{2}{\pi}\int_0^\pi x\sin nx\,\mathrm{d}x$$

$$= \frac{2}{\pi}\left[-\frac{x\cos nx}{n} + \frac{\sin nx}{n^2}\right]_0^\pi$$

$$= -\frac{2}{n}\cos n\pi = \frac{2}{n}(-1)^{n+1} \qquad (n=1,2,3,\cdots)$$

将求得的 b_n 代入正弦级数，得 $f(x)$ 的傅里叶级数展开式为

$$f(x) = 2\left(\sin x - \frac{1}{2}\sin 2x + \frac{1}{3}\sin 3x - \cdots + \frac{(-1)^{n+1}}{n}\sin nx + \cdots\right)$$

$$(-\infty < x < +\infty; x \neq \pm\pi, \pm 3\pi, \cdots).$$

练习 2　将周期函数 $u(t) = E\left|\sin\dfrac{t}{2}\right|$ 展开成傅里叶级数，其中 E 是正常数.

解：所给函数满足收敛定理的条件，它在整个数轴上连续，如图 5-5 所示，因此 $u(t)$ 的傅里叶级数处处收敛于 $u(t)$.

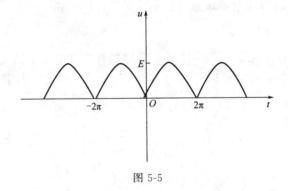

图 5-5

因为 $u(t)$ 是周期为 2π 的偶函数，所以有

$$b_n = 0 \qquad (n=1,2,3,\cdots)$$

$$a_n = \frac{2}{\pi}\int_0^\pi u(t)\cos nt\,\mathrm{d}t = \frac{2}{\pi}\int_0^\pi E\sin\frac{t}{2}\cos nt\,\mathrm{d}t$$

$$= \frac{E}{\pi}\int_0^\pi \left[\sin\left(n+\frac{1}{2}\right)t - \sin\left(n-\frac{1}{2}\right)t\right]\mathrm{d}t$$

$$= \frac{E}{\pi}\left[-\frac{\cos\left(n+\frac{1}{2}\right)t}{n+\frac{1}{2}} + \frac{\cos\left(n-\frac{1}{2}\right)t}{n-\frac{1}{2}}\right]_0^\pi$$

$$= \frac{E}{\pi}\left[\frac{1}{n+\frac{1}{2}} - \frac{1}{n+\frac{1}{2}}\right]$$

$$= -\frac{4E}{(4n^2-1)\pi} \qquad (n=0,1,2,3,\cdots)$$

将求得的 a_n 代入余弦级数，得 $u(t)$ 的傅里叶级数展开式为

$$u(t) = \frac{4E}{\pi}\left(\frac{1}{2} - \sum_{n=1}^\infty \frac{1}{4n^2-1}\cos nt\right) \qquad (-\infty < t < +\infty).$$

5.3.2 周期延拓

由于求 $f(x)$ 的傅里叶系数只用到 $f(x)$ 在 $[-\pi,\pi]$ 上的部分，由此可知，即使 $f(x)$ 只在 $[-\pi,\pi]$ 上有定义，或虽在 $[-\pi,\pi]$ 外有定义，但不是周期函数，我们仍可用公式求出 $f(x)$ 的傅里叶系数. 而且如果 $f(x)$ 在 $[-\pi,\pi]$ 上满足狄利克雷收敛定理条件，则 $f(x)$ 在 $(-\pi,\pi)$ 内的连续点上傅里叶级数是收敛于 $f(x)$ 的，而在 $x=\pm\pi$ 处，级数收敛于 $\dfrac{f(\pi^-)+f(-\pi^+)}{2}$.

类似地，如果 $f(x)$ 只在 $[0,\pi]$ 上有定义且满足狄利克雷收敛定理条件，要得到 $f(x)$ 在 $[0,\pi]$ 上的傅里叶级数展开式，可以任意补充 $f(x)$ 在 $[-\pi,0]$ 的定义，得到定义在对称区间 $[-\pi,\pi]$ 上的函数 $F(x)$，这种拓广函数定义域的过程称为函数的周期延拓，将延拓后的函数在 $[-\pi,\pi]$ 上展开成傅里叶级数，这一延拓至少在 $[0,\pi]$ 内的连续点上是收敛于 $f(x)$ 的. 常用的延拓办法是把 $f(x)$ 在 $[-\pi,\pi]$ 延拓成奇函数或偶函数，称为奇延拓或偶延拓，这样做的好处是可以把 $f(x)$ 展开成正弦级数或余弦级数. 注意在区间端点 $x=0$ 和 $x=\pi$ 处，正弦级数或余弦级数可能不收敛于 $f(0)$ 和 $f(\pi)$.

📖 进一步的练习

练习 3 将函数 $f(x)=2x$，$x\in[0,\pi]$ 分别展开成傅里叶正弦级数和余弦级数.

解：（1）把 $f(x)$ 延拓为奇函数 $F_1(x)=2x$，$x\in[-\pi,\pi]$，计算傅里叶系数 b_n：

$$b_n=\frac{2}{\pi}\int_0^\pi 2x\sin nx\,\mathrm{d}x=\frac{2}{\pi}\int_0^\pi 2x\left(-\frac{1}{n}\cos nx\right)'\mathrm{d}x$$

$$=\frac{2}{\pi}2x\left(-\frac{1}{n}\cos nx\right)\Big|_0^\pi+\frac{2}{\pi}\int_0^\pi(2x)'\frac{1}{n}\cos nx\,\mathrm{d}x$$

$$=-\frac{4}{n}\cos n\pi+\frac{4}{\pi}\int_0^\pi\cos nx\,\mathrm{d}x$$

$$=(-1)^{n+1}\frac{4}{n}+\frac{4}{\pi}\cdot\frac{1}{n}\sin nx\Big|_0^\pi=(-1)^{n+1}\frac{4}{n}.$$

由此得 $F_1(x)$ 在 $[-\pi,\pi]$ 上的展开式也即是 $f(x)$ 在 $(0,\pi)$ 上的展开式为

$$2x=4\sin x-2\sin 2x+\frac{4}{3}\sin 3x-\cdots+(-1)^{n+1}\frac{4\sin nx}{n}+\cdots.$$

（2）把 $f(x)$ 延拓成偶函数 $F_2(x)=|2x|$，$x\in[-\pi,\pi]$，计算傅里叶系数 a_n：

$$a_0=\frac{2}{\pi}\int_0^\pi 2x\,\mathrm{d}x=2\pi$$

$$a_n=\frac{2}{\pi}\int_0^\pi 2x\cos nx\,\mathrm{d}x=\frac{2}{\pi}\int_0^\pi 2x\left(\frac{1}{n}\sin nx\right)'\mathrm{d}x\qquad n\geqslant 1$$

$$=\frac{2}{\pi}2x\cdot\frac{1}{n}\sin nx\Big|_0^\pi-\frac{2}{\pi}\int_0^\pi(2x)'\frac{1}{n}\sin nx\,\mathrm{d}x$$

$$=-\frac{4}{\pi}\int_0^\pi\frac{1}{n}\sin nx\,\mathrm{d}x=\frac{4}{\pi}\cdot\frac{1}{n^2}\cos nx\Big|_0^\pi$$

$$=\begin{cases}\dfrac{-8}{n^2\pi}, & n\text{ 为奇数}\\[2mm] 0, & n\text{ 为偶数}\end{cases}$$

于是得到 $f(x)$ 在 $[0,\pi]$ 上的余弦级数展开式：

$$2x=\pi-\frac{8}{\pi}\left(\cos x+\frac{\cos 3x}{3^2}+\frac{\cos 5x}{5^2}+\cdots\frac{\cos(2k-1)}{(2k-1)^2}+\cdots\right).$$

由此可见 $f(x)$ 在 $[0,\pi]$ 上的傅里叶级数展开式不是唯一的.

⭐ **习题 5.3**

1. 把 $f(x)=1+x(0{\leqslant}x{\leqslant}\pi)$ 展开成正弦级数.

2. 将函数 $f(x)=\dfrac{\pi-x}{2}$ $(0{\leqslant}x{\leqslant}\pi)$ 分别展开成正弦级数和余弦级数.

3. 将函数 $f(x)=x^2$ 在 $[-\pi,\pi]$ 上展开成傅里叶级数,并求级数 $\displaystyle\sum_{n=1}^{\infty}\dfrac{1}{n^2}$ 的和。

4. 将函数 $u(t)=|E\sin t|$ 展开成傅里叶级数。

5.4 拉氏变换的定义与性质

5.4.1 拉氏变换的基本概念

📖 **案例【自动控制】** 在自动控制的分析和综合中,线性定常系统由下面的 n 阶微分方程描述:

$$a_0\frac{\mathrm{d}^n}{\mathrm{d}t^n}y(t)+a_1\frac{\mathrm{d}^{n-1}}{\mathrm{d}t^{n-1}}y(t)+\cdots+a_{n-1}\frac{\mathrm{d}}{\mathrm{d}t}y(t)+a_ny(t)$$

$$=b_0\frac{\mathrm{d}^m}{\mathrm{d}t^m}x(t)+b_1\frac{\mathrm{d}^{m-1}}{\mathrm{d}t^{m-1}}x(t)+\cdots+b_{m-1}\frac{\mathrm{d}}{\mathrm{d}t}x(t)+b_mx(t)$$

如何求解此微分方程呢?通常的方法是利用拉普拉斯变换将其变成代数方程,然后对传递函数进行分析.

拉普拉斯变换是分析和求解常微分方程的一种简便方法,用它可以分析和综合线性系统(如线性电路)的运动进程,因此它在工程上有着广泛的应用,在自动控制系统的分析和综合中起着重要的作用.

下面将简单介绍拉普拉斯变换(简称拉氏变换)的基本概念、几种常见的拉氏变换及拉氏变换的主要性质.

💡 **概念与公式的引出**

拉氏变换 设函数 $f(t)$ 的定义域为 $[0,+\infty)$,若广义积分 $\displaystyle\int_0^{+\infty}f(t)\mathrm{e}^{-st}\mathrm{d}t$ 对于 s 在某一范围内的值收敛,则此积分确定了 s 的函数,记作

$$F(s)=\int_0^{+\infty}f(t)\mathrm{e}^{-st}\mathrm{d}t \tag{5-10}$$

函数 $F(s)$ 称为 $f(t)$ 的拉氏变换(或称为 $f(t)$ 的象函数),函数 $f(t)$ 称为 $F(s)$ 的原函数,记为 $L[f(t)]$,即 $L[f(t)]=F(s)=\displaystyle\int_0^{+\infty}f(t)\mathrm{e}^{-st}\mathrm{d}t$.

注:1. 定义中,只要求在 $t>0$ 上 $f(t)$ 有定义,为了方便,假定 $t<0$ 时 $f(t)=0$.

2. 拉氏变换是将给定的函数通过广义积分转换成一个新的函数,它是一种积分变换,一般地在科学技术中遇到的函数,它的拉氏变换总是存在的,故以后不再对其存在性进行讨论.

📖 **进一步的练习**

练习 1【一次函数】 求一次函数 $f(t)=at$(a 是常数)的拉氏变换.

解： 当 $P>0$ 时，有

$$L[at] = \int_0^{+\infty} at\, \mathrm{e}^{-st}\, \mathrm{d}t = -\frac{a}{s}\int_0^{+\infty} t\,(\mathrm{e}^{-st})'\,\mathrm{d}t = -\frac{a}{s}t\mathrm{e}^{-st}\Big|_0^{+\infty} + \frac{a}{s}\int_0^{+\infty}\mathrm{e}^{-st}\,\mathrm{d}t$$

$$= \frac{-a}{s^2}\mathrm{e}^{-st}\Big|_0^{+\infty} = \frac{a}{s^2}.$$

练习 2【指数函数】 求 $f(t)=\mathrm{e}^{at}$ $(t>0,\ a>0)$ 的拉氏变换.

解： $L[\mathrm{e}^{at}] = \int_0^{+\infty}\mathrm{e}^{at}\mathrm{e}^{-st}\,\mathrm{d}t = \int_0^{+\infty}\mathrm{e}^{(a-s)t}\,\mathrm{d}t = \frac{1}{a-s}\mathrm{e}^{(a-s)t}\Big|_0^{+\infty} = \frac{1}{s-a}$ $(s>a)$.

练习 3【三角函数】 求函数 $f(t)=\cos\omega t$ 的拉氏变换.

解：
$$L[\cos\omega t] = \int_0^{+\infty}\cos\omega t\, \mathrm{e}^{-st}\,\mathrm{d}t \quad（查积分表）$$

$$= \frac{1}{s^2+\omega^2}\mathrm{e}^{-st}(\omega\sin\omega t - s\cos\omega t)\Big|_0^{+\infty}$$

$$= \frac{s}{s^2+\omega^2}.$$

练习 4【单位阶跃函数】 在自动控制中，经常用到单位阶跃函数 $u(t)=\begin{cases}0,\ t<0\\1,\ t\geqslant 0\end{cases}$，求其拉氏变换.

解： 当 $s>0$ 时，有 $L[u(t)] = \int_0^{+\infty}\mathrm{e}^{-st}\,\mathrm{d}t = -\frac{1}{s}\mathrm{e}^{-st}\Big|_0^{+\infty} = \frac{1}{s}$.

练习 5【狄拉克函数】 在许多问题中，常会遇到只有在极短的时间内作用的量，如电路中的脉冲电动势作用后产生的脉冲电流，要确定某瞬间（$t=0$）进入一单位电量的脉冲电路上的电流 $i(t)$，用 $g(t)$ 表示这一电路中的电量，则 $g(t)=\begin{cases}0,\ t\neq 0\\1,\ t=0\end{cases}$

由于电流强度是电量对时间的变化率，由变化率的定义有

$$i(0) = \frac{\mathrm{d}g}{\mathrm{d}t}\Big|_{t=0} = \lim_{\Delta t\to 0}\frac{g(0+\Delta t)-g(0)}{\Delta t} = \lim_{\Delta t\to 0}\frac{0-1}{\Delta t} = \infty.$$

为此引入一个新的函数来表示脉冲电流强度：

$$\delta_\tau(t) = \begin{cases}0, t<0\\ \dfrac{1}{\tau}, 0\leqslant t\leqslant\tau\\ 0, \tau<t\end{cases}$$

当 $\tau\to 0$ 时，$\delta(t)=\lim\limits_{\tau\to 0}\delta_\tau(t)$ 称为狄克拉函数，简称 δ-函数，工程技术上常称为单位脉冲函数，即 $\delta(t)=\begin{cases}0,\ t\neq 0\\ +\infty,\ t=0\end{cases}$.

因为 $\int_{-\infty}^{+\infty}\delta(t)\mathrm{d}t = \int_0^{\tau}\frac{1}{\tau}\mathrm{d}t = 1$，故狄拉克函数有如下性质：设 $g(t)$ 是 $(-\infty,\ +\infty)$ 上的一个连续函数，则有 $\int_{-\infty}^{+\infty}\delta(t)g(t)\mathrm{d}t = g(0)$.

练习 6【单位脉冲函数】 求单位脉冲函数的拉氏变换.

解： $$L[\delta(t)] = \int_0^{+\infty}\delta(t)\mathrm{e}^{-st}\,\mathrm{d}t = \int_{-\infty}^{+\infty}\delta(t)\mathrm{e}^{-st}\,\mathrm{d}t = \mathrm{e}^0 = 1.$$

5.4.2　几种常用函数的拉氏变换

如表 5-1 所示。

表 5-1

序　号	原函数 $f(t)$	象函数 $F(s)$
1	$\delta(t)$	1
2	$I(t)$	$\dfrac{1}{s}$
3	t	$\dfrac{1}{s^2}$
4	t^n	$\dfrac{n!}{s^{n+1}}$
5	e^{-at}	$\dfrac{1}{s+a}$
6	$t\,e^{at}$	$\dfrac{1}{(s-a)^2}$
7	$\sin\omega t$	$\dfrac{\omega}{s^2+\omega^2}$
8	$\cos\omega t$	$\dfrac{s}{s^2+\omega^2}$
9	$t^n e^{-at}\ (n=1,2,3\cdots)$	$\dfrac{n!}{(s-a)^{n+1}}$
10	$\sin(\omega t+b)$	$\dfrac{s\sin b+\omega\cos b}{s^2+\omega^2}$
11	$\cos(\omega t+b)$	$\dfrac{s\cos b-\omega\sin b}{s^2+\omega^2}$
12	$t\sin\omega t$	$\dfrac{2\omega s}{(s^2+\omega^2)^2}$
13	$t\cos\omega t$	$\dfrac{s^2-\omega^2}{(s^2+\omega^2)^2}$
14	$e^{-at}\sin\omega t$	$\dfrac{\omega}{(s+\omega)^2+\omega^2}$
15	$e^{-at}\cos\omega t$	$\dfrac{s+\omega}{(s+\omega)^2+\omega^2}$
16	$\dfrac{1}{\sqrt{\pi t}}$	$\dfrac{1}{\sqrt{s}}$
17	$2\sqrt{\dfrac{t}{\pi}}$	$\dfrac{1}{s\sqrt{s}}$

5.4.3　拉氏变换的性质

◆ **案例【单位阶跃函数】**　前面已知单位阶跃函数 $u(t)=\begin{cases}0,\ t<0\\1,\ t\geqslant 0\end{cases}$ 的拉氏变换为

$L[u(t)]=\dfrac{1}{s}$，如何求出函数 $u(t-\tau)=\begin{cases}0,\ t<\tau\\1,\ t\geqslant\tau\end{cases}$？

利用拉氏变换的性质可以简化较复杂的函数的拉氏变换运算.

💡 概念与公式的引出

拉氏变换具有以下性质：

性质1【线性性质】 若 a_1，a_2 为常数，设 $L[f_1(t)]=F_1(s)$，$L[f_2(t)]=F_2(s)$ 则
$$L[a_1f_1(t)+a_2f_2(t)]=a_1F_1(s)+a_2F_2(s).$$

性质2【微分性质】 设 $L[f(t)]=F(s)$，则 $L[f'(t)]=sF(s)-f(0)$.
此性质可推广到 n 阶导数，特别是当各阶导数初值为
$$f(0)=f'(0)=\cdots=f^{(n-1)}(0)=0 \text{ 时，有}: L[f^{(n)}(t)]=s^nF(s).$$

性质3【积分性质】 设 $L[f(t)]=F(s)$，则 $L\left[\int_0^t f(x)dx\right]=\dfrac{F(s)}{s}$.

性质4【平移性质】 设 $L[f(t)]=F(s)$，则 $L[e^{at}f(t)]=F(s-a)$.

性质5【延滞性质】 设 $L[f(t)]=F(s)$，则 $L[f(t-a)]=e^{-as}F(s)$.

性质6【象函数的相似性质】 设 $L[f(t)]=F(s)$，则
$$L[f(at)]=\frac{1}{a}F\left(\frac{s}{a}\right)(a>0).$$

性质7【初值定理】 设 $L[f(t)]=F(s)$，且 $f(t)$ 连续可导，则 $f(0)=\lim\limits_{s\to\infty}sF(s)$ 或写成 $\lim\limits_{t\to 0}f(t)=\lim\limits_{s\to\infty}sF(s)$.

性质8【终值定理】 设 $L[f(t)]=F(s)$，则 $\lim\limits_{t\to\infty}f(t)=\lim\limits_{s\to 0}F(s)$.

📖 进一步的练习

练习7【幂函数】 求函数 $f(t)=t^n$ 的拉氏变换.

解：因为 $f(0)=f'(0)=\cdots=f^{(n)}(0)=0$，由性质2的推广有：
$$L[f^{(n)}(t)]=s^nF(s)=s^nL[f(t)]$$

而 $f^{(n)}(t)=n!$，代入上式有：$L[n!]=s^nL[t^n]=n!\ L[1]=\dfrac{n!}{s}$，$L[t^n]=\dfrac{n!}{s^{n+1}}$.

练习8 求 $L[t^ne^{at}]$（n 为自然数）.

解：由性质4，可得：$L[t^ne^{at}]=F(s-a)=\dfrac{n!}{(s-a)^{n+1}}$.

练习9【单位阶跃函数】 求函数 $u(t-a)=\begin{cases}0, & t<a \\ 1, & t\geqslant a\end{cases}$ 的拉氏变换.

解：因为 $L[u(t)]=\dfrac{1}{s}$，由性质5得 $L[u(t-a)]=e^{-as}L[u(t)]=\dfrac{e^{-as}}{s}(s>0)$.

练习10【三角函数】 利用性质3求函数 $f(t)=\sin\omega t$ 的拉氏变换.

解：因为 $\sin\omega t=\omega\int_0^t\cos\omega x\,dx$，而 $L[\cos\omega t]=\dfrac{s}{\omega^2+s^2}$，所以
$$L[\sin\omega t]=L\left[\omega\int_0^t\cos\omega x\,dx\right]=\omega\frac{L[\cos\omega t]}{s}=\frac{\omega}{\omega^2+s^2}.$$

⭐ 习题5.4

1. 拉氏变换是如何变换的？

2. 拉氏变换的性质有哪些？

3. 求函数的拉氏变换有哪些方法？

4. 求下列函数的拉氏变换：

(1) $3e^{-4t}$；　　　　　　(2) t^2+6t-1；

(3) $3\sin 2t-2\cos 2t$；　　(4) $\sin 4t\cos 4t$；

(5) $8\sin^2 2t$；　　　　　　(6) $1+te^t$；

(7) $t^n e^{at}$；　　　　　　(8) $u(2t-1)$．

5. 利用微分性质求 $L\left[\sin\omega t\right]$．

6. 利用平移性质求下列函数的拉氏变换：

(1) te^{-at}；　　　　(2) $e^{-at}\sin\omega t$；　　　　(3) $e^{-at}\cos\omega t$．

5.5　拉氏变换的逆变换

📖 **案例【自动控制】**　在自动控制中，利用拉氏变换可以将常系数微分方程换为象函数的代数方程求解，但最后，又需要再将象函数的代数方程还原为微分方程，这一还原的过程就是要进行拉普拉斯逆变换．

下面介绍拉普拉斯变换的逆变换，通过它可以将象函数的代数方程的解还原为微分方程的解．在实际使用求拉氏变换的逆变换公式时，还要结合使用拉氏逆变换的性质．下面介绍拉氏逆变换的概念与性质．

💡 **概念与公式的引出**

拉氏逆变换　若 $F(s)$ 为 $f(t)$ 的拉氏变换，则称 $f(t)$ 为 $F(s)$ 的逆变换，记作
$$f(t)=L^{-1}\left[F(s)\right]$$

拉氏逆变换具有如下性质：

性质1【线性性质】　$L^{-1}\left[a_1F_1(s)+a_2F_2(s)\right]=a_1f_1(t)+a_2f_2(t)$．

性质2【平移性质】　$L^{-1}\left[F(s-a)\right]=e^{at}f(t)$．

性质3【延滞性质】　$L^{-1}\left[e^{-as}F(s)\right]=f(t-a)u(t-a)$．

📘 **进一步的练习**

练习1　求下列象函数的逆变换：

(1) $F(s)=\dfrac{1}{(s-2)^2}$；　　(2) $F(s)=\dfrac{2s-5}{s^2}$；

(3) $F(s)=\dfrac{4s-3}{s^2+4}$；　　(4) $F(s)=\dfrac{2s+3}{s^2-2s+5}$．

解：(1) 由性质2及拉氏变换表得：
$$f(t)=L^{-1}\left[\frac{1}{(s-2)^2}\right]=e^{2t}L^{-1}\left[\frac{1}{s^2}\right]=te^{2t}．$$

(2) 由性质1及拉氏变换表得：
$$f(t)=L^{-1}\left[\frac{2s-5}{s^2}\right]=L^{-1}\left[\frac{2}{s}-\frac{5}{s^2}\right]=2L^{-1}\left[\frac{1}{s}\right]-5L^{-1}\left[\frac{1}{s^2}\right]=2-5t．$$

(3) 由性质1及拉氏变换表得：
$$f(t)=L^{-1}\left[\frac{4s-3}{s^2+4}\right]=4L^{-1}\left[\frac{s}{s^2+4}\right]-\frac{3}{2}L^{-1}\left[\frac{2}{s^2+4}\right]=4\cos 2t-\frac{3}{2}\sin 2t．$$

(4) 由性质1、性质2及拉氏变换表得：

$$f(t) = L^{-1}\left[\frac{2s+3}{s^2-2s+5}\right] = L^{-1}\left[\frac{2(s-1)+5}{(s-1)^2+4}\right] = L^{-1}\left[\frac{2(s-1)}{(s-1)^2+4}\right] + L^{-1}\left[\frac{5}{(s-1)^2+4}\right]$$

$$= 2e^t L^{-1}\left[\frac{s}{s^2+4}\right] + \frac{5}{2}e^t L^{-1}\left[\frac{2}{s^2+4}\right] = 2e^t\cos 2t + \frac{5}{2}e^t\sin 2t.$$

练习 2【解一阶微分方程】 求微分方程 $x'(t)+2x(t)=0$，满足初始条件 $x(0)=3$ 的解．

解：对方程两端进行拉氏变换，并设 $L[x(t)]=X(s)$，

则 $sX(s)-x(0)+2X(s)=L[0]=0, X(s)=\dfrac{3}{s+2} \Rightarrow x(t)=3e^{-2t}$．

注：拉氏变换在解微分方程中具有重要作用，应用拉氏变换可以将常系数微分方程变换为象函数的代数方程求解，再通过拉氏逆变换，将象函数的代数解还原为微分方程的解，起到化难为易的作用．用拉氏变换求解常系数常微分方程的过程如下：

(1) 对微分方程进行拉氏变换；

(2) 解拉氏变换象函数的代数方程；

(3) 将象函数的代数方程的解进行拉氏逆变换，还原为微分方程的解．

练习 3【解二阶常系数线性微分方程】 设方程 $y''(t)-3y'(t)+2y(t)=3e^{-t}$ 满足初始条件 $y(0)=2$，$y'(0)=-1$，求其解．

解：对方程进行拉氏变换，并设 $L[y(t)]=Y(s)$，则

$s^2Y(s)-sy(0)-y'(0)-3(sY(s)-y(0))+2Y(s)=3\dfrac{1}{s+1}$，代入已知条件得：

$$(s^2-3s+2)Y(s)=\frac{3}{s+1}+2s-7 \Rightarrow Y(s)=\frac{7}{2}\frac{1}{s-1}-\frac{2}{s-2}+\frac{1}{2}\frac{1}{s+1}$$

从而有：$y(t)=\dfrac{7}{2}e^t-2e^{2t}+\dfrac{1}{2}e^{-t}$．

⭐ 习题 5.5

1. 如何求拉氏逆变换？

2. 如何利用拉氏变换求解微分方程？

3. 求下列各函数的拉氏逆变换：

(1) $F(s)=\dfrac{1}{4s^2+1}$；

(2) $F(s)=\dfrac{2s-6}{s^2+16}$；

(3) $F(s)=\dfrac{s}{(s+5)(s+3)}$；

(4) $F(s)=\dfrac{s}{s+2}$；

(5) $F(s)=\dfrac{1}{s+2}$；

(6) $F(s)=\dfrac{1}{s(s+1)(s+2)}$；

(7) $F(s)=\dfrac{1}{2s}$；

(8) $F(s)=\dfrac{1}{2s^2}$．

4. **【RLC 回路】** 一个 RLC 回路由 16Ω 的电阻，$2H$ 的电感，$0.02F$ 的电容和 $E(t)=100\sin 3t\,V$ 的电源构成，若初始电流和电容的初始电量都是 0，则此回路的电流所满足的微分方程为：

$$\frac{d^2i}{dt^2}+8\frac{di}{dt}+25i=15000\cos 3t$$

求电路中电流的表达式．

5. 求微分方程 $y'-y=0$ 满足初始条件 $y(0)=1$ 的特解.

6. 求微分方程 $y''+4y'-5y=e^{2t}$ 满足初始条件 $y|_{x=0}=0$，$y'|_{x=0}=0$ 的特解.

【阅读材料】

数学家史略

傅里叶（Joseph Fouries，1768~1830）

傅里叶年轻时已是一位很出色的数学学者，但他想当一个军官，却因他是一个裁缝的儿子而被拒绝入伍. 后来他当上了一所军事学院的教授，从此数学就成了他终生的爱好. 他致力于热流动研究，1807 年，他向巴黎科学院呈交了一篇关于热传导的基本论文. 这篇论文经拉格朗日、拉普拉斯和勒让德三位数学家的评审，被拒绝了，但科学院却想鼓励傅里叶发展他的思想，所以把热传导问题定为将于 1812 年授予高额奖金的问题. 1811 年傅里叶呈交了修改过的论文，受到上述诸人和另外一些人的评审，得到了资金，但此论文却受到不公正的待遇，未在科学院的"报告"里发表. 他很愤恨，继续对热传导进行研究，1822 年发表了数学的经典文献之一"热的解析理论"，其中编入了他实际上未作改动的 1811 年论文的一部分，此书概括了他的主要思想. 两年后，他成为科学院的秘书，于是能够把他 1811 年的论文原封不动地发表在"报告"里.

他根据物理原理，对于均匀的和各向同性的物体内温度 $T=T(x,y,z,t)$，证明了 T 必须满足偏微分方程

$$\frac{\partial^2 T}{\partial x^2}+\frac{\partial^2 T}{\partial y^2}+\frac{\partial^2 T}{\partial z^2}=k^2\frac{\partial T}{\partial t}$$

其中，k^2 是一个常数，称为三维的热传导方程，并且他解决了特殊的热传导——维的问题

$$\frac{\partial^2 T}{\partial x^2}=k^2\frac{\partial T}{\partial t}$$

附以边界条件

$$T(0,t)=0, T(1,t)=0, t>0$$

和初始条件

$$T(x,0)=f(x) \qquad 0\leqslant x\leqslant 1$$

他用分离变量法，得出了

$$T(x,t)=\sum_{v=1}^{\infty} b_v e^{-(\frac{v^2 \pi^2}{k^2})t}\sin\frac{v\pi t}{l}, \quad f(x)=\sum_{v=1}^{\infty} b_v\sin\frac{v\pi t}{l}$$

进而他大胆和富于创造性地，却不十分严密地得到了 $l=\pi$ 时的 b_v

$$b_v=\frac{2}{\pi}\int_0^{\pi} f(s)\sin vs\,ds$$

这个结果早为欧拉所得到，且比傅里叶所用的方法简单很多. 但傅里叶作了一些值得注意的观察，他说 $f(x)$ 不必连续，或者只要从图形上知道就可以了. 所以傅里叶说，每一个函数都可以表示为

$$f(x)=\sum_{v=1}^{\infty} b_v\sin vx, \qquad 0<x<\pi$$

他的这个意见被 18 世纪的名家（除丹尼尔·伯努利外）否定了，但他坚持自己的想法，他选取了大量函数，对每一个函数算出头几个 b_v 值，并作出其和的图形，从而他得出结论

说，不管在区间 $0<x<\pi$ 外怎样，这个级数在 $0<x<\pi$ 上总表示为 $f(x)$. 但傅里叶从未给出过证明，当然也没有说出一个函数可以展开为傅氏级数必须满足的条件.

皮埃尔·西蒙·拉普拉斯

皮埃尔·西蒙·拉普拉斯侯爵（Pierre Simon marquis de Laplace，1749 年 3 月 23 日～1827 年 3 月 5 日），法国著名的天文学家和数学家，天体力学的集大成者. 1749 年生于法国西北部卡尔瓦多斯的博蒙昂诺日，1816 年被选为法兰西学院院士，1817 年任该院院长. 1812 年发表了重要的《概率分析理论》一书，在该书中总结了当时整个概率论的研究，论述了概率在选举审判调查、气象等方面的应用，导入"拉普拉斯变换"等. 在拿破仑皇帝时期和路易十八时期两度获颁爵位. 拉普拉斯曾任拿破仑的老师，所以和拿破仑结下不解之缘.

【本章小结】

本章主要学习以下几个方面的内容：
(1) 级数的有关概念和性质.
(2) 傅里叶级数概念与函数展开成傅里级数方法.
(3) 拉普拉斯变换及逆变换的概念与性质.

复习题 5

1. 填空：

(1) 对级数 $\sum\limits_{n=1}^{\infty} u_n$，$\lim\limits_{n\to\infty} u_n=0$ 是它收敛的_____条件；

(2) 部分和数列 $\{s_n\}$ 有界是正项级数 $\sum\limits_{n=1}^{\infty} u_n$ 收敛的_____条件.

2. 判断下列级数的收敛性：

(1) $\sum\limits_{n=1}^{\infty} \dfrac{1}{n\sqrt[n]{n}}$； (2) $\sum\limits_{n=1}^{\infty} \dfrac{(n!)^2}{2n^2}$；

(3) $\sum\limits_{n=1}^{\infty} \dfrac{n\cos^2\dfrac{n\pi}{3}}{2^n}$； (4) $\sum\limits_{n=1}^{\infty} \dfrac{1}{\ln^{10} n}$.

3. 设 $f(x)$ 是周期为 2π 的函数，它在 $[-\pi,\pi)$ 上的表达式为

$$f(x)=\begin{cases} 0, x\in[-\pi,0) \\ \mathrm{e}^x, x\in[0,\pi) \end{cases}$$

将 $f(x)$ 展开成傅里叶级数.

4. 一矩形波的表达式为

$$f(x)=\begin{cases} 0, (2k-1)\pi\leqslant x<2k\pi \\ 1, 2k\pi\leqslant x<(2k+1)\pi, \end{cases} k \text{ 为整数}$$

求 $f(x)$ 的傅里叶级数展开式.

5. 若 $f(x)$ 以 2π 为周期，在 $[-\pi,\pi]$ 上的表达式为 $f(x)=\begin{cases} 1, -\pi\leqslant x<0 \\ 2, 0\leqslant x<\pi \end{cases}$，试将其展开成傅里叶级数.

6. 将函数 $f(x) = \begin{cases} 2x, 0 \leqslant x < \dfrac{\pi}{2} \\ 2(\pi - x), \dfrac{\pi}{2} \leqslant x \leqslant \pi \end{cases}$ 展开成傅里叶正弦级数.

7. 求下列函数的拉氏变换：

(1) $\delta(t)$;   (2) $\cos\omega t$;   (3) t;

(4) $\dfrac{t^2}{2}$;   (5) $e^{-3t}\cos 5t$;   (6) $e^{-2t}\cos(5t - \dfrac{\pi}{3})$.

8. 利用微分性质求 $f(t) = t^m$ 的拉氏变换，其中 m 是正常数.

9. 求下列象函数的拉氏逆变换：

(1) $F(s) = \dfrac{s+9}{s^2 + 5s + 6}$;   (2) $F(s) = \dfrac{s+3}{(s+1)(s+2)^2}$;

(3) $F(s) = \dfrac{1}{(s-2)(s+2)^2}$.

10. 求下列微分方程的解：

(1) $y'' - 2y' + 2y = 2e^t\cos t$, $y(0) = y'(0) = 0$;

(2) $y''' + 3y'' + 3y' + y = 1$, $y(0) = y'(0) = y''(0) = 0$.

第6章 行列式、矩阵、线性规划初步

由著名的德国数学家莱布尼茨（1646～1716）和瑞士数学家克拉默（1704～1752）等创立和发展起来的线性代数学科，起源于线性方程组问题．本章将首先介绍线性代数学中的行列式、矩阵和线性方程组的基础知识，并以行列式和矩阵为工具，围绕着线性方程组的求解问题展开，然后介绍一点运筹学中的线性规划问题．

6.1 行列式及其性质

6.1.1 行列式的定义

📖 **案例 1【二元一次方程组】** 二元一次线性方程的一般形式为

$$\begin{cases} a_{11}x_1 + a_{12}x_2 = b_1 \\ a_{21}x_1 + a_{22}x_2 = b_2 \end{cases}$$

用加减消元法求得其解为：$x_1 = \dfrac{b_1 a_{22} - b_2 a_{12}}{a_{11}a_{22} - a_{21}a_{12}}, x_2 = \dfrac{b_2 a_{11} - a_{21}b_1}{a_{11}a_{22} - a_{21}a_{12}}$．

📖 **案例 2【三元一次方程组】** 三元一次线性方程组一般形式

$$\begin{cases} a_{11}x_1 + a_{12}x_2 + a_{13}x_3 = b_1 \\ a_{21}x_1 + a_{22}x_2 + a_{23}x_3 = b_2 \\ a_{31}x_1 + a_{32}x_2 + a_{33}x_3 = b_3 \end{cases}$$

用加减消元法求得其解：

$$x_1 = \frac{b_1 a_{22}a_{33} + a_{12}a_{23}b_3 + a_{13}b_2 a_{32} - b_3 a_{22}a_{13} - a_{32}a_{23}b_1 - a_{33}a_{12}b_2}{a_{11}a_{22}a_{33} + a_{12}a_{23}a_{31} + a_{13}a_{21}a_{32} - a_{31}a_{22}a_{13} - a_{32}a_{23}a_{11} - a_{33}a_{12}a_{11}}$$

$$x_2 = \frac{a_{11}b_2 a_{33} + a_{12}a_{23}b_1 + a_{13}b_3 a_{21} - a_{31}b_2 a_{13} - b_3 a_{23}a_{11} - a_{33}a_{21}b_1}{a_{11}a_{22}a_{33} + a_{12}a_{23}a_{31} + a_{13}a_{21}a_{32} - a_{31}a_{22}a_{13} - a_{32}a_{23}a_{11} - a_{33}a_{12}a_{11}}$$

$$x_3 = \frac{a_{11}a_{22}b_3 + a_{12}a_{31}b_2 + b_1 a_{21}a_{32} - b_1 a_{22}a_{31} - a_{32}a_{11}b_2 - a_{21}a_{12}b_3}{a_{11}a_{22}a_{33} + a_{12}a_{23}a_{31} + a_{13}a_{21}a_{32} - a_{31}a_{22}a_{13} - a_{32}a_{23}a_{11} - a_{33}a_{12}a_{11}}$$

💡 **概念与公式的引出**

为了便于记忆，也为了求解线性方程组的方便，引进行列式的概念．

定义【二阶行列式】：形为 $\begin{vmatrix} a_{11} & a_{12} \\ a_{21} & a_{22} \end{vmatrix}$ 的式子称为二阶行列式，规定其值为 $a_{11}a_{22} - a_{21}a_{12}$，即：

$$\begin{vmatrix} a_{11} & a_{12} \\ a_{21} & a_{22} \end{vmatrix} = a_{11}a_{22} - a_{21}a_{12}. \quad \text{记 } \boldsymbol{D} = \begin{vmatrix} a_{11} & a_{12} \\ a_{21} & a_{22} \end{vmatrix}, \quad \boldsymbol{D_1} = \begin{vmatrix} b_1 & a_{12} \\ b_2 & a_{22} \end{vmatrix}, \quad \boldsymbol{D_2} = \begin{vmatrix} a_{11} & b_1 \\ a_{21} & b_2 \end{vmatrix},$$

则案例 1 的解可表示为：$x_1 = \dfrac{D_1}{D}$，$x_2 = \dfrac{D_2}{D}$.

定义【三阶行列式】形为
$$\begin{vmatrix} a_{11} & a_{12} & a_{13} \\ a_{21} & a_{22} & a_{23} \\ a_{31} & a_{32} & a_{33} \end{vmatrix}$$

的式子称为三阶行列式，规定

$$\begin{vmatrix} a_{11} & a_{12} & a_{13} \\ a_{21} & a_{22} & a_{23} \\ a_{31} & a_{32} & a_{33} \end{vmatrix} = a_{11} \begin{vmatrix} a_{22} & a_{23} \\ a_{32} & a_{33} \end{vmatrix} - a_{12} \begin{vmatrix} a_{21} & a_{23} \\ a_{31} & a_{33} \end{vmatrix} + a_{13} \begin{vmatrix} a_{21} & a_{22} \\ a_{31} & a_{32} \end{vmatrix}.$$

记：$\boldsymbol{D} = \begin{vmatrix} a_{11} & a_{12} & a_{13} \\ a_{21} & a_{22} & a_{23} \\ a_{31} & a_{32} & a_{33} \end{vmatrix}$, $\boldsymbol{D_1} = \begin{vmatrix} b_1 & a_{12} & a_{13} \\ b_2 & a_{22} & a_{23} \\ b_3 & a_{32} & a_{33} \end{vmatrix}$, $\boldsymbol{D_2} = \begin{vmatrix} a_{11} & b_1 & a_{13} \\ a_{21} & b_2 & a_{23} \\ a_{31} & b_3 & a_{33} \end{vmatrix}$,

$\boldsymbol{D_3} = \begin{vmatrix} a_{11} & a_{12} & b_1 \\ a_{21} & a_{22} & b_2 \\ a_{31} & a_{32} & b_3 \end{vmatrix}$

则案例 2 的解可表示为：

$$x_1 = \frac{D_1}{D}, x_2 = \frac{D_2}{D}, x_2 = \frac{D_3}{D}.$$

定义【n 阶行列式】形为 $\boldsymbol{D} = \begin{vmatrix} a_{11} & a_{12} & \cdots & a_{1n} \\ a_{21} & a_{22} & \cdots & a_{2n} \\ \vdots & \vdots & \vdots & \vdots \\ a_{n1} & a_{n2} & \cdots & a_{nn} \end{vmatrix}$ 称为 n 阶行列式,

并规定 $\begin{vmatrix} a_{11} & a_{12} & \cdots & a_{1n} \\ a_{21} & a_{22} & \cdots & a_{2n} \\ \vdots & \vdots & \vdots & \vdots \\ a_{n1} & a_{n2} & \cdots & a_{nn} \end{vmatrix} = (-1)^{1+1}a_{11}M_{11} + (-1)^{1+2}a_{12}M_{12} + \cdots + (-1)^{1+n}a_{1n}M_{1n}.$

其中 $M_{1j}(j = 1, 2 \cdots n)$ 是 $\boldsymbol{D}$ 中去掉第一行第 j 列元素后剩下的元素组成的一个 $n-1$ 阶行列式.

📖 **进一步的练习**

练习 1 计算三阶行列式 $\begin{vmatrix} -1 & 6 & 7 \\ 4 & 0 & 9 \\ 2 & 1 & 5 \end{vmatrix}$.

解： $\begin{vmatrix} -1 & 6 & 7 \\ 4 & 0 & 9 \\ 2 & 1 & 5 \end{vmatrix} = -1 \times \begin{vmatrix} 0 & 9 \\ 1 & 5 \end{vmatrix} - 6 \times \begin{vmatrix} 4 & 9 \\ 2 & 5 \end{vmatrix} + 7 \times \begin{vmatrix} 4 & 0 \\ 2 & 1 \end{vmatrix}$

$\qquad\qquad = -1 \times (0 \times 5 - 1 \times 9) - 6 \times (4 \times 5 - 2 \times 9) + 7 \times (4 \times 1 - 2 \times 0)$

$\qquad\qquad = 25$

练习 2 解方程组 $\begin{cases} x_1 + 2x_2 + x_3 = 2 \\ -2x_1 + x_2 - x_3 = -1 . \\ x_1 + 3x_2 - x_3 = -2 \end{cases}$

解： $D = \begin{vmatrix} 1 & 2 & 1 \\ -2 & 1 & -1 \\ 1 & 3 & -1 \end{vmatrix} = 1 \times \begin{vmatrix} 1 & -1 \\ 3 & -1 \end{vmatrix} - 2 \times \begin{vmatrix} -2 & -1 \\ 1 & -1 \end{vmatrix} + 1 \times \begin{vmatrix} -2 & 1 \\ 1 & 3 \end{vmatrix} = -11.$

$D_1 = \begin{vmatrix} 2 & 2 & 1 \\ -1 & 1 & -1 \\ -2 & 3 & -1 \end{vmatrix} = 5, D_2 = \begin{vmatrix} 1 & 2 & 1 \\ -2 & -1 & -1 \\ 1 & -2 & -1 \end{vmatrix} = -2, D_3 = \begin{vmatrix} 1 & 2 & 2 \\ -2 & 1 & -1 \\ 1 & 3 & -2 \end{vmatrix} = -23.$

$$x_1 = \frac{D_1}{D} = -\frac{5}{11}, \quad x_2 = \frac{D_2}{D} = \frac{2}{11}, \quad x_3 = \frac{D_3}{D} = \frac{23}{11}.$$

6.1.2　行列式的性质

💡 **概念与公式的引出**

定义 【转置行列式】　将行列式 D 中行、列互换得到新的行列式称为 D 的转置行列式，记为 D'.

性质 1　行列式与它的转置行列式的值相等.

如：$\begin{vmatrix} a_{11} & a_{12} \\ a_{21} & a_{22} \end{vmatrix} = a_{11}a_{22} - a_{21}a_{12}$，$\begin{vmatrix} a_{11} & a_{12} \\ a_{21} & a_{22} \end{vmatrix}' = \begin{vmatrix} a_{11} & a_{21} \\ a_{12} & a_{22} \end{vmatrix} = a_{11}a_{22} - a_{21}a_{12}$，可以看出：

$$\begin{vmatrix} a_{11} & a_{12} \\ a_{21} & a_{22} \end{vmatrix}' = \begin{vmatrix} a_{11} & a_{21} \\ a_{12} & a_{22} \end{vmatrix}$$

性质 2　互换行列式的两行（列），行列式的值改变符号.

如：$\begin{vmatrix} a_{11} & a_{21} \\ a_{12} & a_{22} \end{vmatrix} = a_{11}a_{22} - a_{12}a_{21}$，$\begin{vmatrix} a_{12} & a_{22} \\ a_{11} & a_{21} \end{vmatrix} = a_{12}a_{21} - a_{11}a_{22}$，可以看出

$$\begin{vmatrix} a_{11} & a_{12} \\ a_{21} & a_{22} \end{vmatrix} = - \begin{vmatrix} a_{21} & a_{22} \\ a_{11} & a_{12} \end{vmatrix}$$

性质 3　将行列式的某一行（列）中所有元素都乘以数 λ，等于用 λ 乘以行列式.

如　$\begin{vmatrix} a_{11} & a_{12} \\ \lambda a_{21} & \lambda a_{22} \end{vmatrix} = \lambda \begin{vmatrix} a_{11} & a_{12} \\ a_{21} & a_{22} \end{vmatrix}$.

推论 1　行列式中某行（列）所有元素的公因子可以提到行列式符号的外面.

推论 2　如果行列式的某行（列）的所有元素全为零，那么此行列式的值为零.

推论 3　如果行列式中某两行（列）对应元素成比例，那么行列式的值为零.

性质 4　如果行列式中的某一行（列）的所有元素都是两项之和，则这个行列式可以表示成两个行列式的和.

如：$\begin{vmatrix} a_{11}+b_1 & a_{12}+b_2 \\ a_{21} & a_{22} \end{vmatrix} = \begin{vmatrix} a_{11} & a_{12} \\ a_{21} & a_{22} \end{vmatrix} + \begin{vmatrix} b_1 & b_2 \\ a_{21} & a_{22} \end{vmatrix}$.

性质 5　把行列式的某行（列）的元素同乘以数 k 加到另一行（列）对应元素上去，行列式的值不变.

如：$\begin{vmatrix} a_{11} & a_{12} \\ a_{21} & a_{22} \end{vmatrix} = \begin{vmatrix} a_{11} & a_{12} \\ a_{21}+ka_{11} & a_{22}+ka_{12} \end{vmatrix}$.

练习3 计算行列式
$$D = \begin{vmatrix} 1 & \frac{1}{2} & \frac{1}{2} & \frac{1}{2} \\ \frac{1}{2} & 1 & \frac{1}{2} & \frac{1}{2} \\ \frac{1}{2} & \frac{1}{2} & 1 & \frac{1}{2} \\ \frac{1}{2} & \frac{1}{2} & \frac{1}{2} & 1 \end{vmatrix}.$$

解： $D = \left(\frac{1}{2}\right)^4 \begin{vmatrix} 2 & 1 & 1 & 1 \\ 1 & 2 & 1 & 1 \\ 1 & 1 & 2 & 1 \\ 1 & 1 & 1 & 2 \end{vmatrix} = \left(\frac{1}{2}\right)^4 \begin{vmatrix} 5 & 5 & 5 & 5 \\ 1 & 2 & 1 & 1 \\ 1 & 1 & 2 & 1 \\ 1 & 1 & 1 & 2 \end{vmatrix} = \frac{5}{16} \begin{vmatrix} 1 & 1 & 1 & 1 \\ 1 & 2 & 1 & 1 \\ 1 & 1 & 2 & 1 \\ 1 & 1 & 1 & 2 \end{vmatrix} = \frac{5}{16} \begin{vmatrix} 0 & -1 & 0 & 0 \\ 1 & 2 & 1 & 1 \\ 1 & 1 & 2 & 1 \\ 1 & 1 & 1 & 2 \end{vmatrix}$

$= \frac{5}{16} \times (-1)^{1+2} \begin{vmatrix} 1 & 1 & 1 \\ 1 & 2 & 1 \\ 1 & 1 & 2 \end{vmatrix} = -\frac{5}{16} \begin{vmatrix} 0 & -1 & 0 \\ 1 & 2 & 1 \\ 1 & 1 & 2 \end{vmatrix} = \frac{5}{16} \begin{vmatrix} 1 & 1 \\ 1 & 2 \end{vmatrix} = \frac{5}{16}.$

练习4 计算 $D_5 = \begin{vmatrix} 3 & 2 & 0 & 0 & 0 \\ 1 & 3 & 2 & 0 & 0 \\ 0 & 1 & 3 & 2 & 0 \\ 0 & 0 & 1 & 3 & 2 \\ 0 & 0 & 0 & 1 & 3 \end{vmatrix}.$

解： 观察 D_5 中的元素具有某种规律性，将 D_5 按第一行展开

$$D_5 = 3 \begin{vmatrix} 3 & 2 & 0 & 0 \\ 1 & 3 & 2 & 0 \\ 0 & 1 & 3 & 2 \\ 0 & 0 & 1 & 3 \end{vmatrix} - 2 \begin{vmatrix} 1 & 2 & 0 & 0 \\ 0 & 3 & 2 & 0 \\ 0 & 1 & 3 & 2 \\ 0 & 0 & 1 & 3 \end{vmatrix} = 3 \begin{vmatrix} 3 & 2 & 0 & 0 \\ 1 & 3 & 2 & 0 \\ 0 & 1 & 3 & 2 \\ 0 & 0 & 1 & 3 \end{vmatrix} - 2 \begin{vmatrix} 3 & 2 & 0 \\ 1 & 3 & 2 \\ 0 & 1 & 3 \end{vmatrix}.$$

由此得递推公式：$D_5 = 3D_4 - 2D_3$，反复应用此公式得：

$$D_5 = 3(3D_3 - 2D_2) - 2(3D_2 - 2D_1) = 9(3D_2 - 2D_1) - 6D_2 - 6D_2 + 4D_1$$

$$= 15D_2 - 14D_1 = 15 \times \begin{vmatrix} 3 & 2 \\ 1 & 3 \end{vmatrix} - 14 \times 3 = 63.$$

6.1.3 克莱姆法则

由案例1及案例2知，二阶行列式、三阶行列式来源于解二元、三元线性方程组，那么 n 阶行列式能否用来解 n 个未知数，n 个方程构成的线性方程组呢？这就是克莱姆法则回答我们的问题．

定理【克莱姆法则】如果 n 元线性方程组

$$\begin{cases} a_{11}x_1 + a_{12}x_2 + \cdots a_{1n}x_n = b_1 \\ a_{21}x_1 + a_{22}x_2 + \cdots a_{2n}x_n = b_2 \\ \vdots \\ a_{n1}x_1 + a_{n2}x_2 + \cdots a_{nn}x_n = b_n \end{cases}$$

的系数行列式 $D \neq 0$，则此方程组有唯一解，其解为：$x_i = \dfrac{D_i}{D}$，（$i = 1, 2, \cdots n$），其中

D_i 为 D 中相应的列换为 $b_1, b_2, \cdots, b_n$（证明略）.

📖 **进一步的练习**

练习 5　解线性方程组：$\begin{cases} x_1 - x_2 + 2x_4 = -5 \\ 3x_1 + 2x_2 - x_3 - 2x_4 = 6 \\ 4x_1 + 3x_2 - x_3 - x_4 = 0 \\ 2x_1 - x_3 = 0 \end{cases}$.

解：计算该方程组的系数行列式

$$D = \begin{vmatrix} 1 & -1 & 0 & 2 \\ 3 & 2 & -1 & -2 \\ 4 & 3 & -1 & -1 \\ 2 & 0 & -1 & 0 \end{vmatrix} = \begin{vmatrix} 1 & -1 & 0 & 2 \\ 1 & 2 & -1 & -2 \\ 2 & 3 & -1 & -1 \\ 0 & 0 & -1 & 0 \end{vmatrix} = \begin{vmatrix} 1 & -1 & 2 \\ 1 & 2 & -2 \\ 2 & 3 & -1 \end{vmatrix} = \begin{vmatrix} 1 & -1 & 2 \\ 0 & 3 & -4 \\ 0 & 5 & -5 \end{vmatrix} = 5.$$

同理可得：

$$D_1 = \begin{vmatrix} -5 & -1 & 0 & 2 \\ 6 & 2 & -1 & -2 \\ 0 & 3 & -1 & -1 \\ 0 & 0 & -1 & 0 \end{vmatrix} = 10, \quad D_2 = \begin{vmatrix} 1 & -5 & 0 & 2 \\ 3 & 6 & -1 & -2 \\ 4 & 0 & -1 & -1 \\ 2 & 0 & -1 & 0 \end{vmatrix} = -15$$

$$D_3 = \begin{vmatrix} 1 & -1 & -5 & 2 \\ 3 & 2 & 6 & -2 \\ 4 & 3 & 0 & -1 \\ 2 & 0 & 0 & 0 \end{vmatrix} = 20, \quad D_4 = \begin{vmatrix} 1 & -1 & 0 & -5 \\ 3 & 2 & -1 & 6 \\ 4 & 3 & -1 & 0 \\ 2 & 0 & -1 & 0 \end{vmatrix} = -25$$

所以，方程组的解为：

$$x_1 = \frac{D_1}{D} = 2, \; x_2 = \frac{D_2}{D} = -3, \; x_3 = \frac{D_3}{D} = 4, \; x_4 = \frac{D_4}{D} = -5$$

练习 6【产品数量】　一工厂有 1000 小时用于生产、维修和检验，各工序的工作时间分别为 P，M，I，且满足 $P+M+I=1000$，$P=I-100$，$P+I=M+100$，求各工序所用的时间分别为多少?

解：由题意得

$$\begin{cases} P+M+I=1000, \\ P-I=-100, \\ P+I-M=100 \end{cases}$$

先求该方程组的系数矩阵：

$$D = \begin{vmatrix} 1 & 1 & 1 \\ 1 & 0 & -1 \\ 1 & -1 & 1 \end{vmatrix} = \begin{vmatrix} 1 & 0 & 0 \\ 1 & -1 & -2 \\ 1 & -2 & 0 \end{vmatrix} = \begin{vmatrix} -1 & -2 \\ -2 & 0 \end{vmatrix} = -4$$

类似地求出其他矩阵：

$$D_1 = \begin{vmatrix} 1000 & 1 & 1 \\ -100 & 0 & -1 \\ 100 & -1 & 1 \end{vmatrix} = -900, \quad D_2 = \begin{vmatrix} 1 & 1000 & 1 \\ 1 & -100 & -1 \\ 1 & 100 & 1 \end{vmatrix} = -1800,$$

$$D_3 = \begin{vmatrix} 1 & 1 & 1000 \\ 1 & 0 & -100 \\ 1 & -1 & 100 \end{vmatrix} = -1300.$$

所以方程组的解为：$P=\dfrac{D_1}{D}=225,M=\dfrac{D_2}{D}=450,I=\dfrac{D_3}{D}=325$.

因此生产、维修和检验三工序所用时间分别为 225 小时、450 小时、325 小时.

练习 7【T 衫销量】 一大型商场出售四种型号的 T 衫：小号、中号、大号和加大号，每种型号的售价分别为：22 元、24 元、26 元、30 元，若商场某周共售出了 13 万件 T 衫，毛收入 320 万元. 并已知大号的销量为小号和加大号的总和，大号的销售收入（毛收入）也为小号和加大号收入（毛收入）的总和，问各种型号的 T 衫各售出多少件？

解： 设该商场一周销售 T 衫小号、中号、大号、加大号的销量分别为 x_1，x_2，x_3，x_4 万件，由题意知：

$$\begin{cases} x_1+x_2+x_3+x_4=13 \\ 22x_1+24x_2+26x_3+30x_4=320 \\ x_1-x_3+x_4=0 \\ 22x_1-26x_3+30x_4=0 \end{cases}$$

先求该方程组的系数矩阵：

$$D=\begin{vmatrix} 1 & 1 & 1 & 1 \\ 22 & 24 & 26 & 30 \\ 1 & 0 & -1 & 1 \\ 22 & 0 & -26 & 30 \end{vmatrix}=\begin{vmatrix} 1 & 0 & 0 & 0 \\ 22 & 2 & 4 & 8 \\ 1 & -1 & -2 & 0 \\ 22 & -22 & -48 & 8 \end{vmatrix}=\begin{vmatrix} 2 & 4 & 8 \\ -1 & -2 & 0 \\ -22 & -48 & 8 \end{vmatrix}=32$$

类似地求出其他矩阵：$D_1=32$，$D_2=288$，$D_3=64$，$D_4=32$.

所以方程组的解为：$x_1=\dfrac{D_1}{D}=1,x_2=\dfrac{D_2}{D}=9,x_3=\dfrac{D_3}{D}=2,x_4=\dfrac{D_4}{D}=1$

因此小号、中号、大号、加大号型 T 衫的销量分别为 1 万件、9 万件、2 万件、1 万件.

☆ 习题 6.1

1. 计算下列行列式：

(1) $\begin{vmatrix} 2 & -1 \\ 1 & 2 \end{vmatrix}$；　(2) $\begin{vmatrix} \cos\alpha & \sin\alpha \\ \sin\alpha & -\cos\alpha \end{vmatrix}$；　(3) $\begin{vmatrix} a & a^2 \\ b & ab \end{vmatrix}$；

(4) $\begin{vmatrix} 2 & 0 & 0 \\ 3 & 1 & 0 \\ 18 & 5 & 1 \end{vmatrix}$；　(5) $\begin{vmatrix} 3 & 14 & 3 \\ 1 & 10 & 0 \\ 2 & 4 & 1 \end{vmatrix}$；　(6) $\begin{vmatrix} x & y & z & k \\ y & x & k & z \\ y & z & z & k \\ x & y & k & z \end{vmatrix}$.

2. 用克莱姆法则解下列线性方程组：

(1) $\begin{cases} x_1-x_2+x_3-2x_4=2 \\ 2x_1-x_3+4x_4=4 \\ 3x_1+2x_2+x_3=-1 \\ -x_1+2x_2-x_3+2x_4=-4 \end{cases}$；　(2) $\begin{cases} x_1+x_2+x_3=5 \\ 2x_1+x_2-x_3+x_4=1 \\ x_1+2x_2-x_3+x_4=2 \\ x_2+2x_3+3x_4=3 \end{cases}$.

3.【受力分析】作用在一工业机器人主线上的力如图 6-1 所示，通过受力分析，得到如下方程

$$A+60=0.8T,B=0.6T,8A+6B+80=5T$$

求各力分别为多少？

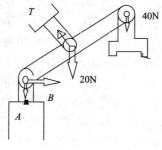

图 6-1

6.2 矩阵及其运算

6.2.1 矩阵的概念

📚 **案例1【物资调运方案】** 某货物从两个产地运往三个销地，调运方案如表 6-1 所示．

表 6-1

销量 销地 产地	1	2	3
1	17	25	20
2	26	32	23

这个调运方案可以写成一个 2 行 3 列的数表

$$\begin{pmatrix} 17 & 25 & 20 \\ 26 & 32 & 23 \end{pmatrix}$$

其中第 $i(i=1,2)$ 行 $j(j=1,2,3)$ 的数表示从第 i 个产地到第 j 个销地的运量．

📚 **案例2【线性方程组】** 二元线性方程组 $\begin{cases} a_{11}x_1 + a_{12}x_2 = b_1 \\ a_{21}x_1 + a_{22}x_2 = b_2 \end{cases}$

将其未知量系数与常数项按照原来的次序组成一个矩形表：

$$\begin{pmatrix} a_{11} & a_{12} & b_1 \\ a_{21} & a_{22} & b_2 \end{pmatrix}$$

在实际问题的研究中，还有许多地方用到这样的数表，如单位职工的工资、学生各科成绩、超市的价格表、工厂统计原材料及产销地等．

💡 **概念和公式的引出**

矩阵 由 $m \times n$ 个数 $a_{ij}\,(i=1,2,\cdots,m\,;\,j=1,2,\cdots,n)$ 排成的 m 行 n 列的数表

$$\begin{pmatrix} a_{11} & a_{12} & \cdots & a_{1n} \\ a_{21} & a_{22} & \cdots & a_{2n} \\ \vdots & \vdots & \vdots & \vdots \\ a_{m1} & a_{m2} & \cdots & a_{mn} \end{pmatrix}$$

称为 m 行 n 列矩阵，简称 $m \times n$ 矩阵，其中 a_{ij} 表示第 i 行第 j 列的元素，i 称为 a_{ij} 的行标，j 称为 a_{ij} 的列标，通常用大写的字母 A, B, C 或（a_{ij}），（b_{ij}）等表示矩阵，有时为

了标明矩阵的行数和列数，常记作 $\boldsymbol{A}_{m \times n}$ 或 $(a_{ij})_{m \times n}$.

方阵：矩阵 $\boldsymbol{A}$ 的行数与列数相等时的矩阵．方阵的左上角到右下角称为主对角线．主对角线上的元素称为主对角元．

零矩阵：元素都为零的矩阵，记作 0.

行矩阵：只有一行元素的矩阵．

列矩阵：只有一列元素的矩阵．

对角矩阵：除主对角线上元素外，其他元素全为零的方阵．为了方便，采用如下记号：

$$\begin{pmatrix} a_{11} & & & \\ & a_{22} & & \\ & & \ddots & \\ & & & a_{nn} \end{pmatrix}$$

单位矩阵：主对角线上元素全 1，其他元素全为零的方阵．记作 $\boldsymbol{I}$ 或 $\boldsymbol{I}_n$.

即：

$$\boldsymbol{I}_n = \begin{pmatrix} 1 & & & \\ & 1 & & \\ & & \ddots & \\ & & & 1 \end{pmatrix}$$

上（下）三角矩阵：主对角线以下（上）的元素全为零的方阵，即：

$$上三角方阵 \begin{pmatrix} a_{11} & a_{12} & \cdots & a_{1n} \\ 0 & a_{22} & \cdots & a_{2n} \\ \vdots & \vdots & \ddots & \vdots \\ 0 & 0 & \cdots & a_{nn} \end{pmatrix}$$

$$下三角方阵 \begin{pmatrix} a_{11} & 0 & \cdots & 0 \\ a_{21} & a_{22} & \cdots & 0 \\ \vdots & \vdots & \ddots & \vdots \\ a_{n1} & a_{n2} & \cdots & a_{nn} \end{pmatrix}.$$

📖 进一步的练习

练习 1【药品库存】 某医院甲乙两种药品的库存量见表 6-2.

表 6-2

数量 型号 品种	100/瓶	200/瓶	300/瓶
甲	560	300	15
乙	400	98	55

它可用矩阵表示：

$$\begin{pmatrix} 560 & 300 & 15 \\ 400 & 98 & 55 \end{pmatrix}.$$

6.2.2 矩阵的运算

📖 **案例 3【受力分析】** 作用在一静止物体上的力如图 6-2 所示，我们将物体所受的力沿水平方向和铅直方向分解，得到如下关系：

$$F_2\cos30°-F_1\cos30°=8，F_1\sin30°+F_2\sin30°=3.5$$

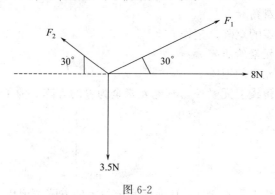

图 6-2

用矩阵表示：

$$\begin{pmatrix} F_2\cos30°-F_1\cos30° \\ F_2\sin30°+F_1\sin30° \end{pmatrix}=\begin{pmatrix} 8 \\ 3.5 \end{pmatrix}.$$

💡 **概念和公式的引出**

矩阵相等 设 $A=(a_{ij})_{m\times n}$，$B=(b_{ij})_{m\times n}$，若 $a_{ij}=b_{ij}$（$i=1,2,\cdots,m$；$j=1,2,\cdots,$ n），则称两矩阵 A 与 B 相等，记作 $A=B$.

📖 **进一步的练习**

练习 2 设矩阵 $A=\begin{pmatrix} 1 & 0 & a & 5 \\ 3 & b & -1 & 9 \end{pmatrix}$，$B=\begin{pmatrix} c & 0 & 6 & 5 \\ 3 & 2 & -1 & d \end{pmatrix}$ 求元素 a，b，c，d 的值.

解：由矩阵相等的定义可知：$a=6$，$b=2$，$c=1$，$d=9$.

📚 **案例 4【商品的销售额】** 某商场四个品牌的三个系列在上半年、下半年的销售额（单位：十万元）统计见表 6-3.

解：四个品牌各系列上、下半年的销售额可以矩阵 A、B 表示.

表 6-3

系列\品牌	I		II		III	
	上半年	下半年	上半年	下半年	上半年	下半年
a	10	15	12	13	20	25
b	9	12	15	11	18	16
c	12	15	9	8	15	10
d	8	10	10	12	15	18

$$A=\begin{pmatrix} 10 & 12 & 20 \\ 9 & 15 & 18 \\ 12 & 9 & 15 \\ 8 & 10 & 15 \end{pmatrix}, \qquad B=\begin{pmatrix} 15 & 13 & 25 \\ 12 & 11 & 16 \\ 15 & 6 & 10 \\ 10 & 12 & 18 \end{pmatrix}$$

则四个品牌各系列全年的销售额可表示为：

$$C = \begin{pmatrix} 10+15 & 12+13 & 20+25 \\ 9+12 & 15+11 & 18+16 \\ 12+15 & 9+6 & 15+10 \\ 8+10 & 10+12 & 15+18 \end{pmatrix} = \begin{pmatrix} 25 & 25 & 45 \\ 21 & 26 & 34 \\ 27 & 15 & 25 \\ 18 & 22 & 33 \end{pmatrix}$$

上式新矩阵 C 是由矩阵 A 与矩阵 B 对应元素相加得到的.

概念和公式的引出

矩阵的加法　两个 $m \times n$ 矩阵 $A = (a_{ij})$，$B = (b_{ij})$ 的对应元素相加（减）得到的新的 $m \times n$ 矩阵 $C = (a_{ij} + b_{ij})$（$C = (a_{ij} - b_{ij})$）称为矩阵 A 与 B 的和（差），记作 $C = A + B$（$C = A - B$）.

注：两个矩阵只有行数和列数分别相等时才能相加.

容易验证，矩阵的加法满足下列运算律（设 A，B，C 都是 $m \times n$ 矩阵）：

（1）$A + B = B + A$；　　　　（2）$(A + B) + C = A + (B + C)$；

（3）$A + 0 = A$；　　　　（4）$A + (-A) = 0$.

进一步的练习

练习 3【调运方案】　设某种物资由 3 个产地运往 4 个销地，两次调运方案分别见表6-4和表 6-5，求两次从各产地调运物资到各销地的运量总和.

解：若分别用矩阵 A 和 B 表示各次的调运量，则有

$$A = \begin{pmatrix} 3 & 7 & 5 & 2 \\ 0 & 2 & 1 & 7 \\ 5 & 2 & 1 & 4 \end{pmatrix}, \qquad B = \begin{pmatrix} 1 & 2 & 4 & 2 \\ 3 & 2 & 0 & 1 \\ 1 & 3 & 5 & 6 \end{pmatrix}$$

则各产地到各销地的运量之和为：

表 6-4

产地 ＼ 销地	A	B	C	D
Ⅰ	3	7	5	2
Ⅱ	0	2	1	7
Ⅲ	5	2	1	4

表 6-5

产地 ＼ 销地	A	B	C	D
Ⅰ	1	2	4	2
Ⅱ	3	2	0	1
Ⅲ	1	3	5	6

$$C = A + B = \begin{pmatrix} 3+1 & 7+2 & 5+4 & 2+2 \\ 0+3 & 2+2 & 1+0 & 7+1 \\ 5+1 & 2+3 & 1+5 & 4+6 \end{pmatrix} = \begin{pmatrix} 4 & 9 & 9 & 4 \\ 3 & 4 & 1 & 8 \\ 6 & 5 & 6 & 10 \end{pmatrix}$$

练习 4【库存清单】　矩阵 S 给出了某家具店二月份各种沙发、椅子、餐桌的订货量，

从生产车间运到商店的家具有三种款式：古式、普通、现代，矩阵 T 给出了一月末仓库中家具数量清单：

$$\begin{array}{cc} & \begin{array}{ccc} 古 & 普 & 现 \end{array} \\ \begin{array}{c} 沙 \\ S=椅 \\ 餐 \end{array} & \begin{pmatrix} 2 & 0 & 1 \\ 10 & 2 & 4 \\ 2 & 4 & 6 \end{pmatrix} \end{array} \qquad \begin{array}{cc} & \begin{array}{ccc} 古 & 普 & 现 \end{array} \\ \begin{array}{c} 沙 \\ T=椅 \\ 餐 \end{array} & \begin{pmatrix} 12 & 10 & 15 \\ 40 & 15 & 17 \\ 17 & 42 & 18 \end{pmatrix} \end{array}$$

（1）矩阵 S 中 10 代表什么意思？

（2）计算 $T\text{-}S$，并解释其实际意义？

解：（1）S 中的数 10 表示二月份古式椅子的订货量为 10 张；

（2）$T-S=\begin{pmatrix} 10 & 10 & 14 \\ 30 & 13 & 13 \\ 15 & 38 & 12 \end{pmatrix}$ 表示二月末仓库中家具的库存量.

练习 5【库存清单】 一药品供应公司的存货清单上显示瓶装维生素 C 和瓶装维生素 E 的数量为：

维生素 C：25 箱瓶装 100 片的，10 箱瓶装 250 片的，32 箱瓶装 500 片的；

维生素 E：30 箱瓶装 100 片的，18 箱瓶装 250 片的，40 箱瓶装 500 片的.

现用矩阵 A 表示这一库存，若公司组织两次货运以减少库存，每次运输的数量用矩阵 B 表示，问最后公司维生素 C 和维生素 E 的库存量为多少？

$$A=\begin{pmatrix} 25 & 10 & 32 \\ 30 & 18 & 40 \end{pmatrix} \qquad B=\begin{pmatrix} 10 & 5 & 6 \\ 12 & 4 & 8 \end{pmatrix}$$

解：最后公司维生素 C 和 E 的库存量为：

$$A-2B=\begin{pmatrix} 25 & 10 & 32 \\ 30 & 18 & 40 \end{pmatrix}-2\begin{pmatrix} 10 & 5 & 6 \\ 12 & 4 & 8 \end{pmatrix}=\begin{pmatrix} 5 & 0 & 20 \\ 6 & 10 & 24 \end{pmatrix}$$

矩阵的数乘

从练习四我们可以看出，一个数 k 乘以矩阵 A 是将数乘以矩阵的每个元素，所得到的新矩阵 C 称为矩阵的数乘. 记作 $C=kA$. 容易验证：

（1）$k(A+B)=kA+kB$；   （2）$(k+l)A=kA+lA$；

（3）$(kl)A=k(lA)$.

练习 6【房屋开发计划】 某房屋开发商在开发一小区时设计了 A、B、C、D 四种不同类型的房屋，每种类型的房屋又有三种不同的设计：没有车库，一个车库，两个车库，各种户型的数量如表 6-6.

表 6-6

车库类型	A	B	C	D
无车库	8	6	0	0
一个车库	5	4	3	0
二个车库	0	3	5	6

如果开发商另有两个与之同样的开发计划，请用矩阵的运算给出开发商将开发的各种户型的总量.

解：房屋开发商要开发的一个小区的户型可用矩阵表示为

$$R = \begin{pmatrix} 8 & 6 & 0 & 0 \\ 5 & 4 & 3 & 0 \\ 0 & 3 & 5 & 6 \end{pmatrix}$$

因为该开发商还要开发两个与之一样的开发计划，所以该开发商将开发的各种房屋的总量可用矩阵表示为：

$$B = 3A = 3\begin{pmatrix} 8 & 6 & 0 & 0 \\ 5 & 4 & 3 & 0 \\ 0 & 3 & 5 & 6 \end{pmatrix} = \begin{pmatrix} 24 & 18 & 0 & 0 \\ 15 & 12 & 9 & 0 \\ 0 & 9 & 15 & 18 \end{pmatrix}$$

练习 7【库存量】 若甲仓库的三类商品 4 种型号的库存数量用矩阵 A 表示，乙仓库的三类商品 4 种型号的库存数量用矩阵 B 表示，

$$A = \begin{pmatrix} 1 & 2 & 1 & 5 \\ 3 & 4 & 8 & 7 \\ 2 & 5 & 2 & 3 \end{pmatrix} \qquad B = \begin{pmatrix} 3 & 5 & 2 & 1 \\ 2 & 1 & 8 & 7 \\ 3 & 5 & 5 & 6 \end{pmatrix}$$

已知甲仓库每件商品的保管费为 3 元/件，乙仓库每件商品的保管费为 4 元/件，求甲、乙两个仓库同类且同一种型号的商品保管费之和．

解：甲、乙两个仓库同类且同一种型号的商品保管费之和为：

$$F = 3A + 4B = 3\begin{pmatrix} 1 & 2 & 1 & 5 \\ 3 & 4 & 8 & 7 \\ 2 & 5 & 2 & 3 \end{pmatrix} + 4\begin{pmatrix} 3 & 5 & 2 & 1 \\ 2 & 1 & 8 & 7 \\ 3 & 5 & 5 & 6 \end{pmatrix}$$

$$= \begin{pmatrix} 3 & 6 & 3 & 15 \\ 9 & 12 & 24 & 21 \\ 6 & 15 & 6 & 9 \end{pmatrix} + \begin{pmatrix} 12 & 20 & 8 & 4 \\ 8 & 4 & 32 & 28 \\ 12 & 20 & 20 & 24 \end{pmatrix} = \begin{pmatrix} 15 & 26 & 11 & 19 \\ 17 & 16 & 56 & 49 \\ 18 & 35 & 26 & 33 \end{pmatrix}.$$

6.2.3 矩阵与矩阵相乘

案例 5【奶粉销售】 现有两家连锁超市出售三种奶粉，某日销量（单位：包）见表 6-7，每种奶粉的单价和利润见表 6-8，求各超市奶粉的总收入和总利润．

表 6-7

超市 ＼ 货类	奶粉Ⅰ	奶粉Ⅱ	奶粉Ⅲ
甲	23	4	15
乙	20	8	9

表 6-8

货 类	单价/元	利润/元
奶粉Ⅰ	30	8
奶粉Ⅱ	45	12
奶粉Ⅲ	55	18

解：先列表分析．见表 6-9.

表 6-9

	总收入/元	总利润/元
甲	23×30+4×45+15×55	23×8+4×12+15×18
乙	20×30+8×45+9×55	20×8+8×12+9×18

设 $A=\begin{pmatrix} 23 & 4 & 15 \\ 20 & 8 & 9 \end{pmatrix}$, $B=\begin{pmatrix} 30 & 8 \\ 45 & 12 \\ 55 & 18 \end{pmatrix}$, C 为各超市出售奶粉的总收入和总利润, 则

$$C=\begin{pmatrix} 23\times30+4\times45+15\times55 & 23\times8+4\times12+15\times18 \\ 20\times30+8\times45+9\times55 & 20\times8+8\times12+9\times18 \end{pmatrix}=\begin{pmatrix} 1695 & 502 \\ 1455 & 418 \end{pmatrix}$$

矩阵 C 中第一行第一列的元素由矩阵 A 中第一行的元素与矩阵 B 中第一列的对应元素相乘再相加得到, 同样, 矩阵 C 中其他元素都是矩阵 A 中相应的行与矩阵 B 中相应的列对应元素相乘再相加而得到, 由此得出矩阵乘法的概念.

💡 概念和公式的引出

矩阵与矩阵相乘 设有矩阵 $A=(a_{ij})_{m\times n}$ 和矩阵 $B=(b_{ij})_{n\times s}$. 则由元素
$$c_{ij}=a_{i1}b_{1j}+a_{i2}b_{2j}+\cdots,a_{in}b_{nj}\ (i=1,2,\cdots,m;j=1,2,\cdots,s)$$
构成的 $m\times s$ 矩阵称为矩阵 A 与 B 的乘积, 记作 $C=AB$.

由矩阵乘法的定义可知:

(1) 矩阵 A 的列数必须等于矩阵 B 的行数, 两矩阵才能相乘;

(2) 矩阵 C 的行数等于矩阵 A 的行数, 矩阵 C 的列数等于矩阵 B 的列数;

(3) 矩阵 C 中第 i 行第 j 列的元素 c_{ij} 由矩阵 A 中第 i 行的元素与矩阵 B 中第 j 列对应元素相乘再相加而得到.

矩阵乘法满足如下运算规律:

(1) 结合律: $(AB)C=A(BC)$;

(2) 数乘结合律: $(kA)B=A(kB)=k(AB)$;

(3) 分配律: $A(B+C)=AB+AC$; $(A+B)C=AC+BC$.

📖 进一步的练习

练习 8【商场税收】 若用矩阵 A 表示某商场两个分场营业额, 用矩阵 B 表示两种商品的国税率、地税率, 即设:

$$A=\begin{pmatrix} a_{11} & a_{12} \\ a_{21} & a_{22} \end{pmatrix}\begin{matrix} 一分场 \\ 二分场 \end{matrix} \qquad B=\begin{pmatrix} b_{11} & b_{12} \\ b_{21} & b_{22} \end{pmatrix}\begin{matrix} 家电 \\ 服装 \end{matrix}$$

$$\qquad\qquad 家电\quad 服装 \qquad\qquad\qquad\qquad 国税率\quad 地税率$$

求两个分场应该向国家财政和地方财政上交的税费.

解:

$$C=AB=\begin{pmatrix} a_{11}b_{11}+a_{12}b_{21} & a_{11}b_{12}+a_{12}b_{22} \\ a_{21}b_{11}+a_{22}b_{21} & a_{21}b_{12}+a_{22}b_{22} \end{pmatrix}\begin{matrix} 一分场 \\ 二分场 \end{matrix}$$

$$\qquad\qquad 国税\qquad\qquad\qquad 地税$$

练习 9【电子运动】 在研究电子的运动时, 常用到矩阵 $S_y=\begin{pmatrix} 0 & -i \\ i & 0 \end{pmatrix}$, 这里 $i=$

$\sqrt{-1}$，验证：$S_y^2 = I$.

解：$S_y^2 = \begin{pmatrix} 0 & -i \\ i & 0 \end{pmatrix}\begin{pmatrix} 0 & -i \\ i & 0 \end{pmatrix} = \begin{pmatrix} 0\times 0 + (-i)\times i & 0\times(-i)+(-i)\times 0 \\ i\times 0 + 0\times i & i\times(-i)+0\times 0 \end{pmatrix} = \begin{pmatrix} 1 & 0 \\ 0 & 1 \end{pmatrix} = I$

练习 10【网络参数矩阵】 已知两个网络参数矩阵

$$A = \begin{pmatrix} 1 & 0 & 3 & 1 \\ 2 & 1 & 0 & 2 \end{pmatrix}, B = \begin{pmatrix} 4 & 1 & 2 \\ 1 & 1 & 1 \\ 2 & 2 & 4 \\ 1 & 1 & 5 \end{pmatrix}$$

链式连接的参数为 AB，计算 AB，问 BA 是否存在？

解：$AB = \begin{pmatrix} 1 & 0 & 3 & 1 \\ 2 & 1 & 0 & 2 \end{pmatrix}\begin{pmatrix} 4 & 1 & 2 \\ 1 & 1 & 1 \\ 2 & 2 & 4 \\ 1 & 1 & 5 \end{pmatrix} = \begin{pmatrix} 11 & 8 & 19 \\ 11 & 5 & 15 \end{pmatrix}$.

因为矩阵 B 的列数为 3，矩阵 A 的行数为 2，它们不相等，所以 BA 不存在.

练习 11【线性方程组的矩阵表示】 对于 n 元线性方程组：

$$\begin{cases} a_{11}x_1 + a_{12}x_2 + \cdots + a_{1n}x_n = b_1 \\ a_{21}x_1 + a_{22}x_2 + \cdots + a_{2n}x_n = b_2 \\ \cdots\cdots \\ a_{n1}x_1 + a_{n2}x_2 + \cdots + a_{nn}x_n = b_n \end{cases}$$

设 $A = \begin{pmatrix} a_{11} & a_{12} & \cdots & a_{1n} \\ a_{21} & a_{22} & \cdots & a_{2n} \\ \vdots & \vdots & \vdots & \vdots \\ a_{n1} & a_{n2} & \cdots & a_{nn} \end{pmatrix}$, $X = \begin{pmatrix} x_1 \\ x_2 \\ \vdots \\ x_n \end{pmatrix}$, $B = \begin{pmatrix} b_1 \\ b_2 \\ \vdots \\ b_n \end{pmatrix}$，则线性方程组可用矩阵的乘法表

示为：

$$\begin{pmatrix} a_{11} & a_{12} & \cdots & a_{1n} \\ a_{21} & a_{22} & \cdots & a_{2n} \\ \vdots & \vdots & \vdots & \vdots \\ a_{n1} & a_{n2} & \cdots & a_{nn} \end{pmatrix}\begin{pmatrix} x_1 \\ x_2 \\ \vdots \\ x_n \end{pmatrix} = \begin{pmatrix} b_1 \\ b_2 \\ \vdots \\ b_n \end{pmatrix} \quad 即：AX = B.$$

练习 12 设 $A = \begin{pmatrix} 3 & 2 & -1 \\ 2 & 3 & 5 \end{pmatrix}$, $B = \begin{pmatrix} 1 & 3 \\ -5 & 4 \\ 3 & 6 \end{pmatrix}$，求 AB 和 BA.

解：$AB = \begin{pmatrix} 3 & 2 & -1 \\ 2 & 3 & 5 \end{pmatrix}\begin{pmatrix} 1 & 3 \\ -5 & 4 \\ 3 & 6 \end{pmatrix} = \begin{pmatrix} -10 & 11 \\ 2 & 48 \end{pmatrix}$

$BA = \begin{pmatrix} 1 & 3 \\ -5 & 4 \\ 3 & 6 \end{pmatrix}\begin{pmatrix} 3 & 2 & -1 \\ 2 & 3 & 5 \end{pmatrix} = \begin{pmatrix} 9 & 11 & 14 \\ -7 & 2 & 25 \\ 21 & 24 & 27 \end{pmatrix}$.

从上例可以看出：$AB \neq BA$，即矩阵的乘法不满足交换律.

6.2.4 矩阵的转置

◆ **案例 6【汽车销售利润】** 某一汽车销售公司有甲乙两个销售部，矩阵 S 给出了两个汽

车销售部三种汽车的销量，矩阵 B 给出了三种汽车的销售利润.

$$S = \begin{matrix} 甲 & 乙 \\ \begin{pmatrix} 18 & 15 \\ 24 & 17 \\ 16 & 20 \end{pmatrix} & \begin{matrix} 大型 \\ 中型 \\ 小型 \end{matrix} \end{matrix} \qquad P = \begin{pmatrix} 400 \\ 650 \\ 900 \end{pmatrix} \begin{matrix} 大型 \\ 中型 \\ 小型 \end{matrix}$$

求两个销售部的利润各为多少？

解：两个销售部的利润与矩阵的乘积有关，但矩阵 P 是 $3×1$ 矩阵，矩阵 S 是 ×2 矩阵，它们不能相乘，将矩阵 P 的行列互换后得到新的矩阵可以与矩阵 S 相乘，这个新的矩阵就是 P 的转置矩阵. 即两销售部的利润为：

$$(400 \quad 650 \quad 900)\begin{pmatrix} 18 & 15 \\ 24 & 17 \\ 16 & 20 \end{pmatrix} = (37200 \quad 35050)$$

💡 概念和公式的引出

矩阵的转置　把 $m×n$ 矩阵 A 的行与列到互得到新的 $n×m$ 矩阵，称为矩阵 A 的转置矩阵，记作 A'.

如果

$$A = \begin{pmatrix} a_{11} & a_{12} & \cdots & a_{1n} \\ a_{21} & a_{22} & \cdots & a_{2n} \\ \cdots & \cdots & \cdots & \cdots \\ a_{m1} & a_{m2} & \cdots & a_{mn} \end{pmatrix}, 则 A' = \begin{pmatrix} a_{11} & a_{21} & \cdots & a_{m1} \\ a_{12} & a_{22} & \cdots & a_{m2} \\ \cdots & \cdots & \cdots & \cdots \\ a_{1n} & a_{2n} & \cdots & a_{mn} \end{pmatrix}$$

例如：$A = \begin{pmatrix} 1 & 2 & 4 & 3 \\ 2 & 5 & 7 & 0 \end{pmatrix}$，则 $A' = \begin{pmatrix} 1 & 2 \\ 2 & 5 \\ 4 & 7 \\ 3 & 0 \end{pmatrix}$.

容易验证，矩阵的转置满足如下运算规律：

(1) $(A')' = A$；　　　　　　　　(2) $(A+B)' = A'+B'$；

(3) $(kA)' = kA'$；　　　　　　　(4) $(AB)' = B'A'$.

📖 进一步的练习

练习 13　设 $A = \begin{pmatrix} 2 & 0 & -1 \\ 1 & 3 & 2 \end{pmatrix}$，$B = \begin{pmatrix} 1 & 7 & -1 \\ 4 & 2 & 3 \\ 2 & 0 & 1 \end{pmatrix}$，求 $(AB)'$，$B'A'$.

解：

$$(AB)' = \left[\begin{pmatrix} 2 & 0 & -1 \\ 1 & 3 & 2 \end{pmatrix} \begin{pmatrix} 1 & 7 & -1 \\ 4 & 2 & 3 \\ 2 & 0 & 1 \end{pmatrix} \right]' = \begin{pmatrix} 0 & 14 & -3 \\ 17 & 13 & 10 \end{pmatrix}' = \begin{pmatrix} 0 & 17 \\ 14 & 13 \\ -3 & 10 \end{pmatrix}$$

$$B'A' = \begin{pmatrix} 1 & 7 & -1 \\ 4 & 2 & 3 \\ 2 & 0 & 1 \end{pmatrix}' \begin{pmatrix} 2 & 0 & -1 \\ 1 & 3 & 2 \end{pmatrix}' = \begin{pmatrix} 1 & 4 & 2 \\ 7 & 2 & 0 \\ -1 & 3 & 1 \end{pmatrix} \begin{pmatrix} 2 & 1 \\ 0 & 3 \\ -1 & 2 \end{pmatrix} = \begin{pmatrix} 0 & 17 \\ 14 & 13 \\ -3 & 10 \end{pmatrix}$$

上例看出 $(AB)' = B'A'$

练习 14【生产安排】　一工厂生产三种型号的机器零件，每天的产量由矩阵 A 给出，生产各种型号单位产品所需要的材料和工作时间由矩阵 B 给出，请用矩阵的运算给出该厂生产所有机器零件所需要的总材料和总工作时间．

$$
A = \begin{pmatrix} 40 \\ 50 \\ 80 \end{pmatrix} \begin{matrix} X \ 型 \\ Y \ 型 \\ Z \ 型 \end{matrix} \qquad
\begin{matrix} 材料 & 工作时间 \end{matrix} \\
B = \begin{pmatrix} 4 & 1 \\ 5 & 2 \\ 3 & 2 \end{pmatrix} \begin{matrix} X \ 型 \\ Y \ 型 \\ Z \ 型 \end{matrix}
$$

解：由矩阵的乘法得，该厂生产所有机器零件所需要的总材料和总工作时间为：

$$
C = A'B = (40 \quad 50 \quad 80) \begin{pmatrix} 4 & 1 \\ 5 & 2 \\ 3 & 2 \end{pmatrix} = (650 \quad 300)
$$

6.2.5 逆矩阵

我们知道，在数的计算中，对任意的非零实数 a，存在着一个数 b，使 $ab = 1$．在矩阵的计算中，对任意一个矩阵 A，有没有这样的矩阵 B 存在，使 $AB = BA = I$，这就是我们将要介绍的逆矩阵．

💡 **概念和公式的引出**

逆矩阵 对于 n 阶方阵 A，如果存在一个 n 阶方阵 B，使 $AB = BA = I$，则称方阵 A 是可逆的，并称 B 是 A 的逆矩阵，记作 $A^{-1} = B$，即 $A^{-1}A = AA^{-1} = I$．

例如二阶方阵

$$
A = \begin{pmatrix} 1 & 2 \\ 4 & 0 \end{pmatrix}, B = \begin{pmatrix} 0 & \dfrac{1}{4} \\ \dfrac{1}{2} & -\dfrac{1}{8} \end{pmatrix}
$$

容易验证 $AB = BA = I$，所以 B 是 A 的逆矩阵，同样 A 也是 B 的逆矩阵，它们是互逆的．

设 A、B 均为 n 阶可逆方阵，方阵的逆运算有如下规律：

(1) $(A^{-1})^{-1} = A$；

(2) $(\lambda A)^{-1} = \dfrac{1}{\lambda} A^{-1}$，$(\lambda \neq 0)$；

(3) $(AB)^{-1} = B^{-1}A^{-1}$；

(4) $(A')^{-1} = (A^{-1})'$．

📖 **进一步的练习**

练习 15 已知 $A = \begin{pmatrix} 2 & -1 \\ -3 & 3 \end{pmatrix}$，求 A^{-1}．

解：设 $A^{-1} = \begin{pmatrix} b_{11} & b_{12} \\ b_{21} & b_{22} \end{pmatrix}$，由定义有 $AA^{-1} = I$，即 $\begin{pmatrix} 2 & -1 \\ -3 & 3 \end{pmatrix} \begin{pmatrix} b_{11} & b_{12} \\ b_{21} & b_{22} \end{pmatrix} = \begin{pmatrix} 1 & 0 \\ 0 & 1 \end{pmatrix}$

由矩阵的相等有：

$$
\begin{cases}
2b_{11} - b_{21} = 1, \\
2b_{12} - b_{22} = 0, \\
-3b_{11} + 3b_{21} = 0, \\
-3b_{12} + 3b_{22} = 1,
\end{cases}
$$

解得：$b_{11}=1$，$b_{12}=\dfrac{1}{3}$，$b_{21}=1$，$b_{22}=\dfrac{2}{3}$.

故所求逆矩阵为：

$$\boldsymbol{A}^{-1}=\begin{pmatrix} 1 & \dfrac{1}{3} \\ 1 & \dfrac{2}{3} \end{pmatrix}.$$

练习 16【汽车销量】 某一汽车销售公司有两个销售部，矩阵 $\boldsymbol{S}$ 给出了两个汽车销售部的两种汽车的销量

$$\boldsymbol{S}=\begin{matrix} 一 & 二 \\ \begin{pmatrix} 18 & 15 \\ 24 & 17 \end{pmatrix} & \begin{matrix} 大 \\ 小 \end{matrix} \end{matrix}$$

月末盘点时统计得到两个销售部的利润，用矩阵表示为 $\boldsymbol{W}=(37200\quad 35050)$. 设两种车的销售利润为矩阵 $\boldsymbol{P}=(a\quad b)$，则有 $\boldsymbol{PS}=\boldsymbol{W}$，问如何从 $\boldsymbol{PS}=\boldsymbol{W}$ 中得到两种车的销售利润 $\boldsymbol{P}$？

解：由 $\boldsymbol{PS}=\boldsymbol{W}$ 得 $\boldsymbol{P}=\boldsymbol{WS}^{-1}$，先求出 $\boldsymbol{S}^{-1}$，再用矩阵的乘法就可得到 $\boldsymbol{P}$. 设

$\boldsymbol{S}^{-1}=\begin{pmatrix} a_{11} & a_{12} \\ a_{21} & a_{22} \end{pmatrix}$，由 $\boldsymbol{SS}^{-1}=\boldsymbol{I}$ 即 $\begin{pmatrix} 18 & 15 \\ 24 & 17 \end{pmatrix}\begin{pmatrix} a_{11} & a_{12} \\ a_{21} & a_{22} \end{pmatrix}=\begin{pmatrix} 1 & 0 \\ 0 & 1 \end{pmatrix}$ 得：

$$\begin{cases} 18a_{11}+15a_{21}=1 \\ 18a_{12}+15a_{22}=0 \\ 24a_{11}+17a_{21}=0 \\ 24a_{12}+17a_{22}=1 \end{cases} \Rightarrow \begin{cases} a_{11}=-17/54 \\ a_{21}=24/54 \\ a_{12}=15/54 \\ a_{22}=-18/54 \end{cases}$$

故有

$$\boldsymbol{P}=\boldsymbol{WS}^{-1}=(37200\quad 35050)\begin{pmatrix} -17/54 & 15/54 \\ 24/54 & -18/54 \end{pmatrix}=(3866.7\quad -1350)$$

从矩阵 $\boldsymbol{P}$ 中我们可以看到两种汽车的销售利润分别为大型车是 3866.7 货币单位，小型车是 -1350 货币单位.

☆ 习题 6.2

1. 将下列问题用矩阵表示，并用矩阵运算求解各题.

(1)【合金成分】现有甲乙两种合金各重 30 吨、20 吨，它们含有 A、B、C 三种金属成分，见表 6-10.

表 6-10

成分比例　金属　合金	A	B	C
甲	0.8	0.1	0.1
乙	0.4	0.3	0.3

求在甲乙两种合金中，这三种金属的含量各为多少？

(2)【机床定购】某工厂生产甲、乙、丙三种规格的机床，其价格和成本见表 6-11.

表 6-11

价　格	甲	乙	丙
单价/万元	7	6	5
成本/万元	6	4.5	4

北京、上海和广东三地定购数量见表 6-12.

表 6-12

规　格	北京	上海	广东
甲	4	5	7
乙	5	6	8
丙	3	4	9

求各地定购三种机床的总价值、总成本、总利润各是多少?

2.【运输费用】　已知甲乙两地的产品要运销到三个不同的地区去,两产地到三销地的距离（单位:千米）用矩阵 A 表示

$$A = \begin{pmatrix} 5 & 6 & 7 \\ 4 & 3 & 1 \end{pmatrix}$$

运费为每公里 5 元,求甲乙两地的产品运销到三个不同的地区的费用各是多少?

3.【空调销售量】　一空调店销售三种功率的空调:1P,1.5P,3P. 商店有两个分店,六月份第一分店售出了以上型号的空调数量分别为:48 台、56 台、20 台;六月份第二分店售出了以上型号的空调数量分别为:32 台、38 台、14 台.

(1) 用一个销售矩阵 A 表示这一信息;

(2) 若在五月份,第一分店售出了以上型号的空调数量分别为:42 台、46 台、15 台;第二分店出售了以上型号的空调数量分别为:34 台、40 台、12 台,用与 A 相同类型的矩阵 B 表示这一信息;

(3) 求 $A+B$ 并说明实际意义?

4.【彩色冲印】　在彩色照片的复制技术中,用到如下方程

$$\begin{pmatrix} X \\ Y \\ Z \end{pmatrix} = \begin{pmatrix} 1.0 & 0.1 & 0 \\ 0.5 & 1.0 & 0.1 \\ 0.3 & 0.4 & 1.0 \end{pmatrix} \begin{pmatrix} x \\ y \\ z \end{pmatrix}$$

其中 X,Y,Z 为冲印后照片中红、黄、绿的浓度,x,y,z 为原件中红、黄、绿的浓度,试给出 X、Y、Z 与 x,y,z 之间的关系式.

5.【分段计费】　为节约资源,避开高峰用电,我国许多地方采用鼓励夜间用电、分时段计费的用电政策. 某地白天（AM 8:00～PM 11:00）与夜间（AM 11:00～PM 8:00）的电费标准为 $(0.546 \quad 0.32)$,若某栋楼三户人家某月的用电情况如下:

$$\begin{array}{c} \quad\quad 白 \quad\quad 夜 \\ \begin{array}{c} 1 \\ 2 \\ 3 \end{array} \begin{pmatrix} 121 & 35 \\ 135 & 25 \\ 142 & 44 \end{pmatrix} \end{array}$$

求这三家该月的电费.

6. 求下列矩阵的逆矩阵

$$(1) \quad \mathbf{A} = \begin{pmatrix} 1 & 2 \\ 2 & 5 \end{pmatrix}; \qquad\qquad (2) \quad \mathbf{A} = \begin{pmatrix} 1 & 3 \\ 0 & -5 \end{pmatrix}.$$

6.3 用初等变换求解线性方程组

6.3.1 矩阵的初等变换

案例1【投资组合】 某人用 60 万元投资 A、B 两个项目，其中项目 A 的收益率为 7%，项目 B 的收益率为 12%，最终总收益为 5.6 万元. 问他在 A、B 项目上各投资了多少万元？

解：设他在 A、B 两项目上各投资了 x_1，x_2 万元，根据题意，建立如下的线性方程组

$$\begin{cases} 0.07x_1 + 0.12x_2 = 5.6, \\ x_1 + x_2 = 60. \end{cases}$$

下面用高斯消元法求解此方程组，我们把方程组消元的过程列在表 6-13 的左栏，系数与常数项对应的矩阵（称为增广矩阵）变换过程列在表 6-13 右栏.

表 6-13

方程组消元过程		增广矩阵变换过程
$\begin{cases} 0.07x_1 + 0.12x_2 = 5.6 \\ x_1 + x_2 = 60 \end{cases}$	(1) (2)	$\begin{pmatrix} 0.07 & 0.12 & 5.6 \\ 1 & 1 & 60 \end{pmatrix}$
(1)、(2)互换		第一行与第二行互换
$\begin{cases} x_1 + x_2 = 60 \\ 0.07x_1 + 0.12x_2 = 5.6 \end{cases}$	(1) (2)	$\begin{pmatrix} 1 & 1 & 60 \\ 0.07 & 0.12 & 5.6 \end{pmatrix}$
100×(2)		100 乘以第二行
$\begin{cases} x_1 + x_2 = 60 \\ 7x_1 + 12x_2 = 560 \end{cases}$	(1) (2)	$\begin{pmatrix} 1 & 1 & 60 \\ 7 & 12 & 560 \end{pmatrix}$
(2)−(1)×7		第一行乘以 −7 加到第二行
$\begin{cases} x_1 + x_2 = 60 \\ 5x_2 = 140 \end{cases}$	(1) (2)	$\begin{pmatrix} 1 & 1 & 60 \\ 0 & 5 & 140 \end{pmatrix}$
(2)式两边除 5		第二行乘以 1/5
$\begin{cases} x_1 + x_2 = 60 \\ x_2 = 28 \end{cases}$	(1) (2)	$\begin{pmatrix} 1 & 1 & 60 \\ 0 & 1 & 28 \end{pmatrix}$
(1)−(2)		第二行乘以 −1 加到第一行
$\begin{cases} x_1 = 32 \\ x_2 = 28 \end{cases}$	(1) (2)	$\begin{pmatrix} 1 & 0 & 32 \\ 0 & 1 & 28 \end{pmatrix}$

比较这个案例我们可以看出，利用高斯消元法求解线性方程组的过程实际上是对方程组不断地进行以下几种运算：（1）交换某两个方程的位置；（2）某个方程乘以不为零的常数 k；（3）某个方程乘以数 k 加到另一个方程上去. 对应的增广矩阵经过了相应的三种变换：（1）互换矩阵的两行；（2）用一个非零的数乘以矩阵的某行；（3）将矩阵的某行乘以数 k 加到另一行.

💡 **概念和公式的引出**

矩阵的初等变换 称如下三种变换为矩阵的初等行变换：

（1）互换矩阵的两行，常用 $r_i \leftrightarrow r_j$ 表示，表示第 i 行与第 j 行互换；

（2）用一个非零数乘以矩阵的某行，常用 $k \times r_i$ 表示，表示第 i 乘以数 k；

（3）将矩阵的某行乘以数 k 加到另一行，常用 $r_j + k r_i$ 表示，表示第 i 行乘以数 k 加到第 j 行.

把矩阵的行换成列即得矩阵的初等列变换．矩阵的初等行变换与初等列变换统称为矩阵的初等变换．

6.3.2 用初等变换解线性方程组

📖 **案例 2【密码学】** 在军事通信中，常将字符（信号）与数字对应，如

$$
\begin{array}{ccccccccccc}
a & b & c & d & e & f & g & \cdots & x & y & z \\
1 & 2 & 3 & 4 & 5 & 6 & 7 & \cdots & 24 & 25 & 26
\end{array}
$$

例如 are 对应一矩阵 $\boldsymbol{B} = (1 \quad 18 \quad 5)$，但如果按这种方式传输，则很容易被敌方破译，于是必须采用加密，即用一个约定的加密矩阵 A 乘以原信号 $\boldsymbol{B}$，传输信号为 $C = AB$，收到信号的一方再将信号还原（破译）为 $\boldsymbol{B} = A^{-1}C$，如果敌方不知道加密矩阵，则很难破译，设收到的信号为 $\boldsymbol{C} = (21 \quad 27 \quad 31)$，加密矩阵为

$$
\boldsymbol{A} = \begin{pmatrix} -1 & 0 & 1 \\ 0 & 1 & 1 \\ 1 & 1 & 1 \end{pmatrix}
$$

问原信号是什么？

解：设原信号是 $\boldsymbol{B} = (x_1 \quad x_2 \quad x_3)$，由已知条件知：$\begin{pmatrix} -1 & 0 & 1 \\ 0 & 1 & 1 \\ 1 & 1 & 1 \end{pmatrix} \begin{pmatrix} x_1 \\ x_2 \\ x_3 \end{pmatrix} = \begin{pmatrix} 21 \\ 27 \\ 31 \end{pmatrix}$

该线性方程组对应的增广矩阵为：$\begin{pmatrix} -1 & 0 & 1 & 21 \\ 0 & 1 & 1 & 27 \\ 1 & 1 & 1 & 31 \end{pmatrix}$

对该增广矩阵实行初等行变换得：

$$
\begin{pmatrix} -1 & 0 & 1 & 21 \\ 0 & 1 & 1 & 27 \\ 1 & 1 & 1 & 31 \end{pmatrix} \xrightarrow{r_1 \times (-1)} \begin{pmatrix} 1 & 0 & -1 & -21 \\ 0 & 1 & 1 & 27 \\ 1 & 1 & 1 & 31 \end{pmatrix} \xrightarrow{r_1 \times (-1) + r_3} \begin{pmatrix} 1 & 0 & -1 & -21 \\ 0 & 1 & 1 & 27 \\ 0 & 1 & 2 & 52 \end{pmatrix} \xrightarrow{r_2 \times (-1) + r_3}
$$

$$
\begin{pmatrix} 1 & 0 & -1 & -21 \\ 0 & 1 & 1 & 27 \\ 0 & 0 & 1 & 25 \end{pmatrix} \xrightarrow{r_3 \times (-1) + r_2} \begin{pmatrix} 1 & 0 & -1 & -21 \\ 0 & 1 & 0 & 2 \\ 0 & 0 & 1 & 25 \end{pmatrix} \xrightarrow{r_3 \times 1 + r_1} \begin{pmatrix} 1 & 0 & 0 & 4 \\ 0 & 1 & 0 & 2 \\ 0 & 0 & 1 & 25 \end{pmatrix}.
$$

故原信号为 $\boldsymbol{B} = (4 \quad 2 \quad 25)$.

从上述解线性方程组的求解过程中我们可以看到：一个矩阵对应一个线性方程组，对线性方程组实行同解变换，即是对矩阵实行初等行变换，通过对矩阵实行初等行变换，使最后一个矩阵变为每行的第一个非零元素全为 1，而它所在列的元素全为零（称为简化矩阵），然后通过该矩阵写出原线性方程组的解.

💡 **概念和公式的引出**

观察方程组 $\begin{cases} x_1 + 2x_2 - x_3 = 2 & (1) \\ 2x_1 - x_2 + 3x_3 = -1 & (2) \\ 4x_1 + 3x_2 + x_3 = 3 & (3) \end{cases}$

我们发现 $2\times(1)+(2)=(3)$，所以（3）式是多余的，称为不独立方程，为了去掉方程组中多余的方程，我们引入矩阵的"秩"的概念.

矩阵的秩 对给定的 $m\times n$ 矩阵 A 实施初等行变换而得到的阶梯形矩阵中（每一行中第一个非零元素前零的个数随行数的增加而增加），非零元素的行数 r 称为矩阵 A 的秩，记作 $R(A)=r$. 如案例 2 中增广矩阵的秩为 3.

$$\text{再如}\begin{pmatrix} 1 & 2 & -1 & 2 \\ 2 & -1 & 3 & -1 \\ 4 & 3 & 1 & 3 \end{pmatrix} \xrightarrow[r_1\times(-4)+r_3]{r_1\times(-2)+r_2} \begin{pmatrix} 1 & 2 & -1 & 2 \\ 0 & -5 & 5 & -5 \\ 0 & -5 & 5 & -5 \end{pmatrix} \xrightarrow{r_2\times(-1)+r_3}$$

$$\begin{pmatrix} 1 & 2 & -1 & 2 \\ 0 & -5 & 5 & -5 \\ 0 & 0 & 0 & 0 \end{pmatrix} \text{所以矩阵} \begin{pmatrix} 1 & 2 & -1 & 2 \\ 2 & -1 & 3 & -1 \\ 4 & 3 & 1 & 3 \end{pmatrix} \text{的秩为 2.}$$

线性方程组有解的判定定理 线性方程组

$$\begin{cases} a_{11}x_1+a_{12}x_2+\cdots+a_{1n}x_n=b_1 \\ a_{21}x_1+a_{22}x_2+\cdots+a_{2n}x_n=b_2 \\ \cdots \\ a_{m1}x_1+a_{m2}x_2+\cdots a_{mn}x_n=b_m \end{cases}$$

有解的充分必要条件是：$R(A)=R(\overline{A})$. 其中

$$A=\begin{pmatrix} a_{11} & a_{12} & \cdots & a_{1n} \\ a_{21} & a_{22} & \cdots & a_{2n} \\ \vdots & \vdots & \vdots & \vdots \\ a_{m1} & a_{m2} & \cdots & a_{mn} \end{pmatrix}, \qquad \overline{A}=\begin{pmatrix} a_{11} & a_{12} & \cdots & a_{1n} & b_1 \\ a_{21} & a_{22} & \cdots & a_{2n} & b_2 \\ \vdots & \vdots & \vdots & \vdots & \vdots \\ a_{m1} & a_{m2} & \cdots & a_{mn} & b_m \end{pmatrix}$$

（1）$R(A)=R(\overline{A})=n$ 时方程组有唯一的解；

（2）$R(A)=R(\overline{A})<n$ 时，方程组有无穷多组解；

（3）$R(A)\neq R(\overline{A})$ 时方程组无解.

用初等变换解线性方程组时，分两步进行：

（1）将方程组的增广矩阵用初等行变换变为阶梯形矩阵，判断方程组是否有解；即看 $R(A)$ 是否等于 $R(\overline{A})$，相等有解，否则无解.

（2）用初等行变换进一步将阶梯形矩阵化为每行第一个非零元素为 1，其对应列位置元素全为零的简化矩阵，根据简化矩阵写出方程组的解.

📖 **进一步的练习**

练习 1【打印行数】 有三台打印机同时工作，一分钟共打印 8200 行字，如果第一台打印机工作两分钟，第二台打印机工作三分钟，共打印 12200 行字；如果第一台打印机工作一分钟，第二台打印机工作两分钟，第三台打印机工作三分钟，共可打印 17600 行字，问每台打印机每分钟可打印多少行字？

解： 设第 i 台打印机每分钟打印字的行数分别为 $x_i(i=1,2,3)$，由题意得

$$\begin{cases} x_1+x_2+x_3=8200 \\ 2x_1+3x_2=12200 \\ x_1+2x_2+3x_3=17600 \end{cases}$$

该方程组的增广矩阵为 $\begin{pmatrix} 1 & 1 & 1 & 8200 \\ 2 & 3 & 0 & 12200 \\ 1 & 2 & 3 & 17600 \end{pmatrix}$

将该方程组的求解转化对增广矩阵实行初等行变换

$$\begin{pmatrix} 1 & 1 & 1 & 8200 \\ 2 & 3 & 0 & 12200 \\ 1 & 2 & 3 & 17600 \end{pmatrix} \xrightarrow[r_1\times(-1)+r_3]{r_1\times(-2)+r_2} \begin{pmatrix} 1 & 1 & 1 & 8200 \\ 0 & 1 & -2 & -4200 \\ 0 & 1 & 2 & 9400 \end{pmatrix} \xrightarrow{r_2\times(-1)+r_3} \begin{pmatrix} 1 & 1 & 1 & 8200 \\ 0 & 1 & -2 & -4200 \\ 0 & 0 & 4 & 13600 \end{pmatrix}$$

$$\xrightarrow{假使\ \frac{1}{4}r_3} \begin{pmatrix} 1 & 1 & 1 & 8200 \\ 0 & 1 & -2 & -4200 \\ 0 & 0 & 1 & 3400 \end{pmatrix} \xrightarrow[r_3\times(-1)+r_1]{r_3\times2+r_2} \begin{pmatrix} 1 & 1 & 0 & 4800 \\ 0 & 1 & 0 & 2600 \\ 0 & 0 & 1 & 3400 \end{pmatrix} \xrightarrow{r_2\times(-1)+r_1}$$

$$\begin{pmatrix} 1 & 0 & 0 & 2200 \\ 0 & 1 & 0 & 2600 \\ 0 & 0 & 1 & 3400 \end{pmatrix}.$$

从最后一个矩阵中我们可以看出第一台打印机每分钟打字 2200 行，第二台打印机每分钟打字 2600 行，第三台打印机每分钟打字 3400 行．

练习 2【建筑师的设计方案】 假使你是一个设计师，某小区要建设一栋公寓．现有一个模块构造计划方案要你来设计，根据基本建筑面积每个楼层可以有三种设计户型的方案，见表 6-14，如果要设计出含有 136 套一居室，74 套二居室，66 套三居室的公寓，是否可行？设计方案是否唯一？

表 6-14

方　　案	一居室/套	二居室/套	三居室/套
A	8	7	3
B	8	4	4
C	9	3	5

解：为简单起见，假设每层楼只用一种设计方案．有 x_1 层采用方案 A，有 x_2 层采用方案 B，有 x_3 层采用方案 C，根据条件可得

$$\begin{cases} 8x_1+8x_2+9x_3=136 \\ 7x_1+4x_2+3x_3=74 \\ 3x_1+4x_2+5x_3=66 \end{cases}$$

对该方程组的增广矩阵实行初等行变换得

$$\overline{A}=\begin{pmatrix} 8 & 8 & 9 & 136 \\ 7 & 4 & 3 & 74 \\ 3 & 4 & 5 & 66 \end{pmatrix} \longrightarrow \begin{pmatrix} 1 & 4 & 6 & 62 \\ 7 & 4 & 3 & 74 \\ 3 & 4 & 5 & 66 \end{pmatrix} \longrightarrow \begin{pmatrix} 1 & 4 & 6 & 62 \\ 0 & -24 & -39 & -360 \\ 0 & -8 & -13 & -120 \end{pmatrix}$$

$$\longrightarrow \begin{pmatrix} 1 & 4 & 6 & 62 \\ 0 & 1 & 13/8 & 15 \\ 0 & 0 & 0 & 0 \end{pmatrix} \longrightarrow \begin{pmatrix} 1 & 0 & -1/2 & 2 \\ 0 & 1 & 13/8 & 15 \\ 0 & 0 & 0 & 0 \end{pmatrix}.$$

由于 $R(A)=R(\overline{A})=2<3$ 所以方程组有无穷多组解．由最后一个矩阵得方程组的解：

$$\begin{cases} x_1-\dfrac{1}{2}x_3=2 \\ x_2+\dfrac{13}{8}x_3=15 \end{cases} \Rightarrow \begin{cases} x_1=2+\dfrac{1}{2}x_3 \\ x_2=15-\dfrac{13}{8}x_3 \end{cases}$$

又由于 x_1，x_2，x_3 都是非负整数，则方程组有唯一解 $x_1=6$，$x_2=2$，$x_3=8$．所以设

计方案可行且唯一，设计方案为 6 层采用方案 A，2 层采用方案 B，8 层采用方案 C.

练习 3 当 λ 取何值时线性方程 $\begin{cases} \lambda x+y+z=1 \\ x+\lambda y+z=1 \\ x+y+\lambda z=1 \end{cases}$ 无解？有唯一解？无穷多解？

解： 对线性方程组的增广矩阵实行初等行变换

$$\overline{A}=\begin{pmatrix} \lambda & 1 & 1 & 1 \\ 1 & \lambda & 1 & 1 \\ 1 & 1 & \lambda & 1 \end{pmatrix} \rightarrow \begin{pmatrix} 1 & 1 & \lambda & 1 \\ 1 & \lambda & 1 & 1 \\ \lambda & 1 & 1 & 1 \end{pmatrix} \rightarrow \begin{pmatrix} 1 & 1 & \lambda & 1 \\ 0 & \lambda-1 & 1-\lambda & 0 \\ 0 & 1-\lambda & 1-\lambda^2 & 1-\lambda \end{pmatrix}$$

$$\rightarrow \begin{pmatrix} 1 & 1 & \lambda & 1 \\ 0 & \lambda-1 & 1-\lambda & 0 \\ 0 & 0 & (2+\lambda)(1-\lambda) & 1-\lambda \end{pmatrix}.$$

由最后一个矩阵我们可以知道：$\lambda=-2$ 时方程组无解；$\lambda\neq-2$，$\lambda\neq1$ 时方程组有唯一一组解；$\lambda=1$ 时方程组有无穷多组解.

练习 4 解线性方程组 $\begin{cases} x_1+x_2+2x_3=0 \\ -x_1+x_3=0 \\ 2x_1+x_2-x_3=0 \end{cases}$.

解： 该方程组的常数部分全为零，这样的方程组称为齐线性方程组，它一定有零解. 现对其系数矩阵实行初等行变换

$$A=\begin{pmatrix} 1 & 1 & 2 \\ -1 & 0 & 1 \\ 2 & 1 & -1 \end{pmatrix} \rightarrow \begin{pmatrix} 1 & 1 & 2 \\ 0 & 1 & 3 \\ 0 & -1 & -5 \end{pmatrix} \rightarrow \begin{pmatrix} 1 & 1 & 2 \\ 0 & 1 & 3 \\ 0 & 0 & -2 \end{pmatrix} \rightarrow \begin{pmatrix} 1 & 1 & 2 \\ 0 & 1 & 3 \\ 0 & 0 & 1 \end{pmatrix} \rightarrow \begin{pmatrix} 1 & 0 & 0 \\ 0 & 1 & 0 \\ 0 & 0 & 1 \end{pmatrix}.$$

从最后一个矩阵中我们可以看出，该方程组的系数矩阵的秩 $R(A)=3$，方程有唯一一组解：$x_1=0$，$x_2=0$，$x_3=0$.

练习 5 解齐线性方程组 $\begin{cases} x_1+2x_2+2x_3+x_4=0 \\ 2x_1+x_2-2x_3-2x_4=0 \\ x_1-x_2-4x_3-3x_4=0 \end{cases}$.

解： 对该齐线性方程组的系数矩阵变形得

$$A=\begin{pmatrix} 1 & 2 & 2 & 1 \\ 2 & 1 & -2 & -2 \\ 1 & -1 & -4 & -3 \end{pmatrix} \rightarrow \begin{pmatrix} 1 & 2 & 2 & 1 \\ 0 & -3 & -6 & -4 \\ 0 & -3 & -6 & -4 \end{pmatrix} \rightarrow \begin{pmatrix} 1 & 2 & 2 & 1 \\ 0 & -3 & -6 & -4 \\ 0 & 0 & 0 & 0 \end{pmatrix}$$

$$\rightarrow \begin{pmatrix} 1 & 2 & 2 & 1 \\ 0 & 1 & 2 & \dfrac{4}{3} \\ 0 & 0 & 0 & 0 \end{pmatrix} \rightarrow \begin{pmatrix} 1 & 0 & -2 & -\dfrac{5}{3} \\ 0 & 1 & 2 & \dfrac{4}{3} \\ 0 & 0 & 0 & 0 \end{pmatrix}$$

由最后得到原方程组的同解方程组

$$\begin{cases} x_1=2x_3+\dfrac{5}{3}x_4 \\ x_2=-2x_3-\dfrac{4}{3}x_4 \end{cases}$$

其中 x_3，x_4 为自由变量，设其分别取任意常数 c_1，c_2，于是原方程组的解为：

$$x_1 = 2c_1 + \frac{5}{3}c_2, \quad x_2 = -2c_1 - \frac{4}{3}c_2, \quad x_3 = c_1, \quad x_4 = c_2.$$

事实上，对齐次方程组而言，它一定有零解，当它的系数矩阵的秩小于未知数的个数时才有非零解．

⭐ 习题 6.3

1. 解下列线性方程组：

(1) $\begin{cases} x_1 + x_2 + 4x_3 = 0 \\ 2x_1 + x_2 - 2x_3 = 0; \\ x_1 + x_2 + x_3 = 0 \end{cases}$

(2) $\begin{cases} x_1 + x_2 + 4x_3 = 3 \\ 2x_1 + x_2 - 2x_3 = 1; \\ x_1 + x_2 + x_3 = 2 \end{cases}$

(3) $\begin{cases} 4x_1 + x_2 + 6x_3 + 5x_4 = 10 \\ x_1 + x_2 + x_3 + x_4 = 2 \\ 2x_1 + 5x_2 + x_4 = 2 \end{cases}$;

(4) $\begin{cases} 2x_1 + x_2 - x_3 + x_4 = 1 \\ 3x_1 - x_2 + 2x_3 - 3x_4 = 2 \\ 3x_1 + x_4 = -2 \\ x_1 + x_2 - x_3 + 4x_4 = -6 \end{cases}$.

2. 【飞行速度】 一架飞机以 x_1 千米/小时的速度飞行，风速为 x_2 千米/小时，若飞机顺风飞行时飞机相对于地面的速度为 300 千米/小时，逆风飞行时相对于地面的速度为 220 千米/小时，求飞机的飞行速度和风速．

3. 【交通流量】 如图 6-3 所示是某地区的交通网络图，设所有道路均为单行道，且道路边不能停车，图中的箭头标识了交通的方向，标识的数为高峰期每小时进出道路网络的车辆数．设进出道路网络的车辆相同，总数各有 800 辆，若进入每个交叉点的车辆数等于离开该点的车辆数，则交通流量平衡条件得到满足，交通就不出现堵塞．求各支路交通流量为多少时，此交通网络流量达到平衡．

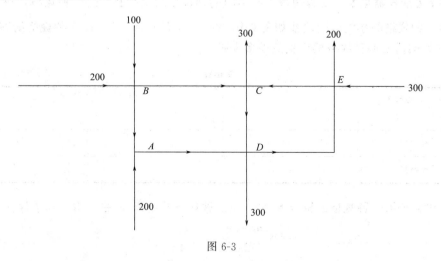

图 6-3

4. 【空气成分】 在一次对空气抽样的环境检测中发现空气中含有四种有毒物质：SO_2，NO，NO_2，CO，在空气中体积分数之和为 6×10^{-6}，其中 CO 的含量为 SO_2 的 10 倍，而与 NO 和 NO_2 的总量相同，SO_2 和 NO 的体积分数之和为 0.8×10^{-6}，问此空气中这四种物质的含量各为多少？

5. 【化肥成分】 有三种化肥，成分见表 6-15

表 6-15

数量 成分 种类	钾/%	氮/%	磷/%
A	20	30	50
B	10	20	70
C	0	30	70

现要得到 200 千克含钾 12%，氮 25%，磷 63% 的化肥，需要以上三种化肥的量各是多少？

6.4 线性规划的基本概念及图解法

6.4.1 线性规划的数学模型

线性规划问题属于运筹学的范畴，运筹学是用数学方法研究各种系统最优化问题的学科．其目的是制订一个合理利用人、财、物的最佳方案，发挥和提高系统的效能及效益，为决策者提供科学决策的依据．应用运筹学处理问题的步骤可概括为：提出问题；建立模型；优化求解；评价分析及决策支持．随着科学技术的不断进步及新的系统问题的不断出现，运筹学在经济管理、工业、农业、商业、国防、科技等领域发挥着越来越重要的作用．先看如下几个问题．

案例 1【钢板截取】 要将两种大小不同的钢板截成 A、B、C 三种规格，每张钢板可同时截得三种规格的小钢板的块数如表 6-16 所示．今需要 A、B、C 三种规格的钢板各 12、15、27 块，问需要两种规格的钢板最少多少张？

表 6-16

规格类型 钢板类型	A	B	C
第一种钢板	2	1	1
第二种钢板	1	2	3

解：设需要第一种规格的钢板 x_1 张，第二种规格的钢板 x_2 张，由已知条件得

$$\min z = x_1 + x_2$$

$$st \begin{cases} 2x_1 + x_2 \geqslant 12 \\ x_1 + 2x_2 \geqslant 15 \\ x_1 + 3x_2 \geqslant 27 \\ x_1 \geqslant 0, x_2 \geqslant 0 \end{cases}$$

案例 2【生产安排】 某厂生产 A、B 两种产品，生产 1 吨产品所需的煤、电耗及利润如表 6-17.

表 6-17

产品种类	煤/吨	电/千瓦	利润/(万元/吨)
A	4	3	3
B	5	10	5

现因条件限制，煤每周只有 360 吨，供电局每周只供电 300 千瓦，试问该厂如何安排周生产计划使利润最大？

解：设生产 A 产品 x_1 吨，生产 B 产品 x_2 吨，由已知条件得

$$\max z = 3x_1 + 5x_2$$

$$st \begin{cases} 4x_1 + 5x_2 \leqslant 360 \\ 3x_1 + 10x_2 \leqslant 300 \\ x_1 \geqslant 0, x_2 \geqslant 0 \end{cases}$$

案例 3【运输问题】 设有某种物资要从 A_1，A_2，A_3 三个仓库运往四个销售点 B_1，B_2，B_3，B_4。各发点（仓库）的发货量、各收点（销售点）的收货量以及 A_i 到 B_j 的单位运费如表 6-18，问如何组织运输才能使总运费最少？

解：设 $x_{ij}(i=1,2,3; j=1,2,3,4)$ 表示从产地 A_i 运往销地 B_j 的运输量，例如 x_{12} 表示由产地 A_1 运往销地 B_2 的数量等．那么满足产地的供应量约束为：

表 6-18

单位运价　　收点 发点	B1	B2	B3	B4	发量
A_1	9	18	1	10	9
A_2	11	6	8	18	10
A_3	14	12	2	16	6
收量	4	9	7	5	

$$\begin{cases} x_{11} + x_{12} + x_{13} + x_{14} = 9; \\ x_{21} + x_{22} + x_{23} + x_{24} = 10; \\ x_{31} + x_{32} + x_{33} + x_{34} = 6. \end{cases}$$

满足销地的需求量约束为

$$\begin{cases} x_{11} + x_{21} + x_{31} = 4; \\ x_{12} + x_{22} + x_{32} = 9; \\ x_{13} + x_{23} + x_{33} = 7; \\ x_{14} + x_{24} + x_{34} = 5. \end{cases}$$

所以最佳调运量就是求一组变量 x_{ij}（$i=1,2,3$；$j=1,2,3,4$），使它满足上述约束条件并使总运费

$z = 9x_{11} + 18x_{12} + x_{13} + 10x_{14} + 11x_{21} + 6x_{22} + 8x_{23} + 18x_{24} + 14x_{31} + 12x_{32} + 2x_{33} + 16x_{34}$ 最小．

再加上变量的非负约束 $x_{ij}(i=1,2,3; j=1,2,3,4)$，就得到解决这个问题的数学模型：

$$\min z = \sum_{i=1}^{3} \sum_{j=1}^{4} c_{ij} x_{ij}$$

$$\sum_{i=1}^{3} x_{ij} = b_j, j = 1, 2, 3, 4$$

$$\sum_{j=1}^{4} x_{ij} = a_i, i = 1, 2, 3$$

其中 c_{ij} 为第 i 个仓库向第 j 个销地的单位运费，如 $c_{12} = 18$ 表示第一个仓库向第二个销地的单位运费为 18；$a_i (i = 1, 2, 3)$ 表示第 i 个仓库的发货量；$b_j (j = 1, 2, 3, 4)$ 表示第 j 销地的收货量.

💡 概念和公式的引出

上述各例具有下列共同特征：

（1）存在一组变量 $x_1, x_2 \cdots, x_n$，称为决策变量，表示某一方案. 通常要求这些变量的取值是非负的.

（2）存在若干个约束条件，可以用一组线性等式或线性不等式来描述.

（3）存在一个线性目标函数，按实际问题求最大值或最小值.

具有以上特征的问题称为线性规划. 它的数学表达式，即线性规划问题数学模型（简称线性规划模型）的一般形式为

$$\max(\min) \quad z = c_1 x_1 + c_2 x_2 + \cdots + c_n x_n$$

$$\begin{cases} a_{11}x_1 + a_{12}x_2 + \cdots + a_{1n}x_n \leqslant (=, \geqslant) b_1 \\ a_{21}x_1 + a_{22}x_2 + \cdots + a_{2n}x_n \leqslant (=, \geqslant) b_2 \\ \cdots \\ a_{m1}x_1 + a_{m2}x_2 + \cdots + a_{mn}x_n \leqslant (=, \geqslant) b_m \\ x_1, x_2, \cdots, x_n \geqslant 0 \end{cases}$$

式中 max 表示求最大值，min 表示求最小值，c_j，b_i，a_{ij} 是由实际问题所确定的常数. $c_j (j = 1, 2, \cdots, n)$ 为利润系数或成本系数；$b_i (i = 1, 2, \cdots, m)$ 称为限定系数或常数项；$a_{ij} (i = 1, 2, \cdots, m; j = 1, 2, \cdots, n)$ 称为结构系数或消耗系数；$x_j (j = 1, 2, \cdots, n)$ 为决策变量；每一个约束条件只有一种符号（$\leqslant$ 或 $=$ 或 $\geqslant$）. 也可以写成如下标准形式

$$\max z = \sum_{j=1}^{n} c_j x_j$$

$$\begin{cases} \sum_{j=1}^{n} a_{ij} x_j \leqslant b_i, i = 1, 2, \cdots m \\ x_j \geqslant 0, j = 1, 2, \cdots n \end{cases}$$

有时也写成矩阵形式

$$\min z = \boldsymbol{CX}$$

$$st \quad \boldsymbol{AX} \leqslant B$$

$$\boldsymbol{C} = (c_1 \quad c_2 \quad \cdots \quad c_n), \boldsymbol{X} = (x_1 \quad x_2 \quad \cdots \quad x_n)'$$

其中

$$\boldsymbol{A} = \begin{pmatrix} a_{11} & a_{12} & \cdots & a_{1n} \\ a_{21} & a_{22} & \cdots & a_{2n} \\ \vdots & \vdots & \cdots & \vdots \\ a_{m1} & a_{m2} & \cdots & a_{mn} \end{pmatrix}, \boldsymbol{B} = (b_1 \quad b_2 \quad \cdots \quad b_m)'$$

6.4.2　线性规划问题的图解法

线性规划问题一般用单纯形法或数学软件求解，但当决策变量只有两个时我们可以用图解法求解．先看上述案例 1 的求解．

📖 进一步的练习

练习 1　在案例 1 钢板的截取中，我们得到了线性规划模型：

$$\min z = x_1 + x_2$$

$$st \begin{cases} 2x_1 + x_2 \geqslant 14 & (1) \\ x_1 + 2x_2 \geqslant 15 & (2) \\ x_1 + 3x_2 \geqslant 27 & (3) \\ x_1 \geqslant 0, x_2 \geqslant 0 \end{cases}$$

求解该模型．

解：首先在平面直角坐标系中画出约束条件对应的平面区域（称为可行域，图 6-4 阴影部分）以 x_1 为横坐标，x_2 为纵坐标，由于 x_1，$x_2 \geqslant 0$，所以只考虑第一象限的情形．

其次，找出可行域中使目标函数取得最小值的点（可行域内每一个点称为可行解，在所有的可行解中使目标函数达到最优的解称为最优解）．目标函数 $z = x_1 + x_2$ 在坐标平面可以表示成以 z 为参数的一簇平行直线，即 $x_2 = z - x_1$，其斜率为 -1，截距为 z，位于该直线上的点具有相同的目标函数值 z，因而称其为等值线．对于不同的目标值 z，可以得到一簇平行的等值线，只要将等值线在可行域内平移，就可以得到一条使目标函数的 z 值在可行域内为最小的等值线，本题的等值线在点 A 处在 x_2 轴上的截距最小，因此目标函数的最小值在点 A 处取得，该点为两直线 $2x_1 + x_2 = 14$，$x_1 + 3x_2 = 27$ 的交点，其坐标为（3,8），即可得 $x_1 = 3$，$x_2 = 8$，$\min z = 11$（最少需要两种钢板 11 张）．

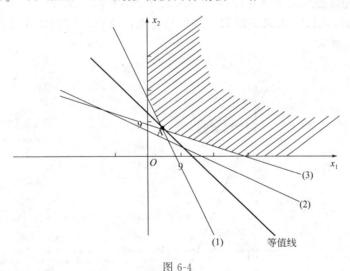

图 6-4

练习 2　求解案例 2 生产计划安排问题．

解：案例 2 的线性规划模型为

$$\max z = 3x_1 + 5x_2$$

$$st \begin{cases} 4x_1 + 5x_2 \leqslant 360 & (1) \\ 3x_1 + 10x_2 \leqslant 300 & (2) \\ x_1 \geqslant 0, x_2 \geqslant 0 \end{cases}$$

第一步确定可行域.画出该规划模型中约束条件对应的平面区域（如图 6-5 阴影所示）.第二步画出等值线 $x_2 = -\dfrac{3}{5}x_1 + \dfrac{z}{5}$. 此等值线在两直线交点 A 处取值时截距最大,此时 $x_1 = 84$,$x_2 = 4.8$,$\max z = 276$.

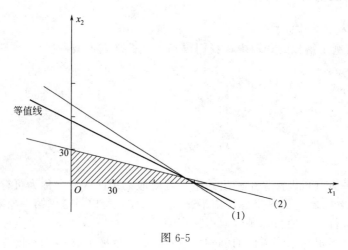

图 6-5

练习 3 用图解法求下列线性规划问题:

$$\max z = 3x_1 + x_2 \qquad\qquad \min z = 70x_1 + 120x_2$$

(1) $\begin{cases} 2x_1 + 3x_2 \leqslant 4 \\ 3x_1 + x_2 \leqslant 5 \\ x_1 \geqslant 0,\ x_2 \geqslant 0 \end{cases}$ (2) $\begin{cases} 9x_1 + 4x_2 \geqslant 3600 \\ 4x_1 + 5x_2 \geqslant 2000 \\ x_1 \geqslant 0,\ x_2 \geqslant 0 \end{cases}$

解:(1) 首先画出约束条件对应的平面区域（图 6-6 阴影部分）,然后画出等值线 $z = 3x_1 + x_2$,此等值线是以 z 为纵截距的一簇平行直线,这簇平行直线在可行域内点 A 处纵截距取得最大值,此时

$$x_1 = 11/7,\ x_2 = 2/7,\ \max z = 5$$

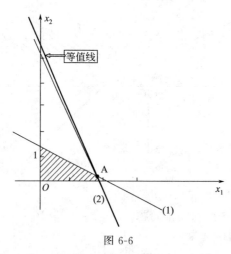

图 6-6

(2) 首先画出约束条件对应的平面区域（图 6-7 阴影部分）,然后画出等值线 $z = 70x_1 + 120x_2$,此等值线以纵截距 $\dfrac{z}{120}$ 为参数,对应着一簇平行直线,这簇平行直线在可行域内点 A 处取得最小值,此时

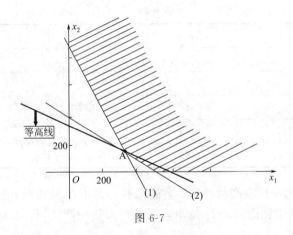

图 6-7

$$x_1 = 10000/29, x_2 = 3600/29, \min z = 39034$$

小结：图解法求解线性规划问题的一般步骤

（1）建立直角坐标系；

（2）找出所有约束条件所构成的公共区域，即可行域；

（3）改变目标函数值 z，使等值线平行移动，当移动到可行域上的某一点时，如果再移动就将脱离可行域，则该点使目标函数达到极值，该点坐标则为最优解．

☆ 习题 6.4

1．用平面区域表示下列不等式的解集：

（1）$\begin{cases} x + 3y \leqslant 15 \\ 2x + y < 15 \\ x \geqslant 0, \ y \geqslant 0 \end{cases}$　　（2）$\begin{cases} x - y + 5 \geqslant 0 \\ x + y \geqslant 0 \\ x \leqslant 3 \end{cases}$

2．写出下述问题的数学模型．

（1）某公司要从 A_1 地调出蔬菜 2000 吨，从 A_2 地调出蔬菜 1100 吨，对口供应 B_1 城 1700 吨、B_2 城 1100 吨、B_3 城 200 吨、B_4 城 100 吨．已知从产地到各城间单位运费如表 6-19（元/吨）．

表 6-19

地　点	B_1	B_2	B_3	B_4
A_1	21	25	7	15
A_2	51	51	37	15

如何调运，才能使运费最省？

（2）现要截取 2.9 米、2.1 米和 1.5 米的元钢各 100 根，已知原材料的长度是 7.4 米，问应如何下料，才能使消耗的原材料最省？试构造此问题的数学模型．

（3）某糖果厂用原料 A、B、C 加工成三种不同牌号的糖果甲、乙、丙．已知各种牌号糖果中 A、B、C 三种原料的含量要求、各种原料的单位成本、各种原料每月的限制用量、三种牌号糖果的单位加工费及售价如表 6-20 所示，问该厂每月生产这三种牌号糖果各多少千克，才能使该厂获利最大？

表 6-20

项 目	甲	乙	丙	原料成本	限制用量
A	60%以上	15%以上		2.00	20000
B				1.5	2500
C	20%以下	60%以下	50%以下	1.00	1200
加工费	0.5	0.40	0.30		
售价	3.40	2.85	2.25		

3. 某厂在计划期内安排生产两种产品，这两种产品的单位利润分别为 50，100．生产所需资源及单位产品原料消耗由表 6-21 给出，问如何安排生产计划，使总利润最大？

表 6-21

项 目	甲	乙	资源限制
设备	1	1	300 台时
原料 A	2	1	400kg
原料 B	0	1	250kg

4. 某汽车厂生产大轿车和载重汽车，所需资源、资源可用量和产品价格如表 6-22 所示，问如何组织生产才能使工厂获利最大？

表 6-22

项 目	大轿车	载重汽车	可用量
钢材/吨	2	2	1600
工时/小时	5	2.5	2500
生产量			400
获利/（千元/辆）	4	3	

5. 现有 A、B 两类制剂，所需原料分别为 2 和 3 个单位，需要的工时为 4 和 2 个单位，在计划期内可以使用的原料为 100、工时为 120 个单位，这两类制剂的利润分别为 6 和 4 个单位，求获利最大的方案．

6. 农场每天使用 800 斤（1 斤＝500 克）特殊饲料，这种饲料是由玉米和大豆粉配置而成的，玉米和大豆粉中蛋白质、纤维含量及其价格如表 6-23．

表 6-23

饲料	蛋白质（每斤饲料含）	纤维（每斤饲料含）	费用/（元/斤）
玉米	0.09	0.02	2.00
大豆粉	0.60	0.06	6.00

特殊饲料的要求是至少要有 30%的蛋白质和至多 5%的纤维，求农场希望每天成本最小的饲料配方．

行列式的发展史

行列式的概念最初是伴随着方程组的求解而发展起来的. 行列式的提出可以追溯到 17 世纪, 最初的雏形由日本数学家关孝和与德国数学家戈特弗里德·莱布尼茨各自独立得出, 时间大致相同. 日本数学家关孝和在 1683 年写了一部名为解伏题之法的著作, 意思是"解行列式问题的方法", 书中对行列式的概念和它的展开已经有了清楚的叙述. 欧洲第一个提出行列式概念的是德国数学家, 微积分学奠基人之一莱布尼茨. 1693 年, 德国数学家莱布尼茨开始使用指标数的系统集合来表示有三个未知数的三个一次方程组的系数. 他从三个方程的系统中消去了两个未知量后得到一个行列式. 这个行列式等于零, 就意味着有一组解同时满足三个方程. 由于当时没有矩阵的概念, 莱布尼茨将行列式中元素的位置用数对来表示: ij 代表第 i 行第 j 列. 莱布尼茨对行列式的研究成果中已经包括了行列式的展开和克莱姆法则, 但这些结果在当时并不为人所知.

进入 19 世纪后, 行列式理论进一步得到发展和完善. 奥古斯丁·路易·柯西在 1812 年首先将 "determinant" 一词用来表示 18 世纪出现的行列式, 此前高斯只不过将这个词限定在二次曲线所对应的系数行列式中. 柯西也是最早将行列式排成方阵并将其元素用双重下标表示的数学家 (垂直线记法是阿瑟·凯莱在 1841 年率先使用的). 柯西还证明了行列式的乘法定理 (实际上是矩阵乘法), 这个定理曾经在雅克·菲利普·玛利·比内 (Jacque Philippe Marie Binet) 的书中出现过, 但没有证明.

19 世纪 50 年代, 凯莱和詹姆斯·约瑟夫·西尔维斯特将矩阵的概念引入数学研究中. 行列式和矩阵之间的密切关系使得矩阵论蓬勃发展的同时也带来了许多关于行列式的新结果, 例如阿达马不等式、正交行列式、对称行列式等.

与此同时, 行列式也被应用于各种领域中. 高斯在二次曲线和二次型的研究中使用行列式作为二次曲线和二次型划归为标准型时的判别依据. 之后, 卡尔·魏尔斯特拉斯和西尔维斯特又完善了二次型理论, 研究了 λ-矩阵的行列式以及初等因子. 行列式被用于多重函数的积分大约始于 19 世纪 30 年代. $1832 \sim 1833$ 年间卡尔·雅可比发现了一些特殊结果, 1839 年, 欧仁·查尔·卡塔兰 (Eugène Charles Catalan) 发现了所谓的雅可比行列式. 1841 年, 雅可比发表了一篇关于函数行列式的论文, 讨论函数的线性相关性与雅可比行列式的关系.

现代的行列式概念最早在 19 世纪末传入中国. 1899 年, 华蘅芳和英国传教士傅兰雅合译了《算式解法》十四卷, 其中首次将行列式翻译成"定准数". 1909 年顾澄在著作中称之为"定列式". 1935 年 8 月, 中国数学会审查各种术语译名, 9 月教育部公布的《数学名词》中正式将译名定为"行列式". 其后"行列式"作为译名沿用至今.

【本章小结】

一、基本概念

1. 二阶、三阶、n 阶行列式的定义、克莱姆法则.

2. 矩阵、矩阵的加法运算、数乘运算、矩阵与矩阵相乘、矩阵的转置、矩阵的初等变换、逆矩阵、矩阵的秩、阶梯形矩阵、行简化矩阵.

3. 线性规划模型、可行域、可行解、最优解、等值线.

二、基本知识

1. 行列式及其性质

（1）n 阶行列式是用 n^2 个元素 $a_{ij}(i,j=1,2,\cdots,n)$ 组成的记号

$$\begin{pmatrix} a_{11} & a_{12} & \cdots & a_{1n} \\ a_{21} & a_{22} & \cdots & a_{2n} \\ \vdots & \vdots & \vdots & \vdots \\ a_{n1} & a_{n2} & \cdots & a_{nn} \end{pmatrix}$$

（2）行列式的性质：

① 行列式与它的转置行列式的值相等；

② 行列式中任意两行（列）互换后，行列式的值仅改变符号；

③ 以数 k 乘以行列式的某行（列）中所有的元素，就等于用数 k 去乘此行列式；

④ 若行列式的某一行（列）的元素都是两数之和，则这个行列式等于两个行列式之和；

⑤ 若在行列式的某一行（列）元素上加上另一行（列）对应元素的 k 倍，则这个行列式的值不变．

2．矩阵

（1）矩阵的概念：矩阵是由 $m \times n$ 个元素组成的一个 m 行 n 列的一个数表．

（2）矩阵的运算：

① 矩阵的加减运算：两个矩阵相加减只能是它们具有相同的行数和列数；

② 矩阵的数乘：数 k 乘以矩阵是将数 k 乘以矩阵中的每一个元素；

③ 矩阵的乘法：两个矩阵相乘时，前一个矩阵的列数必须等于后一个矩阵的行数，否则两矩阵不能相乘，矩阵的乘法不满足交换律；

④ 逆矩阵：若 A，B 均为 $n \times n$ 方阵且 $AB = BA = I$，则称 B 是 A 的逆矩阵；

（3）矩阵的初等变换：

对矩阵施以下列 3 种变换，称为矩阵的初等变换．

① 互换矩阵的任意两行（列）；

② 以一个非零的数 k 乘矩阵的某一行（列）；

③ 把矩阵的某一行（列）的 k 倍加到另一行（列）对应元素上去．

（4）初等变换解线性方程组：先将线性方程组对应的增广矩阵实行初等行变换化成阶梯形矩阵，判断其是否有解，若有解，再将其变为简化矩阵写出其解．

3．线性规划及其图解法

线性规划模型是由一组决策变量组成的具有一个（也可能有多个）线性目标函数和一系列线性约束条件的数学式子．其求解方法一般用单纯形法或数学软件，当它只有两个变量时可以用图解法求解．

三、基本方法

1．行列式的计算一般用行列式的性质，行列式常用于解线性方程组（克莱姆法则）．

2．矩阵表示实际量的方法、矩阵的运算方法、用初等行变换解线性方程组．

3．线性规划问题的图解法．

复习题 6

1．计算行列式的值．

（1）$\begin{vmatrix} 1 & b & b \\ b & 1 & b \\ b & b & 1 \end{vmatrix}$；

（2）$\begin{vmatrix} 0 & 0 & 0 & a \\ 0 & 0 & b & 0 \\ 0 & c & 0 & 0 \\ d & 0 & 0 & 0 \end{vmatrix}$．

2. 已知矩阵 $\begin{pmatrix} 1 & 4 \\ 0 & 1 \end{pmatrix} X \begin{pmatrix} 2 & 1 \\ 3 & 2 \end{pmatrix} = I$，求矩阵 X.

3. 求下列矩阵的秩：

(1) $\begin{pmatrix} 1 & -1 \\ -1 & 1 \end{pmatrix}$；
(2) $\begin{pmatrix} 1 & 0 & 0 \\ 0 & 1 & 0 \\ 1 & 0 & 2 \\ 0 & 1 & 3 \\ 1 & 0 & 4 \end{pmatrix}$；
(3) $\begin{pmatrix} -2 & 2 & 1 & -1 & 0 \\ 0 & 2 & 3 & 1 & -4 \\ 3 & 2 & 6 & 4 & -10 \\ 1 & 0 & 1 & 1 & -2 \end{pmatrix}$.

4. 解下列线性方程组：

(1) $\begin{cases} 3x_2 - 3x_3 - 2x_4 = 0 \\ x_1 - 2x_2 + x_3 + x_4 = 1 \\ 3x_1 - 3x_3 - x_4 = 3 \end{cases}$；
(2) $\begin{cases} 3x_1 + 4x_2 + 5x_3 + 5x_4 = 0 \\ 3x_1 + 2x_2 + x_3 + x_4 = 0 \\ 4x_1 + 3x_2 + 2x_3 + 2x_4 = 1 \\ 5x_1 + 4x_2 + 3x_3 + 3x_4 = 2 \end{cases}$.

5. 设有线性方程组 $\begin{cases} x_1 + 2x_2 - x_3 - 2x_4 = 0 \\ 2x_1 - x_2 - x_3 + x_4 = 1 \\ 3x_1 + x_2 - 2x_3 - x_4 = \lambda \end{cases}$. 问当 λ 取何值时，此方程组有解，并求出

此解．

6. 某厂生产甲、乙两种产品，要消耗 A、B、C 三种资源，已知每生产单位产品甲需要 A、B、C 资源分别是 3、2、0，生产单位产品乙需要 A、B、C 资源分别是 2、1、3，资源 A、B、C 的现有量分别是 65、40、75，甲、乙两种产品的单位利润分别是 1500、2500，问如何安排生产计划，使得既能充分利用现有资源又使总利润最大？

第7章　概率与统计初步

自然界中事件是否发生，及事件发生的可能性大小，这就是我们要讨论的随机事件及概率.

7.1　随机事件

7.1.1　随机现象

案例1【航天飞行】　1986年1月28日，美国肯尼迪航天中心发射的挑战者号航天飞机在升空12秒后突然爆炸，7名宇航员全部罹难. 这一悲惨事件造成了至少12亿美元的损失，并使得美国航天局在一年之内无法进行新的航天飞机试验，这一事件的发生虽然有技术上的原因，但不能不说它带有一定的偶然性.

案例2【掷骰子】　掷一枚骰子，观察出现的点数.

案例3【取灯泡】　从一盒灯泡中取出一个，观察是否发亮.

概念和公式的引出

随机试验　每次试验的可能结果不止一个，并事先明确知道试验的所有可能结果；试验前并不知道哪一个结果会发生；试验可以在相同条件下重复进行，我们把这类试验称为随机试验.

进一步的练习

练习1【日常生活中的随机问题】

（1）抛一枚硬币10次，记录出现正面的次数.

（2）掷一枚骰子24次，记录出现1点、2点、3点、4点、5点、6点的次数.

（3）某同学进行投篮训练，投10次，记录其投中的次数，预测其下一次投篮的结果.

（4）观察今天的天气，预测明天的天气情况.

7.1.2　随机事件

案例4【试验的结果】

（1）抛一枚硬币，出现"正面"（有国徽的面称为正面，数字的面称为反面）.

（2）掷一枚骰子，出现"0"点.

（3）抛一石块，下落．

（4）导体通电时，发热．

（5）在常温下，焊锡熔化．

（6）某人射击一次，中靶．

以上各事件的发生与否，各有什么特点？

可以看到事件（3）、（4）是必然要发生的，事件（2）、（5）是不可能发生的，而事件（1）、（6）是可能发生、也可能不发生的．

💡 **概念和公式的引出**

随机事件　随机试验的结果称为随机事件．在某次试验中，必然要发生的事件，叫做必然事件，用 Ω 表示；可能发生也可能不发生的事件叫做随机事件，常用大写字母 A、B、C 等表示，不可能发生的事件，叫做不可能事件，用 $\varnothing$ 表示．

案例 4 中，（3）、（4）是必然事件；（2）、（5）是不可能事件；（1）、（6）是随机事件．

随机试验的每一可能结果，称为一个基本事件，基本事件是不能再分解的事件，由基本事件组成的事件称为复合事件．一个随机试验的基本事件全体组成的集合，称为基本空间．

📖 **进一步的练习**

练习 2【掷骰子】　掷一枚骰子，则"出现 i 点（$i=1$、2、3、4、5、6）"是随机事件；"出现小于 3 点"，即出现 1 点或 2 点，也是随机事件．这里"出现小于 3 点"这一事件由"出现 1 点"和"出现 2 点"组成，是一个复合事件．"不小于 3 点"也是一个复合事件．

在掷一枚骰子试验中，若用 e_i 表示"出现 i 点"（$i=1,2,\cdots,6$），则 $\Omega=\{e_1,e_2,e_3,e_4,e_5,e_6\}$ 为一个基本空间．

练习 3【抛硬币】　在抛一枚硬币的试验中，a_0 表示"出现正面"，a_1 表示"出现反面"，则基本空间为 $\Omega=\{a_0,\ a_1\}$．

7.1.3　事件的关系及运算

由于事件可看作随机试验中基本事件的集合，因此事件的关系与运算同集合类似．

💡 **概念和公式的引出**

（1）事件的包含关系　如果事件 A 发生必然导致事件 B 发生，则称事件 B 包含事件 A，记作 $A\subset B$ 或 $B\supset A$．

事件相等　如果事件 $A\subset B$ 且 $B\supset A$，则称事件 A 与事件 B 相等，记作 $A=B$．

（2）事件的和（并）　如果事件 A 与事件 B 至少有一个发生，称为事件 A 与 B 的和（并），记作 $A\bigcup B$．

（3）事件的积（交）　如果事件 A 与事件 B 同时发生，称为事件 A 与事件 B 的积（交），记作 $A\bigcap B$（或 AB）．

（4）互斥事件（互不相容）　如果事件 A 与事件 B 不能同时发生，那么称事件 A 与事件 B 互斥（或互不相容），记作 $AB=\varnothing$ 或 $A\bigcap B=\varnothing$．

如果一组事件中，任意两个事件都互斥，称为两两互斥．

（5）对立事件（互逆事件）　在一次试验中，如果事件 A 与事件 B 不能同时发生，但其中必有一个发生，即 $AB=\varnothing$ 且 $A\bigcup B=\Omega$，则称事件 A 与事件 B 对立（或互逆），记作 $A=\overline{B}$ 或 $B=\overline{A}$，也称 $\overline{A}$ 是 A 的逆事件．

图 7-1（文氏图）直观地表示了上述关于事件的各种关系及运算．

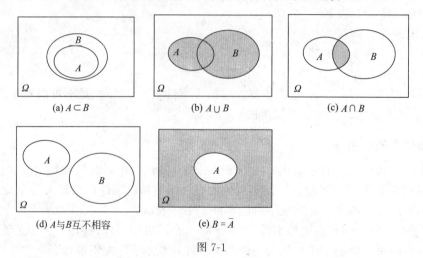

(a) $A \subset B$ (b) $A \cup B$ (c) $A \cap B$

(d) A 与 B 互不相容   (e) $B = \overline{A}$

图 7-1

📖 进一步的练习

练习 4【射击】　在一次射击中，事件 A 表示"命中 8 环"，事件 B 表示"命中至少 5 环"．显然事件 A 发生时，B 一定发生．即 $A \subset B$．

练习 5【掷骰子】　在掷一枚骰子试验中，A 表示"出现奇数点"，B 表示"出现 1、3、5 点"，显然，A 包含了 B 且 B 包含了 A．所以　$A = B$．

练习 6【射击】　甲、乙两人向同一目标射击，如果 A 表示"甲击中目标"．B 表示"乙击中目标"，C 表示"击中目标"．那么 C 发生，就是 A 与 B 中至少一个发生；反之，A 与 B 中至少有一个发生，则 C 发生．所以　$C = A + B$．

练习 7【摸球】　袋中有 10 个同规格的球，将它们分别标上 1～10 的号码，从袋中任取一球，记：

A 表示"取到号码在 2～5 之间的球"，即 $A = \{2, 3, 4, 5\}$；

B 表示"取到号码在 3～7 之间的球"，即 $B = \{3, 4, 5, 6, 7\}$；

C 表示"取到号码在 3～5 之间的球"；

则　$A \cup B = \{2, 3, 4, 5, 6, 7\}$，$C = AB = \{3, 4, 5\}$．

练习 8【抛硬币】　抛一枚硬币一次，如果 A 表示"出现正面"，B 表示"出现反面"，那么 A 与 B 不可能同时发生，但其中必有一个发生．所以事件 A 与事件 B 是对立（或互逆）事件，即 $B = \overline{A}$．

💡 概念和公式的引出

由事件的关系与运算的定义，有下列运算规律

（1）交换律　$A \cup B = B \cup A$，$AB = BA$；

（2）结合律　$A \cup (B \cup C) = (A \cup B) \cup C$，$A(BC) = (AB)C$；

（3）分配律　$A(B \cup C) = (AB) \cup (AC)$，$A \cup (BC) = (A \cup B)(A \cup C)$；

（4）吸收律　若 $A \subset B$，则 $A \cup B = B$ 且 $AB = A$；

（5）德·摩根律　$\overline{A \cup B} = \overline{A} \cap \overline{B}$，$\overline{A \cap B} = \overline{A} \cup \overline{B}$．

📖 进一步的练习

练习 9【产品检验】　设 A_k 表示"第 k 取到合格品"（$k = 1, 2, 3$），试用符号表示下列

事件：

    （1）三次都了取到合格品；

    （2）三次中至少有一次取到合格品；

    （3）三次中恰有两次取到合格品；

    （4）解释 $\overline{A_1A_2}\cup\overline{A_1A_3}\cup\overline{A_2A_3}$ 表示什么事件？

解：（1）三次都取到合格品：$A_1A_2A_3$；

    （2）三次中至少有一次取到合格品：$A_1\cup A_2\cup A_3$；

    （3）三次中恰有两次取到合格品：$A_1A_2\overline{A_3}\cup A_1\overline{A_2}A_3\cup\overline{A_1}A_2A_3$；

    （4）$\overline{A_1A_2}\cup\overline{A_1A_3}\cup\overline{A_2A_3}$ 表示三次中最多有一次取到合格品．

⭐ **习题 7.1**

1. 指出下列事件是必然事件，不可能事件，还是随机事件：

（1）如果 a，b 都是实数，那么 $a+b=b+a$；

（2）从分别标有号数 1，2，3，…，10 的 10 张号签中任取一张得到 6 号签；

（3）没有水分，种子发芽；

（4）某电话总机在 60 秒内接到至少 15 次呼唤．

2. 写出下列随机试验的基本空间及下列事件包含的基本事件：

（1）掷一枚骰子，出现偶数点；

（2）将一枚均匀硬币抛两次，A：第一次出现正面；B：两次出现正面；C：至少一次出现正面．

3. 若 A，B，C，D 是四个事件，试用这四个事件表示下列事件：

（1）这四个事件至少发生一个；

（2）这四个事件恰好发生两个；

（3）A，B 都发生而 C，D 都不发生；

（4）这四个事件至多发生一个．

7.2 事件的概率及古典概型

7.2.1 概率的概念

📖 **案例 1【抛硬币】** 连续抛一枚硬币 n 次，记录出现正面的次数，表 7-1 列出了历史上一些科学家试验的结果．

表 7-1 抛掷硬币试验结果

试验者	抛掷次数	正面向上的次数(m)	正面出现的频率($\frac{m}{n}$)
D. Moivre	2048	1061	0.518
L. Buffon	4040	2048	0.5069
K. Person	12000	6019	0.5016
K. person	24000	12012	0.5005
Wiener	30000	14994	0.4998

我们看到，当抛掷硬币的次数很多时，出现正面频率值是稳定的，接近于常数 0.5，在它附近摆动，并且稳定在 0.5.

案例 2【乒乓球检验】 检验各批次乒乓球，记录优等品的个数，检验结果如表 7-2.

表 7-2 某批乒乓球产品质量检验结果表

抽取球数 n	50	100	200	500	1000	2000
优等品数 m	45	92	194	470	954	1902
优等品频率 $\dfrac{m}{n}$	0.9	0.92	0.97	0.94	0.954	0.951

从表 7-2 看到，当抽查的球数很多时，抽到优等品的频率 $\dfrac{m}{n}$ 接近于常数 0.95，在它附近摆动.

概念和公式的引出

频率 在 n 次试验中，若事件 A 发生的次数为 m，则称 $F_n(A) = \dfrac{m}{n}$ 为事件 A 在 n 次试验中发生的频率，m 称为事件 A 在 n 次试验的频数.

概率 随机事件 A 发生的可能性大小，称为事件 A 的概率，记作 $P(A)$.

概率的统计定义 在大量重复进行同一试验时，事件 A 发生的频率 $\dfrac{m}{n}$ 总是接近于某个常数 p，在它附近摆动，这时就把这个常数 p 叫做事件 A 的概率，记作 $P(A)$，即 $P(A) = p$.

由此可知，抛掷硬币出现正面的概率为 $P(A) = 0.5$，是指出现"正面向上"的可能性是 50%；任取一个乒乓球得到优等品的概率是 $P(A) = 0.95$，是指得到优等品的可能性是 95%.

上面有关概率的定义，实际上也是求一个事件的概率的基本方法：进行大量重复试验，用这个事件发生的频率近似地作为它的概率.

7.2.2 概率的性质

由概率的统计定义知频率与概率之间的关系是非常密切的. 也正因为如此，它们具有一些相同的性质.

记随机事件 A 在 n 次试验中发生了 m 次，那么有

$$0 \leqslant m \leqslant n, \qquad 0 \leqslant \frac{m}{n} \leqslant 1,$$

而对不可能事件，必有 $m = 0$，对必然事件一定有 $m = n$，可知它们的频率为

$$F_n(\varnothing) = 0, F_n(\Omega) = 1,$$

于是可得　　　　　　　$0 \leqslant P(A) \leqslant 1$　及　$P(\varnothing) = 0, P(\Omega) = 1.$

案例 3【抛硬币】 抛一枚硬币，出现的结果有两种，即"出现正面"和"出现反面"，由概率的统计意义可知：出现正、反面的概率均为 0.5.

案例 4【抽奖券】 外观完全一致的 10 张奖券，其中一等奖的奖券 1 张，二等奖的奖券 2 张，三等奖的奖券 3 张. 现从中任抽一张，抽到一等奖奖券的概率为 $\dfrac{1}{10}$.

案例 3、4 有两个共同特点：（1）每次试验的可能结果是有限个；（2）每个试验可能结果的出现是等可能的．

💡 概念和公式的引出

古典概型　　具有以下两个特征的随机试验称为古典概型：

（1）每次试验的可能结果只有有限个，即基本空间是有限的，可记为 $\Omega = \{\omega_1, \omega_2, \cdots, \omega_n\}$，其中 ω_i（$i=1,2,\cdots,n$）为基本事件；

（2）每个试验结果的出现是等可能的，即事件 ω_1，ω_2，$\cdots$，ω_n 的发生是等可能的，它们出现的概率都一样，$P(\omega_1)=P(\omega_2)=\cdots=P(\omega_n)=\dfrac{1}{n}$．

概率的古典定义　　在古典概型中，如果一个随机试验的基本空间 Ω 包含有 n 个基本事件，事件 A 包含的基本事件个数为 m，那么事件 A 发生的概率为

$$P(A)=\frac{m}{n}.$$

容易理解，在等可能的条件下，概率的古典定义确实反映了随机事件发生的可能性大小．

📖 进一步的练习

练习 1【取球】　　一个盒中有号码为 1、2、3 的三个白球，号码为 1、2 的两个红球，现从盒中任取一球，（1）写出所有的基本事件，并求出基本事件总数；（2）求"取的是红球"的概率．

解：（1）设 A_i 表示"取到 i 号白球"（$i=1,2,3$），B_i 表示"取到 i 号红球"（$i=1, 2$），则所有基本事件为 A_1，A_2，A_3，B_1，B_2，基本空间 $\Omega=\{A_1, A_2, A_3, B_1, B_2\}$，基本事件总数 $n=5$．

（2）设 B 表示"取的是红球"，事件 $B=\{B_1, B_2\}$，$m=2$，则 $P(B)=\dfrac{2}{5}$．

练习 2【掷骰子】　　将骰子先后掷 2 次，计算：
（1）一共有多少种不同的结果？
（2）其中向上的点数之和是 5 的结果有多少种？
（3）向上的点数之和是 5 的概率是多少？

解：（1）将骰子抛掷 1 次，它落地时向上的点数有 1，2，3，4，5，6 这 6 种结果．根据分步计数原理，先后将骰子抛掷 2 次，一共有

$$6 \times 6 = 36$$

种不同的结果，即基本空间包含的基本事件总数 $n=36$．上面的结果可用表 7-3 表示．

表 7-3　先后抛掷 2 次向上的点数情形表

点　　数	1	2	3	4	5	6
1	(1,1)	(1,2)	(1,3)	(1,4)	(1,5)	(1,6)
2	(2,1)	(2,2)	(2,3)	(2,4)	(2,5)	(2,6)
3	(3,1)	(3,2)	(3,3)	(3,4)	(3,5)	(3,6)
4	(4,1)	(4,2)	(4,3)	(4,4)	(4,5)	(4,6)
5	(5,1)	(5,2)	(5,3)	(5,4)	(5,5)	(5,6)
6	(6,1)	(6,2)	(6,3)	(6,4)	(6,5)	(6,6)

（2）设 A 表示"向上的点数之和是 5"，在（1）所有结果中向上的点数之和为 5 的有 $(1,4)(2,3)(3,2)(4,1)$ 4 种，其中括弧内的前、后 2 个数分别为第 1、2 次抛掷后向上的点数．

（3）由于骰子是均匀的，将它抛掷 2 次所得的 36 种结果是等可能出现的．其中向上的点数之和是 5 的结果有 4 种，用 A 表示向上的点数之和是 5，即

$$A = \{(1,4),(2,3),(3,2),(4,1)\}$$

因此，所求的概率

$$P(A) = \frac{4}{36} = \frac{1}{9}$$

练习 3【次品率】 1000 个微处理器中有 20 个次品，从中随机抽到 5 个，求没有次品的概率．

解： 设 A 表示"没有次品"，从 1000 个微处理器中抽取 5 个，共有 C_{1000}^{5} 种抽法，即 $n = C_{1000}^{5}$，合格品为 $1000 - 20 = 980$，不含次品的抽法有 C_{980}^{5} 种，即 $m = C_{980}^{5}$，所以

$$P(A) = \frac{C_{980}^{5}}{C_{1000}^{5}} = \frac{980 \times 979 \times 978 \times 977 \times 976}{1000 \times 999 \times 998 \times 997 \times 996} = 0.904.$$

★ 习题 7.2

1.【年龄分布】某公司有员工 1000 人，各年龄段的人数见表 7-4，现从公司任选一人，问此人年龄在 35～44 之间的概率．

表 7-4　员工的年龄段

员工的年龄段	频数	频率
20～24 岁	54	0.054
25～34 岁	366	0.366
35～44 岁	233	0.233
45～54 岁	180	0.18
55～64 岁	125	0.125
65 岁以上	42	0.042

2.【抽球概率】已知某个盒中有红球 90 个，白球 3 个，不放回地从袋中抽到两次，每次取 1 个球，求下列事件的概率：

（1）A 表示"第一次取到红球，第二次取到白球"；

（2）B 表示"取到一个红球，一个白球"．

3.【密码问题】储蓄卡上的密码是一种四位数字号码，每位上的数字可在 0～9 这 10 个数字中选取．

（1）使用储蓄卡时如果随意按下一个四位数字号码，正好按对这张储蓄卡的密码的概率只有多少？

（2）某人未记准储蓄卡的密码的最后一位数字，他在使用这张储蓄卡时如果前三位仍按本卡密码，而随意按下密码的最后一位数字，正好按对的概率是多少？

7.3 概率的基本公式

7.3.1 加法公式

◆ **案例 1【掷骰子】** 掷一枚骰子，求出现不大于 2 点或不小于 4 点的概率.

解：设 e_i 表示"出现 i 点"（$i=1,2,3,4,5,6$），A 表示"出现不大于 2 点"，B 表示"出现不小于 4 点"，C 表示"出现不大于 2 点或不小于 4 点". 则

$$\Omega = \{e_1, e_2, e_3, e_4, e_5, e_6\}, A = \{e_1, e_2\}, B = \{e_4, e_5, e_6\},$$
$$C = A \cup B = \{e_1, e_2, e_4, e_5, e_6\}.$$

所以
$$P(A) = \frac{2}{6}, P(B) = \frac{3}{6}, P(C) = \frac{5}{6}.$$

这里
$$P(C) = P(A \cup B) = \frac{5}{6} = P(A) + P(B).$$

💡 **概念和公式的引出**

由案例 1，我们看到，当事件 A 与事件 B 互斥时，有 $P(A \cup B) = P(A) + P(B)$.

互斥事件概率的加法公式 如果事件 A、B 为两个互斥事件，那么
$$P(A \cup B) = P(A) + P(B)$$

即 如果事件 A、B 互斥，那么事件 $A \cup B$ 发生的概率等于事件 A、B 分别发生的概率的和.

一般地，如果事件 A_1，A_2，$\cdots$，A_n 两两互斥，那么
$$P(A_1 \cup A_2 \cup \cdots \cup A_n) = P(A_1) + P(A_2) + \cdots + P(A_n)$$

即 如果事件 A_1，A_2，$\cdots$，A_n 彼此互斥，那么事件 $A_1 \cup A_2 \cup \cdots \cup A_n$ 发生的概率，等于这 n 个事件分别发生的概率的和.

特别地，事件 A 与其对立事件 $\overline{A}$ 的和为必然事件，即 $A + \overline{A} = \Omega$，所以
$$P(A) + P(\overline{A}) = P(A + \overline{A}) = 1.$$

这就是说，对立事件的概率的和等于 1，从而有
$$P(\overline{A}) = 1 - P(A).$$

📖 **进一步的练习**

练习 1【次品率】 一批产品共有 50 个，其中 45 个是合格品，5 个是次品，从这批产品中任取 3 个，求其中有次品的概率.

解法一：设 A_i 表示"取出的 3 个产品中恰有 i 个次品"（$i=1,2,3$），A 表示"取出的 3 个产品中有次品". 由题设知 A_1，A_2，A_3 两两互斥，且 $A = A_1 \cup A_2 \cup A_3$，

$$P(A_1) = \frac{C_5^1 \cdot C_{45}^2}{C_{50}^3} = 0.2525, P(A_2) = \frac{C_5^2 \cdot C_{45}^1}{C_{50}^3} = 0.0230, P(A_3) = \frac{C_5^3}{C_{50}^3} = 0.0005$$

所以
$$P(A) = P(A_1) + P(A_2) + P(A_3) = 0.2760.$$

解法二：如解法一所设，则 A 的对立事件 $\overline{A}$ 表示"取出的 3 个产品全是合格品"，事件 $\overline{A}$ 包含的基本事件数为 C_{45}^3，所以

$$P(\overline{A})=\frac{C_{45}^3}{C_{50}^3}=0.7240,$$

于是
$$P(A)=1-P(\overline{A})=1-0.7240=0.2760.$$

📖 **案例 2【掷骰子】**　掷红、蓝两颗骰子各一次，事件 $A=\{$红骰子点数大于 3$\}$，事件 $B=\{$蓝骰子的点数大于 3$\}$，求事件 $A\cup B=\{$至少有一颗骰子点数大于 3$\}$ 发生的概率.

解：显然，事件 A 与事件 B 不是互斥的，如红骰子出现 5 点时，蓝骰子也有可能出现 5 点. 用 x 表示红骰子出现的点数，y 表示蓝骰子出现的点数，则基本空间

$$\Omega=\{P(x,y)\mid 1\in x\leqslant 6, 1\in y\leqslant 6, x\in N, y\in N\}$$

基本事件总数 $N=36$，事件 A 包含的基本事件数 $m_A=18$，事件 B 包含的基本事件数 $m_b=18$，事件 AB 包含的基本事件数为 $m_{AB}=9$，从而，事件 $A\cup B$ 包含基本事件数为 $m_A+m_B-m_{AB}$，根据古典概率公式得

$$P(A\cup B)=\frac{m_A+m_B-m_{AB}}{N}=\frac{18+18-9}{36}=\frac{18}{36}+\frac{18}{36}-\frac{9}{36}$$
$$=P(A)+P(B)-P(AB).$$

任意事件概率的加法公式　如果 A 与 B 为任意两个事件，那么

$$P(A\cup B)=P(A)+P(B)-P(AB).$$

📖 **进一步的练习**

练习 2【电路分析】　一个电路上装有甲、乙两根保险丝，甲熔断的概率为 0.85，乙熔断的概率 0.74，两根同时熔断的概率为 0.63，问至少有一根熔断的概率是多少？

解：设 $A=\{$甲保险丝熔断$\}$，$B=\{$乙保险丝熔断$\}$，甲、乙两根保险丝至少有一根熔断为事件 $A\cup B$，所以

$$P(A\cup B)=P(A)+P(B)-P(AB)=0.85+0.74-0.63=0.96.$$

练习 3【比赛】　某大学英语系一年级有 50 名同学，在参加学校的一次篮球和乒乓球比赛中，有 30 人报名参加篮球比赛，有 15 人报名参加乒乓球比赛，有 10 人报名既参加篮球比赛又参加乒乓球比赛，现从该班任选一名同学，问该同学参加篮球或乒乓球比赛的概率.

解：设 A 表示参加篮球比赛的同学，B 表示参加乒乓球比赛的同学，则 $A\cup B$ 表示参加篮球或乒乓球比赛的同学，且 A 包含的人数有 30 人，B 包含的人数有 15 人，AB 包含人数有 10 人，所以

$$P(A\cup B)=P(A)+P(B)-P(AB)=\frac{30}{50}+\frac{15}{50}-\frac{10}{50}=0.7.$$

7.3.2　条件概率与乘法公式

📖 **案例 3【抽签】**　某单位一次分房过程中，按职工工龄、职称、学历进行积分排序选房，但选到最后一套住房时，甲乙两人处于同一选房积分，于是决定由 2 人抽签，确定选房资格.

设 A 表示"甲抽中"，B 表示"乙抽中"，则事件 A 发生必然影响事件 B 发生的概率，同样事件 B 发生必然影响事件 A 发生的概率.

💡 **概念和公式的引出**

条件概率　如果已知事件 A 发生了，那么在事件 A 发生的条件下，事件 B 发生的概率

称为条件概率，记作 $P(B \mid A)$. 同样在事件 B 发生的条件下，事件 A 发生的概率也称为条件概率，记作 $P(A \mid B)$.

在抽签选房的案例中，$P(B \mid A) = 0$，$P(A \mid B) = 0$.

📖 **进一步的练习**

练习 4【中奖率】 10 张奖券中有 3 张中奖券，其余为欢迎惠顾. 某人随机抽取三次，设 A_i 表示"第 i 次抽中"（$i = 1, 2, 3$）. 试问

（1）第一次抽中的概率；

（2）在第一次未抽中的情况下，第二次抽中的概率；

（3）在第一、二次均未抽中的情况下，第三次抽中的概率.

解：根据古典概率公式，有

（1）$P(A_1) = \dfrac{C_3^1}{C_{10}^1} = \dfrac{3}{10}$；

（2）$P(A_2 \mid \overline{A_1}) = \dfrac{C_3^1}{C_9^1} = \dfrac{1}{3}$；

（3）$P(A_3 \mid \overline{A_1}\, \overline{A_2}) = \dfrac{C_3^1}{C_8^1} = \dfrac{3}{8}$.

练习 5【选非熟练工】 益趣玩具厂有职工 500 人，男女各半，男女职工中非熟练工人分别有 40 人与 10 人. 现从该企业中任选一名职工，试问：若已知选出的是女职工，她是非熟练工人的概率又是多少？

解：用 A 表示"选出一名女职工"，B 表示"选出的一名职工为非熟练工人". 既然已知选出的是女职工，那么男职工就可以排除在考虑范围之外，因此，"A 发生条件下的事件 B"就相当于在全部女职工中任选一人，并选出了非熟练工人，从而基本事件总数就是全部女职工的人数 250，而上述事件所包含的基本事件数就是女职工中的非熟练工人数 10，因此所求为

$$P(B \mid A) = \frac{10}{250}.$$

可见附加信息对分子项与分母项都产生影响，为导出一般的计算公式，我们将分子、分母都用给定的总人数去除，可得

$$P(B \mid A) = \frac{10}{250} = \frac{10/500}{250/500} = \frac{P(AB)}{P(A)}.$$

条件概率的计算公式 设 A、B 为两个事件，且事件 A 的概率 $P(A) > 0$，则在事件 A 发生的条件下，事件 B 发生的概率为

$$P(B \mid A) = \frac{P(AB)}{P(A)}.$$

📖 **进一步的练习**

练习 6【产品检验】 某仓库中有一批产品 200 件，它是由甲、乙两厂共同生产的，其中甲厂的产品中有正品 100 件，次品 20 件，乙厂的产品中有正品 65 件，现从这批产品中任取一件，设 A 表示"取到乙厂产品"，B 表示"取到正品". 试求 $P(A)$，$P(AB)$，$P(B \mid A)$.

解：这一批的 200 件产品的组成情况如表 7-5 所示。

表 7-5

项目	正品	次品	总数
甲厂	100	20	120
乙厂	65	15	80
总数	165	35	200

根据古典概率公式，得

$$P(A)=\frac{80}{200}, P(AB)=\frac{65}{200},$$

根据条件概率计算公式得

$$P(B\mid A)=\frac{P(AB)}{P(A)}=\frac{65/200}{80/200}=\frac{65}{80}=\frac{13}{16}.$$

◆ **案例4【射击】** 甲、乙二人各进行一次射击，如果两人击中目标的概率都是 0.8，那么如何计算两人都击中目标的概率呢？

解：设 A 表示"甲击中目标"，B 表示"乙击中目标"，C 表示"两人都击中目标"，则 $C=AB$. 此问题实际上是求 $P(AB)$.

概念和公式的引出

由条件概率公式 $P(B\mid A)=\dfrac{P(AB)}{P(A)}$，得

$$P(AB)=P(A)P(B\mid A) \qquad [P(A)>0],$$

同理

$$P(AB)=P(B)P(A\mid B) \qquad [P(B)>0].$$

上述两式称为概率的简洁公式，它可推广到多个事件的乘积，即

$$P(A_1A_2\cdots A_n)=P(A_1)P(A_2\mid A_1)P(A_3\mid A_1A_2)\cdots P(A_n\mid A_1A_2\cdots A_{n-1}).$$

进一步的练习

练习7【射击】 甲、乙二人各进行一次射击，如果两人击中目标的概率都是 0.8，求：

（1）两人都击中目标的概率；

（2）恰有一人击中目标的概率；

（3）至少有一人击中目标的概率.

解：设 A 表示"甲击中目标"，B 表示"乙击中目标". 甲（或乙）是否击中，对乙（或甲）击中的概率是没有影响的. 于是得

$$P(A)=0.8, P(B)=0.8, P(B\mid A)=P(B),$$
$$P(\overline{B}\mid A)=P(\overline{B}), P(\overline{A}\mid B)=P(\overline{A})$$

（1）"两人都击中目标"为事件 AB，由乘法公式，有

$$P(AB)=P(A)P(B\mid A)=P(A)P(B)=0.8\times0.8=0.64.$$

（2）"恰有一人击中目标"为事件 $A\overline{B}\cup\overline{A}B$，所以

$$P(A\overline{B}\cup\overline{A}B)=P(A\overline{B})+P(\overline{A}B)=P(A)P(\overline{B}\mid A)+P(\overline{A})P(B\mid\overline{A})$$
$$=P(A)P(\overline{B})+P(\overline{A})P(B)=0.8\times(1-0.8)+(1-0.8)\times0.8=0.32.$$

（3）解法一："至少有一人击中目标"为事件 $A\cup B$，所以

$$P(A \cup B) = P(A) + P(B) - P(AB) = 0.8 + 0.8 - 0.64 = 0.96$$

解法二：事件"至少有一人击中目标"$A \cup B$ 可表示为 $(AB) \cup (A\overline{B}) \cup (\overline{A}B)$，

$$P(A \cup B) = P(AB) + [P(A\overline{B}) + P(\overline{A}B)] = 0.64 + 0.32 = 0.96.$$

解法三：事件"两人都没有击中目标"为$\overline{A}\overline{B}$，"两人都 没有击中目标"的概率为

$$P(\overline{A}\overline{B}) = P(\overline{A})P(\overline{B}|\overline{A}) = P(\overline{A})P(\overline{B})$$
$$= (1-0.8) \times (1-0.8) = 0.04,$$

根据德·摩根定律，得

$$P(A \cup B) = 1 - P(\overline{A \cup B}) = 1 - P(\overline{A}\overline{B}) = 1 - (1-0.8) \times (1-0.8)$$
$$= 1 - 0.04 = 0.96.$$

练习8【电路分析】 在一段线路中并联着三个自动控制的常开开关，只要其中有一个开关能够闭合，线路就能正常工作，假定在某段时间内每个开关能够闭合的概率都是 0.7，计算在这段时间内线路正常工作的概率.

解：三个开关中至少有一个闭合，则线路能够正常工作. 设这段时间内线路能正常工作为事件 A，三个开关 J_1、J_2、J_3 能够闭合为事件 A_1、A_2、A_3，则 $A = A_1 \cup A_2 \cup A_3$。由题设三个开关是否闭合互不影响. 所以

$$P(\overline{A_2}|\overline{A_1}) = P(\overline{A_2}), P(\overline{A_3}|\overline{A_1}\overline{A_2}) = P(\overline{A_3}),$$

根据乘法公式得

$$P(\overline{A_1}\overline{A_2}\overline{A_3}) = P(\overline{A_1})P(\overline{A_2}|\overline{A_1})P(\overline{A_3}|\overline{A_1}\overline{A_2}) = P(\overline{A_1})P(\overline{A_2})P(\overline{A_3})$$

故

$$P(A) = 1 - P(\overline{A}) = 1 - P(\overline{A_1 \cup A_2 \cup A_3})$$
$$= 1 - P(\overline{A_1}\overline{A_2}\overline{A_3}) = 1 - P(\overline{A_1})P(\overline{A_2})P(\overline{A_3})$$
$$= 1 - (1-0.7)(1-0.7)(1-0.7) = 1 - 0.3^3 = 0.973.$$

7.3.3 全概率公式

📖 **案例5【产品检验】** 设 1000 件产品中有 200 件是不合格产品，依次作不放回抽取二件产品，求第二次取到的是不合格品的概率.

解：用 A 表示"第一次取到的是不合格品"，用 B 表示"第二次取到的是不合格品".

令 $A_1 = A$，$A_2 = \overline{A}$，则 $\Omega = A \cup \overline{A} = A_1 \cup A_2$，显然 $A_1 A_2 = \varnothing$，

于是，得

$$B = B\Omega = B(A_1 \cup A_2) = (BA_1) \cup (BA_2)$$

所以

$$P(B) = P[(BA_1) \cup (BA_2)] = P(BA_1) + P(BA_2)$$
$$= P(B|A_1)P(A_1) + P(B|A_2)P(A_2),$$

这里

$$P(A_1) = \frac{200}{1000} = \frac{1}{5}, \quad P(A_2) = \frac{800}{1000} = \frac{4}{5},$$

$$P(B|A_1) = \frac{199}{999}, \quad P(B|A_2) = \frac{200}{999},$$

故 $P(B) = P(B|A_1)P(A_1) + P(B|A_2)P(A_2) = \frac{199}{999} \times \frac{1}{5} + \frac{200}{999} \times \frac{4}{5} = \frac{1}{5}.$

💡 **概念和公式的引出**

全概率公式 设 Ω 为基本事件空间，$A_1 \subset \Omega$，$A_2 \subset \Omega$，满足 $\Omega = A_1 \cup A_2$，$A_1 A_2 = \varnothing$，

且 $P(A_1)>0$，$P(A_2)>0$，则对一事件 B，有
$$P(B)=P(B|A_1)P(A_1)+P(B|A_2)P(A_2).$$

一般地，设 Ω 为基本事件空间，$A_i \subset \Omega$，且 $P(A_i)>0$（$i=1$，2，$\cdots$，n），满足 $\Omega=A_1 \cup A_2 \cup \cdots \cup A_n$，$A_i \cap A_j = \varnothing$（$i \neq j$），则对任一事件 B，有

$$P(B)=P(B|A_1)P(A_1)+P(B|A_2)P(A_2)+\cdots+P(B|A_n)P(A_n) \qquad (*)$$

公式（ $*$ ）称为全概率公式.

注：全概率公式给了我们一个实际计算某些事件概率的公式，只要知道了在各事件发生条件下该事件发生的概率，则该事件发生的概率可从全概率公式求得.

📖 **进一步的练习**

练习9【排球比赛】 设在某次世界女排赛中，中、日、美、古巴四队取得半决赛权，形势如下：

根据以往的战绩，假定中国队战胜日本队、美国队的概率分别为 0.9 与 0.4，而日本队战胜美国队的概率为 0.5，试问中国队取得冠军的可能性有多大？

解： 设"中国队得冠军"为事件 B，"日本队胜美国队"为事件 A，"美国队战胜日本队"为事件 $\overline{A}$，根据全概率公式得，

$$P(B)=P(B|A)P(A)+P(B|\overline{A})P(\overline{A})=P(B|A)P(A)+P(B|\overline{A})[1-P(A)]$$
$$=0.9 \times 0.5+0.4 \times 0.5=0.65.$$

7.3.4 贝叶斯公式

💠 **案例6【射击问题】** 设 8 支枪中有 3 支未经过校正，5 支已经试射校正. 一射击手用校正过的枪射击时，中靶的概率为 0.8；而用未校正过的枪射击时，中靶概率为 0.3. 今假定从 8 支枪中任取一支进行射击，结果中靶，求所用这支枪是已校正过的概率.

解： 设 $A_1 = \{$所取的枪是校正过的$\}$，$A_2 = \{$所取的枪是没有校正过的$\}$，$B = \{$射击中靶$\}$

由题设

$$P(A_1)=\frac{5}{8}, P(A_2)=\frac{3}{8}, P(B|A_1)=0.8, P(B|A_2)=0.3.$$

由全概率公式，得

$$P(B)=\frac{5}{8} \times 0.8+\frac{3}{8} \times 0.3=\frac{49}{80}$$

所以射击中靶，且这支枪是已校正过的概率为

$$P(A_1|B)=\frac{P(A_1 B)}{P(B)}=\frac{P(A_1)P(B|A_1)}{P(B)}=\frac{\dfrac{5}{8} \times 0.8}{\dfrac{49}{80}}=\frac{40}{49}.$$

💡 **概念和公式的引出**

贝叶斯公式　设 Ω 为基本事件空间，$A_i \subset \Omega$，且 $P(A_i) > 0$（$i = 1$，2，$\cdots$，n），满足 $\Omega = A_1 \cup A_2 \cup \cdots \cup A_n$，$A_i \cap A_j = \varnothing (i \neq j)$，对任意事件 B，且 $P(B) > 0$，有

$$P(A_i \mid B) = \frac{P(A_i)P(B \mid A_i)}{P(A_1)P(B \mid A_1) + P(A_2)P(B \mid A_2) + \cdots + P(A_n)P(B \mid A_n)}.$$

事实上，由条件概率公式　$P(A_i \mid B) = \dfrac{P(A_iB)}{P(B)} = \dfrac{P(B \mid A_i)\,P(A_i)}{P(B)}$ 和由全概率公式

$$P(B) = P(A_1)P(B \mid A_1) + P(A_2)P(B \mid A_2) + \cdots + P(A_n)P(B \mid A_n) \quad 得$$

$$P(A_i \mid B) = \frac{P(B \mid A_i)P(A_i)}{P(B)}$$

$$= \frac{P(A_i)P(B \mid A_i)}{P(A_1)P(B \mid A_1) + P(A_2)P(B \mid A_2) + \cdots + P(A_n)P(B \mid A_n)}.$$

📖 **进一步的练习**

练习 10【数字通信】　在数字通信中，信号是由数字 0 和 1 的长序列组成的，由于有随机干扰，发送的信号 0 和 1 各有可能错误接收为 1 或 0．现假定发送信号为 0 与 1 的概率均为 $\dfrac{1}{2}$，又已知发送 0 时，接收为 0 和 1 的概率分别为 0.8 和 0.2；发送信号为 1 时，接收为 1 和 0 的概率分别为 0.9 和 0.1．求：已知收到信号是 0 时，发出的信号是 0（即没有错误接收）的概率．

解： 令 $A_i = \{$发出信号是 $i\}$，（$i = 0$，1）；$B = \{$收到信号是 $0\}$．

由题设知

$$P(A_0) = P(A_1) = \frac{1}{2}; P(B \mid A_0) = 0.8, P(B \mid A_1) = 0.1.$$

由全概率公式得

$$P(B) = P(A_0)P(B \mid A_0) + P(A_1)P(B \mid A_1) = \frac{1}{2} \times 0.8 + \frac{1}{2} \times 0.1 = 0.45,$$

由贝叶斯公式得

$$P(A_0 \mid B) = \frac{P(A_0)P(B \mid A_0)}{P(A_0)P(B \mid A_0) + P(A_1)P(B \mid A_1)} = \frac{0.5 \times 0.8}{0.45} \approx 0.889.$$

7.3.5　相互独立事件同时发生的概率

◈ **案例 7【摸球问题】**　甲坛子里有 3 个白球，2 个黑球，乙坛子里有 2 个白球，2 个黑球．从这两个坛子里分别摸出 1 个球，它们都是白球的概率是多少？

解： 设 $A = \{$从甲坛子里摸出 1 个球，得到白球$\}$，$B = \{$从乙坛子里摸出 1 个球，得到白球$\}$．

则 $\overline{A} = \{$从甲坛子里摸出 1 个球，得到黑球$\}$，$\overline{B} = \{$从乙坛子里摸出 1 个球，得到黑球$\}$．

$AB = \{$从两个坛子里分别摸出 1 个球，都是白球$\}$，从两个坛子中分别摸出一个球的基本事件总数 $N = 5 \times 4 = 20$，如表 7-6 所示。

表 7-6

球	白	白	白	黑	黑
白	(白,白)	(白,白)	(白,白)	(黑,白)	(黑,白)
白	(白,白)	(白,白)	(白,白)	(黑,白)	(黑,白)
黑	(白,黑)	(白,黑)	(白,黑)	(黑,黑)	(黑,黑)
黑	(白,黑)	(白,黑)	(白,黑)	(黑,黑)	(黑,黑)

事件 AB 包含的基本数 $m=6$，所以

$$P(AB)=\frac{6}{20}=\frac{3}{10},$$

另一面，从甲坛子里摸出 1 个球，得到白球的概率

$$P(A)=\frac{3}{5},$$

从乙坛子里摸出 1 个球，得到白球的概率

$$P(B)=\frac{2}{4}=\frac{1}{2},$$

所以 $$P(AB)=\frac{3}{10}=\frac{3}{5}\times\frac{1}{2}=P(A)P(B).$$

显然，从一个坛子里摸出的是白球还是黑球，对从另一个坛子里摸出白球的概率没有影响，即事件 A（或 B）是否发生对事件 B（或 A）发生的概率没有影响；同理，从一个坛子里摸出的是白球还是黑球，对从另一个坛子里摸出黑球的概率也没有影响，即事件 A（或 B）是否发生对事件 $\overline{B}$（或 $\overline{A}$）发生的概率没有影响，事件 $\overline{A}$（或 $\overline{B}$）是否发生对事件 $\overline{B}$（或 $\overline{A}$）发生的概率没有影响.

💡 概念和公式的引出

独立事件　如果事件 A 发生与否不影响事件 B 是否发生，事件 B 发生与否也不影响事件 A 是否发生，那么称事件 A 与 B 相互独立.

若事件 A 与 B 相互独立，则 A 与 $\overline{B}$，$\overline{A}$ 与 B，$\overline{A}$ 与 $\overline{B}$ 也相互独立.

相互独立事件同时发生的概率　两个相互独立事件同时发生的概率，等于每个事件发生的概率的积. 即：若事件 A 与 B 相互独立，则 $P(AB)=P(A)\ P(B)$.

一般地，如果事件 A_1，A_2，$\cdots$，A_n 相互独立，那么这 n 个事件同时发生的概率，等于每个事件发生的概率的积，即

$$P(A_1,A_1,\cdots,A_n)=P(A_1)\cdot P(A_2)\cdot\cdots\cdot P(A_n).$$

📖 进一步的练习

练习 11【有放回抽样】　有 5 个乒乓球，3 个新的，2 个旧的，从其中每次取 1 个，有放回地取 2 次，记 A＝{第一次取到新球}，B＝{第二次取到新球}，求第一次与第二次都取到新球的概率

解：因为 5 个乒乓球中有 3 个新球，有放回地抽取，所以

$$P(A)=P(B)=\frac{3}{5}.$$

事件 AB＝{第一次抽到新球，且第二抽到新球}，包含的基本事件总数为 $m=3\times3=9$，

基本事件总数为 $N=25$，所以

$$P(AB)=\frac{9}{25}=\frac{3}{5}\times\frac{3}{5}=P(A)P(B).$$

本练习中，由于是有放回地取 2 次，第一次取到新球还是旧球，对第二次取到新球的概率没有影响．即事件 A（或 $\overline{A}$）是否发生对事件 B（或 $\overline{B}$）发生的概率没有影响．

💡 **概念和公式的引出**

独立重复试验　满足如下条件：

(1) 每次试验都在相同条件下进行，即每次试验所对应的基本空间相同；

(2) 各次试验是相互独立的；

(3) 每次试验有且仅有两种结果：事件 A 和事件 $\overline{A}$；

(4) 每次试验的结果发生的概率相同：$P(A)=p$，$P(\overline{A})=1-p$．

的重复试验称为独立重复试验，若试验共进行 n 次，即称为 n 重独立重复试验（也称为 n 重贝努利试验）．

n 重独立重复试验的概率　如果在 1 次试验中某事件发生的概率是 p，那么在 n 重独立重复试验中这个事件恰好发生 k 的概率

$$P_n(k)=C_n^k p^k (1-p)^{n-k}.$$

⭐ **习题 7.3**

1.【射击】某射手在一次射击中射中 10 环、9 环、8 环的概率分别为 0.24、0.28、0.19，计算这个射手在一次射击中：(1) 射中 10 环或 9 环的概率；(2) 不够 8 环的概率。

2.【乒乓球的重量】从一批乒乓球产品中任取一个，如果其质量小于 2.45 克的概率为 0.22，质量不小于 2.50 克的概率是 0.20，那么质量在 $[2.45,2.50)$ 克范围内的概率是多少？

3.【奖券】在 10000 张有奖储蓄的奖状中，设有 1 个一等奖，5 个二等奖，10 个三等奖，从中买 1 张奖券，求：(1) 分别获得一等奖、二等奖、三等奖的概率；(2) 中奖的概率。

4. 设事件 A、B 互斥，且 $P(A)=p$，$P(B)=q$，求

(1) $P(A\cup B)$；(2) $P(AB)$；(3) $P(A\cup\overline{B})$．

5.【订报】某城市有 50% 的住户订当地日报，65% 的住户订当地晚报，85% 的住户至少订这两种报纸中的一种，求同时订两种报纸住户的概率．

6.【产品检验】一批零件共有 100 个，其中有 10 个次品，每次从中取 1 个，取出的零件不再放回，求第三次才取得合格品的概率．

7.【掷骰子】某人设计了一种赌博游戏，"连续掷骰子 4 次，至少出现一次 6 点为赢"．某同学想赌一把，请问该同学赢的可能性有多大？

8.【订单问题】迅达邮政公司将其订货单按地区来源分为四组，它们分别来自东部、中部、西北、西南地区．同时，该公司又将全部订货分为 A 类：耐用消费品，和 B 类：非耐用消费品．已知各地区的订单占全部订单百分比以及各地区订单中 A 类订单所占比重的情况，如表 7-7 所示

表 7-7

地区	订单百分比	其中:A 类订单的百分比	地区	订单百分比	其中:A 类订单的百分比
东部	30	25	西北	20	5
中部	40	10	西南	10	3

现从所有订单中任取一张，发现它是 A 类订单，试求该定订单来自东部地区的概率？

9. 【掷骰子】掷一枚骰子两次，设 $A = \{$第一次掷出 2 点$\}$，$B = \{$第二次掷出的点数为 3 的倍数$\}$，求事件 AB 的概率.

10. 【抛硬币】抛一枚硬币两次，$A = \{$第一次出现正面$\}$，$B = \{$第二次反面$\}$，求 $P(AB)$.

11. 【射击】设甲、乙两射手独立地射击同一目标，他们击中目标的概率分别为 0.9 和 0.8. 求在一次射击中，目标被击中的概率.

12. 【天气预报】某气象站预报的准确率为 90%，计算（结果保留两位有效数字）：

(1) 5 次预报中恰有 4 次准确的概率；

(2) 5 次预报中至少有 4 次准确的概率.

13. 【动物治疗】一头病牛用某药品后被治愈的概率是 95%，计算服用这种药的 4 头病牛中至少有 3 头被治愈的概率.

7.4 随机变量及其分布

7.4.1 随机变量的概念

◆ 案例 1【掷硬币】 掷一枚硬币有两种结果："正面"或"反面". 若试验结果为"正面"，我们就说出现"1"，试验结果为"反面"就说出现"0".

◆ 案例 2【掷骰子】 掷一枚骰子，观察出现的点数，我们发现这个随机试验的所有可能结果可以用 1，2，3，4，5，6 这 6 个数字来表示.

◆ 案例 3【灯泡寿命】 从一批灯泡中任取一个做寿命试验，假设灯泡寿命最长不超过 10000 小时，即灯泡的寿命可以是 $[0，10000]$ 区间中的任何实数值，我们把这个实数值作为试验的定量结果.

◆ 案例 4【候车】 某公共汽车站每 15 分钟发一班汽车，观察某人在该站候车的时间 t，等待时间为 $0 \leqslant t \leqslant 15$，即 区间 $[0，15]$ 内一个实数.

从上面这些例子中可以看到，有许多随机试验，其结果本身就是用数量来表示的. 为了对随机现象及其概率进行定量分析和处理，我们将随机试验的结果与实数对应起来，即将随机试验的结果数量化，引入随机变量的概念，使概率论从事件及其概率的研究扩大到对随机变量及其概率的研究，这样就可以应用现代数学工具，使概率论的应用更加广泛.

💡 概念和公式的引出

随机变量 随机试验的每一个结果 A 都有一个实数 ξ 与之对应，则称 ξ 为随机变量. 随机变量常用字母 ξ，η，X，Y 等字母表示. 只取有限个数值的一类随机变量称为离散型随机变量，可以取值于某一区间中的任一数值，这种随机变数称之为连续型随机变量.

📖 进一步的练习

练习 1【掷硬币】 掷一枚硬币的两种结果，用 $\xi = 1$ 表示出现正面，用 $\xi = 0$ 表示出现反面.

练习2【掷骰子】 可用随机变量 ξ 表示掷一枚骰子出现的点数，如"$\xi = i$"（$i = 1,2,$ $3,4,5,6$）表示"出现 i 点"这一随机事件.

练习3【产品检验】 在一批机床中任意抽取 100 台作质量检验. 用"$X = 99$"表示经检验这 100 台中有 99 台是合格品这一随机事件.

7.4.2 离散型随机变量的分布

📖 **案例5【掷骰子】** 设 ξ 表示掷一枚骰子出现的点数，写出 ξ 的可能取值和每个取值的概率.

解： 因为 ξ 表示掷一枚骰子出现的点数，所以 ξ 可能取值为 1，2，3，4，5，6. 由于骰子是均匀的，每个点数的出现是等可能的，故

$$P(\xi = i) = \frac{1}{6}, (i = 1,2,3,4,5,6)$$

ξ 的可能取值和相应的概率如表 7-8 所示：

表 7-8

ξ	1	2	3	4	5	6
p	$\frac{1}{6}$	$\frac{1}{6}$	$\frac{1}{6}$	$\frac{1}{6}$	$\frac{1}{6}$	$\frac{1}{6}$

📖 **案例6【摸球】** 设盒中装有编号为 0，2，4 数字的六个球，分别为 1 个、3 个、2 个，现从盒中任取一球，用 ξ 表示"取到球的号码"，求 ξ 的可能取值和每个取值的概率.

解： 因为用 ξ 表示"取到球的号码"，因此，ξ 可能取值为 0，2，4.

"$\xi = 0$"表示"取到 0 号球"，$P(\xi = 0) = \frac{1}{6}$；

"$\xi = 2$"表示"取到 2 号球"，$P(\xi = 2) = \frac{3}{6} = \frac{1}{2}$；

"$\xi = 4$"表示"取到 4 号球"，$P(\xi = 4) = \frac{2}{6} = \frac{1}{3}$.

随机变量取值和相应概率如表 7-9 所示。

表 7-9

ξ	0	2	4
p	$\frac{1}{6}$	$\frac{1}{2}$	$\frac{1}{3}$

💡 **概念和公式的引出**

离散型随机变量的概率分布 设离散型随机变量 ξ 的一切可能值为 $x_1, x_2, \cdots, x_n, \cdots$，记 $P(\xi = x_i) = p_n (n = 1,2,\cdots)$，称 p_1，p_2，$\cdots$，p_n，$\cdots$ 为 ξ 的分布列，亦称为 ξ 的概率函数.

对于离散随机变量，把它的分布列用表 7-10 表示更为直观：

表 7-10

ξ	x_1	x_2	$\cdots$	x_n	$\cdots$
$P(\xi = x_n)$	p_1	p_2	$\cdots$	p_n	$\cdots$

若 ξ 只有有限个可能值：x_1，x_2，$\cdots$，x_n，则 ξ 的分布列为 p_1，p_2，$\cdots$，p_n.

离散型随机变量的分布列具有如下性质：

(1) $p_i \geqslant 0$ $(i=1,2,\cdots)$；

(2) $\sum\limits_{n=1}^{\infty} p_n = 1$.

📖 进一步的练习

练习 4【信号灯】　汽车需要通过 4 盏红绿信号灯的道路才能到达目的地，设汽车在每盏红绿灯前通过的概率为 0.6，停止前进（即遇到红灯）的概率为 0.4，求汽车首次停止前进（遇到红灯或到达目的地）时，已通过的信号灯数的概率分布.

解：汽车首次停止前进时，已通过的信号灯数是一个随机变量，用 ξ 表示，则 ξ 的可能值为 0，1，2，3，4，因为

"$\xi=0$" 表示已通过的信号灯数是 0，有 $P(\xi=0)=0.4$；

"$\xi=1$" 表示已通过的信号灯数是 1，有 $P(\xi=1)=0.6 \times 0.4 = 0.24$；

"$\xi=2$" 表示已通过的信号灯数是 2，有 $P(\xi=2)=0.6^2 \times 0.4 = 0.144$；

"$\xi=3$" 表示已通过的信号灯数是 3，有 $P(\xi=3)=0.6^3 \times 0.4 = 0.0864$；

"$\xi=4$" 表示已通过的信号灯数是 4，有 $P(\xi=4)=0.6^4 = 0.1296$.

所以 ξ 的概率分布可用表 7-11 表示：

表 7-11

ξ	0	1	2	3	4
$P(\xi=n)$	0.4	0.24	0.144	0.0864	0.1296

练习 5【射击】　某一射手射击所得环数 ξ 的分布如表 7-12：

表 7-12

ξ	4	5	6	7	8	9	10
$P(\xi=n)$	0.02	0.04	0.06	0.09	0.28	0.29	0.22

求此射手"射击一次命中环数 $\geqslant 7$"的概率.

解：根据射手射击所得环数 ξ 的分布列，有

$$P(\xi=7)=0.09, P(\xi=8)=0.28, P(\xi=9)=0.29, P(\xi=10)=0.22,$$

所求的概率为

$$P(\xi \geqslant 7)=P(\xi=7)+P(\xi=8)+P(\xi=9)+P(\xi=10)$$
$$=0.09+0.28+0.29+0.22=0.88.$$

7.4.3　几种常见的离散型随机变量的概率分布

1. 两点分布

设随机变量 ξ 的分布如表 7-13：

表 7-13

ξ	0	1
$P(\xi=x)$	$1-p$	p

则称 ξ 服从两点分布 $(0 < p < 1)$.

2. 二项分布

如果随机变量 ξ 取值为 $0,1,2,\cdots,n$，其概率分布为

$$P(\xi = k) = C_n^k p^k (1-p)^{n-k} \qquad (k = 1,2,\cdots,n),$$

则称 ξ 服从参数为 n，p 的二项分布，记作 $\xi \sim B(n,p)$.

注：令 $q = 1-p$，则 $p+q=1$，根据二项式定理，得

$$\sum_{k=0}^{n} P(\xi = k) = \sum_{k=0}^{n} C_n^k p^k (1-p)^{n-k} = \sum_{k=0}^{n} C_n^k p^k q^{n-k} = (p+q)^n = 1.$$

📖 **进一步的练习**

练习 6【使用寿命】 按规定某种型号电子元件的使用寿命超过 1500 小时的为一级品. 已知某批产品的一级品率为 0.2，现从中随机地抽查 10 只，记 10 只元件中一级品的只数为 ξ，求 ξ 的概率分布.

解：这是一个不放回抽样，但由于这元件的总数很大，且抽查的数量相对于元件的总数来说又很小，因而可以当作放回抽样来处理. 这样处理虽然会有一些误差，但误差不会太大. 因此，我们把抽查一只元件是否为一级品看作是一次试验，检查 10 只元件相当于做 10 次重复试验，ξ 为一级品的只数，其可能的取值为 $0,1,2,\cdots,10$，且服从参数为 $n = 10$，$p = 0.2$ 的二项分布，则 ξ 的概率分布为 $P(\xi = k) = C_{10}^k (0.2)^k (0.8)^{10-k}$ $(k = 0,1,2,\cdots,10)$，也可由表 7-14 表示：

表 7-14

ξ	0	1	2	3	4	5	6	7	8	9	10
$P(\xi = k)$	0.1074	0.2684	0.302	0.2013	0.0881	0.0264	0.0055	0.0008	0.0001	0	0

3. 泊松分布

泊松分布 如果随机变量 ξ 的概率分布为

$$P(\xi = k) = \frac{\lambda^k}{k!} e^{-\lambda} \qquad (\lambda > 0, k = 0,1,2,\cdots)$$

则称 ξ 服从参数为 λ 的泊松分布，记作 $\xi \sim P(\lambda)$.

注：1. 泊松分布可以作为描绘大量试验中稀有事件出现的频数 $k = 0,1,2,\cdots$ 的概率分布情况的一个数学模型. 诸如飞机被击中的子弹数、纱锭的纱线被扯断的次数、大量螺钉不合格品出现的次数、一页中印刷错误出现的数目、数字通信中传输数字时发生误码的个数等随机变量，都相当近似地服从泊松分布.

2. 当 n 较大，p 较小时，二项分布 $B(n,p)$ 近似于泊松分布，其中 $\lambda = np$，即

$$P(\xi = k) = C_n^k p^k (1-p)^{n-k} \approx P(\xi = k) = \frac{\lambda^k}{k!} e^{-\lambda} \qquad (\lambda > 0, k = 0,1,2,\cdots).$$

在利用泊松分布计算随机变量的概率时，可直接查找泊松分布表.

📖 **进一步的练习**

练习 7【游客人数】 已知到达某游乐园入口处的每辆汽车所载游客人数服从 $\lambda = 10$ 的泊松分布，现观察一辆到达游乐园门口的汽车，试求出现以下几种情况的概率：（1）车中只有游客 2 人；（2）车中有游客 5 人；（3）车中游客超过 5 人.

解：参数 $\lambda = 10$，即可根据公式计算所求概率，通项 $P(\xi = k) = \frac{\lambda^k}{k!} e^{-\lambda}$ 的计算并不那

么容易. 为方便于应用，人们采用制表的方法给出了泊松分布数值表（见附录 3）.

(1) $P(\xi=2)=\dfrac{\lambda^2}{k!}\mathrm{e}^{-\lambda}=\dfrac{10^2}{2!}\mathrm{e}^{-10}=0.002270$；

(2) $P(\xi=5)=\dfrac{10^5}{5!}\mathrm{e}^{-5}=0.037833$；

(3) $P(\xi>5)=1-P(\xi\leqslant5)$
$=1-[P(\xi=0)+P(\xi=1)+P(\xi=2)+P(\xi=3)+P(\xi=4)+P(\xi=5)]$
$=1-0.67086=0.932914.$

7.4.4 连续型随机变量的密度函数

📖 **案例 7【电子元件】** 电子零件的使用寿命 ξ 是一个变量，它可以取 $(0,+\infty)$ 内一切数值.

📖 **案例 8【候车】** 某公共汽车站 10 分钟发一趟某线路的汽车，某人到公共汽车站候车的时间是一个随机变量，它可以取 $[0,10]$ 上一切数值.

💡 **概念和公式的引出**

概率分布密度函数 对于随机变量 ξ，如果存在一个非负函数 $f(x)$，使 ξ 在任意区间 $[a,b]$ 上取值的概率为

$$P(a\leqslant\xi\leqslant b)=\int_a^b f(x)\mathrm{d}x$$

则称 ξ 为连续随机变量，$f(x)$ 称为 ξ 的概率分布密度函数（简称分布密度函数或密度）.

由密度函数的定义得下列两个性质：

(1) $f(x)\geqslant0$；

(2) $\displaystyle\int_{-\infty}^{+\infty}f(x)\mathrm{d}x=1.$

7.4.5 几种常见连续型随机变量的概率分布密度

1. 均匀分布

均匀分布 随机变量 ξ 的密度函数为

$$f(x)=\begin{cases}\dfrac{1}{b-a},a\leqslant x\leqslant b,\\0,其他,\end{cases}$$

则称 ξ 在 $[a,b]$ 服从均匀分布，记作 $\xi\sim U[a,b]$，如图 7-2.

📖 **进一步的练习**

练习 8【候车问题】 某公共汽车站每隔 10 分钟有一辆公共汽车通过，现有一乘客随机到站候车. 设 ξ 表示乘客的候车时间，问该乘客候车时间小于 5 分钟的概率.

解：由于乘客到站相当于在 $[0,10]$ 内随机投点，因此 $\xi\sim U[1,10]$，即

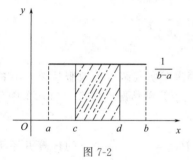

图 7-2

$$f(x) = \begin{cases} \dfrac{1}{10}, & 0 \leqslant x \leqslant 10, \\ 0, & \text{其它}. \end{cases}$$

故乘客候车小于 5 分钟的概率为

$$P(0 \leqslant \xi \leqslant 5) = \int_0^5 \frac{1}{10} \mathrm{d}x = 0.5.$$

2. 正态分布

正态分布 如果随机变量 ξ 的密度函数为

$$f(x) = \frac{1}{\sqrt{2\pi}\,\sigma} \mathrm{e}^{-\frac{(x-\mu)^2}{2\sigma^2}}, \quad -\infty < x < +\infty,$$

其中 μ，σ （$\sigma > 0$）为参数，则称随机变量 ξ 服从参数为 μ，σ 的正态分布，记作 $\xi \sim N(\mu, \sigma^2)$．正态分布密度函数的图像称为正态曲线，如图 7-3．

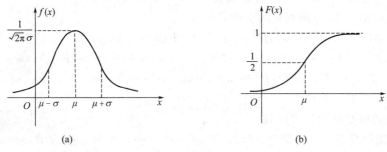

图 7-3 正态分布的密度函数和分布函数

正态分布曲线决定于密度函数中的两个参数 μ 和 σ，参数 μ 决定了曲线的中心位置，σ 决定曲线的陡缓程度．

特别地，当 $\mu = 0$，$\sigma = 1$ 时的正态分布称为标准正态分布，即 $\xi \sim N(0,1)$，其密度为

$$f(x) = \frac{1}{\sqrt{2\pi}} \mathrm{e}^{-\frac{x^2}{2}}, \quad -\infty < x < +\infty.$$

标准正态分布 $N(0,1)$ 的密度函数的图形，如图 7-4．

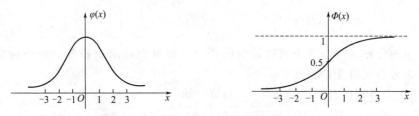

图 7-4 标准正态分布的密度函数和分布函数

服从正态分布的随机变量在实践中有广泛的应用，如：测量误差、人的身长、海洋的波浪、电子管中的噪声电流或电压、飞机材料的疲劳应力、某班学生各科成绩状况等．

7.4.5 随机变量的分布函数

案例 9【树木高度】 某林场树木最高达 30 米，则此林场树木的高度 ξ 是一个随机变量，它可以取（0，30］内的一切值．

♦ **案例 10【电子元件寿命】** 某厂生产的电子元件的使用寿命 η 是一个随机变量，它可以取区间 $(0,+\infty)$ 内的一切值．

概念和公式的引出

1. 分布函数

设 ξ 为一随机变量，对任意实数 x，函数

$$F(x)=P(\xi \leqslant x) \qquad (-\infty < x < +\infty),$$

称为随机变量 ξ 的分布函数．

分布函数 $F(x)$ 的基本性质：

(1) $F(x_2) \geqslant F(x_1)$ $(x_1 < x_2)$，即 $F(x)$ 是一单调递减的函数．

(2) $0 \leqslant F(x) \leqslant 1$，且 $F(-\infty) = \lim\limits_{x \to -\infty} F(x) = 0$，$F(+\infty) = \lim\limits_{x \to +\infty} F(x) = 1$；

(3) $F(x+0) = F(x)$，即分布函数 $F(x)$ 是右连续的．

运用分布函数 $F(x)$ 求相应的概率：

$P(a < x \leqslant b) = F(b) - F(a)$；$P(a \leqslant x \leqslant b) = F(b) - F(a-0)$；

$P(a \leqslant x < b) = F(b-0) - F(a-0)$；$P(a < x < b) = F(b-0) - F(a)$；

$P(\xi = a) = F(a) - F(a-0)$；$P(\xi < a) = F(a-0)$；

$P(\xi > a) = 1 - F(a)$；$P(\xi \geqslant a) = 1 - F(a-0)$．

2. 离散型随机变量的分布函数

设离散型随机变量 ξ 的取值为 x_1，x_2，$\cdots$，x_n，$\cdots$，其分布列为 $P(\xi = x_i) = p_n (n = 1,2,\cdots)$，则分布函数为

$$F(x) = P(\xi \leqslant x) = \sum_{x_k \leqslant x} p_k \qquad (-\infty < x < +\infty).$$

3. 正态分布的分布函数及正态分布的概率计算

(1) 设 $\xi \sim N(0,1)$，密度函数为

$$f(x) = \frac{1}{\sqrt{2\pi}} e^{-\frac{t^2}{2}}, -\infty < x < +\infty,$$

其分布函数为

$$\Phi(x) = P(\xi \leqslant x) = \int_{-\infty}^{x} f(x)\mathrm{d}x = \frac{1}{\sqrt{2\pi}} \int_{-\infty}^{x} e^{-\frac{t^2}{2}}\mathrm{d}t$$

正态分布的分布函数是一个超越函数的积分，很难直接求出积分．利用标准正态分布表，计算正态分布随机变量的概率．

当 $x \geqslant 0$ 时，可直接查表计算 $\Phi(x)$ 的值，如

$$\Phi(0) = P(\xi \leqslant 0) = 0.5000, \Phi(1.86) = P(\xi \leqslant 1.86) = 0.9686.$$

当 $x < 0$ 时，令 $a = -x$，则 $a > 0$，于是

$$\Phi(x) = \Phi(-a) = \frac{1}{\sqrt{2\pi}} \int_{-\infty}^{-a} e^{-\frac{t^2}{2}}\mathrm{d}t = \frac{1}{\sqrt{2\pi}} \left(\int_{-\infty}^{+\infty} e^{-\frac{t^2}{2}}\mathrm{d}t - \int_{-\infty}^{a} e^{-\frac{t^2}{2}}\mathrm{d}t \right)$$

$$= 1 - \Phi(a) = 1 - \Phi(-x).$$

如 $\qquad P(\xi \leqslant -1) = \Phi(-1) = 1 - \Phi(1) = 1 - 0.8413 = 0.1587.$

当 $a < \xi \leqslant b$ 时，有 $P(a < \xi \leqslant b) = \Phi(b) - \Phi(a)$；

当 $\xi < a$ 时，有 $P(\xi > a) = 1 - \Phi(a)$．

(2) 当 $\xi \sim N(\mu, \sigma^2)$ 时，有

$$P(\xi \leqslant x) = \int_{-\infty}^{x} \frac{1}{\sqrt{2\pi}\,\sigma} \mathrm{e}^{-\frac{(t-\mu)^2}{2\sigma^2}} \,\mathrm{d}t \;,$$

令 $u = \dfrac{t-\mu}{\sigma}$，则 $\mathrm{d}u = \dfrac{\mathrm{d}t}{\sigma}$，所以

$$P(\xi \leqslant x) = \int_{-\infty}^{\frac{x-\mu}{\sigma}} \frac{1}{\sqrt{2\pi}} \mathrm{e}^{-\frac{u^2}{2}} \,\mathrm{d}u = \Phi\!\left(\frac{x-\mu}{\sigma}\right).$$

同理　当 $a < \xi \leqslant b$ 时，有 $P(a < \xi \leqslant b) = \Phi\!\left(\dfrac{b-\mu}{\sigma}\right) - \Phi\!\left(\dfrac{a-\mu}{\sigma}\right)$；

当 $\xi < a$ 时，有　$P(\xi > a) = 1 - \Phi\!\left(\dfrac{a-\mu}{\sigma}\right)$．

进一步的练习

练习 9【两点分布的分布函数】　设随机变量 ξ 服从两点分布（$0 < p < 1$），见表 7-15．

表 7-15

ξ	0	1
$P(\xi = x)$	$1-p$	p

求随机变量 ξ 的分布函数．

解：当 $x < 0$ 时，$F(x) = P(\xi \leqslant x) = 0$；

当 $0 \leqslant x < 1$ 时，$F(x) = P(\xi \leqslant x) = 1-p$；

当 $1 < x$ 时，$F(x) = P(\xi \leqslant x) = (1-p) + p = 1$．

所以两点分布的分布函数为

$$F(x) = P(\xi \leqslant x) = \begin{cases} 0, & x < 0, \\ 1-p, & 0 \leqslant x < 1, \\ 1, & x \geqslant 1. \end{cases}$$

练习 10【均匀分布的分布函数】　设随机变量 ξ 服从均匀分布

$$f(x) = \begin{cases} \dfrac{1}{b-a}, & a \leqslant x \leqslant b, \\ 0, & \text{其他}, \end{cases}$$

其分布函数为

$$F(x) = P(\xi \leqslant x) = \begin{cases} 0, & x < a, \\ \dfrac{x-a}{b-a}, & a \leqslant x < b, \\ 1, & x \geqslant b. \end{cases}$$

练习 11【正态分布】　设 $\xi \sim N(0,1)$，求 $P(|\xi| < 1.65)$，$P(\xi > 2.34)$．

解：因为 $\xi \sim N(0,1)$，所以直接查表计算．

$$P(-1.65 < \xi < 1.65) = \Phi(1.65) - \Phi(-1.65) = \Phi(1.65) - [1 - \Phi(1.65)]$$
$$= 2\Phi(1.65) - 1 = 2 \times 0.9505 - 1 = 1.9010 - 1 = 0.9010.$$

$P(\xi > 2.34) = 1 - \Phi(2.34) = 1 - 0.9904 = 0.0096.$

练习 12【体重分布】　设人们的体重符合参数 $\mu = 55$，$\sigma = 10$ 的正态分布，即 $\xi \sim N$ $(55,10^2)$．试求任选一人，他的体重：（1）在区间 $[45,65]$ 中；（2）大于 85 千克的概率．

解：因为 $\xi \sim N$（55，10^2），所以

(1) $P(45 \leqslant \xi \leqslant 65) = \Phi(\dfrac{65-55}{10}) - \Phi(\dfrac{45-55}{10}) = \Phi(1) - \Phi(-1)$

$\qquad\qquad\qquad\quad = 2\Phi(1) - 1 = 2 \times 0.8413 - 1 = 0.6826.$

(2) $P(\xi > 85) = 1 - P(\xi \leqslant 85) = 1 - \Phi(\dfrac{85-55}{10}) = 1 - \Phi(3)$

$\qquad\qquad\qquad = 1 - 0.9987 = 0.0013.$

这一结果说明，至少 2/3 的人体重都在 45～65 千克之间，而体重超过 85 千克的人仅占总人口的千分之一略强．

⭐ **习题 7.4**

1. 写出下列各随机变量可能取的值，并说明随机变量所取的值所表示的随机试验的结果：

(1) 从 10 张已编号的卡片（1～10 号）中任取一张，被取的卡片的号数 ξ；

(2) 一个袋中有 5 个白球和 5 个黑球，从中任取 3 个，其中所含白球的个数为 η；

(3) 掷两个骰子，所得点数之和 ξ；

(4) 接连不断地射击，首次击中目标需要的射击次数 ξ；

(5) 某工厂加工的某种钢管的外径与规定的外径尺寸之差 ξ.

2. 【取球】袋中有 50 个大小相同的球，其中记上 0 号的 5 个，记上 n 号的有 n 个，（$n=1,2,\cdots,9$）. 现从袋中任取一球，求所取球的号数的分布列以及取出的球的号数为偶数的概率．

3. 【射击】某射手有 5 发子弹，他的命中率为 0.9. 现在，他向某一目标射击，命中就停止射击，未命中继续射击直至命中为止，求消耗了子弹的概率分布．

4. 【交通】某公共汽车站每隔 5 分钟有一辆公共汽车通过，若乘客在任一时刻到达车站候车都是等可能的，求乘客候车时间不超过 3 分钟的概率．

5. 【教材】某教材印刷了 2000 册，因装订等原因造成错误的册数的概率为 0.001，试求这 2000 册书中恰有 5 册错误的概率．

6. 设 $\xi \sim N$（0，1），计算 (1) $P(\xi < 2.89)$；(2) $P(\xi < -1.44)$.

7. 设 $\xi \sim N(1.6,4)$，计算 (1) $P(\xi < 6.8)$；(2) $P(\xi < -3)$；(3) $P(|\xi| < 4)$.

8. 【血压】某地区 18 岁女青年的血压 ξ（收缩压，以 mm-Hg 计）服从 $N(110,12^2)$.在该地区任选一个 18 岁的女青年，测量她的血压．求 $P(\xi \leqslant 115)$，$P(100 < \xi < 120)$.

7.5　随机变量的数字特征

概率分布全面反映了一个随机变量取到各个值或取值于各个区间内的概率的大小．然而，实践中，许多情形下并不需要或不可能确切地了解一个随机变量取值规律的全貌，而只需或只能知道它的某些侧面．另一方面，有时候"全体"的比较并不能很好地说明问题，需要我们找出一些量来更集中、更概括地反映随机变量的特征．总之，我们需要研究用一个或几个量来描述随机变量的取值规律．

7.5.1　离散型随机变量的数学期望

◈ **案例【射击】**　设射击手甲与乙在同样条件下进行射击，其命中的环数是一随机变量，

其分布列见表 7-16.

表 7-16

随机变量	10	9	8	7	6	5	0
$P(\xi=k)$	0.5	0.2	0.1	0.1	0.05	0.05	0
$P(\eta=k)$	0.1	0.1	0.1	0.1	0.2	0.2	0.2

（其中 0 环表示脱靶）. 试问，应如何来评定甲、乙的技术优劣？

解：由射手甲的分布列很清楚地知道，他命中 10 的概率是 0.5，换句话说，他发出 100 粒子弹，约有 50 粒子弹命中 10 环. 同理，约有 20 粒命中 9 环，约有 10 粒中 8 环和 7 环，约有 5 粒命中 6 环和 5 环，没有脱靶了. 这样"平均"起来甲命中环数约为

$$\frac{1}{100}(10\times50+9\times20+8\times10+7\times10+6\times5+5\times5+0\times0)=8.55(环)$$

对上式稍作变化，并把它记为 $E(\xi)$，得

$$E(\xi)=10\times\frac{50}{100}+9\times\frac{20}{100}+8\times\frac{10}{100}+7\times\frac{10}{100}+6\times\frac{5}{100}+5\times\frac{5}{100}+0\times\frac{0}{100}$$
$$=10\times0.5+9\times0.2+8\times0.1+7\times0.1+6\times0.05+5\times0.05+0\times0$$
$$=8.55(环)$$

同样，对于射手乙平均命中环数约为

$$E(\eta)=10\times0.1+9\times0.1+8\times0.1+7\times0.1+6\times0.2+5\times0.2+0\times0.2=5.6(环)$$

从平均命中环数看，射手甲的射击水平高于射手乙的射击水平. 同时我们也看到，这种反映随机变量取值"平均"意义特性的数值，恰好是这个随机变量取的一切可能值与相应概率乘积的总和.

💡 概念和公式的引出

离散型随机变量的数学期望　设离散型随机变量 ξ 的分布列见表 7-17.

表 7-17

ξ	x_1	x_2	$\cdots$	x_n	$\cdots$
$P(\xi=x_i)$	p_1	p_2	$\cdots$	p_n	$\cdots$

若级数 $\sum\limits_{i}x_ip_i$ 绝对收敛，则称级数 $\sum\limits_{i}x_ip_i$ 为随机变量 ξ 的数学期望或平均数、均值，数学期望又简称为期望，记作 $E(\xi)$ 或 $E\xi$，即 $E(\xi)=\sum\limits_{i}x_ip_i$. 如果上式中的级数不绝对收敛，这时称 ξ 的数学期望不存在.

📖 进一步的练习

练习 1【掷骰子】　随机抛掷一个骰子，求所得骰子的点数 ξ 的数学期望.

解：随机抛掷一个骰子所得点数 ξ 的概率分布见表 7-18.

表 7-18

ξ	1	2	3	4	5	6
$P(\xi=i)$	1/6	1/6	1/6	1/6	1/6	1/6

所以

$$E(\xi)=1\times\frac{1}{6}+2\times\frac{1}{6}+3\times\frac{1}{6}+4\times\frac{1}{6}+5\times\frac{1}{6}+6\times\frac{1}{6}=3.5.$$

练习 2【产品的平均产值】 一批产品中有一、二、三等品、等外品及废品五种，相应的概率分别为 0.7，0.1，0.1，0.06 及 0.04，其产值（单位：元）分别为 6，5.4，5，4，0，求产品的平均产值.

解： 产品产值 ξ 是一个随机变量，其分布列见表 7-19.

表 7-19

ξ	6	5.4	5	4	0
$P(\xi=x_i)$	0.7	0.1	0.1	0.06	0.04

所以

$$E(\xi)=6\times0.7+5.4\times0.1+5\times0.1+4\times0.06+0\times0.04=5.48(元).$$

几个常用的离散分布的数学期望

1. 两点分布

设随机变量 ξ 服从两点分布，见表 7-20.

表 7-20

ξ	0	1
P	$1-p$	p

则有
$$E(\xi)=0\times(1-p)+p=p.$$

2. 二项分布

设 $\xi\sim B(n,p)$，分布列为 $P(\xi=k)=C_n^k p^k(1-p)^{n-k}(k=0,1,2,\cdots,n)$

$$E(\xi)=\sum_{k=0}^{n}kC_n^k p^k(1-p)^{n-k}=np\sum_{k=1}^{n-1}C_{n-1}^{k-1}p^{k-1}(1-p)^{n-k}$$
$$=np\sum_{k=0}^{n-1}C_{n-1}^k p^k(1-p)^{n-1-k}=np[p(1-p)]^{n-1}=np.$$

3. 泊松分布

设随机变量 $\xi\sim P(\lambda)$，其分布列为 $P(\xi=k)=e^{-\lambda}\dfrac{\lambda^k}{k!}$ $(k=0，1，2，\cdots)$（表 7-21），即

表 7-21

ξ	0	1	2	$\cdots$	k	$\cdots$
$P(\xi=k)$	$e^{-\lambda}$	$e^{-\lambda}\dfrac{\lambda}{1!}$	$e^{-\lambda}\dfrac{\lambda^2}{2!}$	$\cdots$	$e^{-\lambda}\dfrac{\lambda^k}{k!}$	$\cdots$

称 ξ 服从泊松分布. 其数学期望为

$$E(\xi)=\sum_{k=0}^{\infty}k\cdot e^{-\lambda}\frac{\lambda^k}{k!}=\lambda e^{-\lambda}\sum_{k=1}^{\infty}\frac{\lambda^{k-1}}{(k-1)!}=\lambda.$$

这说明服从泊松分布的随机变量的分布列由它的数学期望唯一确定.

7.5.2 连续型随机变量的数学期望

连续型随机变量的数学期望与离散型相似.

连续型随机变量的数学期望 设连续型变量 ξ 的密度函数为 $f(x)$，若积分 $\int_{-\infty}^{+\infty} xf(x)\mathrm{d}x$ 绝对收敛，则称其为随机变量 ξ 的数学期望或均值，记为 $E(\xi)$ 或 $E\xi$，即

$$E(\xi)=\int_{-\infty}^{+\infty} xf(x)\mathrm{d}x.$$

若积分 $\int_{-\infty}^{+\infty} xf(x)\mathrm{d}x$ 不绝对收敛，称 ξ 的数学期望不存在.

几个常用连续型分布的数学期望：

(1) 均匀分布 设随机变量 $\xi\sim U[a,b]$，密度函数 $f(x)=\begin{cases}\dfrac{1}{b-a}, & a\leqslant x\leqslant b, \\ 0, & 其他,\end{cases}$

其数学期望为

$$E(\xi)=\int_{-\infty}^{+\infty} xf(x)\mathrm{d}x=\int_a^b x\cdot\frac{1}{b-a}\mathrm{d}x=\frac{1}{b-a}\cdot\frac{b^2-a^2}{2}=\frac{a+b}{2}.$$

(2) 正态分布 设 $\xi\sim N[\mu,\sigma^2]$，密度函数 $f(x)=\dfrac{1}{\sqrt{2\pi}\sigma}\mathrm{e}^{-\frac{(x-\mu)^2}{2\sigma^2}}$ $(-\infty<x<+\infty)$，

其数学期望为

$$E(\xi)=\int_{-\infty}^{+\infty} xf(x)\mathrm{d}x=\frac{1}{\sqrt{2\pi}\sigma}\int_{-\infty}^{+\infty} x\mathrm{e}^{-\frac{(x-\mu)^2}{2\sigma^2}}\mathrm{d}x,$$

作标准化变换 $y=\dfrac{x-\mu}{\sigma}$，则上式右端等于

$$\frac{1}{\sqrt{2\pi}}\int_{-\infty}^{+\infty}(\sigma y+\mu)\mathrm{e}^{-\frac{y^2}{2}}\mathrm{d}y=\frac{\mu}{\sqrt{2\pi}}\int_{-\infty}^{+\infty}\mathrm{e}^{-\frac{y^2}{2}}\mathrm{d}y=\mu.$$

可见正态分布的参数 μ 正是它的数学期望.

数学期望的性质

(1) $E(c)=c$，其中 c 为常数；

(2) $E(c\xi)=cE(\xi)$，其中 c 为常数；

(3) $E(\xi+\eta)=E(\xi)+E(\eta)$；

(4) 如果 ξ，η 相互独立，则 $E(\xi\eta)=E(\xi)\cdot E(\eta)$.

📖 **进一步的练习**

练习3 设 ξ 的分布如表 7-22 所示.

表 7-22

ξ	-2	-1	0	1
P	$\dfrac{1}{4}$	$\dfrac{1}{8}$	$\dfrac{1}{2}$	$\dfrac{1}{8}$

求 $\eta=\xi^2$ 的数学期望.

解：由离散型随机变量函数的数学期望的公式，得

$$E\eta=E\xi^2=(-2)^2\times\frac{1}{4}+(-1)^2\times\frac{1}{8}+0^2\times\frac{1}{2}+1^2\times\frac{1}{8}=\frac{5}{4}.$$

练习4【飞机受力】 设风速 v 在 $(0,a)$ 上服从均匀分布，即密度函数为

$$f(x) = \begin{cases} \dfrac{1}{a}, 0 < x < a, \\ 0, 其他. \end{cases}$$

又设飞机机翼所受的正压力 W 是 v 的函数，$W = kv^2$ $(k > 0)$，求 W 的数学期望.

解：由连续型随机变量的函数的数学期望公式，得

$$E(W) = \int_{-\infty}^{+\infty} kx^2 f(x) \mathrm{d}x = \int_0^a kx^2 \cdot \frac{1}{a} \mathrm{d}x = \frac{1}{3} ka^2.$$

7.5.3　随机变量的方差

数学期望反映了随机变量取值的平均值，它是随机变量的重要数字特征. 然而，仅仅这一个数字特征往往不能很好地反映随机变量的全部特点，特别是随机变量取值的集中程度. 为此引进随机变量的方差的概念.

💡 **概念和公式的引出**

随机变量的方差　若 $E(\xi - E\xi)^2$ 存在，则称它为随机变量 ξ 的方差，记作 $D\xi$，并称 $\sqrt{D\xi}$ 为 ξ 的标准差.

若 ξ 是离散型随机变量，概率分布为 $P(\xi = k) = p_k$ $(k = 1, 2, \cdots)$，则

$$D\xi = \sum_{k=1}^{\infty} (x_k - E\xi)^2 p_k;$$

若 ξ 是连续机变量，其密度函数为 $f(x)$，则

$$D\xi = \int_{-\infty}^{+\infty} (x - E\xi)^2 f(x) \mathrm{d}x.$$

方差的性质：

(1) $D\xi = E(\xi - E\xi)^2 = E\xi^2 - (E\xi)^2$；

(2) $D(c) = 0$，其中 c 为常数；

(3) $D(c\xi) = c^2 D\xi$，其中 c 为常数；

(4) 如果 ξ 与 η 相互独立，则 $D(\xi + \eta) = D\xi + D\eta$.

📖 **进一步的练习**

练习 5【二项分布】　设 $\xi \sim B(n, p)$，分布列为 $P(\xi = k) = C_n^k p^k (1-p)^{n-k}$ $(k = 0, 1, 2, \cdots, n)$，

求二项分布的方差.

解：因为二项分布的数学期望为 $E\xi = np$，由离散型随机变量的函数的数学期望计算，得

$$E\xi^2 = \sum_{k=0}^{n} k^2 C_n^k p^k q^{n-k} = \sum_{k=1}^{n-1} npk C_{n-1}^{k-1} p^{k-1} q^{n-p}$$

令

$$(k' = k - 1) = np \sum_{k'=0}^{n-1} (k' + 1) C_{n-1}^{k'} p^{k'} q^{(n-1)-k'}$$

$$= np \sum_{k'=0}^{n-1} k' C_{n-1}^{k'} p^{k'} q^{(n-1)-k'} + np \sum_{k'=0}^{n-1} C_{n-1}^{k'} p^{k'} q^{(n-1)-k'}$$

$$= [np(n-1)p] + np = np[(n-1)p + 1].$$

由方差定义，所以有
$$D\xi = np[(n-1)p+1] - (np)^2 = np(1-p) = npq(\text{其中 } q = 1-p).$$
几种常见的随机变量的方差：

(1) 两点分布　设随机变量 ξ 服从两点分布：$P(\xi=0)=1-p$，$P(\xi=1)=p$
$$D\xi = p(1-p).$$

(2) 二项分布　设 $\xi \sim B(n, p)$，分布列为 $P(\xi=k) = C_n^k p^k (1-p)^{n-k}$ $(k=0,1,2,\cdots,n)$，
$$D\xi = np(1-p).$$

(3) 泊松分布　设随机变量 $\xi \sim P(\lambda)$，其分布列为 $P(\xi=k) = e^{-\lambda}\dfrac{\lambda^k}{k!}$ $(k=0,1,2,\cdots)$，
$$D\xi = \lambda.$$

(4) 均匀分布　设随机变量 $\xi \sim U[a,b]$，密度函数 $f(x) = \begin{cases} \dfrac{1}{b-a}, & a \leqslant x \leqslant b, \\ 0, & \text{其他,} \end{cases}$
$$D\xi = \frac{(b-a)^2}{12}.$$

(5) 正态分布　设 $\xi \sim N[\mu, \sigma^2]$，密度函数 $f(x) = \dfrac{1}{\sqrt{2\pi}\sigma} e^{-\frac{(x-\mu)^2}{2\sigma^2}}$ $(-\infty < x < +\infty)$，
$$D\xi = \sigma^2.$$

特别地，当 $\xi \sim N[0,1]$，密度函数 $f(x) = \dfrac{1}{\sqrt{2\pi}} e^{-\frac{x^2}{2}}$ $(-\infty < x < +\infty)$，　$D\xi=1.$

☆ 习题 7.5

1.【产品质量】　设 A、B 两台自动机床，生产同一种标准件，生产 1000 只产品所出的次品数分别用 ξ、η 表示，经过一段时间的考察，ξ、η 的分布列分别如表 7-23、表 7-24 所示.

表 7-23

ξ	0	1	2	3
P	0.7	0.1	0.1	0.1

表 7-24

η	0	1	2	3
P	0.5	0.3	0.2	0

问哪一台机床加工的产品质量好些?

2.【取球】　一个袋子装有大小相同的 5 个白球和 5 个黑球，从中任取 4 个，求其中所含白球个数的期望.

3.【产品检验】　某种产品共有 10 件，其中有次品 3 件. 现从中任取 3 件，求取出的 3 件产品中次品数 ξ 的数学期望和方差.

4. 设随机变量 ξ 的概率密度函数为
$$f(x) = \begin{cases} ax, & 0 \leqslant x \leqslant 1, \\ 0, & \text{其他.} \end{cases}$$

求常数 a 和 $E\xi$.

7.6 统计的基本概念

在实际问题中，随机变量的概率分布或数字特征，往往不知道或者知道甚少，常用的做法是对研究对象进行观察和试验，从中收集与研究有关的数据，以对随机变量的客观规律作出推测和判断．数理统计就是研究随机现象规律性的科学．它以概率为基础，通过对样本的分析来估计或判断总体的某些性质或特性．所以数理统计在理论上和实际上都有很重要的意义．

7.6.1 样本和总体

💡 概念和公式的引出

📖 **案例 1【职工收入】**   为了解孝感市职工年收入情况，随机抽取部分职工进行收入调查统计，以估计全市职工的收入状况．

孝感市职工构成研究对象总体，每位职工是一个个体，被抽取的部分职工就是一个样本，这部分职工的年收入值构成一组样本观测值．

在数理统计中，我们把研究对象的全体叫总体(或母体)，组成总体的每一个元素叫做个体；从总体中抽出的一部分个体叫样本；样本中所包含的个体叫做样品，样品的个数叫做样本容量．

在数理统计中，总体指的是研究对象的某一项数量指标的集合，从而个体就是指数量指标的个别元素．

📖 **案例 2【电子元件】**   考察某种电子元件时，这批电子元件的全体就是总体．每一个元件就是一个个体．如果我们所关心的是这批电子元件的使用寿命，那么总体就是各个电子元件的使用寿命的集合，个体就是每一个电子元件的使用寿命．显然，检查电子元件的使用寿命是破坏性的，所以不可能逐个去检查，只能从中抽取一小部分，所抽取的这一部分元件就是一个样本．如果抽取了 10 个元件进行检验，这时样本容量 $n=10$.

由于一个总体指的是研究对象的某种数值的集合，其中每一个个体都可能取不同的数值，而且在事先是不能预言的，因此一个总体可以看成是某个随机变量 ξ 可能取值的全体，习惯上常说成总体 ξ. 从总体中抽取一个容量为 n 的样本，由于样本是随机地重复抽取的，我们可以把容量为 n 的样本看成是 n 个随机变量 $(\xi_1, \xi_2, \cdots, \xi_n)$，在一次抽样后，观察到 $(\xi_1, \xi_2, \cdots, \xi_n)$ 的一组确定的值 $(x_1, x_2 \cdots, x_n)$ 叫做容量为 n 的样本的一组观测值(样本值)，这些数值就不再是随机变量了．

在上例中，电子元件的使用寿命为随机变量 ξ，从中抽取容量 $n=10$ 的样本 $(\xi_1, \xi_2, \cdots, \xi_{10})$，一次抽取后，经过测定，可以得到这 10 个元件的使用寿命 $(x_1, x_2 \cdots, x_{10})$ 就是样本的一组观察值．

注：在数理统计中，抽取样本必须是随机的．

如果在所研究的总体中，每一个个体都有被抽到的可能，并且每一个个体被抽到的机会都是相等的，那么这种取样叫做随机抽样．由随机抽样所得的样本叫做随机样本，随机样本 $(\xi_1, \xi_2, \cdots, \xi_n)$ 一般来说与总体有相同的分布．

在随机抽样中，如果样本 $\xi_1, \xi_2, \cdots, \xi_n$ 是相互独立的随机变量，就叫做简单随机抽样．因此从总体中有放回地随机抽取容量为 n 的样本就是一种简单随机抽样．如果抽样是无放回的，那么，当样本容量 n 对于总体来说是很小时，也可以看作是随机抽样. 如果没有特殊说明，抽样都是指简单随机抽样.

简单随机抽样的方法：先把总体中的个体编上号，然后用抽签等方法，或者查随机数表，按所得到的数字从已编好的总体中抽取 n 个样品组成一个样本，就得到一个简单随机样本.

7.6.2 统计量

为了估计或推断总体的某些性质或数字特征，从总体 ξ 中抽取一个随机样本 $(\xi_1, \xi_2, \cdots, \xi_n)$，并且通过样本的信息或数字特征来推断或检验总体的某些性质或数字特性，但是样本所具有的信息有时不能直接用来解决我们所要研究的问题，需要先把样本进行数学上的加工，这在数理统计中常常是通过构造一个合适的统计量来达到的.

💡 **概念和公式的引出**

📚 **案例 3【电子元件寿命】**　要检验一批电子元件的平均使用寿命. 电子元件的使用寿命是一个随机变量即总体 ξ，每次抽取容量为 10 的样本 $(\xi_1, \xi_2, \cdots, \xi_{10})$，样本的平均值记为 $\bar{\xi}$，则 $\bar{\xi} = \dfrac{1}{10} \sum\limits_{i=1}^{10} \xi_i$，它是 $(\xi_1, \xi_2, \cdots, \xi_{10})$ 的函数，这样的函数叫做样本函数. 如果在样本函数中不包含未知参数，那么这个样本函数就叫做统计量. 显然，样本均值就是一个统计量.

由于统计量中不包含未知参数，所以可以通过样本 $(\xi_1, \xi_2, \cdots, \xi_n)$ 的一组观察值 $(x_1, x_2, \cdots, x_n)$ 统计出其数值. 因为每一次抽取的样本观察值不会完全相同，所以统计量也是随机变量.

📚 **案例 4【正态分布】**　设 $(\xi_1, \xi_2, \cdots, \xi_n)$ 是来自正态总体 $N(\mu, \sigma^2)$ 的一个样本，若 μ, σ 为已知，则样本函数 $\dfrac{\bar{\xi} - \mu}{\dfrac{\sigma}{\sqrt{n}}}$ 是一个统计量；若参数 μ 和 σ 中至少有一个未知，这个样本函数就不是统计量.

统计量是相对样本而言的，是随机变量. 它的取值依赖于样本值. 参数一般是指总体分布中所含的参数或数字特征.

常用的统计量

下面介绍几个常用的统计量.

设 $(\xi_1, \xi_2, \cdots, \xi_n)$ 是来自总体 ξ 的样本，观察值为 $(x_1, x_2 \cdots, x_n)$.

1. 样本均值

统计量 $\bar{\xi} = \dfrac{1}{n} \sum\limits_{i=1}^{n} \xi_i$ 叫做样本均值，其观察值记为 $\bar{x} = \dfrac{1}{n} \sum\limits_{i=1}^{n} x_i$.

2. 中位数

将样本观察值数据 $x_1, x_2 \cdots, x_n$ 按大小排序后，居中间位置的数叫做中位数，记为 M_e；当 n 为偶数时，规定 M_e 为居中位置的两数的平均值.

3. 样本方差

统计量 $S^2 = \dfrac{1}{n-1} \sum\limits_{i=1}^{n} (\xi_i - \bar{\xi})^2$ 叫做样本方差，其观察值为 $S^2 = \dfrac{1}{n-1} \sum\limits_{i=1}^{n} (x_i - \bar{x})^2$.

4. 样本极差

统计量 $R = \max\{\xi_i\} - \min\{\xi_i\}$ 叫做样本极差，其观察值为 $R = \max\{x_i\} - \min\{x_i\}$.

5. 样本标准差

统计量 $S = \sqrt{\dfrac{1}{n-1}\sum\limits_{i=1}^{n}(\xi_i - \bar{\xi})^2}$ 叫做样本标准差，其观察值为 $S = \sqrt{\dfrac{1}{n-1}\sum\limits_{i=1}^{n}(x_i - \bar{x})^2}$.

样本均值 $\bar{x}$ 代表样本取值的平均水平．样本方差、样本极差反映了样本值数据的集中（或离散）的程度．极差计算方便，它直观地反映了样本取值的幅度和范围，但它忽略了样本值数据偏离样本均值的程度．样本极差与中位数叫做顺序统计量．

样本均值、样本方差、样本标准差可以在计算器上直接计算，其他统计特征数可用专门软件在微机上获得．

📖 **进一步的练习**

练习1　某厂生产一批轴．随机地取出 12 根，测得轴直径数据如下（单位为毫米）：
13.30，13.38，13.40，13.43，13.51，13.32，13.48，13.50，13.35，13.47，13.44，13.40，试求 $\bar{x}, S, S_2, M_e$ 和 R.

解：用计算器直接计算得 $\bar{x} \approx 13.4150$，$S \approx 0.0691$，$S_2 \approx 0.0048$

将数据排序后可知 $M_e = (13.40 + 13.43) \div 2 = 13.415$，$R = 13.51 - 13.30 = 0.21$.

7.6.3　统计量的分布

下面介绍在参数估计和假设检验中常用的几种统计量的分布．

设 $(\xi_1, \xi_2, \cdots, \xi_n)$ 是来自正态总体 $\xi \sim N(\mu, \sigma^2)$ 的一个样本，则有如下结论：

(1) 统计量 $\bar{\xi} = \dfrac{1}{n}\sum\limits_{i=1}^{n}\xi_i \sim N\left(\mu, \dfrac{\sigma^2}{n}\right)$，且 $\bar{\xi}$ 与 S^2 相互独立；

(2) 统计量 $T = \dfrac{\bar{\xi} - \mu}{s}\sqrt{n} \sim t(n-1)$；

(3) 统计量 $U = \dfrac{\bar{\xi} - \mu}{\sigma}\sqrt{n} \sim N(0,1)$；

(4) 统计量 $x^2 = \dfrac{(n-1)S^2}{\sigma^2} = \dfrac{\sum\limits_{i=1}^{n}(\xi_i - \bar{\xi})^2}{\sigma^2} \sim x^2(n-1)$．

📖 **进一步的练习**

练习2　设 $\alpha = 0.05$，求下列各式中的临界值：

(1) $P(|\xi| \leqslant u_{\frac{\alpha}{2}}) = 1 - \alpha$，其中 $\xi \sim N(0,1)$；

(2) $P(|\xi| \leqslant t_{\frac{\alpha}{2}}(n)) = 1 - \alpha$，其中 $\xi \sim t(11)$；

(3) $P(\chi^2_{1-\frac{\alpha}{2}}(n) \leqslant \xi \leqslant \chi^2_{-\frac{\alpha}{2}}(n)) = 1 - \alpha$，其中 $\xi \sim x^2(n), n = 14$.

解：　(1) $\Phi(u_{\frac{\alpha}{2}}) = 1 - \dfrac{\alpha}{2}$ 即 $\Phi(u_{0.025}) = 0.975$，查标准正态分布表（见附录 4）得 $u_{0.025} = 1.96$

(2) $n = 11, \alpha = 0.05$，查 t 分布表（见附录 5），使 $P(|\xi| > t_{\frac{0.05}{2}}(11)) = 0.05$ 的临界值为 $t_{\frac{0.05}{2}}(11) = 2.201$

(3) 因为 $P[\xi > \chi^2_{-\frac{\alpha}{2}}(n)] = \dfrac{\alpha}{2}, \alpha = 0.05, n = 14$，查 x^2 分布表（见附录 6）得 $\chi^2_{-\frac{0.05}{2}}(14) = 26.1$，再由

$P(\xi > \chi_{1-\frac{\alpha}{2}}^2(n)) = 1 - \frac{\alpha}{2}$，即 $P(\xi > \chi_{1-\frac{0.05}{2}}^2(14)) = 0.975$，得 $\chi_{1-\frac{0.05}{2}}^2(14) = 5.63$.

⭐ **习题 7.6**

1. 从总体 X 中任意抽取一个容量为 10 的样本，样本值为 $4.5, 2.0, 1.0, 1.5, 3.5, 4.5,$ $6.5, 5.0, 3.5, 4.0$. 试分别计算样本均值及样本方差.

2. 设 x_1, x_2, x_3, x_4, x_5 是两点分布 $b(1, p), p(x=1) = p, p(x=0) = 1-p$，其中 p 是未知参数.

(1) 指出 $x_1 + x_2, \max\limits_{1 \leqslant i \leqslant 5}\{x_i\}, x_3 + p, (x_4 - 4x_2)^2$ 中哪些是统计量；

(2) 如果 $(x_1, x_2, x_3, x_4, x_5)$ 的一个观测值是 $(0, 1, 0, 1, 1)$，计算样本均值及样本方差.

7.7 参数估计

依据样本 $(\xi_1, \xi_2, \cdots, \xi_n)$ 所构成的统计量来估计总体 ξ 分布中的未知参数或数字特征的值，这类统计方法称为参数估计.

设 θ 是总体 ξ 的未知参数，用样本 $(\xi_1, \xi_2, \cdots, \xi_n)$ 构成的统计量 $\hat{\theta} = \hat{\theta}(\xi_1, \xi_2, \cdots, \xi_n)$ 来估计 θ，$\hat{\theta}$ 就叫做 θ 的估计量. 对应样本值 $(x_1, x_2 \cdots, x_n)$，估计量 $\hat{\theta}$ 的值 $\hat{\theta}(x_1, x_2, \cdots, x_n)$ 叫做 θ 的估计值，仍记作 $\hat{\theta}$.

参数估计一般分为两种类型：一种是用估计量估计总体的参数值，叫做点估计；另一种是用估计量求出总体参数的估计区间，叫做区间估计.

在实际问题中，往往只需要了解总体 ξ 取值的平均水平和取值的分散程度，即对总体 ξ 的数学期望 $E(\xi)$ 和方差 $D(\xi)$ 作出合适的估计.

7.7.1 参数的点估计

📖 **案例 1【职工收入】** 从某一城市中抽取 1000 户职工家庭作为样本，根据样本的资料估计出该市全体职工家庭全年收入的平均值是 4000 元，这种以点带面的估计方法就是点估计.

💡 **概念和公式的引出**

1. 数学期望的点估计

对于总体的数学期望 $E(\xi)$，我们可以用样本均值 $\bar{\xi}$ 对它进行估计，这种用样本数字特征来估计总体的数字特征的方法叫做数字特征法. 因此，用样本均值 $\bar{\xi} = \dfrac{1}{n}\sum\limits_{i=1}^{n}\xi_i$ 作为 $E(\xi)$ 的估计量，当样本 $(\xi_1, \xi_2, \cdots, \xi_n)$ 取值为 $(x_1, x_2 \cdots, x_n)$ 时，用样本值的平均值 $\bar{x} = \dfrac{1}{n}\sum\limits_{i=1}^{n}x_i$ 来估计 $E(\xi)$，即 $E(\xi) \approx \hat{\mu} = \bar{x} = \dfrac{1}{n}\sum\limits_{i=1}^{n}x_i$.

还可以用样本中位数 M_e 来估计 $E(\xi)$，即 $E(\xi) \approx \hat{\mu} = M_e$.

这种方法叫做顺序统计量估计法.

📘 **进一步的练习**

练习 1 在一批试验田里对某早稻品种进行丰产栽培试验，抽测了其中 15 块试验田的单位面积的产量如下（单位：千克）504，402，492，495，500，501，405，409，460，486，460，371，420，456，395. 分别用数字特征法和顺序统计量法估计这批试验田早稻品种的平均产量.

解：用数字特征法　$E(\xi)\approx\hat{\mu}=\bar{x}=\dfrac{1}{15}\sum\limits_{i=1}^{15}x_i\approx450$ 千克

用顺序统计量法，现将数据按从小到大的顺序排列，得 $E(\xi)\approx\hat{\mu}=M_e=460$ 千克.

2. 方差的点估计

我们通常用样本方差 $S^2=\dfrac{1}{n-1}\sum\limits_{i=1}^{n}(\xi_i-\bar{\xi})^2$ 作为总体方差的估计量，当样本值为 $(x_1,x_2\cdots,x_n)$ 时，以样本方差的观察值 $\hat{\sigma}^2=S^2=\dfrac{1}{n-1}\sum\limits_{i=1}^{n}(x_i-\bar{x})^2$，其中 $\bar{x}=\dfrac{1}{n}\sum\limits_{i=1}^{n}x_i$ 作为 $D(\xi)$ 的估计值，这种方法叫做方差估计的数字特征法.

📖 **进一步的练习**

练习 2　对例 1 中试验田早稻品种单位面积产量的方差进行点估计.

解：将例 1 中的数据输入计算器得 $D(\xi)\approx\hat{\sigma}^2=S^2=\dfrac{1}{15-1}\sum\limits_{i=1}^{15}(x_i-\bar{x})^2\approx2108$ 千克^2

也可用顺序统计量样本极差 $R=\max\{\xi_i\}-\min\{\xi_i\}$ 作为总体方差的估计量，当样本值为 $(x_1,x_2,\cdots,x_n)$ 时，对标准差 σ 可用样本极差 $R=\max\{\xi_i\}-\min\{\xi_i\}$ 进行点估计. $\hat{\sigma}$ 和 R 有如下关系：$\hat{\sigma}=\dfrac{1}{d_n}R$　　　其中 $\dfrac{1}{d_n}\approx\dfrac{1}{n}\sqrt{n-\dfrac{1}{2}}$.

应当指出，用样本极差来估计 σ，虽然比较方便，但丧失较多样本信息，不如用 S 来地可靠；当 n 越大时，其精度越差，所以通常在 $2\leqslant n\leqslant10$ 时，才能用 R 来估计 σ. 当 $n>10$ 时，可将数据分成个数相等的组（比如 5 个一组），求出各组数据的极差，然后用这些极差的平均值作为 R（此时 $d_n=d_5$），即得 σ 的点估计 $\hat{\sigma}$. 这个方法也称为方差的顺序统计量估计法.

练习 3　某工厂生产的一批轴的轴径尺寸 $\xi\sim N(\mu,\sigma^2)$，其中 μ,σ^2 未知，今从中随机取出 6 个轴，测的轴径尺寸如下（单位为厘米）：0.82，0.87，0.78，0.81，0.80，0.81. 请完成下列计算：

（1）用数字特征法估计 μ 和 σ；（2）用顺序统计量法估计 μ 和 σ.

解：因为 $\xi\sim N(\mu,\sigma^2)$，所以 $E(\xi)=\mu,D(\xi)=\sigma^2$.

（1）$\hat{\mu}=\bar{x}=\dfrac{1}{6}(0.82+0.87+0.78+0.81+0.80+0.81)=0.815$

$\hat{\sigma}^2=S^2=\dfrac{1}{6-1}[(0.82-0.815)^2+(0.87-0.815)^2+(0.78-0.815)^2+(0.81-0.815)^2$ $+(0.80-0.815)^2+(0.81-0.815)^2]=0.0009$，$\hat{\sigma}=S=\sqrt{0.0009}=0.03$.

（2）首先将样本数据（$n=6$）由小到大排列 0.78，0.80，0.81，0.81，0.82，0.87

$\hat{\mu}=M_e=\dfrac{1}{2}(0.81+0.81)=0.81,R=0.87-0.78=0.09$　　　$\hat{\sigma}=\dfrac{1}{d_6}R\approx\dfrac{1}{6}\sqrt{6-\dfrac{1}{2}}\times0.09=0.0352$.

7.7.2　参数的区间估计

💡 **概念和公式的引出**

对总体未知参数 θ 作出点估计后，人们常常会要求估计 θ 真值所在的一个范围，并希望知道这个范围包含参数 θ 的真值的可靠程度即概率是多少，这就是参数的区间估计.

1. 置信区间

设 θ 为总体 ξ 的一个未知参数, 如果对于事先给定的 $\alpha(0<\alpha<1)$, 能找到两个值 θ_1 和 θ_2, 使 $P(\theta_1<\theta<\theta_2)=1-\alpha$ 成立, 则称区间 (θ_1,θ_2) 为 θ 的 $1-\alpha$ 置信区间, θ_1 和 θ_2 分别称为置信下限和置信上限, 称概率 $1-\alpha$ 为置信水平 (或置信度).

显然置信区间 (θ_1,θ_2) 是一个随机区间. 区间 (θ_1,θ_2) 包含真值的可能性为 $1-\alpha$, 也就是说, 如果反复抽取容量为 n 的样本, 对每一样本可求得一个具体的区间, 在这些区间中约有 $100(1-\alpha)\%$ 的区间包含 θ 的真值.

以下主要讨论对正态总体 $N(\mu,\sigma^2)$ 的数学期望和方差进行区间估计.

2. 区间估计的基本方法

(1) 用来自总体 ξ 的一个样本 $(\xi_1,\xi_2,\cdots,\xi_n)$ 构造一个统计量 $\hat{\theta}$. $\hat{\theta}$ 包含被估计参数 θ, 但不包含其他未知参数, 并且 $\hat{\theta}$ 的分布为已知.

◆ **案例 2** 当 σ 已知时, 选用统计量 $U=\dfrac{\bar{\xi}-\mu}{\sigma}\sqrt{n}$ 来估计 μ, 我们已知 $U\sim N(0,1)$.

(2) 由 $P(\lambda_1<\hat{\theta}<\lambda_2)=1-\alpha$ 且 $P(\hat{\theta}<\lambda_1)=P(\hat{\theta}>\lambda_2)=\dfrac{\alpha}{2}$ 查 $\hat{\theta}$ 相应的分布表可得 λ_1, λ_2.

◆ **案例 3** 由 $P(|U|<u_{\frac{\alpha}{2}})=1-\alpha, U\sim N(0,1)$ 故 $\Phi(u_{\frac{\alpha}{2}})=1-\dfrac{\alpha}{2}$, 查标准正态分布表可得到 $u_{\frac{\alpha}{2}}$ 的值.

(3) 由 $\lambda_1<\hat{\theta}<\lambda_2$ 解出被估计参数 θ, 得到不等式 $\theta_1<\theta<\theta_2$, 于是得到 θ 的 $1-\alpha$ 的置信区间为 (θ_1,θ_2).

◆ **案例 4** 由 $|U|<u_{\frac{\alpha}{2}}$, $U=\dfrac{\bar{\xi}-\mu}{\sigma}\sqrt{n}$ 解出 μ 得 $\bar{\xi}-u_{\frac{\alpha}{2}}\dfrac{\sigma}{\sqrt{n}}<\mu<\bar{\xi}+u_{\frac{\alpha}{2}}\dfrac{\sigma}{\sqrt{n}}$

代入样本均值的观察值 $\bar{x}$, 得到 θ 的 $1-\alpha$ 的置信区间为 $\left(\bar{x}-u_{\frac{\alpha}{2}}\dfrac{\sigma}{\sqrt{n}}, \bar{x}+u_{\frac{\alpha}{2}}\dfrac{\sigma}{\sqrt{n}}\right)$.

3. 正态总体的数学期望 μ 的区间估计

(1) 已知方差 σ^2, 对 μ 的区间估计

📖 **进一步的练习**

练习 4 用机器包装的某种商品的质量(单位:千克)服从正态分布, 其标准差 $\sigma=1.2$ 千克, 测得 10 件这样商品的质量如下(单位:千克): 99.3, 98.7, 100.5, 101.2, 98.3, 99.7, 95.5, 102.1, 100.5, 99.1, 要求以 95% 的置信水平对总体均值 μ 作出区间估计.

解: 当 σ 已知时, 选用统计量 $U=\dfrac{\bar{\xi}-\mu}{\sigma}\sqrt{n}\sim N(0,1)$ 来估计 μ. 由已知得 $\alpha=0.05$,

因为 $P(|U|<u_{\frac{\alpha}{2}})=1-\alpha$, 故 $\Phi(u_{\frac{\alpha}{2}})=1-\dfrac{\alpha}{2}=1-0.05=0.95$

查标准正态分布表得 $u_{\frac{\alpha}{2}}=1.96$, 由样本数据得 $\bar{x}=\dfrac{1}{10}(99.3+98.7+\cdots+99.1)=99.49$

又因为 $\sigma=1.2, n=10$, 所以 $\bar{x}-u_{\frac{\alpha}{2}}\dfrac{\sigma}{\sqrt{n}}=99.49-1.96\times\dfrac{1.2}{\sqrt{10}}\approx98.7$

$\bar{x}+u_{\frac{\alpha}{2}}\dfrac{\sigma}{\sqrt{n}}=99.49+1.96\times\dfrac{1.2}{\sqrt{10}}\approx100.2$

所以总体数学期望 μ 置信水平为 95% 的置信区间为 $(98.7, 100.2)$　　　（单位为千克）.

（2）方差 σ^2 未知，对 μ 的区间估计

当 σ 未知时，选用统计量 $T = \dfrac{\bar{\xi} - \mu}{S}\sqrt{n} \sim t(n-1)$ 来估计 μ. 根据置信区间的定义，对于给定的 $0 < \alpha < 1$，有 $P(|T| < t_{\frac{\alpha}{2}}(n-1)) = 1 - \alpha$，其中 $t_{\frac{\alpha}{2}}(n-1)$ 可以查 t 分布表得到.

于是 μ 的置信水平为 $1-\alpha$ 的置信区间为 $\left(\bar{\xi} - \dfrac{S}{\sqrt{n}} t_{\frac{\alpha}{2}}(n-1), \bar{\xi} + \dfrac{S}{\sqrt{n}} t_{\frac{\alpha}{2}}(n-1)\right)$.

进一步的练习

练习 5　用某仪器间接测量温度（单位：℃），重复测量 5 次，得数据如下：1250, 1265, 1245, 1260, 1275. 已知测量值 $N \sim (\mu, \sigma^2)$，试求温度的真值的置信度为 95% 的置信区间.

解：依题意为 σ^2 未知情况下，对正态总体的数学期望 μ 作区间估计.

由样本值，计算得 $\bar{x} = 1259$，

$$\frac{S}{\sqrt{n}} = \frac{1}{\sqrt{n}}\sqrt{\frac{1}{n-1}\sum_{i=1}^{n}(x_i - \bar{x})^2} = \sqrt{\frac{1}{5(5-1)}\sum_{i=1}^{5}(x_i - 1259)^2} = 5.339.$$

又由 $1 - \alpha = 0.95$，即 $\alpha = 0.05$，自由度 $n - 1 = 5 - 1 = 4$，由 $P(|T| > t_{\frac{\alpha}{2}}(n-1)) = \alpha = 0.05$.

查 t 分布表得 $t_{\frac{\alpha}{2}}(n-1) = 2.776$，故 $\bar{x} - \dfrac{S}{\sqrt{n}} t_{\frac{\alpha}{2}}(n-1) = 1259 - 5.339 \times 2.776 = 1244.2$.

$$\bar{x} + \frac{S}{\sqrt{n}} t_{\frac{\alpha}{2}}(n-1) = 1259 + 5.339 \times 2.776 = 1273.8$$

故所求置信区间为 $(1244.2, 1273.8)$.

4. 正态总体的方差 σ^2 的区间估计

设 $\xi \sim N(\mu, \sigma^2)$，其中 σ^2 未知，这里 μ 是否已知与问题无关. $(\xi_1, \xi_2, \cdots, \xi_n)$ 为取自总体 ξ 的一个样本. 给定置信水平 $1 - \alpha$，已知 $x^2 = \dfrac{(n-1)S^2}{\sigma^2} \sim x^2(n-1)$，令 $P\left[\chi^2_{1-\frac{\alpha}{2}}(n-1) < x^2 < \chi^2_{\frac{\alpha}{2}}(n-1)\right] = 1 - \alpha$，且 $P\left[x^2 > \chi^2_{\frac{\alpha}{2}}(n-1)\right] = P\left[x^2 < \chi^2_{1-\frac{\alpha}{2}}(n-1)\right] = \dfrac{\alpha}{2}$，由 x^2 分布表，可查出临界值 $\chi^2_{1-\frac{\alpha}{2}}(n-1)$，$\chi^2_{\frac{\alpha}{2}}(n-1)$. 由 $\chi^2_{1-\frac{\alpha}{2}}(n-1) < x^2 < \chi^2_{\frac{\alpha}{2}}(n-1)$ 解出 σ^2，得 $\dfrac{(n-1)S^2}{\chi^2_{\frac{\alpha}{2}}(n-1)} < \sigma^2 < \dfrac{(n-1)S^2}{\chi^2_{1-\frac{\alpha}{2}}(n-1)}$，由此得 σ^2 的置信区间为 $\left(\dfrac{(n-1)S^2}{\chi^2_{\frac{\alpha}{2}}(n-1)}, \dfrac{(n-1)S^2}{\chi^2_{1-\frac{\alpha}{2}}(n-1)}\right)$.

进一步的练习

练习 6　求例 5 中所测温度的标准差的 95% 的置信区间.

解：由例 5 中的样本数据，计算得 $\bar{x} = 1259$，$S^2 = 142.5$，$(n-1)S^2 = 570$.

根据给定的 $\alpha = 0.05$，自由度 $n - 1 = 5 - 1 = 4$，由 $P(x^2 > \chi^2_{\frac{\alpha}{2}}(n-1)) = P(x^2 < \chi^2_{1-\frac{\alpha}{2}}(n-1)) = \dfrac{\alpha}{2}$，查 x^2 分布表得 $\chi^2_{1-\frac{\alpha}{2}}(n-1) = 0.484$，$\chi^2_{\frac{\alpha}{2}}(n-1) = 11.1$，$\dfrac{(n-1)S^2}{\chi^2_{\frac{\alpha}{2}}(n-1)} = \dfrac{570}{11.1} = 51.35$，$\sqrt{51.35} = 7.17$.

$$\frac{(n-1)S^2}{\chi^2_{1-\frac{\alpha}{2}}(n-1)} = \frac{570}{0.484} = 1177.7, \quad \sqrt{1177.7} = 34.34.$$

从而得所测温度的标准差 σ 的 95% 置信区间为 $(7.17, 34.32)$.

综上所述，将正态总体的数学期望、方差的置信区间列成表 7-25.

表 7-25

被估计的未知参数	选用的统计量		分布	$1-\alpha$ 的置信区间
μ	σ^2 已知	$U = \dfrac{\bar{\xi}-\mu}{\sigma}\sqrt{n}$	$N(0,1)$	$(\bar{\xi} - u_{\frac{\alpha}{2}}\dfrac{\sigma}{\sqrt{n}}, \bar{\xi} + u_{\frac{\alpha}{2}}\dfrac{\sigma}{\sqrt{n}})$
	σ^2 未知	$T = \dfrac{\bar{\xi}-\mu}{S}\sqrt{n}$	$t(n-1)$	$(\bar{\xi} - \dfrac{S}{\sqrt{n}}t_{\frac{\alpha}{2}}(n-1), \bar{\xi} + \dfrac{S}{\sqrt{n}}t_{\frac{\alpha}{2}}(n-1))$
σ^2	$x^2 = \dfrac{(n-1)S^2}{\sigma^2}$		$x^2(n-1)$	$(\dfrac{(n-1)S^2}{\chi^2_{\frac{\alpha}{2}}(n-1)}, \dfrac{(n-1)S^2}{\chi^2_{1-\frac{\alpha}{2}}(n-1)})$

⭐ 习题 7.7

1. 设单位面积农田的虫卵数服从泊松分布，$p(x=k) = \dfrac{\lambda^k}{k!}e^{-\lambda}, k=0,1,\cdots$，抽查 10 块田的虫卵数是(万/亩)：$6.4, 7.8, 12.8, 4.6, 8.9, 21.5, 18.7, 3.4, 7.6, 5.8$，求 λ 的估计值.

2. 测量两点之间的直线距离 5 次，测得距离(单位：米)值为 $108.5, 109.0, 110.0,$ $110.5, 112.0$. 如果测量值可以认为是服从正态分布 $N(\mu, \sigma^2)$，且假定 $\sigma^2 = 2.5$，求 μ 的 95% 的置信区间.

3. 已知一批灯泡的寿命服从正态分布 $N(\mu, 30^2)$，从中任取 9 只检验，测得其平均寿命为 1435 小时，试求这批灯泡平均寿命 95% 的置信区间.

4. 某手机电池连续使用时间服从正态分布 $N(\mu, \sigma^2)$，现抽查 8 只进行检测，得数据如下(单位：小时)：$18, 16, 20, 18, 23, 19, 20, 18$. 求电池充电后连续使用时间 95% 的置信区间.

5. 钢丝的折断强度(单位：牛)服从正态分布 $N(\mu, \sigma^2)$，从一批钢丝中抽取 10 个样品，测得数据如下：$568, 570, 570, 570, 572, 572, 578, 572, 584, 596$. 求方差 σ^2 的置信度为 0.95 的置信区间.

【阅读材料】
生活中的概率

据说有个人很怕坐飞机. 说是飞机上有恐怖分子放炸弹. 他说他问过专家，每架飞机上有炸弹的可能性是百万分之一. 百万分之一虽然很小，但还没小到可以忽略不计的程度，所以他从来不坐飞机. 可是有一天有人在机场看见他，感到很奇怪. 就问他，你不是说飞机上有炸弹吗? 他说我又问过专家，每架飞机上有一颗炸弹的可能性是百万分之一，但每架飞机上同时有两颗炸弹的可能性只有百万的平方分之一，也就是说只有万亿分之一. 这已经小到可以忽略不计了. 朋友说这数字没错，但两颗炸弹与你坐不坐飞机有什么关系? 他很得意地说：当然有关系啦. 不是说同时有两颗炸弹的可能性很小吗，我现在自带一颗. 如果飞机上另外再有一颗炸弹的话，这架飞机上就同时有两颗炸弹. 而我们知道这几乎是不可能的，所以我可以放心地去坐飞机.

相信大家都学过一些概率统计，而且都会觉得这个人的逻辑很可笑. 但如果要说明这个逻辑可笑在哪里，毛病出在什么地方，没有一定程度的概率统计知识还不一定说得清楚. 概率统计大概要算是应用最广的一门学科了. 在学校不管是文科、理科还是经济、医学都要学它．不过，它当初的产生可是与这些应用科学没有任何关系，纯粹是一些人为了解决赌博中遇到的问题而产生出来的．我当初读书的时候，所有的学科都要带上一顶红帽子，都要有革命意义．什么几何的产生是为了劳动人民测量田地，三角的产生是为了劳动人民看月亮星星之类的．只有概率统计没有办法与劳动人民沾边．按照革命理论，劳动人民应该是从不赌博的．按成分划分，概率统计的出身是很差的．概率论虽然产生于赌场，但赌场里的人并不需要懂概率．他们很多人都是凭经验，凭感觉．据说概率论的老祖之一卡当曾经到赌场去找一个老赌徒，说是掷骰子的时候，如果给他两种情况，一种是连续两次掷出 6 点，另一种是 3 次掷出的数的总和小于或等于 5．问他愿意选哪一种？老赌徒想都没想就说愿意选后面这一种．仔细用概率算一下，你会发现这两种情况的概率差别还不到百分之一的一半．可见这些人的感觉相当准确．

当然，真正的赌场并不完全依赖于概率组合．否则，在家里算好概率再去赌场赌岂不是有赢无输．说起来还真有人在家里研究好赌法去赌场赌的．有一种叫做赌注加倍法的赌法就是由统计学家发明的．从理论上来讲，用这种方法到赌场去玩 21 点必赢无疑．这种方法从道理上来说很简单，只要你有足够的资本，那就必赢无输，而且想赢多少就赢多少．比如说你第一盘下注一百元（也可以是一千元或一万元，首注多少与这种赌法无关），如果这一盘赢了，则把赢的一百元装腰包，再继续下注一百元；如果输了，第二盘下注两百元．如果这次赢了，那么扣除上盘输掉的一百元，还赢利一百元．把赢的这一百元装腰包，又从下注一百元开始．如果输了，下一盘就下注四百元，如此下去……简单说起来就是，如果某一盘输了，则下一盘赌注加倍．如果赢了，这一回合就算结束，又从下注一百元开始．用这种玩法，只要你不是一直输（当 N 很大时，连续输 N 盘的可能性几乎是零），那么每一个回合结束后，你都会赢利一百元．这种玩法是可以从统计学上证明的必胜玩法．你或许会问，这种玩法如果真有效，那大家都这样玩，赌场岂不是只好关门了．这一点你可以放心，办赌场的人自然也知道这种玩法对他们是致命的，他们当然不会坐以待毙．所以他们有专门规定来控制这种玩法，其中一条规定是规定赌注的上限，也就是说每一盘的赌注不可以超过这个上限，这样一来，赌注加倍法就不灵了，因为当你连输许多盘准备加倍赌注的时候，你的赌注或许已经超过该上限，你不能再按加倍赌法玩下去，于是前面输掉的再也不能按加倍法捞回来．有了这种规定，赌场就可以不用担心所谓赌注加倍法．在上限以内，这种方法你还是可以用的，但是不能保证绝对赢．再说，即使在上限以内，要玩这种加倍法还是需要一些勇气的．如果你从一百元开始，连输十盘后，赌注就已经涨到十万元．连输十盘的可能性很小，但还没有小到不太可能发生，这时候要下这十万元的一注还是需要一点魄力的．

许多问题并不是单纯的组合问题，还要考虑一些其他的因素．比如打桥牌时决定是否要飞张的时候，并不能只考虑大牌分布的概率因素，还要考虑叫牌过程等．这就是所谓条件概率．现实生活中的问题就更复杂了，许多时候它所依赖的条件并不能准确地用数学表达出来，而只能是凭经验、凭感觉或别的计算．比如天上的云的情况与明天是否下雨，这两者之间有很强的统计规律，甚至有很多农谚因此而产生．但真正要预报天气却不能靠这些农谚，还得要做大量的非概率运算．

现实生活中完全纯概率组合的问题也是有的，比如说买彩票，也就是通常说的"乐透奖"．有一种通行的"乐透奖"是从 1 到 44 中选 6 个数，如果全部选对则可中大奖．这是一个纯组合的问题，没有任何别的因素．中奖的概率很容易算出来，大约七百万分之一．这个概率小得可怜，据说下雨天上街被雷击的概率也比这个数大．懂概率的人大约都不会去上这个当．偶尔买一次图新鲜好玩没有关系，长年累月地买就有点愚蠢了．不过，愚蠢的人还真不少，否则这种奖也存在不下去了．我以前不相信，最近看了一篇报道才知道真有不少人每周固定买彩票的．我们这里附近有一个镇有六万人口，每年的"乐透奖"开销竟然有二千七百万美元之多．也就是说平均每人每年花四百多块买彩票，差不多每周花十块钱，简直有点不可思议．这些钱有相当一部分是要被政府收走的．所以我常对朋友讲，"乐透奖"是政府收的另外一种税，其名字叫"愚人税"，聪明人是不用交这种税的．

【生活中的实例】

■1. 六合彩：在六合彩（49 选 6）中，一共有 13983816 种可能性（参阅组合数学），普遍认为，如果每周都买一个不相同的号，最晚可以在 13983816/52（周）＝268919 年后获得头等奖．事实上这种理解是错误的，因为每次中奖的概率是相等的，中奖的可能性并不会因为时间的推移而变大．

■2. 生日悖论：在一个足球场上有 23 个人（2×11 个运动员和 1 个裁判员），不可思议的是，在这 23 人当中至少有两个人的生日是在同一天的概率要大于 50%．

■3. 轮盘游戏：在游戏中玩家普遍认为，在连续出现多次红色后，出现黑色的概率会越来越大．这种判断也是错误的，即出现黑色的概率每次是相等的，因为球本身并没有"记忆"，它不会意识到以前都发生了什么，其概率始终是 18/37．

■4. 三门问题：在电视台举办的猜隐藏在门后面的汽车的游戏节目中，在参赛者的对面有三扇关闭的门，其中只有一扇门的后面有一辆汽车，其他两扇门后是山羊．游戏规则是，参赛者先选择一扇他认为其后面有汽车的门，但是这扇门仍保持关闭状态，紧接着主持人打开没有被参赛者选择的另外两扇门中后面有山羊的一扇门，这时主持人问参赛者，要不要改变主意，选择另一扇门，以使得赢得汽车的概率更大一些？正确结果是，如果此时参赛者改变主意而选择另一扇关闭着的门，他赢得汽车的概率会增加一倍．

【本章小结】

1. 基本概念

随机事件、事件关系与运算、古典概型、随机变量、数学期望与方差．

2. 概率的计算公式与运算法则

（1）古典概率计算公式

$$P(A)=\frac{m}{n}$$

其中 m 为事件 A 包含的基本事件个数，n 为基本空间包含的基本事件个数．

（2）事件的概率计算公式

互斥事件概率的加法公式　　$P(A\cup B)=P(A)+P(B)$，

任意事件概率的加法公式　　$P(A\cup B)=P(A)+P(B)-P(AB)$，

条件概率的计算公式　　　　$P(A\mid B)=\frac{P(AB)}{P(B)}$，

乘法公式　　　　　　$P(AB)=P(B)\cdot P(A\mid B)$　　$(P(B)>0)$；

　　　　　　　　　　$P(AB)=P(A)\cdot P(B\mid A)$　　$(P(A)>0)$；

$P(A_1A_2\cdots A_n)=P(A_1)P(A_2\mid A_1)P(A_3\mid A_1A_2)\cdots P(A_n\mid A_1A_2\cdots A_{n-1})$．

全概率公式　设 Ω 为基本事件空间，$A_1\subset\Omega,A_2\subset\Omega$,满足 $\Omega=A_1\cup A_2,A_1A_2=\varnothing$，且 $P(A_1)>0$，$P(A_2)>0$，则对一事件 B，有

$$P(B)=P(B\mid A_1)P(A_1)+P(B\mid A_2)P(A_2)．$$

一般地，设 Ω 为基本事件空间，$A_i\subset\Omega$，且 $P(A_i)>0(i=1,2,\cdots,n)$，满足 $\Omega=$

$A_1 \cup A_2 \cup \cdots \cup A_n, A_i \cap A_j = \varnothing (i \neq j)$，则对任一事件 B，有

$$P(B) = P(B \mid A_1)P(A_1) + P(B \mid A_2)P(A_2) + \cdots + P(B \mid A_n)P(A_n).$$

贝叶斯公式 设 Ω 为基本事件空间，$A_i \subset \Omega$，且 $P(A_i) > 0 (i = 1, 2, \cdots, n)$，满足 $\Omega = A_1 \cup A_2 \cup \cdots \cup A_n$，$A_i \cap A_j = \varnothing (i \neq j)$，对任意事件 B，且 $P(B) > 0$，有

$$P(A_i \mid B) = \frac{P(A_i)P(B \mid A_i)}{P(A_1)P(B \mid A_1) + P(A_2)P(B \mid A_2) + \cdots + P(A_n)P(B \mid A_n)}$$

3. 常见随机变量及概率分布

（1）离散型随机变量及概率分布

两点（0-1）分布：$P(\xi = 0) = 1 - p$，$P(\xi = 1) = p$；

二项分布：$\xi \sim B[n, p]$，$P(\xi = k) = \sum\limits_{k=0}^{n} k C_n^k p^k (1-p)^{n-k} (k = 0, 1, \cdots, n)$；

泊松分布：$\xi \sim P(\lambda)$，$P(\xi = k) = \dfrac{\lambda^k}{k!} \cdot e^{-\lambda} \ (k = 0, 1, \cdots)$.

（2）连续型随机变量及概率分布

均匀分布：$\xi \sim U[a, b]$，密度函数 $f(x) = \begin{cases} \dfrac{1}{b-a}, & a \leqslant x \leqslant b \\ 0, & 其他 \end{cases}$.

正态分布：$\xi \sim [\mu, \sigma^2]$，密度函数 $f(x) = \dfrac{1}{\sqrt{2\pi}\sigma} e^{-\frac{(x-\mu)^2}{2\sigma^2}}$.

标准正态分布：$\xi \sim [0, 1]$，密度函数 $f(x) = \dfrac{1}{\sqrt{2\pi}} e^{-\frac{x^2}{2}}$.

4. 数学期望和方差的计算

两点分布（0-1 分布）：$E\xi = p$，$D\xi = p(1-p)$.

二项分布：$E\xi = np$，$D\xi = np(1-p)$.

泊松分布：$E\xi = \lambda$，$D\xi = \lambda$.

均匀分布：$E\xi = \dfrac{a+b}{2}$，$D\xi = \dfrac{(b-a)^2}{12}$.

正态分布：$E\xi = \mu$，$D\xi = \sigma$

标准正态分布：$E\xi = 0$，$D\xi = 1$

复习题 7

1. 选择题

（1）从装有 2 个红球和 2 个白球的口袋内任取 2 球，那么互斥而不对立的两个事件是（　　）.

A. 至少有 1 个白球，都是白球　　　B. 至少有 1 个白球，至少有 1 个红球

C. 恰有 1 个白球，恰有 2 个白球；D. 至少有 1 个白球，都是红球.

（2）甲、乙两人独立的解同一问题，甲解决这个问题的概率是 P_1，乙解决这个问题的概率是 P_2，那么其中至少有 1 人解决这个问题的概率是（　　）.

A. $P_1 + P_2$　　　B. $P_1 \cdot P_2$　　　C. $1 - P_1 \cdot P_2$　　　D. $1 - (1-P_1)(1-P_2)$.

（3）一个学生通过某种英语听力测试的概率是 $\dfrac{1}{2}$，他连续测试 2 次，那么其中恰有 1 次获得通过的概率是（　　）.

A. $\frac{1}{2}$ B. $\frac{1}{3}$ C. $\frac{1}{4}$ D. $\frac{3}{4}$.

2. 在十个数字 $0,1,2,\cdots,9$ 中任取四个（不重复），能排成一个四位偶数的概率是多少？

3. 有五根细木棍，它们的长度分别为 $1,3,5,7,9$(厘米)，从中任取 3 根，它们能构成三角形的概率是多少？

4. 面对试卷上的 10 道 4 选 1 的选择题，某考生心存侥幸，试图用抽签的方法答题．试求下列事件的概率：（1）恰好有 2 道题回答正确；（2）至少有 2 道题回答正确；（3）没有 1 道题回答正确；（4）全部回答正确．

5. 一批产品中有 20% 的次品，现进行重复抽样，共抽取 5 件样品，分别计算这 5 件样品中恰好有 3 件次品及至多有 3 件次品的概率．

6. 设随机变量 ξ 的概率分布为 $P(\xi=k)=\dfrac{1}{5}$, $k=1,2,3,4,5$. 求 $E\xi$, $E\xi^2$, $E(\xi+2)^2$.

7. 某种电池的寿命 ξ 服从正态分布 $N(\mu,\sigma^2)$, $\mu=300$(小时), $\sigma=35$(小时)．（1）求电池寿命有 250 小时以上的概率；（2）求 x，使寿命在 $\mu-x$ 与 $\mu+x$ 之间的概率不小于 0.9.

8. 公共汽车门的高度一般是按男子的碰头机会在 1% 以下来设计的，男子的身高服从正态分布，平均身高是 170 厘米，标准差（即均方差）是 6 厘米，问门的高度至少应设计多少 $[\Phi(2.33)=0.99]$？

9. 卖水果的某个体户，在不下雨的日子每天可以赚 100 元，在雨天则要损失 10 元，该地区每年下雨的日子约有 130 天，求该个体户每天获利的数学期望（一年按 365 天计算）．

10. 已知在正常生产情况下，某种汽车零件的质量服从正态分布 $N(54,0.75^2)$. 从某日生产的零件中抽取 10 件，测得质量(克)如下：

     54.0   55.1   53.8   54.2   52.1   54.2   55.0   55.8   55.1   55.3

如果标准差不变，该日生产的零件质量的均值是否有显著差异？（$\alpha=0.05$）

附录 1　希腊字母表

正体		斜体		英文读音	中文读音
白正体	黑正体	白斜体	黑斜体		
A α	**A α**	*A α*	***A α***	alpha	阿尔法
B β	**B β**	*B β*	***B β***	beta	贝塔
Γ γ	**Γ γ**	*Γ γ*	***Γ γ***	gamma	伽马
Δ δ	**Δ δ**	*Δ δ*	***Δ δ***	delta	德耳塔
E ε	**E ε**	*E ε*	***E ε***	epsilon	艾普西隆
Z ζ	**Z ζ**	*Z ζ*	***Z ζ***	zeta	截塔
H η	**H η**	*H η*	***H η***	eta	艾塔
Θ θ,ϑ	**Θ θ,ϑ**	*Θ θ,ϑ*	***Θ θ,ϑ***	theta	西塔
I ι	**I ι**	*I ι*	***I ι***	iota	约塔
K κ	**K κ**	*K κ*	***K κ***	kappa	卡帕
Λ λ	**Λ λ**	*Λ λ*	***Λ λ***	lambda	兰姆达
M μ	**M μ**	*M μ*	***M μ***	mu	米尤
N ν	**N ν**	*N ν*	***N ν***	nu	纽
Ξ ξ	**Ξ ξ**	*Ξ ξ*	***Ξ ξ***	xi	克西
O o	**O o**	*O o*	***O o***	omicron	奥密克戎
Π π	**Π π**	*Π π*	***Π π***	pi	派
P ρ	**P ρ**	*P ρ*	***P ρ***	rho	洛
Σ σ	**Σ σ**	*Σ σ*	***Σ σ***	sigma	西格马
T τ	**T τ**	*T τ*	***T τ***	tau	陶
Υ υ	**Y υ**	*Υ υ*	***Y υ***	upsilon	宇普西隆
Φ φ,ϕ	**Φ φ,ϕ**	*Φ φ,ϕ*	***Φ φ,ϕ***	phi	斐
X χ	**X χ**	*X χ*	***X χ***	chi	喜
Ψ ψ	**Ψ ψ**	*Ψ ψ*	***Ψ ψ***	psi	普西
Ω ω	**Ω ω**	*Ω ω*	***Ω ω***	omega	奥米伽

附录2 初等数学常用公式及常用结论

一、乘法与因式分解公式

(1) $a^2-b^2=(a-b)(a+b)$

(2) $a^3\pm b^3=(a\pm b)(a^2\mp ab+b^2)$

(3) $a^n-b^n=\begin{cases}(a-b)(a^{n-1}+a^{n-2}b+a^{n-3}b^2+\cdots+ab^{n-2}+b^{n-1}) & (n\text{ 为正整数})\\(a+b)(a^{n-1}+a^{n-2}b-a^{n-3}b^2+\cdots+ab^{n-2}-b^{n-1}) & (n\text{ 为偶数})\end{cases}$

(4) $a^n+b^n=(a+b)(a^{n-1}-a^{n-2}b+a^{n-3}b^2-\cdots-ab^{n-2}+b^{n-1})$ $(n\text{ 为奇数})$

二、实系数一元二次方程的解

实系数一元二次方程 $ax^2+bx+c=0$，

①若 $\Delta=b^2-4ac>0$，则 $x_{1,2}=\dfrac{-b\pm\sqrt{b^2-4ac}}{2a}$；

②若 $\Delta=b^2-4ac=0$，则 $x_1=x_2=-\dfrac{b}{2a}$；

③若 $\Delta=b^2-4ac<0$，它在实数集 R 内没有实数根；在复数集 C 内有且仅有两个共轭复数根 $x=\dfrac{-b\pm\sqrt{-(b^2-4ac)}\,i}{2a}(b^2-4ac<0)$．

三、数列求和

1. 等差数列的通项公式

$a_n=a_1+(n-1)d=dn+a_1-d\,(n\in N^*)$；

其前 n 项和公式为 $s_n=\dfrac{n(a_1+a_n)}{2}=na_1+\dfrac{n(n-1)}{2}d=\dfrac{d}{2}n^2+(a_1-\dfrac{1}{2}d)n$．

2. 等比数列的通项公式

$a_n=a_1q^{n-1}=\dfrac{a_1}{q}\cdot q^n\,(n\in N^*)$；

其前 n 项的和公式为 $s_n=\begin{cases}\dfrac{a_1(1-q^n)}{1-q}, & q\neq1\\na_1, & q=1\end{cases}$ 或 $s_n=\begin{cases}\dfrac{a_1-a_nq}{1-q}, & q\neq1\\na_1, & q=1\end{cases}$．

附录3　泊松分布数值表

$$P\{\xi=m\}=\frac{\lambda^{m}}{m!}\mathrm{e}^{-\lambda}$$

λ \ m	0.1	0.2	0.3	0.4	0.5	0.6	0.7	0.8	0.9	1.0	1.5	2.0	2.5	3.0
0	0.9048	0.8187	0.7408	0.6703	0.6065	0.5488	0.4966	0.4493	0.4066	0.3679	0.2231	0.1353	0.0821	0.0498
1	0.0905	0.1637	0.2223	0.2681	0.3033	0.3293	0.3476	0.3595	0.3659	0.3679	0.3347	0.2707	0.2052	0.1494
2	0.0045	0.0164	0.0333	0.0536	0.0758	0.0988	0.1216	0.1438	0.1647	0.1839	0.2510	0.2707	0.2565	0.2240
3	0.0002	0.0011	0.0033	0.0072	0.0126	0.0198	0.0284	0.0383	0.0494	0.0613	0.1255	0.1805	0.2138	0.2240
4		0.0001	0.0003	0.0007	0.0016	0.0030	0.0050	0.0077	0.0111	0.0153	0.0471	0.0902	0.1336	0.1681
5				0.0001	0.0002	0.0003	0.0007	0.0012	0.0020	0.0031	0.0141	0.0361	0.0668	0.1008
6							0.0001	0.0002	0.0003	0.0005	0.0035	0.0120	0.0278	0.0504
7										0.0001	0.0008	0.0034	0.0099	0.0216
8											0.0002	0.0009	0.0031	0.0081
9												0.0002	0.0009	0.0027
10													0.0002	0.0008
11													0.0001	0.0002
12														0.0001

λ \ m	3.5	4.0	4.5	5	6	7	8	9	10	11	12	13	14	15
0	0.0302	0.0183	0.0111	0.0067	0.0025	0.0009	0.0003	0.0001						
1	0.1057	0.0733	0.0500	0.0337	0.0149	0.0064	0.0027	0.0011	0.0004	0.0002	0.0001			
2	0.1850	0.1465	0.1125	0.0842	0.0446	0.0223	0.0107	0.0050	0.0023	0.0010	0.0004	0.0002	0.0001	
3	0.2158	0.1954	0.1687	0.1404	0.0892	0.0521	0.0286	0.0150	0.0076	0.0037	0.0018	0.0008	0.0004	0.0002
4	0.1888	0.1954	0.1898	0.1755	0.1339	0.0912	0.0573	0.0337	0.0189	0.0102	0.0053	0.0027	0.0013	0.0006
5	0.1322	0.1563	0.1708	0.1755	0.1606	0.1277	0.0916	0.0607	0.0378	0.0224	0.0127	0.0071	0.0037	0.0019
6	0.0771	0.1042	0.1281	0.1462	0.1606	0.1490	0.1221	0.0911	0.0631	0.0411	0.0255	0.0151	0.0087	0.0048
7	0.0385	0.0595	0.0824	0.1044	0.1377	0.1490	0.1396	0.1171	0.0901	0.0646	0.0437	0.0281	0.0174	0.0104
8	0.0169	0.0298	0.0463	0.0653	0.1033	0.1304	0.1396	0.1318	0.1126	0.0888	0.0655	0.0457	0.0304	0.0195
9	0.0065	0.0132	0.0232	0.0363	0.0688	0.1014	0.1241	0.1318	0.1251	0.1085	0.0874	0.0660	0.0473	0.0324
10	0.0023	0.0053	0.0104	0.0181	0.0413	0.0710	0.0993	0.1186	0.1251	0.1194	0.1048	0.0859	0.0663	0.0486
11	0.0007	0.0019	0.0043	0.0082	0.0225	0.0452	0.0722	0.0970	0.1137	0.1194	0.1144	0.1015	0.0843	0.0663
12	0.0002	0.0006	0.0015	0.0034	0.0113	0.0264	0.0481	0.0728	0.0948	0.1094	0.1144	0.1099	0.0984	0.0828
13	0.0001	0.0002	0.0006	0.0013	0.0052	0.0142	0.0296	0.0504	0.0729	0.0926	0.1056	0.1099	0.1061	0.0956
14		0.0001	0.0002	0.0005	0.0023	0.0071	0.0169	0.0324	0.0521	0.0728	0.0905	0.1021	0.1061	0.1025
15			0.0001	0.0002	0.0009	0.0033	0.0090	0.0194	0.0347	0.0533	0.0724	0.0885	0.0989	0.1025
16				0.0001	0.0003	0.0015	0.0045	0.0109	0.0217	0.0367	0.0543	0.0719	0.0865	0.0960

λ〈br〉m	3.5	4.0	4.5	5	6	7	8	9	10	11	12	13	14	15
17					0.0001	0.0006	0.0021	0.0058	0.0128	0.0237	0.0383	0.0551	0.0713	0.0847
18						0.0002	0.0010	0.0029	0.0071	0.0145	0.0255	0.0397	0.0554	0.0706
19						0.0001	0.0004	0.0014	0.0037	0.0084	0.0161	0.0272	0.0408	0.0557
20							0.0002	0.0006	0.0019	0.0046	0.0097	0.0177	0.0286	0.0418
21							0.0001	0.0003	0.0009	0.0024	0.0055	0.0109	0.0191	0.0299
22								0.0001	0.0004	0.0013	0.0030	0.0065	0.0122	0.0204
23									0.0002	0.0006	0.0016	0.0036	0.0074	0.0133
24									0.0001	0.0003	0.0008	0.0020	0.0043	0.0083
25										0.0001	0.0004	0.0011	0.0024	0.0050
26											0.0002	0.0005	0.0013	0.0029
27											0.0001	0.0002	0.0007	0.0017
28												0.0001	0.0003	0.0009
29													0.0002	0.0004
30													0.0001	0.0002
31														0.0001

附录4 标准正态分布表

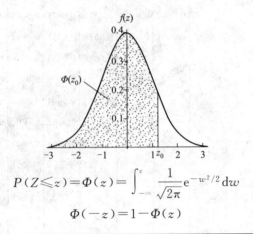

$$P(Z \leqslant z) = \Phi(z) = \int_{-\infty}^{z} \frac{1}{\sqrt{2\pi}} e^{-w^2/2} \mathrm{d}w$$

$$\Phi(-z) = 1 - \Phi(z)$$

z	0.00	0.01	0.02	0.03	0.04	0.05	0.06	0.07	0.08	0.09
0.0	0.5000	0.5040	0.5080	0.5120	0.5160	0.5199	0.5239	0.5279	0.5319	0.5359
0.1	0.5398	0.5438	0.5478	0.5517	0.5557	0.5596	0.5636	0.5675	0.5714	0.5753
0.2	0.5793	0.5832	0.5871	0.5910	0.5948	0.5987	0.6026	0.6064	0.6103	0.6141
0.3	0.6179	0.6217	0.6255	0.6293	0.6331	0.6368	0.6406	0.6443	0.6480	0.6517
0.4	0.6554	0.6591	0.6628	0.6664	0.6700	0.6736	0.6772	0.6808	0.6844	0.6879
0.5	0.6915	0.6950	0.6985	0.7019	0.7054	0.7088	0.7123	0.7157	0.7190	0.7224
0.6	0.7257	0.7291	0.7324	0.7357	0.7389	0.7422	0.7454	0.7486	0.7517	0.7549
0.7	0.7580	0.7611	0.7642	0.7673	0.7703	0.7734	0.7764	0.7794	0.7823	0.7852
0.8	0.7881	0.7910	0.7939	0.7967	0.7995	0.8023	0.8051	0.8078	0.8106	0.8133
0.9	0.8159	0.8186	0.8212	0.8238	0.8264	0.8289	0.8315	0.8340	0.8365	0.8389
1.0	0.8413	0.8438	0.8461	0.8485	0.8508	0.8531	0.8554	0.8577	0.8599	0.8621
1.1	0.8643	0.8665	0.8686	0.8708	0.8729	0.8749	0.8770	0.8790	0.8810	0.8830
1.2	0.8849	0.8869	0.8888	0.8907	0.8925	0.8944	0.8962	0.8980	0.8997	0.9015
1.3	0.9032	0.9049	0.9066	0.9082	0.9099	0.9115	0.9131	0.9147	0.9162	0.9177
1.4	0.9192	0.9207	0.9222	0.9236	0.9251	0.9265	0.9279	0.9292	0.9306	0.9319
1.5	0.9332	0.9545	0.9357	0.9370	0.9382	0.9394	0.9406	0.9418	0.9429	0.9441
1.6	0.9452	0.9463	0.9474	0.9484	0.9495	0.9505	0.9515	0.9525	0.9535	0.9545
1.7	0.9554	0.9564	0.9573	0.9582	0.9591	0.9599	0.9608	0.9616	0.9625	0.9633
1.8	0.9641	0.9649	0.9656	0.9664	0.9671	0.9678	0.9686	0.9693	0.9699	0.9706
1.9	0.9713	0.9719	0.9726	0.9732	0.9738	0.9744	0.9750	0.9756	0.9761	0.9767
2.0	0.9772	0.9778	0.9783	0.9788	0.9793	0.9798	0.9803	0.9808	0.9812	0.9817
2.1	0.9821	0.9826	0.9830	0.9834	0.9838	0.9842	0.9846	0.9850	0.9854	0.9857
2.2	0.9861	0.9864	0.9868	0.9871	0.9875	0.9878	0.9881	0.9884	0.9887	0.9890
2.3	0.9893	0.9896	0.9898	0.9901	0.9904	0.9906	0.9909	0.9911	0.9913	0.9916

z	0.00	0.01	0.02	0.03	0.04	0.05	0.06	0.07	0.08	0.09
2.4	0.9918	0.9920	0.9922	0.9925	0.9927	0.9929	0.9931	0.9932	0.9934	0.9936
2.5	0.9938	0.9940	0.9941	0.9943	0.9945	0.9946	0.9948	0.9949	0.9951	0.9952
2.6	0.9953	0.9955	0.9956	0.9957	0.9959	0.9960	0.9961	0.9962	0.9963	0.9964
2.7	0.9965	0.9966	0.9967	0.9968	0.9969	0.9970	0.9971	0.9972	0.9973	0.9974
2.8	0.9974	0.9975	0.9976	0.9977	0.9977	0.9978	0.9979	0.9979	0.9980	0.9981
2.9	0.9981	0.9982	0.9982	0.9983	0.9984	0.9984	0.9985	0.9985	0.9986	0.9986
3.0	0.9987	0.9987	0.9987	0.9988	0.9988	0.9989	0.9989	0.9989	0.9990	0.9990
a	0.400	0.300	0.200	0.100	0.050	0.025	0.020	0.010	0.005	0.001
z_a	0.253	0.524	0.842	1.282	1.645	1.960	2.054	2.326	2.576	3.090
$z_{a/2}$	0.842	1.036	1.282	1.645	1.960	2.240	2.326	2.576	2.807	3.291

附录5 t 分布临界值表

（查表时注意：v 是指自由度，并分单侧和双侧两种类型）

（左侧的示意图是单侧检验的情形）

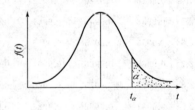

单侧	$a=0.10$	0.05	0.025	0.01	0.005
双侧	$a=0.20$	0.10	0.05	0.02	0.01
$v=1$	3.078	6.314	12.706	31.821	63.657
2	1.886	2.920	4.303	6.965	9.925
3	1.638	2.353	3.182	4.541	5.841
4	1.533	2.132	2.776	3.747	4.604
5	1.476	2.015	2.571	3.365	4.032
6	1.440	1.943	2.447	3.143	3.707
7	1.415	1.895	2.365	2.998	3.499
8	1.397	1.860	2.306	2.896	2.355
9	1.383	1.833	2.262	2.821	3.250
10	1.372	1.812	2.228	2.764	3.169
11	1.363	1.796	2.201	2.718	3.106
12	1.356	1.782	2.179	2.681	3.055
13	1.350	1.771	2.160	2.650	3.012
14	1.345	1.761	2.145	2.624	2.977
15	1.341	1.753	2.131	2.602	2.947
16	1.337	1.746	2.120	2.583	2.921
17	1333	1.740	2.110	2.567	2.898
18	1.330	1.734	2.101	2.552	2.878
19	1.328	1.729	2.093	2.539	2.861
20	1.325	1.725	2.086	2.528	2.845
21	1.323	1.721	2.080	2.518	2.831
22	1.321	1.717	2.074	2.508	2.819
23	1.319	1.714	2.069	2.500	2.807
24	1.318	1.711	2.064	2.492	2.797
25	1.316	1.708	2.060	2.485	2.787
26	1.315	1.706	2.056	2.479	2.779
27	1.314	1.703	2.052	2.473	2.771
28	1.313	1.701	2.048	2.467	2.763
29	1.311	1.699	2.045	2.462	2.756

单侧	$a = 0.10$	0.05	0.025	0.01	0.005
双侧	$a = 0.20$	0.10	0.05	0.02	0.01
30	1.310	1.697	2.042	2.457	2.750
40	1.303	1.684	2.021	2.423	2.704
50	1.299	1.676	2.009	2.403	2.678
60	1.296	1.671	2.000	2.390	2.660
70	1.294	1.667	1.994	2.381	2.648
80	1.292	1.664	1.990	2.374	2.639
90	1.291	1.662	1.987	2.368	2.632
100	1.290	1.660	1.984	2.364	2.626
125	1.288	1.657	1.979	2.357	2.616
150	1.287	1.655	1.976	2.351	2.609
200	1.286	1.653	1.972	2.345	2.601
∞	1.282	1.645	1.960	2.326	2.576

附录6 χ²分布临界值表

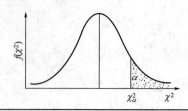

自由度	$\chi^2_{0.995}$	$\chi^2_{0.990}$	$\chi^2_{0.975}$	$\chi^2_{0.950}$	$\chi^2_{0.900}$
1	0.0000393	0.0001571	0.0009821	0.0039321	0.0157908
2	0.0100251	0.0201007	0.0506356	0.102587	0.210720
3	0.0717212	0.114832	0.215795	0.351846	0.584375
4	0.206990	0.297110	0.484419	0.710721	1.063623
5	0.411740	0.554300	0.831211	1.145476	1.61031
6	0.675727	0.872085	1.237347	1.63539	2.20413
7	0.989265	1.239043	1.68987	2.16735	2.83311
8	1.344419	1.646482	2.17973	2.73264	3.48954
9	1.734926	2.087912	2.70039	3.32511	4.16816
10	2.15585	2.55821	3.24697	3.94030	4.86518
11	2.60321	3.05347	3.81575	4.57481	5.57779
12	3.07382	3.57056	4.40379	5.22603	6.30380
13	3.56503	4.10691	5.00874	5.89186	7.04150
14	4.07468	4.66043	5.62872	6.57063	7.78953
15	4.60094	5.22935	6.26214	7.26094	8.54675
16	5.14224	5.81221	6.90766	7.96164	9.31223
17	5.69724	6.40776	7.56418	8.67176	10.0852
18	6.26481	7.01491	8.23075	9.39046	10.8649
19	6.84398	7.63273	8.90655	10.1170	11.6509
20	7.43386	8.26040	9.59083	10.8508	12.4426
21	8.03366	8.89720	10.28293	11.5913	13.2396
22	8.64272	9.54249	10.9823	12.3380	14.0415
23	9.26042	10.19567	11.6885	13.0905	14.8479
24	9.88623	10.8564	12.4011	13.8484	15.6587
25	10.5197	11.5240	13.1197	14.6114	16.4734
26	11.1603	12.1981	13.8439	15.3791	17.2919
27	11.8076	12.8786	14.5733	16.1513	18.1138
28	12.4613	13.5648	15.3079	16.9279	18.9392
29	13.1211	14.2565	16.0471	17.7083	19.7677
30	13.7867	14.9535	16.7908	18.4926	20.5992

自由度	$\chi^2_{0.995}$	$\chi^2_{0.990}$	$\chi^2_{0.975}$	$\chi^2_{0.950}$	$\chi^2_{0.900}$
40	20.7065	22.1643	24.4331	26.5093	29.0505
50	27.9907	29.7067	32.3574	34.7642	37.6886
60	35.5346	37.4848	40.4817	43.1879	46.4589
70	43.2752	45.4418	18.7576	51.7393	55.3290
80	51.1720	53.5400	57.1532	60.3915	64.2778
90	59.1963	61.7541	65.6466	69.1260	73.2912
100	67.3276	70.0648	74.2219	77.9295	82.3581
150	109.142	112.668	117.985	122.692	128.275
200	152.241	156.432	162.728	168.279	174.835
300	240.663	245.972	253.912	260.878	269.068
400	330.903	337.155	346.482	354.641	364.207
500	422.303	429.388	439.936	449.147	459.926

自由度	$\chi^2_{0.100}$	$\chi^2_{0.050}$	$\chi^2_{0.025}$	$\chi^2_{0.010}$	$\chi^2_{0.005}$
1	2.70554	3.84146	5.02389	6.63490	7.87944
2	4.60517	5.99147	7.37776	9.21034	10.5966
3	6.25139	7.81473	9.34840	11.3449	12.8381
4	7.77944	9.48773	11.1433	13.2767	14.8602
5	9.23635	11.0705	12.8325	15.0863	16.7496
6	10.6446	12.5916	14.4494	16.8119	18.5476
7	12.0170	14.0671	16.0128	18.4753	20.2777
8	13.3616	15.5073	17.5346	20.0902	21.9550
9	14.6837	16.9190	19.0228	21.6660	23.5893
10	15.9871	18.3070	20.4831	23.2093	25.1882
11	17.2750	19.6751	21.9200	24.7250	26.7569
12	18.5494	21.0261	23.3367	26.2170	28.2995
13	19.8119	22.3621	24.7356	27.6883	29.8194
14	21.0642	23.6848	26.1190	29.1413	31.3193
15	22.3072	24.9958	27.4884	30.5779	32.8013
16	23.5418	26.2962	28.8454	31.9999	34.2672
17	24.7690	27.5871	30.1910	33.4087	35.7185
18	25.9894	28.8693	31.5264	34.8053	37.1564
19	27.2036	30.1435	35.8523	36.1908	38.5822
20	28.4120	31.4104	34.1696	37.5662	39.9968
21	29.6151	32.6705	35.4789	38.9321	41.4010
22	30.8133	33.9244	36.7807	40.2894	42.7956
23	32.0069	35.1725	38.0757	41.6384	44.1813
24	33.1963	36.4151	39.3641	42.9798	45.5585
25	34.3816	37.6525	40.6465	44.3141	46.9278

自由度	$\chi^2_{0.100}$	$\chi^2_{0.050}$	$\chi^2_{0.025}$	$\chi^2_{0.010}$	$\chi^2_{0.005}$
26	36.5631	38.8852	41.9232	45.6417	48.2899
27	36.7412	40.1133	43.1944	46.9630	49.6449
28	37.9159	41.3372	44.4607	48.2782	50.9933
29	39.0875	42.5569	45.7222	49.5879	52.3356
30	40.2560	43.7729	46.9792	50.8922	53.6720
40	51.8050	55.7585	59.3417	63.6907	66.7659
50	63.1671	67.5048	71.4202	76.1539	79.4900
60	74.3970	79.0819	83.2976	88.3794	91.9517
70	85.5271	90.5312	95.0231	100.425	104.215
80	96.5782	101.879	106.629	112.329	116.321
90	107.565	113.145	118.136	124.116	128.299
100	118.498	124.342	129.561	135.807	140.169
150	172.581	179.581	185.800	193.208	198.360
200	226.021	233.994	241.058	249.445	255.264
300	331.789	341.395	349.874	359.906	366.844
400	436.649	447.632	457.306	468.724	479.606
500	540.930	553.127	563.852	576.493	585.207

习题参考答案

第1章

习题 1.1

1. C   2. 2   3. $(1,-4)$ 4. $y=x-2$ 或 $y=-x+2$ 5. $m=1$

6. (1) $m=1$ (2) $y=2x$ (3) 点 $B(2,3)$ 不在正比例函数图像上.

7. (1) 煅烧时：$y=128x+32(0\leqslant x\leqslant 6)$；煅造时：$y=\dfrac{4800}{x}(6<x\leqslant 20)$.

   (2) 经历了 4 分钟.

8. (1) 月销售量为：450 千克，月销售利润为 6750 元.
   (2) $y=-10x^2+1400x-4000$ (3) 销售单价应定为每千克 80 元.

习题 1.2

1. (1) $x>2$ (2) $x>\dfrac{2}{5}$

2. (1) $(-\infty,1)\bigcup(1,+\infty)$ (2) $[-2,5]$

3. (1) $(-\infty,-4]\bigcup[4,+\infty)$ (2) $(-2,2)$ (3) $(-\infty,1)\bigcup(1,+\infty)$

4. (1) $(-\infty,13)\bigcup(5,+\infty)$ (2) $\left[-\dfrac{3}{4},\dfrac{1}{4}\right]$

   (3) $\left[-\dfrac{2}{5},2\right]$ (4) $(-\infty,-5)\bigcup(2,+\infty)$

习题 1.3

1. (1) 3   (2) 5   (3) 3   (4) -2

2. (1) $\sqrt[3]{25},3,25$ (2) $\sqrt[4]{12},4,12$ (3) $\sqrt[5]{-7},5,-7$ (4) $\sqrt{8},2,8$

3. (1) $9^{\frac{1}{3}}$ (2) $\left(\dfrac{3}{4}\right)^{\frac{1}{2}}$ (3) $a^{-\frac{4}{7}}$ (4) $(4)^{\frac{5}{4}}$

4. (1) $\dfrac{1}{\sqrt[5]{4^3}}$ (2) $\sqrt[2]{3^3}$ (3) $\dfrac{1}{\sqrt[5]{(-8)^2}}$ (4) $\sqrt[4]{(1.2)^3}$

5. (1) $\sqrt[3]{9}$ (2) 2^8 6. (1) $a^{\frac{5}{3}}$ (2) $16b^4$

7. 图形关于 y 轴对称；

8. 图形关于坐标原点对称.

习题 1.4

1. (1) 单调递减   (2) 单调递减   (3) 单调递增

2. $\dfrac{3}{2}$ 3. (1) $(-\infty,0)\bigcup(0,+\infty)$ (2) $(4,+\infty)$

4. $y=1000(0.9)^x$; 656.1   5. 221.22   6. 65.91

7. $0.11a$, $0.01a$

习题 1.5

1. (1) $\log_5 125=3$ (2) $\log_{0.9}0.81=2$ (3) $x=\log_{0.2}0.008$ (4) $\log_{343}\dfrac{1}{7}=-\dfrac{1}{3}$

2. (1) $\left(\dfrac{1}{2}\right)^{-2}=4$ (2) $3^3=27$ (3) $5^4=625$ (4) $(0.01)^{-\frac{1}{2}}=10$

3. (1) 1   (2) 1   (3) 0   (4) 0

4. (1) $\dfrac{1}{2}\lg x$ (2) $\lg x+\lg y-\lg z$ (3) $2\lg y-2\lg x$

5. (1) 单调递增   (2) 单调递减   6.8 年   7. 不是赝品

习题 1.6

1. 1.2 米   2. 628 张   3. 略

习题 1.7

1. $-\dfrac{2}{3}$；

2. $[2k\pi,(2k+1)\pi],k\in\mathbf{Z}$

3. (1) 45   (2) 1

4. (1) 当 $x=k\pi+\dfrac{\pi}{4}-\arctan\dfrac{4}{3},k\in\mathbf{Z}$ 时，y 有最大值 5；

   当 $x=k\pi-\dfrac{\pi}{4}-\arctan\dfrac{4}{3},k\in\mathbf{Z}$ 时，y 有最小值 -5.

   (2) 当 $x=2k\pi+\dfrac{\pi}{2},k\in\mathbf{Z}$ 时，y 有最大值 5；

   当 $x=2k\pi-\dfrac{\pi}{2},k\in\mathbf{Z}$ 时，y 有最小值 -7.

习题 1.8

1. (1) $\left[0,\dfrac{2}{5}\right]$ (2) $(-\infty,-1)\cup(-1,3)\cup(3,+\infty)$

2. (1) $-\dfrac{\pi}{2}$ (2) $\dfrac{2\pi}{3}$ (3) $\dfrac{\pi}{3}$ (4) $\dfrac{\sqrt{3}}{2}$ (5) $-\dfrac{\pi}{6}$ (6) $\dfrac{\pi}{2}$

3. (1) $\{x\mid x=2k\pi\pm\dfrac{3}{4}\pi,k\in\mathbf{Z}\}$ (2) $\{x\mid x=k\pi-(-1)^{k}\dfrac{\pi}{6},k\in\mathbf{Z}\}$

   (3) $\{x\mid x=k\pi+\dfrac{\pi}{4},k\in\mathbf{Z}\}$

习题 1.9

1. 1026 平方米   2. 188.4 平方米   3. 2130 千克   4. 0.2283 平方米

5. 15 次   6. 31 立方米   7. 1.125 立方米   8. 280532 牛

复习题 1

1. A

2. (1) $y=100+80x$，y 是 x 的一次函数；

   (2) 当 $x=0.5$ 时，$y=100+80\times0.5=140$.

3. (1) $(-2,3)$ (2) $(-\infty,-1)\cup(5,+\infty)$ (3) $(0,2)$

4. (1) 选择 $y=ax+b,y=\dfrac{k}{x}$ $(k\neq0)$ 不恰当；解析式为 $y=0.005x^{2}+0.2$.

   (2) 把 $y=70$ 代入解得 $x=100$ 或 $x=-140$（舍去）

5. $AH\approx366$ 米 >300 米，因此不会穿过该公园。

6. $\cos x=\dfrac{12}{13}$，$\tan x=\dfrac{5}{12}$，$\cot x=\dfrac{12}{5}$，$\sec x=\dfrac{13}{12}$，$\csc x=\dfrac{13}{5}$.

7. (1) 当 $x=2k\pi+\dfrac{\pi}{2}+\arctan\dfrac{12}{5},k\in\mathbf{Z}$ 时，y 有最大值 13；

   当 $x=2k\pi-\dfrac{\pi}{2}+\arctan\dfrac{12}{5},k\in\mathbf{Z}$ 时，y 有最小值 -13；

   (2) 当 $x=2k\pi,k\in\mathbf{Z}$ 时，y 有最大值 2；

   当 $x=2k\pi+\pi,k\in\mathbf{Z}$ 时，y 有最小值 -10.

8. (1) π；(2) $\dfrac{5}{6}\pi$；(3) $-\dfrac{\pi}{6}$；(4) $\dfrac{1}{2}$.

9. (1) $x=2k\pi\pm\arccos\left(-\dfrac{1}{5}\right),k\in\mathbf{Z}$；

(2) $x=k\pi-\text{arccot}\left(\dfrac{1}{2}\right)$ 或 $x=k\pi+\text{arccot}3$，$k\in\mathbf{Z}$.

10. 14519.36 平方米，10201.86 平方米，70.26%.

11. 736 元　　　12. 367.38 千克

13. (1) 3.768 立方米；(2) 6.4056 吨.　　　14. 1.13 立方米.

第 2 章

习题 2.1

1. 当 δ 变小时所表示的开区间的长度会变小.

2. $f(-1)=1$，$f(0)=1$，$f(1)=\sqrt{2}$，$f(2)=3$.

3. (1) 否；(2) 否；(3) 是；(4) 否.

4. (1) $(-\infty,1)\bigcup(1,2)\bigcup(2,+\infty)$；(2) $(-2,-1)\bigcup(-1,+\infty)$.

5. (1) $y=u^{\frac{1}{2}}$，$u=2x-3$；(2) $y=e^{u}$，$u=x^{3}$；(3) $y=u^{3}$，$u=\sin v$，$v=x-1$；

　　(4) $y=\ln u$，$u=\ln v$，$v=\ln x$；(5) $y=\arctan u$，$u=e^{v}$，$v=x-\dfrac{1}{2}$.

6. $R=-Q^{2}+5Q$

7. $y=\begin{cases}4800x,0<x\leqslant10\\4800\times0.95x,10<x\leqslant15\\4800\times0.95^{2}x,x>15.\end{cases}$

8. $L=-1.5x^{2}+240x(40\leqslant x\leqslant100)$；

9. (1) $C=570+10Q$；(2) $\bar{C}=\dfrac{570}{Q}+10$；(3) $L=10Q-570$；(4) 57.

10. $L(Q)=\begin{cases}-\dfrac{1}{2}Q^{2}+300Q-2000,0\leqslant Q\leqslant400\\-100Q+60000,Q>400\end{cases}$；

习题 2.2

1. (1) 发散数列不一定是无界数列，例如数列 $x_{n}=(-1)^{n-1}$ 是发散的，却是有界数列；

　　有界数列不一定收敛，例如数列 $x_{n}=(-1)^{n-1}\dfrac{n}{n+1}$ 是有界数列，但不收敛.

(2) 不对，例如 $f(x)=\text{sgn}x=\begin{cases}1,&x>0,\\0,&x=0,\\-1,&x<0.\end{cases}$ 在 $\lim\limits_{x\to0}\text{sgn}x$ 不存在，但 $\lim\limits_{x\to0}|\text{sgn}x|=1$.

(3) 不对，例如 $\lim\limits_{x\to0}|\text{sgn}x|=1$，但 $\lim\limits_{x\to0}\text{sgn}x$ 不存在.

2. (1) 0；(2) 不存在；(3) 0；(4) 1；(5) 不存在；(6) 0.

3. (1) 0；(2) 0；(3) 1；(4) 1；(5) 没有极限；(6) 0.

4. (1) $-\dfrac{1}{3}$；(2) 3；(3) 0；(4) $\dfrac{1}{2}$；(5) $\dfrac{1}{1-q}$（$|q|<1$）.

5. 略

6. $\lim\limits_{x\to0}f(x)$ 不存在；$\lim\limits_{x\to1}f(x)=2$，$\lim\limits_{x\to2}f(x)=1$.

7. (1) -1；(2) $-\dfrac{1}{6}$；(3) $3x^{2}$；(4) 3；(5) 0；(6) -1.

习题 2.3

1. $\dfrac{\mathrm{d}T}{\mathrm{d}t}$.　　　2. 细棒在 x_{0} 的线密度为 $\dfrac{\mathrm{d}m}{\mathrm{d}x}\big|_{x=x_{0}}$.

3. (1) $\lim\limits_{\Delta T\to0}\dfrac{Q(T+\Delta T)-Q(T)}{\Delta T}$.　　(2) $a+2bT$.　　　4. $-\dfrac{1}{4}$.

5. (1) $2A$；(2) $3A$.

6. (1) $\dfrac{3}{2}\sqrt{x}$; (2) $\dfrac{7}{6}\sqrt[6]{x}$; (3) $\dfrac{\sqrt[4]{x}}{4x}$

7. $-\dfrac{1}{2}$, $-\dfrac{\sqrt{3}}{2}$.　　8. $x-4y+4=0$, $4x+y-18=0$.

9. $x-y-1=0$, $x+y-1=0$.　　10. 12 米/秒.

11. $a=2$, $b=-1$.

习题 2.4

1. (1) $6x+\dfrac{4}{x^{3}}$;　　　　　　　　(2) $8x-4$;

(3) $3\sec x\tan x-\sec^{2}x+\sin x$;　　(4) $\tan t+t\sec^{2}t-2\sec t\tan t$;

(5) $-\dfrac{2\cos x+x\sin x}{x}$;　　　(6) $-\dfrac{\sqrt{t}}{t}\dfrac{(1+t)}{(1-t)^{2}}$;

(7) $2x\ln x+x$;　　　　　　　　(8) $y=3x^{2}+3^{x}\ln 3+\dfrac{1}{x\ln 3}$.

2. 切线方程为 $2x-y=0$ ，法线方程为 $x+2y=0$.

3. $(1,0)$ 和 $(-1,-4)$.　　　4. $\dfrac{200\ (100-t^{2})}{(t^{2}+100)^{2}}$.

5. (1) $-\dfrac{\sqrt{2}}{4}+1+\dfrac{\pi}{2}$; (2) $\dfrac{\sqrt{2}}{4}-\dfrac{\sqrt{2}}{8}\pi$; (3) $-\dfrac{1}{18}$; (4) $\dfrac{1}{2}$, 0 .

6. (1) $14(2x-4)^{6}$;　　(2) $\sin(\dfrac{\pi}{4}-x)$;　　(3) $3\mathrm{e}^{3x+1}$;

(4) $2x\sec^{2}(x^{2}+1)$; (5) $\dfrac{1}{x-3}$;　　　　(6) $3\sec(3x-1)\tan(3x-1)-4\csc^{2}4x$;

(7) $-\dfrac{3}{4}\cos\dfrac{x}{2}\sin x$; (8) $\dfrac{4x}{(2x^{2}+3)\ \ln 2}$;　(9) $2x\sin\dfrac{1}{x-\cos\dfrac{1}{x}}$;

(10) $\csc x$;　　　　(11) $\dfrac{\mathrm{e}^{\arctan\sqrt{x}}}{2\sqrt{x}\ (1+x)}$; (12) $\dfrac{1}{\sqrt{x^{2}+a^{2}}}$.

7. (1) $-2\sin x-x\cos x$; (2) $2\cos 2x$; (3) $-\dfrac{2x}{(1+x^{2})^{2}}$.

8. $\dfrac{\mathrm{d}m}{\mathrm{d}t}=-km_{0}\mathrm{e}^{-kt}$.

9. (1) $12+6t-6t^{2}$; (2) 2 秒末; (3) 9 米; (4) -24 米/秒.

10. (1) $3^{n}\mathrm{e}^{3x-2}$; (2) $(n+x)\ \mathrm{e}^{x}$;

(3) $y^{(n)}=\begin{cases}1+\ln x, & n=1, \\ (-1)^{n-1}\ (n-1)!\ x^{-n+1}, & n>1;\end{cases}$

(4) $y^{(n)}=2(-1)^{n}(n-1)!\ (x+1)^{-n}$.

习题 2.5

1. (1) 非; (2) 非;　(3) 非 ;　(4) 非 .

2. (1) 递减区间 $(-\infty,-1),(0,1)$ ，递增区间 $(-1,0),(1,+\infty)$;

(2) 递减区间 $(\dfrac{3}{4},1)$ ，递增区间 $(-\infty,\dfrac{3}{4})$;

(3) 递增区间 $(-\infty,0)$ ，递减区间 $(0,+\infty)$;

(4) 递增区间 $(\dfrac{1}{2},+\infty)$ ，递减区间 $(0,\dfrac{1}{2})$;

(5) 递增区间 $(1,\dfrac{3}{2}),(2,+\infty)$ ，递减区间 $(-\infty,1),(\dfrac{3}{2},2)$;

(6) 递增区间 $(-\infty,-1),(3,+\infty)$ ，递减区间 $(-1,3)$;

(7) 递增区间 $(\frac{p}{3},\frac{5}{3}p)$，递减区间 $(0,\frac{p}{3})$，$(\frac{5}{3}p,2p)$；(8) 递增区间 $(-\infty,+\infty)$.

3. (1) 极大值 $f(-1)=2$，极小值 $f(1)=-2$；极大点 $x=-1$，极小点 $x=1$；

    (2) 极大值 $f(-1)=\frac{1}{2}$，极小值 $f(0)=0$；极大点 $x=-1$，极小点 $x=0$；

    (3) 极大值 $f(0)=0$，极大点 $x=0$；(4) 极大值 $f(0)=2$，极大点 $x=0$；

    (5) 极大值 $f(1)=\frac{\pi}{4}-\frac{1}{2}\ln2$，极大点 $x=1$；(6) 极大值 $f(\frac{3}{4})=\frac{5}{4}$，极大点 $x=\frac{3}{4}$.

4. (1) 最大值 8，最小值 0；(2) 最大值 $f(-\frac{\pi}{2})=\frac{\pi}{2}$，最小值 $f(\frac{\pi}{2})=-\frac{\pi}{2}$；

    (3) 最大值 $\frac{\pi}{4}$，最小值 0；(4) 最大值 $\sqrt[3]{4}$，无最小值；

    (5) 最大值 $\sqrt{2}$，最小值 -1.

5. $\frac{2\sqrt{10}}{\sqrt{\pi+4}}$.   6. 底半径 $\sqrt[3]{\frac{150}{\pi}}$，高 $2\sqrt[3]{\frac{150}{\pi}}$.

7. 能.   8. $x=\frac{R}{\sqrt{2}}$.

9. $\sqrt{2}:1$ 10. 300 件

11. (1) 甲厂 4.75 万件，乙厂 3.25 万件；(2) 41.625 万元.

12. 30,80.

13. (1) 凸区间 $(-8,2)$，凹区间 $(2,+\infty)$，拐点 $(2,-15)$；

    (2) 凸区间 $(-\infty,1)$，凹区间 $(1,+\infty)$，无拐点；

    (3) 凹区间 $(-\infty,+\infty)$，无拐点；(4) 凹区间 $(-\infty,+\infty)$，无拐点；

    (5) 凹区间 $(-1,1)$，凸区间 $(-\infty,-1)$，$(1,+\infty)$，拐点 $(-1,\ln2),(1,\ln2)$；

    (6) 凹区间 $[-1,+\infty)$，无拐点.

14. $a=-\frac{3}{2}$，$b=\frac{9}{2}$.

15. (1) 93700 元，约 312.3 元；(2) 51200 元；(3) 412 元，412 元.

16. 255,14.

17. 边际收入 $R'(20)=0$，它表示在商品量 $Q=20$ 时，再多售 1 个单位产品收入增加 0；边际成本 $C'(20)=10$，它表示在商品量 $Q=20$ 时，再多售 1 个单位产品成本增加 10；边际利润 $L'(20)=-10$，它表示在商品量 $Q=20$ 时，再多售 1 个单位产品利润减少 10.

18. $-1600\ln4(\frac{1}{4})^p$.

19. 边际需求 $Q'(4)=-8$，它表示在 $p=4$ 时价格上涨 1 个单位，需求量将减少 8 个单位；需求弹性 $\frac{EQ}{EP}|_{p=4}\approx-0.54$，它表示在 $p=4$ 时价格上涨 1%，需求量将减少约 0.54%.

20. 250 个单位.

21 (1) $K=2$；(2) $K=\frac{3}{5\sqrt{10}}$；(3) $K=\frac{a^4b^4}{(a^4y_0^2+b^4x_0^2)^{\frac{3}{2}}}$；(4) $K=2$.

22. (1) $\frac{5\sqrt{5}}{2}$；(2) $\frac{5\sqrt{5}}{4}$.   23. $M(\frac{\sqrt{2}}{2},-\frac{1}{2}\ln2)$，$\frac{3}{2}\sqrt{3}$.

习题 2.6

1. 0.71,0.7,0.0701,0.07.

2. -0.11；

3. (1) $(-\frac{1}{x^2}+\frac{\sqrt{x}}{x})dx$；   (2) $(\sin2x+2x\cos2x)dx$；

(3) $\mathrm{d}y=\begin{cases}\dfrac{\mathrm{d}x}{\sqrt{1-x^2}}, & -1<x<0,\\[3mm]-\dfrac{\mathrm{d}x}{\sqrt{1-x^2}}, & 0<x<1.\end{cases}$ (4) $8x\tan(1+2x^2)\sec^2(1+2x^2)\mathrm{d}x$;

(5) $-3^{\mathrm{lncos}x}\tan x\ln3\mathrm{d}x$;   (6) $\mathrm{e}^{-x^2}(1-2x^2)\mathrm{d}x$;

(7) $\dfrac{2\ln(1-x)}{x-1}\mathrm{d}x$;   (8) $-\dfrac{\mathrm{e}^y}{1+x\mathrm{e}^y}\mathrm{d}x$.

4. (1) $\dfrac{3}{2}x^2+C$;   (2) $\dfrac{1}{2}\sin2t+C$;   (3) $-\dfrac{1}{2}\mathrm{e}^{-2x}+C$;

(4) $\dfrac{1}{3}\tan3x+C$;   (5) $-\dfrac{1}{\omega}\cos\omega x+C$;   (6) $\ln|1+x|+C$;

(7) $-\dfrac{1}{x}+C$;   (8) $\arctan2x+C$;   (9) $\sqrt{1+x^2}+C$.

5. 0.0335.

6. 快 1.1335×10^{-4} 秒.

7. (1) 0.8747; (2) 2.0052; (3) 2.7456.

8. $A=5.8081$(平方米)$,\delta_A=0.0241$(平方米)$,\dfrac{\delta_A}{A}=0.4\%$.

9. 3%.

10. 6.2832 立方米.

复习题 2

1. (1) $x(x\neq0),2x+1$ (2) 必要条件，充分必要条件.

2. (1) C; (2) B; (3) B; (4) D; (5) A; (6) D; (7) C.

3. (1) -1; (2) $\dfrac{1}{4}$; (3) $\dfrac{1}{2}$; (4) $\dfrac{\sqrt{6}}{6}$.

4. $a=1,b=-1$.

5. 2; 0.

6. (1) $\dfrac{\pi}{x^2}+2x\ln a$;   (2) $x^2\sin x$;

(3) $\dfrac{z+\ln^2z}{(z+\ln z)^2}$;   (4) $\dfrac{\cos x}{|\cos x|}$;

(5) $-\mathrm{e}^{-x}(2\sin2x+\cos2x)$;   (6) $\dfrac{\sin x-2(x+\sqrt{x})\cos x}{2\sqrt{x}\sin^2x}$.

7. (1) $\dfrac{2(\sqrt{1-x^2}+x\arcsin x)}{\sqrt{(1-x^2)^3}}$; (2) $\dfrac{3x}{(1-x^2)^{\frac{5}{2}}}$.

8. (1) 递增区间 $(-1,+\infty)$,递减区间 $(-\infty,-1)$; (2) 递增区间 $(-\infty,+\infty)$;

(3) 递增区间 $(-1,0),(1,+\infty)$,递减区间 $(-\infty,-1),(0,1)$;

(4) 递增区间 $(-\infty,0)$,递减区间 $(0,+\infty)$;

(5) 递增区间 $(-\infty,-2),(0,+\infty)$,递减区间 $(-2,-1),(-1,0)$;

(6) 递增区间 $(\dfrac{1}{2},+\infty)$,递减区间 $(0,\dfrac{1}{2})$.

9. (1) 极大值 $y|_{x=0}=7$, 极小值 $y|_{x=2}=3$;

(2) 极大值 $y|_{x=-1}=-1$, 极小值 $y|_{x=1}=1$;

(3) 极大值 $y|_{x=\frac{1}{2}}=\dfrac{3}{2}$;

(4) 极大值 $y|_{x=0}=0$, 极小值 $y|_{x=2}=4\mathrm{e}^{-2}$

(5) 极大值 $y|_{x=-1}=y|_{x=-5}=0$, 极小值 $y|_{x=\frac{1}{2}}=\dfrac{81}{8}\sqrt[3]{18}$;

(6) 极大值 $y \mid_{x=2} = 3$.

10. (1) 最小值 $y \mid_{x=-1} = 4$；最大值 $y \mid_{x=-2} = 13$；

(2) 最小值 $y \mid_{x=0} = 0$，最大值 $y \mid_{x=2} = \ln 5$；

(3) 最小值 $y \mid_{x=0} = 0$，最大值 $y \mid_{x=-\frac{1}{2}} = y \mid_{x=1} = \frac{1}{2}$；

(4) 最小值 $y \mid_{x=0} = 0$，最大值 $y \mid_{x=4} = 6$.

11. 底边长 6 米，高 3 米.

12. 长 18 米，宽 12 米.

13. 距点 C 的距离 1.2 千米处.

14. 2 小时

15. (1) $\left(-\infty, \frac{1}{3}\right)$ 凹，$\left(\frac{1}{3}, +\infty\right)$ 凸，拐点 $\left(\frac{1}{3}, \frac{2}{27}\right)$；

(2) $\left(-\infty, \frac{\sqrt{2}}{2}\right)$ 凸，$\left(-\frac{\sqrt{2}}{2}, 0\right)$ 凹，$\left(0, \frac{\sqrt{2}}{2}\right)$ 凸，$\left(\frac{\sqrt{2}}{2}, +\infty\right)$ 凹，拐点 $\left(-\frac{\sqrt{2}}{2}, \frac{7}{8}\sqrt{2}\right)$，拐点 $(0,$

$0)$, 拐点 $\left(\frac{\sqrt{2}}{2}, -\frac{7}{8}\sqrt{2}\right)$；

(3) $(-\infty, 2)$ 凸，$(-2, +?)$ 凹，拐点 $(-2, -2e^{-2})$；

(4) 上凹，无拐点.

16. 约 45400 牛顿.

17. (1) $3(\sin^3 x \cdot \cos x + \sin 3x) \mathrm{d}x$；(2) $\left(2e^{2x} \arctan x + \dfrac{e^{2x}}{1+x^2}\right) \mathrm{d}x$.

18. $\dfrac{1}{90}$.

19. 2.23 厘米.

第 3 章

习题 3.1

1. (1) $s = \int_0^1 (\sqrt{x} - x) \mathrm{d}x$；(2) $\theta = \int_{t_1}^{t_2} \omega(t) \mathrm{d}t$；(3) $Q = \int_0^t i(t) \mathrm{d}t$；(4) $m = \int_0^l \rho(x) \mathrm{d}x$；

(5) $s = \int_0^{60} (3t^2 + 2t) \mathrm{d}t$.

2. 略

3. (1) $\int_0^a x^2 \mathrm{d}x$；(2) $\int_1^2 e^x \mathrm{d}x$.

4. (1) $\int_0^1 x^3 \mathrm{d}x < \int_0^1 x^2 \mathrm{d}x$；(2) $\int_1^2 x^3 \mathrm{d}x > \int_1^2 x^2 \mathrm{d}x$；(3) $\int_1^e \ln x \mathrm{d}x > \int_1^e (\ln x)^2 \mathrm{d}x$；

(4) $\int_0^1 e^x \mathrm{d}x > \int_0^1 (1+x) \mathrm{d}x$；(5) $\int_0^1 x \mathrm{d}x > \int_0^1 \ln(1+x) \mathrm{d}x$；

(6) $\int_0^{\frac{\pi}{2}} \sin^7 x \mathrm{d}x < \int_0^{\frac{\pi}{2}} \sin^2 x \mathrm{d}x$.

5. (1) $6 \leqslant \int_1^4 (x^2+1) \mathrm{d}x \leqslant 51$；(2) $\pi \leqslant \int_{\frac{\pi}{4}}^{\frac{5\pi}{4}} (1+\sin^2 x) \mathrm{d}x \leqslant 2\pi$.

习题 3.2

1. (1) $e^x - \sin x$；(2) $\cos 3x - e^x + C$；(3) $\arctan x - e^{4x}$.

2. (1) $-\dfrac{2}{5x^2 \sqrt{x}} + C$；　　　(2) $\dfrac{2^x e^x}{1 + \ln 2} + C$；　　(3) $x^3 + \arctan x + C$；

(4) $\dfrac{x + \sin x}{2} + C$；　　　(5) $\tan x - \sec x + C$；　(6) $3\arctan x - 2\arcsin x + C$；

(7) $2\sqrt{x}\,(1-\dfrac{2}{3}x+\dfrac{1}{5}x^{2})+C$;　(8) $2\mathrm{e}^{x}+3\ln|x|+C$;　(9) $\dfrac{2x\sqrt{x}}{3}+\dfrac{2}{\sqrt{x}}+C$;

(10) $-\dfrac{1}{x}-\arctan x+C$;　　　(11) $\dfrac{1}{2}\tan x+C$;　　　(12) $-\tan x-\cot x+C$.

3. $y=x^{2}+3x-2$.　　4. $y=\ln x+1$.

5. (1) 27 米；(2) $\sqrt[3]{360}\approx7.11$ 秒.

6. $S(t)=\begin{cases}0.25t^{2}, & 0\leqslant t\leqslant2 \\ t-1, & 2\leqslant t\leqslant9 \\ -0.25t^{2}+5.5t-21.25, & 9\leqslant t\leqslant11\end{cases}$，图形略.

习题 3.3

1. (1) $-\dfrac{(3-2x)^{4}}{8}+C$;　　(2) $-\dfrac{1}{2}\arctan(2x-3)+C$;

(3) $\cos\dfrac{1}{x}+C$;　　　　(4) $4(\sqrt{x}-\ln|1+\sqrt{x}|)+C$;

(5) $\dfrac{1}{2}\sec^{2}x+C$;　　　(6) $\dfrac{2}{9}(1+x^{3})^{3/2}+C$.

2. (1) $2\dfrac{5}{8}$;　　(2) $45\dfrac{1}{6}$;　　(3) $\dfrac{38}{15}$;　　(4) $\dfrac{1}{2}(25-\ln26)$;

(5) $\dfrac{\pi}{2}-1$;　　(6) $2(\sqrt{2}-1)$;　　(7) 19；　　(8) $2+2\ln\dfrac{2}{3}$.

3. 204.　　4. 1.25×10^{8} 人.　　5. 1.　　6. 245.9 升.　　7. 约 4048 个.

8. (1) $H(t)=39.2(t+4\mathrm{e}^{-\frac{1}{4}t}-4)$；(2) 约 157 秒.

9. 约 9267 辆.

10. 580(千万).

习题 3.4

1. (1) $\dfrac{3}{2}-\ln2$；(2) $\dfrac{4}{3}$；(3) $57\dfrac{1}{6}$；(4) $\mathrm{e}+\dfrac{1}{\mathrm{e}}-2$；(5) $2\sqrt{2}-1$.

2. $a=-2,a=4$.　　3. (1) $\dfrac{\pi}{5}$；(2) $\dfrac{\pi}{2}$.　　4. $\dfrac{128\pi}{7},\dfrac{64\pi}{5}$.

5. $1+\dfrac{1}{2}\ln\dfrac{3}{2}$.　　6. 0.18 千焦.　　7. 14373 千牛.　　8. 2744N.

9. $\overline{C(1)}=0.07\ln2$，$\overline{C(2)}=0.035\ln5$.

10. (1) $i(t)=\dfrac{600\sqrt{2}}{1936}\sin(100\pi t)$，$\overline{p}=1239.7$；(2) $W=1239.7$.

11. (1) 总利润函数 $L(x)=-0.5x^{2}+6x-2$，最大利润为 $L(6)=16$ 万元；

(2) 减少 2.5 万元.

复习题 3

一、选择题

1. A；　2. C；　3. B；　4. C.

二、计算题

1. (1) $\arctan(\sin x)+C$；(2) $\ln(1+\mathrm{e}^{x})+C$；

(3) $\ln|x+\sin x|+C$；(4) $\ln x(\ln\ln x-1)+C$；

(5) $\dfrac{1}{2}\sin x^{2}+C$；(6) $\ln\dfrac{\sqrt{1+\mathrm{e}^{x}}-1}{\sqrt{1+\mathrm{e}^{x}}+1}+C$；

(7) $\dfrac{\sqrt{x^{2}-1}}{x}+C$；(8) $(x+1)\arctan\sqrt{x}-\sqrt{x}+C$.

2. (1) $\dfrac{5}{3}$；　　(2) 2；　　(3) $\dfrac{1}{4}(\mathrm{e}^{2}+1)$；　　(4) $-\dfrac{1}{2}$；

(5) $2-\dfrac{2}{e}$;　　(6) 0;　　(7) $\dfrac{\pi^2}{4}$;　　　　(8) $\dfrac{\pi}{2}$.

三、应用题

1. $y=x^2+1$.　　2. $\dfrac{512}{7}\pi$,.　　3. $\dfrac{8}{3}a^2$.　　4. $\dfrac{4}{3}\pi r^4 g$.　　5. $\dfrac{9}{4}$

6. $\dfrac{\pi}{2}(1-e^{-2})$.　　7. $\dfrac{1}{\omega}(1-\cos\omega)$.　　8. 2500 米.　　9. $s(t)=6t-\dfrac{3}{2}t^2$.

10. (1) $R=\displaystyle\int_0^{40}(20-\dfrac{Q}{10})\mathrm{d}Q=(20Q-\dfrac{Q^2}{20})\Big|_0^{40}=720$;

　　(2) $R=\displaystyle\int_{40}^{60}(20-\dfrac{Q}{10})\mathrm{d}Q=(20Q-\dfrac{Q^2}{20})\Big|_{40}^{60}=300$.

11. (1) $C(Q)=3Q+\dfrac{1}{6}Q^2$; $R(Q)=7Q-\dfrac{1}{2}Q^2$; $L(Q)=-1+4Q-\dfrac{2}{3}Q^2$;

　　(2) $Q=3$ 时，最大利润为 5 万元.

12. (1) 96.73 万元；(2) 4.46 年.

第4章

习题 4.1

1. (1) 是，二阶;　　(2) 是，一阶;　(3) 是，一阶;

　　(4) 是，二阶;　(5) 不是;　(6) 是，三阶.

2. $y=x e^{2x}$.　　3. $y=\sin x+1$.

4. $x'(t)=-k(x(t)-T_0)$, $k>0$.

5. $s=\dfrac{3}{2}t^2+3$.

6. $\dfrac{1000}{\ln 3}\left[\left(\dfrac{1}{3}\right)^p-1\right]+1000$.

习题 4.2

1. (1) $y=C\cdot e^{x^2}$; (2) $y^2=C(x-1)^2+1$; (3) $y=2e^{2x}$; (4) $y=e^x$.

2. (1) $y=e^{-x}(x+C)$; (2) $y=(x+C)e^{-\sin x}$; (3) $x=y^2+C\cdot y^2 e^{\frac{1}{y}}$;

　　(4) $y=\dfrac{\sin x+C}{x^2+1}$.

3. $y=2(e^x-x-1)$.　　4. $y=M_0 e^{0.02t}$　　5. 3.13%

6. $T(t)=100 e^{-0.0139t}$.

7. $v(t)=\dfrac{mg}{k}(\sin\alpha-l\cos\alpha)(1-e^{-\frac{k}{m}t})$.

8. (1) $I(t)=5-5e^{-3t}$; (2) $I(t)\approx4.75\mathrm{A}$.

9. $q(t)=2+C\cdot e^{-10t}$; $I=\dfrac{\mathrm{d}q}{\mathrm{d}t}=-30e^{-10t}$（负号表示电流方向）.

10. $Q=600 e^{-3p}$.

复习题 4

一、选择题

1. B;　　2. AC;　　3. AB;　　4. C;　　5. B.

二、计算题

1. (1) $y=C\sqrt{1+x^2}$;　　(2) $y=\dfrac{1}{x}(C-\cos x)$;

　　(3) $y=x e^{-x}+C e^{-x}$;　　(4) $y=\dfrac{1}{2}\ln(2e^x+C)$.

2. (1) $\cos y=\dfrac{1}{2}\cos x$; (2) $y=x^2\sin x-x^2$.

三、应用题

1. $y = x^2$.　　2. $v = \dfrac{k_1}{k_2}t - \dfrac{k_1 m}{k_2^2}(1 - e^{-\frac{k_2 t}{2}})$.

3. $I = e^{-5t} + \sqrt{2}\sin(5t - \dfrac{\pi}{4})$.

4. $x = x_0 e^{kt}$

5. （1）$Q = 1200 \times 3^{-p}$；（2）当 $P = 1$（元）时，$Q = 1200 \times 3^{-1} = 400$ 千克；

　　（3）$\lim\limits_{p \to +\infty} Q = 0$，即当 $P \to +\infty$ 时，$Q \to 0$，即随着价格的无限增大，需求量将趋于 0.

6. （1）$Q = P^{-P}$；（2）$\lim\limits_{p \to +\infty} Q = 0$.

7. $y = 5 e^{\frac{3}{10}t}$.

第 5 章

习题 5.1

1. （1）$\dfrac{1}{2n-1}$；（2）$(-1)^{n+1}\dfrac{n+1}{n}$；（3）$\dfrac{x^{\frac{n}{2}}}{2^n \cdot n!}$；（4）$(-1)^{n+1}\dfrac{a^{n+1}}{2n+1}$

2. （1）发散；（2）收敛；（3）发散.

3. （1）收敛；（2）发散；（3）发散；（4）发散；（5）收敛.

习题 5.2

1. （1）$f(x) = \pi^2 + 1 + 12\displaystyle\sum_{n=0}^{\infty}\dfrac{(-1)^n}{n}\cos nx$，$(-\infty, +\infty)$；

（2）$f(x) = \dfrac{e^{2\pi} - e^{-2\pi}}{\pi}\left[\dfrac{1}{4} + \displaystyle\sum_{n=1}^{\infty}\dfrac{(-1)^n}{n^2+4}(2\cos nx - n\sin nx)\right]$；

$(x \neq (2n+1)\pi, n = 0, \pm 1, \pm 2, \cdots)$；

（3）$f(x) = \dfrac{a-b}{4} + \displaystyle\sum_{n=1}^{\infty}\left\{\dfrac{[1-(-1)^n](b-a)}{n^2\pi}\cos nx + \dfrac{(-1)^{n-1}(a+b)}{n}\sin nx\right\}$；

$(x \neq (2n+1)\pi, n = 0, \pm 1, \pm 2, \cdots)$.

2. （1）$f(x) = \dfrac{18\sqrt{3}}{\pi}\displaystyle\sum_{n=1}^{\infty}(-1)^{n-1}\dfrac{n\sin nx}{9n^2-1}$，$(-\pi, +\pi)$；

（2）$f(x) = \dfrac{1+\pi-e^{-x}}{2\pi} +$

$\dfrac{1}{\pi}\displaystyle\sum_{n=1}^{\infty}\left\{\dfrac{1-(-1)^n e^{-\pi}}{1+n^2}\cos nx + \left[\dfrac{-n+(-1)^n n e^{-\pi}}{1+n^2} + \dfrac{1}{n}(1-(-1)^n)\right]\sin nx\right\}$ $(-\pi, +\pi)$；

（3）$\cos\dfrac{x}{2} = \dfrac{2}{\pi} + \dfrac{4}{\pi}\displaystyle\sum_{n=1}^{\infty}\dfrac{(-1)^{n-1}}{4n^2-1}\cos nx$，$[-\pi, +\pi]$.

习题 5.3

1. $x + 1 = \dfrac{2}{\pi}\left[(\pi+2)\sin x - \dfrac{\pi}{2}\sin 2x + \dfrac{1}{3}(\pi+2)\sin 3x - \dfrac{\pi}{4}\sin 4x + \cdots\right]$，$(0 < x < \pi)$

2. $\dfrac{\pi-x}{2} = \displaystyle\sum_{n=1}^{\infty}\dfrac{1}{n}\sin nx$，$(0, \pi]$；

$\dfrac{\pi-x}{2} = \dfrac{\pi}{4} + \dfrac{2}{\pi}\cos x + \dfrac{2}{9\pi}\cos 3x + \dfrac{2}{25\pi}\cos 5x + \cdots$，$(0 < x < \pi)$.

3. $f(x) = \dfrac{\pi^2}{3} + 4\displaystyle\sum_{n=1}^{\infty}\dfrac{(-1)^n}{n^2}\cos nx$，$(-\infty < x < +\infty)$.

4. $u(t) = \dfrac{2E}{\pi}\left[1 - 2\displaystyle\sum_{n=1}^{\infty}\dfrac{\cos 2nt}{4n^2-1}\right]$.

习题 5.4

1~3 略.

4. (1) $L(3\mathrm{e}^{-4t}) = \dfrac{3}{s+4}$;   (2) $L(t^2+6t-1) = \dfrac{2}{s^3}+\dfrac{6}{s^2}-\dfrac{1}{s}$;

(3) $L(3\sin2t-2\cos2t) = \dfrac{6}{s^2+2^2}-\dfrac{2s}{s^2+2^2}$;   (4) $L(\sin4t\cos4t) = \dfrac{4}{s^2+64}$;

(5) $L(8\sin^2 2t) = \dfrac{4}{s}-\dfrac{4s}{s^2+4^2}$;   (6) $L(1+t\mathrm{e}^t) = \dfrac{1}{s}+\dfrac{1}{(s-1)^2}$;

(7) $L(t^n\mathrm{e}^{at}) = \dfrac{n!}{(s-a)^{n+1}}$;   (8) $L(u(2t-1)) = \dfrac{1}{2}\mathrm{e}^{-\frac{1}{2}s}\dfrac{1}{s}$.

5. $\dfrac{\omega}{s^2+\omega^2}$.

6. (1) $\dfrac{1}{(s+a)^2}$; (2) $\dfrac{\omega}{(s+a)^2+\omega^2}$; (3) $\dfrac{\omega+a}{(s+a)^2+\omega^2}$.

习题 5.5

1~2 略 .

3. (1) $f(t) = \dfrac{1}{2}\sin\dfrac{1}{2}t$;   (2) $f(t) = 2\cos4t-\dfrac{3}{2}\sin4t$;

(3) $f(t) = \dfrac{5}{2}\mathrm{e}^{-5t}-\dfrac{3}{2}\mathrm{e}^{-3t}$;   (4) $f(t) = \delta(t)-2\mathrm{e}^{-2t}$;

(5) $f(t) = \mathrm{e}^{-2t}$;   (6) $f(t) = \dfrac{1}{2}+\left[\dfrac{1}{2}\mathrm{e}^{-2t}-\mathrm{e}^{-t}\right]$;

(7) $f(t) = \dfrac{1}{2}$;   (8) $f(t) = \dfrac{1}{2}t$.

4. $i(t) = \left[\dfrac{3750}{13}-\dfrac{3750}{13}\mathrm{e}^{-4t}\right]\cos3t + \left[\dfrac{16875}{13}-\dfrac{31875}{13}\mathrm{e}^{-4t}\right]\sin3t$.

5. $y = \mathrm{e}^t$.   6. $y = -\dfrac{1}{6}\mathrm{e}^t+\dfrac{1}{7}\mathrm{e}^{2t}+\dfrac{1}{42}\mathrm{e}^{-5t}$.

复习题 5

1. (1) 必要；(2) 充要 .

2. (1) 收敛；(2) 发散；(3) 收敛；(4) 发散 .

3. $f(x) = \dfrac{\mathrm{e}^\pi-1}{2\pi}+\dfrac{1}{\pi}\sum_{n=1}^{\infty}\left[\dfrac{(-1)^n\mathrm{e}^\pi-1}{n^2+1}\cos nx + \dfrac{n((-1)^{n+1}\mathrm{e}^\pi+1)}{n^2+1}\sin nx\right]$,

$-\infty < x < +\infty$ 且 $x \neq n\pi, n = 0, \pm1, \pm2, \cdots$.

4. $f(x) = \dfrac{1}{2}+\dfrac{2}{\pi}\sum_{n=0}^{\infty}\dfrac{\sin(2n+1)x}{2n+1}, x \neq k\pi$.

5. $f(x) = \dfrac{3}{2}+\dfrac{2}{\pi}\sum_{n=0}^{\infty}\dfrac{\sin(2n+1)x}{2n+1}, x \neq k\pi$.

6. $f(x) = \dfrac{8}{\pi^2}\left[\dfrac{\sin x}{1^2}-\dfrac{\sin3x}{3^2}+\dfrac{\sin5x}{5^2}-\cdots\right]$.

7. (1) $L[\delta(t)] = 1$;   (2) $L[\cos\omega t] = \dfrac{s}{s^2+\omega^2}$;

(3) $L[t] = \dfrac{1}{s^2}$;   (4) $L\left[\dfrac{t^2}{2}\right] = \dfrac{1}{s^3}$;

(5) $L[\mathrm{e}^{-3t}\cos5t] = \dfrac{s+3}{(s+3)^2+5^2}$;   (6) $L[\mathrm{e}^{-2t}\cos(5t-\dfrac{\pi}{3})] = \mathrm{e}^{-\frac{\pi}{15}(s+2)}\cdot\dfrac{s+2}{(s+2)^2+5^2}$.

8. $\dfrac{m!}{s^{m+1}}$.

9. (1) $7\mathrm{e}^{-2t}-6\mathrm{e}^{-3t}$; (2) $2\mathrm{e}^{-t}-(t+2)\mathrm{e}^{-2t}$; (3) $-\dfrac{1}{4}t\mathrm{e}^{-2t}-\dfrac{1}{16}\mathrm{e}^{-2t}+\dfrac{1}{16}\mathrm{e}^{2t}$.

10. (1) $t\mathrm{e}^t\sin t$; (2) $-\dfrac{1}{2}t^2\mathrm{e}^{-t}-t\mathrm{e}^{-t}-\mathrm{e}^{-t}+1$.

第6章

习题 6.1

1. (1) 5；(2) -1；(3) 0；(4) 2；(5) -32；(6) 0.

2. (1) $x_1=1,x_2=-2,x_3=0,x_4=\dfrac{1}{2}$；(2) $x_1=1,x_2=2,x_3=2,x_4=1$.

3. $A=124,B=48,T=80$.

习题 6.2

1. (1) $(30 \quad 20)$，$\begin{pmatrix} 0.8 & 0.1 & 0.1 \\ 0.4 & 0.3 & 0.3 \end{pmatrix}$，$(32 \quad 9 \quad 9)$；

(2) $\begin{pmatrix} 7 & 6 & 5 \\ 6 & 4.5 & 4 \end{pmatrix} \begin{pmatrix} 4 & 5 & 7 \\ 5 & 6 & 8 \\ 3 & 4 & 9 \end{pmatrix}$，$\begin{pmatrix} 73 & 91 & 142 \\ 58.5 & 73 & 114 \end{pmatrix}$，$(14.5 \quad 18 \quad 28)$.

2. $\begin{pmatrix} 25 & 30 & 35 \\ 20 & 15 & 5 \end{pmatrix}$.

3. (1) $A=\begin{pmatrix} 48 & 56 & 20 \\ 32 & 38 & 14 \end{pmatrix}$；(2) $B=\begin{pmatrix} 42 & 46 & 15 \\ 34 & 40 & 12 \end{pmatrix}$；

(3) $\begin{pmatrix} 90 & 102 & 35 \\ 66 & 78 & 26 \end{pmatrix}$；表示甲乙两店五月份、六月份销售 1P、1.5P、3P 空调的数量.

4. $\begin{cases} X=1.0x+0.1y \\ Y=0.5x+1.0y+0.1z. \\ Z=0.3x+0.4y+1.0z \end{cases}$

5. $(77.166 \quad 81.71 \quad 91.612)$.

6. (1) $A^{-1}=\begin{pmatrix} 5 & -2 \\ -2 & 1 \end{pmatrix}$；(2) $A^{-1}=\begin{pmatrix} 1 & \dfrac{3}{5} \\ 0 & -\dfrac{1}{5} \end{pmatrix}$.

习题 6.3

1. (1) $x_1=0,x_2=0,x_3=0$；

(2) $x_1=0,x_2=\dfrac{5}{3},x_3=\dfrac{1}{3}$；

(3) $x_1=\dfrac{8}{3}-\dfrac{5}{3}c_1-\dfrac{5}{3}c_2,x_2=-\dfrac{2}{3}+\dfrac{2}{3}c_1+\dfrac{1}{3}c_2,x_3=c_1$，$x_4=c_2$；

(4) $x_1=0.1,x_2=1,x_3=-2.1,x_4=-2.3$.

2. $x_1=260$ 千米/小时，$x_2=40$ 千米/小时.

3. A 点：$200+x_{BA}=x_{AD}$； B 点：$200+100=x_{BA}+x_{BC}$；

C 点：$x_{BC}+x_{EC}=300+x_{CD}$；D 点：$x_{AD}+x_{CD}=x_{DE}+300$；

E 点：$x_{EC}+200=300+x_{DE}$.

4. $x_1=\dfrac{2}{7}\times 10^{-6},x_2=\dfrac{3.6}{7}\times 10^{-6},x_3=\dfrac{16.4}{7}\times 10^{-6},x_4=\dfrac{20}{7}\times 10^{-6}$.

5. A：70 千克；B：100 千克；C：30 千克.

习题 6.4

1. 略.

2. (1) 设 $x_{ij}(i=1,2,j=1,\cdots 4)$ 表示从 $A_i(i=1,2)$ 运到 $B_j(j=1,\cdots 4)$ 地的蔬菜量.

$\min=20x_{11}+25x_{12}+7x_{13}+15x_{14}+51x_{21}+51x_{22}+37x_{23}+15x_{24}$

$$st\begin{cases}x_{11}+x_{12}+x_{13}+x_{14}<2000\\x_{21}+x_{22}+x_{23}+x_{24}<1100\\x_{11}+x_{21}=1700\\x_{12}+x_{22}=1100\\x_{13}+x_{23}=200\\x_{14}+x_{24}=100\end{cases}$$

（2）共有八种可行的方案，设 $x_i(i=1,\cdots8)$ 表示第 i 种可行方案截得原料钢管的根数，以余料最少为目标（也可以根数最少为目标）.

$$\min=0.1x_1+0.9x_2+0.3x_3+1.1x_5+0.2x_6+0.8x_7+1.4x_8$$

$$st\begin{cases}2x_1+x_2+x_3+x_4>100\\x_2+2x_3+3x_5+2x_6+x_7>100\\x_1+x_2+3x_4+2x_6+3x_7+4x_8>100\end{cases}$$

（3）设 $x_{ij}(i,j=1,2,3)$ 表示第 i 种原料加工第 j 种糖果的用量.

$$\max=0.9x_{11}+1.4x_{21}+1.9x_{31}+0.45x_{12}+0.95x_{22}+1.45x_{32}-0.05x_{13}+0.45x_{23}+0.95x_{33}$$

$$st\begin{cases}x_{11}+x_{12}+x_{13}<20000\\x_{21}+x_{22}+x_{23}<2500\\x_{31}+x_{32}+x_{33}<1200\\0.4x_{11}>0.6(x_{21}+x_{31})\\0.85x_{12}>0.15(x_{22}+x_{32})\\0.8x_{31}<0.2(x_{11}+x_{21})\\0.4x_{32}<0.6(x_{12}+x_{22})\\0.5x_{33}<0.5(x_{13}+x_{23})\end{cases}$$

3. 甲生产 50 单位，乙生产 250 单位，利润最大为 27500 单位.

4. 大轿车生产 400，载重汽车不生产，利润最大为 1600 千元.

5. A、B 各生产 20 单位，利润最大为 200 单位.

6. 玉米 400 斤，大豆 600 斤，成本最小为 4000.

复习题 6

1. （1）$1-3b^2+2b^3$；（2）$abcd$；

2. $X=\begin{pmatrix}14&-9\\-3&2\end{pmatrix}$.

3. （1）1；（2）3；（3）2.

4. （1）$\begin{cases}x_1=1+\dfrac{1}{2}c_1+\dfrac{1}{2}c_2\\x_2=c_1\\x_3=c_2\\x_4=\dfrac{3}{2}c_1-\dfrac{3}{2}c_2\end{cases}$；（2）$\begin{cases}x_1=-2+c_1+c_2\\x_2=3-2c_1-2c_2\\x_3=c_1\\x_4=c_2\end{cases}$；

5. $\lambda=1$，$\begin{cases}x_1=1+3c_1-3c_2\\x_2=c_1\\x_3=1+5c_1-5c_2\\x_4=c_2\end{cases}$.

6. 甲生产 5 个单位，乙生产 25 个单位，总利润最大，最大利润是 70000.

第 7 章

习题 7.1

1. （1）必然事件；（2）随机事件；（3）不可能事件；（4）随机事件.

2. (1) $\Omega=\{2,4,6\}$，$e_i=$出现偶数点；

    (2) $\Omega=\{a_0,a_1,b_0,b_1\}$，$a_0=$第一次出现正面，$a_1=$第一次出现反面，$b_0=$第二次出现正面，$b_1=$第二次出现反面，$A=\{a_0\}$，$B=\{a_0,b_0\}$，$C=1-\{a_1,b_1\}$．

3. (1) $A\cup B\cup C\cup D$；   (2) $AB\overline{CD}+A\overline{B}CD+\overline{A}BCD+A\overline{BC}D+\overline{A}B\overline{C}D+\overline{A}\overline{B}CD$；

    (3) $AB\overline{CD}$；   (4) $\overline{AB}\overline{CD}+A\overline{BCD}+\overline{A}\overline{BC}\overline{D}+\overline{A}\overline{B}C\overline{D}+\overline{A}B\overline{CD}$．

习题 7.2

1. 0.233.

2. (1) 0.0316；(2) 0.0631.

3. (1) 10^{-4}；(2) 10^{-3}.

习题 7.3

1. (1) 0.52；(2) 0.71.

2. 0.58.   3. (1) 0.0001，0.0005，0.001；(2) 0.0017.

4. (1) $p+q$；(2) pq；(3) $p+1-q$.

5. 0.3.   6. 0.008.   7. 0.518.

8. 0.586.   9. 0.056.   10. 0.25.

11. 0.98.   12. (1) 0.33；(2) 0.92. 13. 0.986.

习题 7.4

1. (1) $\xi=1,2,3,\cdots,10$；(2) $\eta=0,1,2,3$；(3) $\xi=0,1,2,\cdots,12$；

    (4) $\xi\in(0,+\infty)$； (5) $\xi\in[0,a]$.

2. $p(\xi$ 为偶数$)=\dfrac{1}{2}$.

3.

ξ	1	2	3	4	5
p	0.9	0.09	0.009	0.0009	0.00009

4. $f(x)=\begin{cases}\dfrac{1}{5},&0\leqslant x\leqslant5\\[2mm]0,&其他\end{cases}$；$F(x)=\begin{cases}0&x<0\\[1mm]\dfrac{x}{5}&0\leqslant x\leqslant5\\[1mm]1&x>5\end{cases}$；$p(\xi\leqslant3)=F(3)=\dfrac{3}{5}$.

5. 0.0361.

6. (1) $p(\xi<2.89)=\Phi(2.89)=0.9981$；

    (2) $p(\xi<-1.44)=\Phi(-1.44)=1-0.9251=0.0749$.

7. (1) $P(\xi<6.8)=0.9953$；(2) $P(\xi<-3)=0.0107$；

    (3) $P(|\xi|<4)=0.7698$.

8. $P(\xi\leqslant115)=0.6628$；$P(100<\xi<120)=0.5934$.

习题 7.5

1. $E(\xi)=0.6$，$E(\eta)=0.7$，B 机床加工的产品质量好．

2. $E(\xi)=0.492$.

3. $E(\xi)=0.317$，$D(\xi)=0.383$.

4. $a=2$，$E(\xi)=\dfrac{2}{3}$.

习题 7.6

1. 3.6，2.88.

2. (1) x_1+x_2，$\max\limits_{1\leqslant i\leqslant5}\{x_i\}$，$(x_4-4x_2)^2$ 是统计量；(2) 0.6，0.3.

习题 7.7

1. 9.7.

2. $[2.084, 2.166]$.

3. $[1415.4, 1454.6]$.

4. $[17.27, 20.73]$.

5. $[35.87, 252.44]$.

复习题 7

1. (1) D；(2) C；(3) A.

2. 2296.

3. $\dfrac{1}{5}$.

4. (1) 0.2816；(2) 0.7560；(3) 0.0563；(4) $\left(\dfrac{1}{4}\right)^{10} \approx 9.54 \times 10^{-7}$.

5. 0.0512.   6. 3,11,27.

7. (1) 0.9236；(2) 57.75.

8. 1.84 米.

9. 60.822.

10. $|u| = 1.94 < u_{0.025}$. 该日生产的零件质量的均值与正常生产时无显著差异.

参考文献

[1] 郭培俊. 应用数学基础 [M]. 上海：华东理工大学出版社，2005.

[2] 孔亚仙，徐仁丸旭. 建筑工程计价数学基础 [M]. 长沙：湖南师范大学出版社，2012.

[3] 刘学才，周文. 应用数学 [M]. 武汉：华中科技大学出版社，2007.

[4] 四川大学数学系高等数学教研室. 高等数学 [M]. 北京：高等教育出版社，1987.

[5] 颜文勇，柯善军. 高等应用数学 [M]. 北京：高等教育出版社，2004.

[6] 霍向阳. 应用高等数学 [M]. 上海：上海交通大学出版社，1991.

[7] 胡桐春. 应用高等数学 [M]. 北京高等教育出版社，2011.

[8] 秦俭. 现代应用数学基础 [M]. 北京：北京航空航天大学出版社，2007

[9] 卢兴江，金蒙伟. 微积分：上册 [M]. 杭州：浙江大学出版社，2006.

[10] 张国勇. 高等数学教程 [M]. 北京：高等教育出版社，2007.

[11] 胡农. 高等数学 [M]. 北京：高等教育出版社，2006.

[12] 云连英，付艳茹，陶正娟. 微积分应用基础 [M]. 北京：高等教育出版社，2006.

[13] 吴云宗，张继凯. 实用高等数学 [M]. 北京：高等教育出版社，2006.

[14] 甘建强，薛炜. 高等数学 [M]. 北京：中国传媒大学出版社，2011.

[15] 龚友运，郭炳艳，盛集明. 高等数学 [M]. 第3版. 武汉：华中科技大学出版社，2006.

[16] 朱永银，龚友运，孙旭东. 工程应用数学 [M]. 武汉：华中科技大学出版社，2010.